smart is sexy

Orbi.kr

오르비학원은

모든 시스템이 수험생 중심으로 더 강화됩니다.

모든 시설이 최고의 결과가 나올 수 있도록 설계됩니다.

집중을 위해 오르비학원이 수험생 옆으로 다가갑니다.

오르비학원과 시작하면

원하는 대학문이 가장 빠르게 열립니다.

전화 : 02-522-0207 문자 전용 : 010-9124-0207 주소: 강남구 삼성로 61길 15 (은마사거리 도보 3분)

출발의 습관은 수능날까지 계속됩니다.
형식적인 상담이나
관리하고 있다는 모습만 보이거나
학습에 전혀 도움이 되지 않는
보여주기식의 모든 것을 배척합니다.

쓸모없는 강좌와 할 수 없는 계획을 강요하거나
무모한 혹은 무리한 스케줄로
1년의 출발을 무의미하게 하지 않습니다.
형식은 모방해도 내용은 모방할 수 없습니다.

smart is sexy
Orbi.kr

개인의 능력을 극대화 시킬 모든 계획이 오르비학원에 있습니다.

규 토
라이트
N 제

CONTENTS

규토 라이트 N제 오리엔테이션

문제편

3 수열

1. 등차수열과 등비수열

2. 수열의 합

3. 수학적 귀납법

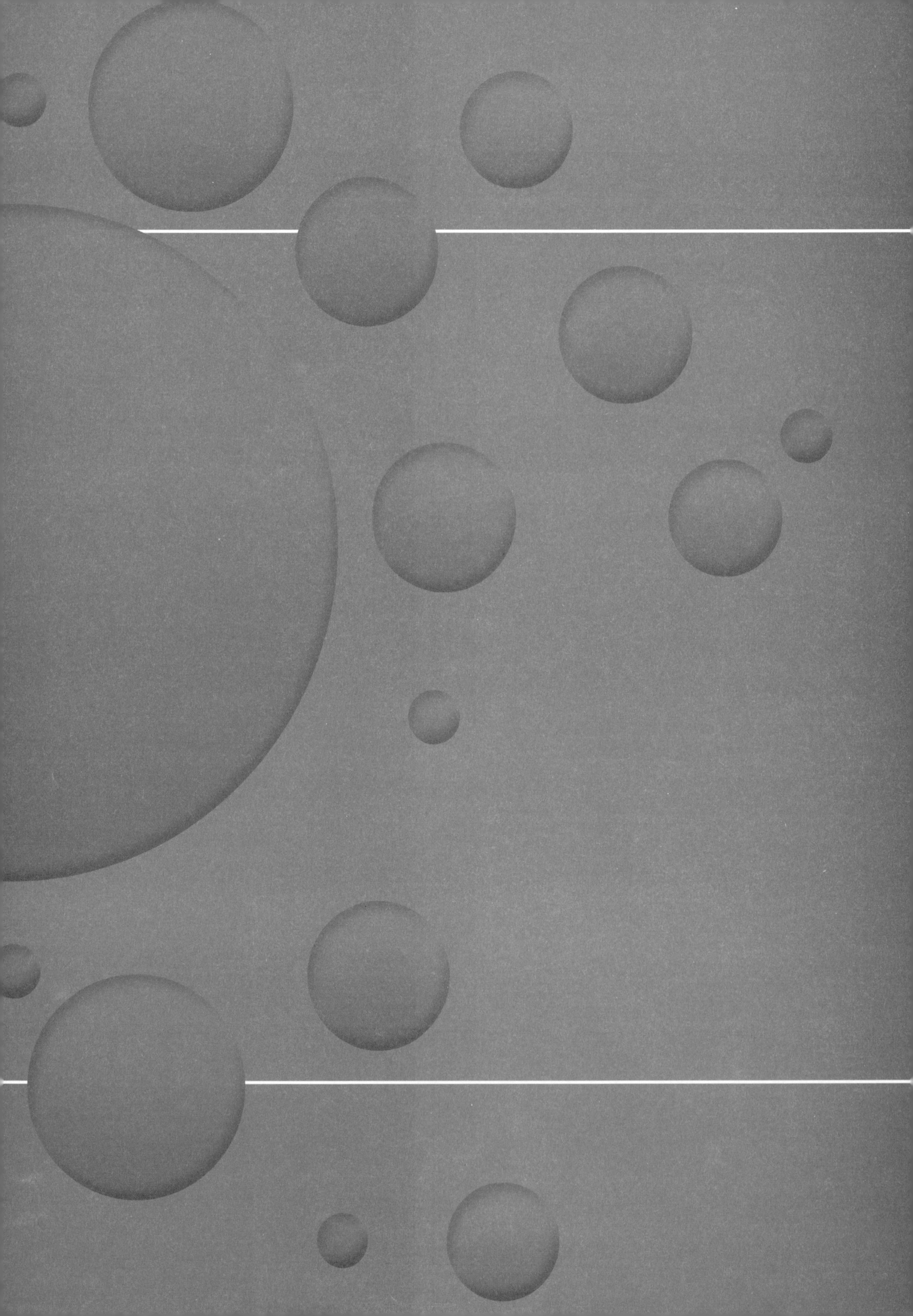

규토 라이트 N제

오리엔테이션

규토 라이트 N제

책소개

개념, 유형, 기출을 한 권으로 Compact하게

규토 라이트 N제는 기출문제와 개념 간의 격차를 최소화하고 1등급으로 도약하기 위한 탄탄한 base를 만들어 주기 위해 기획한 교재입니다. 학생들이 처음 개념을 학습한 뒤 막상 기출문제를 풀면 그 방대한 양과 난이도에 압도당하기 쉽습니다. 이를 최소화하기 위해 4단계로 구성하였고 책에 적혀 있는 규토 라이트 N제 100% 공부법으로 꾸준히 학습하다 보면 역으로 기출문제를 압도하실 수 있습니다.

Gyu To Math (규토 수학)에서 첫 글자를 따서 총 4단계로 구성하였습니다.

1. Guide step (개념 익히기편)

교과 개념, 실전 개념, 예제, 개념 확인문제, '규토의 Tip'을 모두 담았습니다.
단순히 문제만 푸는 것이 아니라 개념도 함께 복습하실 수 있습니다.
교과서에 직접적인 서술이 없더라도 수능에서 자주 출제되는 포인트들을 녹여내려고 노력하였습니다.

2. Training – 1 step (필수 유형편)

기출문제를 풀기 전의 Warming up 단계로 수능에서 자주 출제되는 유형들을 분석하여
수능최적화 자작으로 구성하였습니다.
기초적인 문제뿐만 아니라 학생들이 어렵게 느낄 수 있는 문제들도 다수 수록하였습니다.
단시간 내에 최신 빈출 테마들을 Compact하게 정리하실 수 있습니다.

3. Training – 2 step (기출 적용편)

사관, 교육청, 수능, 평가원에서 3~4점 문제를 선별하여 구성하였습니다.
필수 유형편에서 배운 내용을 바탕으로 실제 기출문제를 풀어보면서 사고력과 논리력을 증진시킬 수 있습니다.
실제 기출 적용연습을 위하여 유형 순이 아니라 전반적으로 난이도 순으로 배열했습니다.

4. Master step (심화 문제편)

사관, 교육청, 수능, 평가원에서 난이도 있는 문제를 선별하여 준킬러 자작문제와 함께 구성하였습니다.
과하게 어려운 킬러문제는 최대한 지양하였고 킬러 또는 준킬러 문제 중에서도
1등급을 목표로 하는 학생이 반드시 정복해야 하는 문제들로 구성하였습니다.

교과서 개념유제부터 어려운 기출 4점까지 모두 수록

단순히 유형서가 아니라 생기초부터 점점 살을 붙여가며 기출킬러까지 다루는 올인원 교재입니다.
즉, 교과서 개념유제부터 수능에서 킬러로 출제된 문제까지 모두 수록하였습니다.
규토 라이트 N제 수1의 경우 총 882제이고
문제집의 취지에 맞게 중 ~ 중상 난이도 문제들이 제일 많이 분포되어 있습니다.

규토 라이트 N제의 추천 대상

1. 개념강의와 병행할 교재를 찾는 학생
2. 개념을 끝내고 본격적으로 기출문제를 들어가기 전인 학생
3. 해당 과목을 compact하게 정리하고 싶은 학생
4. 무엇을 해야 할지 갈피를 못 잡는 3~4등급 학생
5. 기출문제가 너무 어렵게 느껴지는 학생
6. 아무리 공부해도 수학성적이 잘 오르지 않는 학생

규토 라이트 N제

검토후기

문지유 / 울산대학교 의학과

규토 라이트 N제는 고3 학생들 뿐만 아니라 중학생, 고1, 고2 학생들이 선행학습을 할 때에도 활용하기 좋을 것 같아요. 개념 설명이 간단하면서도 명료하고 깔끔하게 되어 있으면서도, 중요한 포인트를 놓치지 않는 꼼꼼한 교재입니다. 개념 공부를 하며 바로바로 이해했는지 확인할 수 있는 예제 문제가 해설과 함께 중간중간 실려 있습니다. 기본 개념을 가지고 풀 수 있는 난이도가 그리 높지 않은 Guide Step 문제부터, 유형별로 개념을 적용하여 풀 수 있는 문제(Traning – 1Step), 단원별 역대 기출들(Training – 2Step), 고난도를 연습할 수 있는 Master Step까지. 개념 공부와 함께 문제풀이를 곁들여 밸런스 있는 공부를 하기 최적화된 문제집이라고 생각합니다.
벌써 제가 규토 N제 교재 검토를 한지도 4년차에 접어들었네요. 최대한 꼼꼼히 검토하는 편인데도 항상 놓치는 게 있을까 떨리네요. 새해가 밝아 학년이 바뀌고, 나이도 어느덧 한 살 더 먹은 여러분이 규토 라이트 N제와 함께 새로운 마음으로 산뜻하게 공부하셔서, 이 교재를 풀면서 성장하는 것을 스스로 느꼈으면 좋겠습니다. 뿌듯한 한 해 되세요! 파이팅 :D

윤승하 / 울산대학교 의예과

이번에 규토 라이트 N제 수1 수열 부분을 검토한 울산대 의예과 24학번 윤승하입니다.
규토 라이트 N제의 추천 대상이 아직 수학에 대한 정리가 완벽하게 되지 않은 학생인 만큼, 개념에 대한 정리와 준킬러 문제까지의 징검다리 역할을 하는 것이 중요하다고 생각했고 검토하면서 규토 라이트 N제가 이러한 역할을 잘 수행한다고 느꼈습니다.
교과서 개념은 물론이고 학생들이 자주 실수하는 부분, 문제에 적용할 수 있는 스킬 등 문제를 푸는 데 필요한 모든 개념을 수록했습니다. 또한 문제의 난이도를 총 4단계로 나누어 준킬러•킬러 문제를 풀 때까지 문제의 난이도가 완만하게 높아지도록 문제를 배치하였습니다.
저 또한 수능을 준비하면서 다양한 문제집을 풀어보았지만, 규토 라이트 N제와 같이 수학 초보자가 어려운 4점 문제까지 풀 수 있도록 이끌어주는 문제집은 잘 접해보지 못했습니다. 개념이 부족하거나 기출 문제가 어렵게 느껴지는 학생들께 이 문제집을 추천하고 싶습니다!

정지영 / 울산대학교 의학과

안녕하세요. 검토자 정지영입니다. 벌써 한 해의 입시가 끝나고, 겨울을 지나 새학기가 시작되네요. 새학기의 시작과 함께 새로운 문제집이 출판되고, 풀린다는 생각을 하니 저자분의, 수험생들의 열의가 느껴지는 것만 같습니다.
규토 라이트 N제 수학1에는 수학1 문항들을 어떻게 대해야 하는지, 그 방법들이 상세하게 설명되어 있습니다. 또한 엄선된 기출문제, 좋은 퀄리티의 자체 제작 문항이 더해져 문항 수, 문항 퀄리티 모두 훌륭합니다. 문항을 푸는 방법을 가르쳐주고, 풀이 방법을 연습해서 수학 실력을 늘릴 수 있는 발판까지 마련해 주는 문제집이라고 생각합니다. 가볍게 풀고 넘기는 문제집으로 활용하기 보다는, 본문과 해설의 내용까지 상세히 살펴서 책에 담긴 모든 내용을 얻어가시면 좋겠습니다.
과정은, 결과로 미화된다는 생각을 종종 합니다. 여러분의 올 한해 수험 생활은 분명 쉽지 않을거에요. 공부의 스트레스, 불안감... 많은 것들이 여러분을 괴롭힐 것 같습니다. 하지만 올 한해가 끝났을 때, 그 모든 과정이 좋은 기억으로 남을 수 있을 만큼 좋은 결과를 얻을 수 있으시기를 기원합니다.
감사합니다.

조윤환 / 대성여자고등학교 교사

규토 라이트 N제는 개념 설명 + 기출 문제 + 자작 N제로 구성되어 있어 세 마리 토끼를 한 번에 잡을 수 있는 독학서입니다. 특히 수능 대비에 알맞은 컴팩트한 볼륨의 Guide step(개념 익히기편)에서 수능에 자주 출제되는 중요한 개념을 빠르게 훑고 문제 풀이로 넘어갈 수 있습니다. Guide step에서는 실전에서 사용할 수 있는 유용한 테크닉과 학생들이 개념을 공부하면서 궁금할 수 있는 포인트까지 따로 자세하게 설명해 주어서 교과서나 시중 개념서에서 해결할 수 없는 의문점까지 해결할 수 있습니다.
기출 문제에 추가로 자작 문제가 포함되어 있어서 기출 문제가 부족한 삼각함수의 그래프, 삼각함수의 활용 단원에서 트렌디한 평가원 스타일의 문제를 다양하게 풀어볼 수 있다는 것은 규토 라이트 N제 만의 큰 장점이라고 생각합니다.
저자의 TIP이 문제집과 해설집 곳곳에서 여러분들을 도와줄 것입니다. 규토 시리즈 특유의 유쾌한 해설이 무척 상세해서 규토 라이트 N제로 공부하다 보면 친절한 과외선생님이 옆에서 설명해주는 듯한 느낌을 받을 수 있을 것입니다. 특히 책 안에 나와있는 규토 시리즈의 100% 공부법을 참고하면 수학 공부 방법에 고민이 많은 학생들에게 큰 도움이 될 것이라고 생각합니다.

박도현 / 성균관대학교 수학과

안녕하세요~ 규토 N제 시리즈 검토자 박도현입니다. 현재 수능은 시간을 꽤 필요한 준킬러 수준의 문제들이 거의 반을 차지합니다. 이러한 문제들을 공략하기 위해서는 문제해결 능력을 길러야 할 뿐만 아니라, 문제들을 빠르고 정확하게 풀 수 있어야 합니다.
이러한 수능에 최적화된 문제해결 능력을 기르게 해주는 문제집이 바로 규토 라이트 N제입니다. Guide Step에서는 수능 수학의 기본 개념뿐만 아니라 실전 풀이법을 알려줍니다. Training 1 Step에서 저자가 최신 수능 트렌드를 분석하면서 만든 자작 문제들을 통해 실력을 기를 수 있고, Training 2 Step에서 기른 실력을 기출문제에 바로 적용할 수 있습니다. 마지막 Master Step에서 선별된 어려운 기출과 자작 문제들을 풀면서 심화를 다질 수 있습니다. 문제의 난이도가 절대 쉽지만은 않지만, 저자의 100% 공부법을 통한 꾸준한 반복과 복습을 하면, 어느새 준킬러 수준 이상의 문제들을 술술 푸는 자신을 발견할 겁니다. 올해 수험생 여러분 모두 건승을 기원합니다!

추천사

정시로 인서울 의대 합격 후기, 규토 라이트 N제 추천사 (윤종원)

안녕하세요. 저는 규토의 도움으로 이번에 인서울 의대에 정시로 합격하게 된 학생입니다. 저는 총 세 번의 수능을 치르면서 규토 라이트 N제의 효과를 몸소 느끼게 되어서 이번 추천서를 작성하게 되었습니다.

우선 저는 22, 23, 24, 총 세 차례의 수능을 겪은 삼수생입니다. 첫 수능에서는 간신히 2등급 컷트라인을 맞췄고, 두 번째 수능에서는 1등급 컷 점수를, 마지막 수능에는 원점수 96점을 받으며 성공적으로 입시를 마칠 수 있었습니다. 제가 이렇게 성적을 향상한 데에는 규토 라이트 N 제가 정말 큰 도움을 주었습니다.

제가 고등학교 3학년일 때, 저는 오르지 않는 수학 성적을 두고 정말 많이 고민했는데요, 사실 그때는 제가 정확히 어느 부분이 부족한지, 또 어느 부분을 잘하는지 잘 알지도 못했습니다. 그저 최고난도 문항(킬러문항)이 풀리지 않으니 그저 어려운 문제만 끊임없이 반복해서 풀었었죠. 그렇게 실망스러운 22 수능 성적을 받고, 재수를 결심한 이후로는 아예 개념부터 다지기로 생각했고, 그때 제가 개념을 다질 때 도움을 받은 책이 규토 라이트 N제였습니다.

이 책은 정말 낮은 난도의 문제부터, 최고난도라고 해도 손색이 없을 정도의 문제들까지 다양하게 수록이 되어있습니다. 특히 규토님이 직접 만드신 문제들이 정말 높은 퀄리티를 보여주며 문제를 풀수록 감탄하게 만들죠. 문제에 대한 평가는 여러분이 직접 풀면서 몸으로, 손으로 느끼는 것이 가장 정확하니 말을 아끼지만, 여타 시중의 다른 문제집들과 비교했을 때 절대 뒤지지 않는, 오히려 압도하는 품질을 보여준다는 것만은 명백합니다.

하지만, 문제의 퀄리티가 아무리 좋다 하더라도 본인이 체화하지 못한다면 소용이 없을겁니다. 그러나 규토 라이트 N제는 그럴 걱정이 없습니다. 문제집보다 훨씬 두꺼운 해설지를 보시면 아시겠지만, 마치 과외선생님이 옆에서 하시는 말씀을 그대로 옮겨적은 것만 같은 해설지는 문제의 해설보다도 학생의 이해를 최우선으로 두고 작성되었습니다. 헷갈릴 만한 포인트들은 옆에 다른 문제들을 이용해서 추가로 설명을 해준다거나 하는 식으로 구성된 해설은 마치 수준이 높은 과외선생님이 옆에 있다는 착각마저 들게 합니다.

그렇다 보니 이 규토 라이트N제를 완벽하게 습득하기 위해서는 답지를 어떻게 이용하는지가 굉장히 중요합니다. 규토의 100% 공부법을 읽어보시면 아시겠지만, 문제를 맞히더라도 내가 어떻게 맞추었는지 그 풀이법을 나 자신이 인지하고 있는 것이 굉장히 중요합니다. 내가 푼 방법에 논리적 비약이 있지는 않았는지, 내가 정확한 방법으로 푼 건지 끊임없이 점검해야 하죠. 이럴 때 답지가 정말 유용하게 사용됩니다. 정확하고 세심한 풀이를 통해, 빠뜨린 부분은 없는지, 넘겨짚은 부분은 없는지 끊임없이 옆에서 점검해 줍니다. 위에서 서술한 바와 같이, 과외를 받는 기분이 들 정도로요.

그렇다면 여기서 궁금한 점이 생기실 겁니다. 과연 규토 라이트 N제는 나에게 맞는 문제집일까? 너무 어렵지는 않을까? 혹은 너무 쉽지는 않을까? 위 질문에 대한 답은, 여러분의 실력에 따라 달라지게 됩니다. 냉정히 말해서 규토 라이트 N제는 이름과는 다르게 라이트하기만 한 문제집은 아닙니다. 아무것도 모르는 상태에서, 즉 기초가 다져지지 않은 상태에서 하기에는 쉽지 않죠. 하지만, 개념을 한 번이라도 봤다면 얼마든지 도전할 수 있는 난이도입니다. 문제집의 구조상 난이도별로 파트가 나누어지기도 하고, 답지와 함께 풀면 조금 어렵더라도 이해하기에 어렵지는 않을 겁니다. 그렇다면 최상위수험생들에게는 필요가 없는 문제집일까요? 그렇지도 않습니다. 최상위수험생이더라도 틀리는 문제가 있다면 어딘가 불안정한 부분이 있다는 뜻입니다. 규토 라이트N제는 흔들리는 기초를 단단하게 굳힐 수 있는 교재입니다. 혹시라도 내가 불안한 부분은 없는지, 나의 약점은 없는지 등을 알 수 있는, 그러한 교재입니다. 내가 지금껏 쌓아온 기초에 불안한 부분은 없는지,

내가 안다고 생각했던 부분에 허점은 없는지 점검할 때에도 규토 라이트 N제는 최고의 파트너가 되어줄겁니다.
내가 가야 할 길이 멀게만 느껴질 때, 내가 지금 하고 있는 방법이 옳은 방법인지 알 수 없을 때, 규토 라이트 N제는 여러분의 곁에서 충실히 길잡이 역할을 해줄겁니다. 그렇게 규토와 함께, 문제 하나하나를 곱씹으며 나아가다 보면 그 길의 끝에는 여러분이 목표하고 있던 수학 성적이 여러분을 기다리고 있을 것입니다.

규토와 함께하게 된 여러분을 진심으로 응원하며, 이만 글을 줄이겠습니다. 감사합니다.

규토 라이트 N제와 함께 1년 내내 수학 모의고사 1등급!! (김준한)

-4등급부터 시작해서 현재 수학 백분위 99%까지 달성 후기-

안녕하세요~ 저는 작년 고1 때는 모의고사 성적이 3,4등급에 머물러 있다가 올해 규토 라이트 N제 수1,2로 공부하면서 2022년에 시행된 고2 6,9,11월 모의고사에서 모두 1등급을 쟁취하게 되어 추천사를 작성하게 되었습니다. 제가 이 책을 처음 접했을 때 책의 구성도 물론 좋았지만 가장 눈에 들어온 것은 공부법이었습니다. 성적대가 낮은 학생들이 공부해도 큰 효과를 볼 수 있는 책이지만 평소에 수학 공부법에 회의감을 가지고 있는 학생들도 공부하면 더 큰 효과를 볼 수 있을 거라고 생각합니다!

고등학교 1학년 때의 저는 수학을 아주 잘하지도 못 하지도 않는 학생이었습니다. 단지 다다익선이라는 말처럼 시중에 나와 있는 문제집을 다 풀어 보며 성적이 잘 나오겠지하며 기대하는 학생에 불과했습니다. 그랬던 성적이 3등급이었고 저는 심각한 고민에 빠졌습니다. 그러던 도중에 한 커뮤니티 사이트에서 '규토 라이트 N제' 후기를 보았습니다. 후기를 읽어보며 나도 저런 드라마틱한 성장을 이뤄낼 수 것 같다는 느낌을 받았고 그 중심인 '100% 공부법'을 알게 되어 바로 책을 구입하게 되었습니다.

규토 라이트 N제를 보면서 구성이 참 놀라웠습니다. 현 교육과정에 따른 개념이 모두 수록되어 있을 뿐만 아니라 규토님 특유의 테크니컬한 팁들이 다 들어 있어서 자작문제 (t1)에 적용하여 체화를 시키고 이에 따라 배운 것들을 기출문제 (t2)에 또 적용할 수 있어 개념-기출의 괴리감을 최소화 시켜준다는 장점이 있습니다. 그리고 규토 라이트 N제의 고난도 문제의 집합이라고 할 수 있는 마스터 스텝 (mt) 인데 저는 개인적으로 푸는 데 너무 재밌었습니다. 저는 문제를 풀면서 규토쌤이 괜히 문제 배치를 마지막에 하신 게 아니구나라는 것을 느꼈습니다. 이 문제들은 약간 방금 전에 언급한 t1,t2 문제들을 믹스 시킨 문제, 즉 기본 예제 들의 집합이라고 느꼈습니다. 마스터 스텝 문제까지 책의 공부법으로 완전히 흡수시켜야 비로소 책의 취지에 맞게 안정적인 1등급에 도달한다고 느끼게 되었습니다.

이제 공부법에 대해 얘기해보려 합니다. 사실 제가 제일 강조하고 싶은 부분입니다!! 제 성적향상의 근원이기도 합니다ㅎ 올해 3월달...저의 수학 성경책을 받은 날이었죠..저는 책과 물아일체가 되겠다는 마음가짐으로 임했습니다. 규토 선생님께서 강조하시는 수학 공부법이 처음에는 어색했지만 계속 적용해보니까 수능 수학에 가장 이상적이고 적합한 방법이라는 것을 깨달았습니다. 제가 세 번의 모의고사에서 1등급을 받은 그 공부법! 100% 공부법의 핵심은 "누군가에게 설명할 수 있다"입니다. 사실 혹자께서는 문제를 잘 푸는 거랑 어떤 차이냐고 물으실 수 있는데 사실은 엄청난 차이가 있다고 생각합니다. 문제를 완벽하게 설명하려면 풀이를 써 내려갈 때 개념 간의 논리를 정확하게 이해하고 남을 이해시킨다는 마음으로 문제를 정확히 자기것으로 만들어야 합니다. 저는 이 과정이 정말 힘들었습니다. 하지만, 계속 거듭하고 묵묵히 하다보니 가속도가 붙더라고요! 내년에 공부하실 2024 규토 수험생 분들도 이 부분을 강조하며 공부하시면 충분히 좋은 결과 있으실 거라고 믿습니다!!

마지막으로 규토 선생님! 제 수학 성적을 눈부시게 끌어올려 주셔서 감사합니다! ㅎㅎ

수능 수학의 시작과 마무리, 규토 라이트 N제 (오세욱)

-규토 N제 수1,수2,미적분 풀커리(라이트~고득점)로 수능 미적분 백분위 98% 달성 후기-

저는 현역 때 운 좋게 대학입시에 성공해 인서울 대학에 합격했지만 수능에 미련이 남아있는 학생 중 한명이었습니다. 수학을 잘한다고 생각했고 자부심을 가지고 있었지만 막상 수능에서는 3등급 백분위 78을 받았습니다. 수능 시험장에서 문제를 풀면서 '나는 개념을 놓치고 있고 조건을 해석할 줄 모르는구나'를 깨달았습니다.

그렇게 대학에 진학했다는 생각으로 놀며 2020년을 보냈고 2021년이 되자 이대로 끝내면 후회가 남을 것 같다는 생각에 다시 한번 입시 속으로 뛰어들었습니다. 대학을 병행하며 진행하고 싶었기에 과외나 학원을 다니기에는 시간이 촉박하다고 판단하여 구매하게 된 책이 바로 과외식 해설을 담은 '규토 라이트 N제'입니다.

규토 라이트 N제를 만나게 되면서 앞에 적힌 공부방법에 따라 개념 부분과 개념형 유제부터 자세히 읽고 풀어보며 사소하지만 실전 문제풀이에 도움이 되는 팁을 얻었습니다. 또한 함께 실린 자작문제와 기출문제에 개념을 적용해 풀며 답안지와 내 풀이의 차이점을 비교하였고 잘못되게 풀이한 부분이 있다면 다시 한번 적어보며 틀린문제는 풀이의 길을 외울 정도로 반복해서 풀었습니다. 솔직히 이러한 과정이 빠르고 쉽다 한다면 거짓말입니다. 처음 시작할 때는 막막할 정도로 문제가 벽으로 느껴졌고 모르면 아직도 모르는게 많다는 것에 화가 나기도 했습니다. 하지만 한 문제, 한 단원 넘어갈 때마다 확실하게 개념이 탄탄해지고 새로운 문제를 만나도 개념을 중심으로 풀이가 진행되는 경우가 많아 자신감과 재미를 느끼게 되었습니다. 이렇게 수1, 수2부터 미적분까지 3권을 모두 마무리하고 반복하여 풀이하다 보니 평가원 시험에서 고정적으로 1등급을 받게 되었습니다.

규토 라이트 N제는 이름과 달리 절대 '라이트' 하지만은 않습니다. 선택과목 체재에서 규토 라이트 N제는 시작이며 마무리인 단계입니다. 기출을 이미 많이 접해본 N수나 고3분들 중 컴팩트하고 완전하게 개념과 기출을 정리하고 싶은 분들부터 수능 수학을 처음으로 공부해 개념을 탄탄하게 쌓고 싶은 분들까지 규토 라이트 N제를 자신있게 추천드립니다.
[중요] 만약 책을 구매하게 된다면, 규토 선생님의 방법으로 공부하세요.

추신) 여담으로 타 문제집(쎈)과 규토 라이트N제를 비교하는 글이 많아 두 문제집 모두 풀어본 입장에서 남긴다면 해설의 자세함, 친절도, 수능 수학을 할 때 필요한 문제의 질, 개념의 자세함 모두 규토 라이트 N제가 좋다고 생각합니다. 그리고 N제라는 이름 때문에 그런지 몰라도 두 책의 목적은 완전하게 다른데 비교하는 경우가 많은 것 같습니다. 이 책은 자세한 개념부터 심화문제(30번)까지 모두 다룹니다. 과장없이 미적분2022평가원문제 모두 이 책에 있는 문제를 규토 선생님의 방식으로 다뤘다면 모두 맞출 수 있었다고 생각합니다.

나는 수능에서 처음으로 수학 1등급을 받았다. (이나현)

안녕하세요! 9월 백분위 89에서 수능 백분위 96으로 오르는 데 있어 규토 라이트의 도움을 크게 받아 작성하게 되었습니다. 핵심은 규토라이트를 통해 개념과 기출의 중요성을 깨닫게 되었다는 점입니다. 규토라이트는 1-4등급 모두에게 좋은 책이지만, 저는 특히 2-3등급에 머무르는 학생들에게 추천하고 싶습니다.

백분위 89에서 1등급은 드라마틱한 성적 변화가 아니라고 생각하실 수도 있습니다. 하지만 저는 고등학교와 재수 생활을 통틀어 평가원 모의고사에서 1등급은 맞아본 적도 없고 2등급 후반 ~ 3등급 초반을 진동했습니다. 저는 수학을 일주일에 적어도 40시간 이상 투자했고, 유명한 강의와 문제집을 다양하게 접해봤음에도 1등급을 맞지 못하는 원인을 파악하지 못했었는데요. 9월부터 규토 라이트로 두 달동안 공부하며 제 약점을 파악했고 결국 수능에서 처음으로 1등급을 맞았습니다. 규토 라이트를 처음 접하게 된 건 9월 모의고사에서 2등급을 간신히 걸친 후였는데요. 저는 1등급을 맞게 된 원인이 크게 두 가지라고 생각합니다.

첫 번째로 규토 라이트의 구성입니다. 기출과 N제 그리고 ebs까지 적절하게 섞인 구성이 너무 좋았습니다. 또한 가이드 스텝을 스킵하지 마시고 꼭 정독하시는 것을 추천드립니다. 규토님의 농축된 팁까지 얻어갈 수 있습니다. 마스터 스텝에서도 배워갈 점이 많으니 겁먹지 말고 몇 번이고 풀어보시는 것을 추천드립니다. 저는 규토 라이트를 접하기 전까진 왜 수학에서 개념과 기출을 강조하는지 이해가 가지 않았습니다. 기출은 지겹기만 했고 개념은 다 아는 것만 같았습니다. 하지만 규토 라이트를 통해 제대로 된 기출 학습과 약점훈련을 할 수 있었습니다.

두 번째는 규토님입니다. 일단 규토님은 등급에 따라 커리큘럼과 학습법을 알려주시는데 이대로만 하면 100점도 가능하다고 생각합니다. 가장 도움되었던 학습법은 복습입니다. 뻔한 것 같지만, 알면서도 꺼려지는 게 복습입니다. 그리고 틀린 문제를 생각 없이 계속 푸는 것이 아니라, 제대로 된 복습 가이드를 정해주셔서 이대로만 하면 된다는 점이 좋았습니다. 저는 비록 9월 중순부터 시작해서 전체적으로는 3회독 밖에 못했지만... 설명할 수 있을 때까지 계속 풀고 또 풀었습니다. 또한 이메일로 직접 질문을 받아주시는데요, 질문하는 문제에 따라서 가끔 제게 필요한 보충문제나 영상 덕분에 빠르게 이해할 수 있었습니다. 그리고 똑같은 문제를 계속 틀리거나, 사설 모의고사에서 안 좋은 점수를 받는 등 막막할 때가 많았는데요, 그 때마다 실질적인 말씀을 많이 해주셨습니다. 'theme 안의 문제들은 서로 다른 문제들이지만 이 문제들이 똑같게 느껴질 때 비로소 이해한 것' 이라는 말이 아직도 기억에 남네요. 전 이 말을 듣고 깨달음이 크게 왔고 그 뒤로 수학에 대한 감을 제대로 잡았던 것 같아서 써봅니다. 이외에, 6월 9월 보충프린트도 너무 감사했습니다.

저는 비록 9월 중순부터 규토 라이트를 시작했지만 재수 초기로 돌아간다면 규토 라이트로 시작해서 규토 고득점으로 끝내지 않았을까 싶습니다. 제대로 된 기출 학습을 원하시는 분들은 규토 라이트하세요 !!

9월 수학 3등급에서 수능 수학 1등급으로! (노유정)

규토 라이트 수1, 수2로 학습하여 짧은 기간 동안 9월 3 → 수능 1의 성적향상을 이루었습니다. 저는 8월에 수시 지원 계획이 바뀌며 급하게 수능 준비를 하게 되었습니다. 수능은 100일 정도 밖에 남지 않았는데 개념은 거의 다 까먹었고, 원래 수학을 못하는 학생이었기 때문에 (1,2 학년 학평은 대부분 3등급) 수학이 가장 걱정되는 과목이었습니다. 그래서 짧은 기간 동안 개념 숙지와 문제 풀이를 할 수 있는 교재를 찾다가 규토 라이트를 접하게 되었습니다.

개념 인강을 들으면서 해당되는 단원의 문제를 하루에 약 60문제 정도 풀어서 10월 말 정도에 규토 1회독을 끝냈습니다. 그 후에는 시간이 부족해서 1회독 후 틀린 문제와 기출 위주로만 반복적으로 보았습니다.

규토라이트는 효율적인 학습을 가능하게 하는 책입니다. 기존의 기출 문제집을 풀 때는 난이도별로 구분이 되어있지 않아 제 수준에 맞지 않는 문제를 풀면서 시간을 낭비했던 적이 많습니다. 그러나 규토 라이트를 통해 공부할 때는 개념 숙지에서 고난도 문제 풀이로 넘어가는 과정이 효율적이었습니다. 특히, 지나치게 어려운 문제도 쉬운 문제도 없기 때문에 실력 향상에 큰 도움이 되었습니다. 가이드에 적혀있는 대로 충분히 고민을 하고, 안 풀릴 경우에는 다음 날 다시 풀거나 2회독 때 풀기로 표시를 해두었습니다. 마스터 스텝을 제외하고는 이렇게 하면 대부분 해결할 수 있었던 것 같습니다.

이러한 교재 특성 때문에 수학을 잘 못하는 학생이었음에도 원하는 성적을 얻을 수 있었습니다. 제 사례와 같이 급하게 수능 준비를 하거나, 스스로 수학머리가 없다고 생각하는 수험생들에게 규토를 추천해주고 싶습니다.

[수2 공부법] 수포자에서 수능 수학 백분위 92%!

규토 라이트 n제 수2 리뷰를 할 수 있어서 정말 영광입니다. 먼저 전 나형 수포자였습니다. 현역시절 맨 앞장에 4문제정도 풀고 운이 좋으면 7~8번까지도 풀리더라구요. 그리고 주관식 앞에 쉬운 2문제 정도 풀고 다 찍었습니다. 항상 6~7등급 찍은게 몇 개 맞으면 5등급까지 갔습니다. 생각해보면 수학을 제대로 공부해본 적이 없었고 주위에서 수학은 절대 단기간에 할 수 없다. 그냥 그 시간에 영어나 탐구를 더하라는 말에 현역시절 수학을 제대로 집중해서 문제를 푼 적이 없었습니다. 현역시절 제가 받은 성적은 6등급 타과목도 잘치지 못한 탓에 재수를 결정했고 불현듯 수학공부를 해봐야겠다는 생각을 했습니다. 어쩌면 내 일생에 단 한 번뿐인데 수학공부 한 번 해보자라고 마음먹었습니다. 다른 과목보다 수2가 문제였습니다. 확통이나 수1에 비해 분명히 해야 할 부분이 저에게 많았기 때문이었습니다. 2월에 본격적으로 수2과목을 빠르게 개념정리를 했습니다. 수2만은 전년도와 교육과정이 크게 바뀌지 않은 탓에 빠르게 개념인강과 교과서로 정독했습니다. 아주 쉬운 기초부터 시작한 셈이죠. 교과서와 개념인강을 3회독정도 해보니 아주 쉬운 유형들은 풀 수 있게 되었습니다. (이를테면 함수의 극한에서 그래프를 주고 좌극한과 우극한의 합차 유형이나 간단한 미분 적분 계산문제 함수의 극한꼴 정적분의 활용 중 속도 가속도문제등) 교과서 유제에도 그리고 평가원 기출에도 매번 나오는 유형들은 교과서만으로도 풀 수 있었습니다. 하지만 처음 보는 낯선 유형과 함수의 추론등 기초가 부족한 저에게 이런 문제들은 거대한 벽과 다름없었습니다. 과연 1년 안에 내가 이런 문제를 극복가능한 것일까.교과서와 개념인강만으로는 해결할 수 없었습니다. 충분히 고민한 뒤에 제가 내린 결론은 문제의 양을 늘려야한다는 것이었습니다. 소위 수포자는 당연하게도 수학경험치가 현저히 낮습니다. 특히 함수 나오고 그래프 나오면 정말 무너지기 쉽죠. 그렇다고 1년도 안 남은 시점에서 중학수학과 고1수학을 체계적으로 본다는 것은 너무 어려운 일입니다. 1년안에 승부를 봐야하는 제 입장에선 현명한 선택이 아니었습니다. 그러다 우연히 커뮤니티에서 규토라이트n제를 알게 됐고 많은 리뷰와 블로그 내용을 꼼꼼히 보고 선택하기로 결정했습니다. 제가 규토 라이트 수2 n제를 택했던 근본적 이유는 충분한 문제양과 더불어 제 기본기를 탄탄하게 보완시켜줄 문제들이 다수 실려있었기 때문입니다.
개념익히기와 〈1 step〉 필수유형편에서 기초적인 문제와 더불어 조금 심화된 문제까지 정말 질 좋은 문제들을 많이 풀었습니다. 양과 질을 동시에 확보한 셈이죠. 수능은 이차함수나 일차함수등 중학수학을 대놓고 물어보진 않습니다. 문제에서 가볍게 쓰이는 정도이죠. 수2를 공부하시면 많은 다항함수를 접하시게 될텐데 라이트n제 필수유형편으로 충분히 커버됩니다.
다음으로는 제가 가장 애정했던 〈2 step〉 기출적용편입니다. 시중에는 정말 많은 기출문제집이 있지만 규토n제 수2만이 갖는 특별함은 바로 최신경향을 반영한 교육청 사관학교 평가원 기출들만으로 공부할 수있다는 점입니다. 일부 기출문제집은 최근 트렌드에 맞지않는 문제들도 있고 또한 교육과정이 변했음에도 이전 교육과정의 문제들도 있는 반면 라이트n제 수2는 규토님의 꼼꼼한 안목으로 꼭 필요한 기출만을 선별했고 따로 다른 기출을 살 필요없이 실린 문제들만 잘 소화해도 기출을 잘 풀었다는 느낌을 받을 수 있을 겁니다. 저도 성적향상에 가장 도움이 됐던 step이었습니다. 하지만 이 단계부턴 문제가 어렵습니다. 특히나 수포자나 수학이 약하시분들은 정말 힘들 수 있습니다. 하지만 저는 포기하지 않고 끝까지 풀었습니다. 심지어 위에 빈칸에 체크가 7개가 되는 문제도 있었습니다. 시간차를 두고 보고 또봤습니다. 서두에서 규토님께서 제시한 수학 학습법에 의거해 복습날짜도 정확히 지키며 공부했습니다. 수학이 어려운 학생부터 조금 부족한 학생까지 〈2 step〉만큼은 꼭 공을 들여서라도 여러 번 회독하셨으면 좋겠습니다. 수능은 어찌 보면 기출의 진화라고 할 만큼 기출에서 크게 벗어나지 않습니다. 꼭 여러 번 회독하셔서 시험장에서 비슷한 유형은 빠른 시간 안에 처리하실 수 있을 만큼 두고두고 보셨으면 좋겠습니다. 〈2 step〉를 잘소화했더니 6월과 9월을 응시했을때 어?! 이거 규토라이트 n제 수2에서 풀었던 느낌을 다수문제에서 받았습니다. (다항함수에서의 실근의 개수 정적분의 넓이 미분계수의 정의등 단골로 나오는 유형이있습니다.) 역시나 기출의 반복이었습니다. 규토라이트 n제 수2를 통해 최신 트렌드 경향에 맞는 유형을 여러 문제를 통해 접하다 보니 정말 신기하게 풀렸고 어렵지 않게 풀 수 있었습니다. 규토 라이트n제는 해설이 정말 좋습니다. 제가 기본기가 부족했던 시기에도 규토해설만큼은 이해될 만큼 자세히 해설되어있고 현장에서 사용할 수 있을만큼 완벽한 해설지라고 생각합니다. 제 풀이와 규토님 풀이를 비교해보면서 좀 더 현실적인 풀이를 찾는 과정에서 제 실력도 많이 향상되었습니다. 마지막 마스터 스텝은 굉장한 난이도의 기출과 규토님의 자작문제들이 실려있습니다. 제가 굉장히 고생한 스텝이었고 실제로 수능 전날까지 정말 안되는 문제들도 몇 개 있었습니다. 1등급을 원하시는 분들은 꼭 넘어야할 산이라고 생각합니다. 1등급이 목표가 아니더라도 마스터 스텝에 문제는 꼭 풀어보실만한 가치가 있습니다. 문제가 풀리지 않더라도 그 속에서 수학적 사고력이 향상되는 경우가 있고 저도 올해 수능 20번을 맞출만큼 실력이 올라온 것도 마스터스텝 문제를 여러 번 심도 있게 고민해본 결과가 아닐까 싶습니다. 시간이 조금만 남았더라면 30번도 풀 수 있을 만큼 제 수학실력이 많이 올라와 있었습니다. 라이트 n제 수2를 구매하시는 분들은 1문제도 거르지 마시고 완벽하게 다 풀어보는 것을 목표로 삼고 공부하시면 좋은 성과가 꼭 나올거라 생각합니다.

끝으로 저는 수포자였지만 결국 이번 수능에서 2등급을 쟁취하였고 목표한 대학에 붙을 점수가 나온 것 같습니다. ㅎㅎㅎ 수학이 힘드신 문과생분들! 수학에서 가장 중요한 것은 제가 생각하기에 정확한 개념과 많은 문제양을 풀어 수학에 대한 자신감을 키우는 것 이라고 생각합니다. 특히나 수2는 절대적인 양 확보가 정말 중요합니다. 하지만 교과서와 쉬운 개념서로는 한계가 있고 다른 기출문제집을 보자니 너무

두껍고 양이 많습니다. 라이트n제 수2 각유형별로 기본부터 심화까지 한 권으로서 문제풀이의 시작과 마무리를 다할 수 있는 교재라고 자부합니다. 올해만 하더라도 규토라이트 n제 수2교재로 다항함수 특히 3차함수 개형 그리기만도 수백번이 넘었던 것 같습니다. 시중 문제집과 컨텐츠가 난무하는 시기에 규토 라이트n제를 우연히 알게 되고 끝까지 믿고 풀었던 것에 감사하며 수포자도 노력하면 할 수있다는 말씀드립니다. 규토 라이트n제 수2 강추합니다!! 끝으로 규토님께도 감사드립니다 :)

수학에 자신이 없었지만 수능 수학 100점! (김은주)

저는 유독 수학에 자신이 없었던, 2등급만 나오면 대박이라고 여겼던 학생이었습니다. 그랬던 제가 규토 라이트 N제를 공부하고 수능에서 100점을 받을 수 있었습니다.

코로나 19와 개인적인 사정으로 인해 학원에 다닐 수 없었던 저는 시중에 출판된 여러 문제집을 비교하며 독학에 적합한 교재를 찾는 중에 규토 라이트를 고르게 되었습니다.

많은 장점 중 제가 꼽은 이 책의 가장 큰 장점은 바로, "이 책을 공부하는 방법(?)"이 마치 과외를 받는 기분이 들도록 수험생의 입장을 고려해서 세세하게 서술되어있기 때문이었습니다.

규토 N제를 만나기 전의 저는 나쁜 습관이 가득한 학생이었고, 그것이 제 성적을 갉아먹는 요인이었습니다. (찍어서 우연히 맞은 문제, 알고보니 풀이 과정에서 오류가 있었는데 답만 맞은 문제도 그저 답이 맞으면 동그라미표시를 하고 다시 보지 않았고, 조금 복잡하거나 어려워보이는 문제는 지레 겁을 먹고 풀기를 꺼리는 등) 그래서인지 처음 책을 접했을 때는 문제를 풀고 풀이과정을 해설지와 일일이 대조해보고 백지에 다시 풀이과정을 써보느라 한 문제를 푸는데도 시간이 오래 걸렸고, 생각보다 쉽게 풀리지 않는 문제들이 많아서 충격을 받기도 했습니다. 그럴 때마다 앞부분에 실려있는, 과거 이 책으로 공부했었던 다른 분들의 후기를 읽으며 잘 하고 있는거라고 스스로를 다독였습니다. 그러다보니 뒤로 갈수록 문제가 조금씩 풀리기 시작했고, 처음 풀어서 완벽히 맞는 문제가 나오면 (책 앞부분에 선생님께서 언급하신) 희열을 느끼기도 했습니다. 그렇게 1회독을 하고 나니 다른 모의고사를 볼 때에도 규토를 풀며 체계적으로 훈련했던 감각들이 되살아나서 예전이라면 손도 못 대었을 문제도 풀 수 있게 되었습니다.

책 제목인 라이트와 다르게, 문제들이 분명 쉽지만은 않은 것은 사실입니다. 그렇지만 시간이 오래 걸리더라도 책에 실린 방법대로 끈질기게 물고 늘어지고 스스로에게 엄격해진다면 분명 이 책이 끝날 시점에는 실력 향상이 있을거라고 자신합니다.

늘 고민을 안겨주는 과목이었던 수학을 하면 되는 과목으로 생각할 수 있도록 좋은 책 집필해주신 규토선생님께 진심으로 감사드리고 내년 수능을 준비하시는 분들에게도 이 책을 추천합니다. (규토 고득점 N제도 추천합니다.!)

참고로 모든 추천사는 라이트 N제 구매 인증과 성적표 인증 후 수록하였습니다.
자세한 인증내역은 네이버 카페 (규토의 가능세계)에서 확인하실 수 있습니다.

규토 라이트 N제

100% 공부법

1 충분한 시간을 갖고 푼다. 자신이 가지고 있는 사고의 벽을 깬다고 생각하면서 머리에 쥐가 날 정도로 사고해본다.

2 **문제를 풀고 나서** 바로 다음 문제로 넘어가지 말고 백지에 논리적 흐름을 느끼면서 다시 풀어본다.

자기풀이가 논리적으로 맞는지 체계화를 해본다. (1번 문제를 풀고 바로 2번 문제로 넘어가지 말고 1번 문제를 정리해본 후 넘어가라는 의미) ☆ 굉장히 중요합니다!

3 각 Step이 끝나면 해설지를 본다. **해설지를 보고나서** 내가 생각하지 못했던 풀이들과 skill을 모조리 흡수한다.

해설지를 보지 않고 해설지에 적힌 풀이를 체화시킨다는 느낌으로 백지에 논리적 흐름을 느끼면서 다시 풀어본다.
☆ 굉장히 중요합니다!

4 추천 학습 순서

① 전 범위를 학습한 학생 또는 총정리 목적으로 푸는 학생

Guide step → Training -1step → Training - 2step → Master step

② 전 범위를 학습하지 못한 학생 또는 등급대가 낮은 학생

Guide step → Training - 1step → Training - 2step → (책 전체 한 바퀴 돌고 난 뒤) → Master step

(Master step은 단원 통합형 문제도 수록되어 있기 때문에 위와 같이 학습하시는 것을 추천 드립니다.)

③ 찐노베 학생 (목표 : 우선 큰 틀을 잡고 세부적으로 들어가기)

Guide step → Training - 1step (각 theme당 3문제씩) → Training - 2step (3점) → (책 전체 한 바퀴 돌고 난 뒤)
→ Training - 1step (나머지 문제) → Training - 2step (4점) → (책 전체 한 바퀴 돌고 난 뒤)
→ Master step (하루에 조금씩 진도 나가면서 나머지 파트 복습)

5 6~7일 후에 다시 푼다. (자세한 방법은 「수능 수학영역에 대한 고찰」을 참고)

☆ 굉장히 중요합니다!

〈수능 수학영역에 대한 고찰 中 made by 규토〉 블로그에서 전문 확인 가능합니다.

학원에서 강의 할 때나 과외를 할 때 첫 시간에 꼭 설명하는 것이 있습니다. 바로 수학 공부법입니다.
저도 이렇게 했었고 제 학생들도 성적 향상이 되는 것을 보아왔습니다.
문제를 풀고 채점할 때 X 와 O 로 나눌 수 있습니다. 가끔씩 세모를 치는 학생들도 있는데 세모를 친다는 것은 자기 자신에 대한 관대한 행위입니다.
수학은 자신에게 엄격할수록 수학 성적이 는다고 생각합니다. **정말 확실히 알고 누구에게 설명할 수 있는 정도일 때** O 를 합니다.
만약 문제 ㄱ ㄴ ㄷ 중에서 ㄱ이 반드시 맞는데 ㄱ이 들어간 것이 한 개만 있다고 해서 그 문제의 답을 체크하고 맞다고 하면 절대로 안 됩니다.
X 유형은 크게 4가지로 분류할 수 있습니다.

1. 계산 실수
2. 이게 뭐지 ?
3. 완전 모르겠다.
4. 스스로 엄밀히 진단했을 때 "다시 풀어봐야겠다"고 느낀 문제

1번의 경우는 흔히 하는 계산 실수입니다. 항상 하던 실수를 반복하기 쉽기 때문에 계산 실수라도 과감히 X표를 칩니다. 저 같은 경우에도 2X3 을 매일 5라고 써서 실수를 많이 했었는데 이제는 항상 2X3만 나오면 실수 하지 말아야지 라는 생각을 하게 됩니다. 2번의 경우가 중요할 수 있습니다. 자기가 분명히 맞다고 생각하는 풀이가 답이 아닐 경우 거기에는 논리의 비약과 오류가 있을 수 있습니다. 그것들을 조언자나 풀이를 통해 교정합니다. 물론 과감히 X표를 칩니다.
3번의 경우는 X표를 치고 충분한 고민과 생각 끝에 답이 나오지 않으면 풀이나 조언을 통해 해결합니다.
마지막 4번의 경우는 비록 맞았지만 논리 없이 찍어서 맞았거나 스스로 엄밀히 진단했을 때 다시 풀어 봐야할 것 같은 문항을 의미합니다.
역시나 과감히 X표를 칩니다.

여기서 중요합니다!!!!

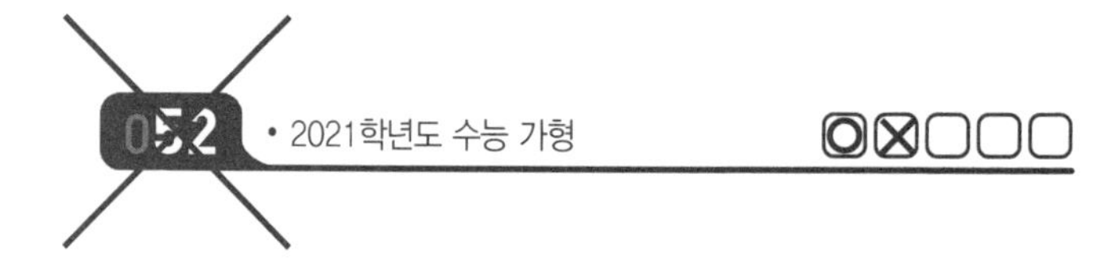

틀린 문제는 6~7일 뒤에 다시 봅니다. 다시 봤을 때 맞았다면 문제 오른쪽 위에 있는 네모 BOX칸에 O를 칩니다.
(단, 연속 동그라미가 많이 되어있는 문제라면 기간을 늘려 2주 ~ 3주 후에 다시 봐도 됩니다.)
그렇게 왼쪽 끝부터 **연속**해서 O가 4개 될 때까지 풀면 그 문제는 다시 안 봐도 됩니다. 만약 다시 봤을 때 못 풀면 X를 칩니다. 연속해서 O가 4개 될 때까지 이므로 X이후에서부터 다시 연속해서 4개 될 때까지 풀면 됩니다. (이걸 학생들한테 가르쳐줬더니 O를 할 때 아래에 날짜를 써놓고 푸는 아이도 있었습니다.)
처음에는 30분 걸리던 문제가 10분으로 10분이 5분으로 5분이 3분 안에 논리적으로 설명 할 수 있을 정도의 수준으로 바뀔 것입니다. 이렇게 계속하다보면 자신도 모르는 사이에 강해질 것입니다. 이 훈련의 핵심은 틀린 문제를 완전히 자기 것으로 만드는데 있습니다. 대부분 학생들은 틀린 문제를 또 다시 틀리는 경우가 다반사입니다. 그러면 아무것도 늘지 않기 때문에 틀린 문제를 완벽히 정복하는 것만이 질적인 성적향상으로 가는 지름길이라고 생각합니다. 책을 고를 때도 조금 밖에 틀리지 않는 교재는 자신에게 맞지 않다고 생각합니다.

이 훈련의 전제조건은 문제에는 절대로 아무런 힌트나 풀이나 답을 적지 않는 것입니다.

문제를 다시 풀 때 항상 새 문제처럼 느껴지는 것이 훨씬 더 도움이 됩니다. 사람 심리상 ㄱ ㄴ ㄷ의 문제를 풀 때 ㄱ에 빨간 동그라미가 되어있으면 다시 풀어도 ㄱ에 동그라미를 칠 수 밖에 없습니다. 이 방법을 실천하기란 정말 어렵지만 했을 때의 효과는 보장합니다.

6 마지막 화룡점정은 누구에게 직접 설명해주는 것이다! 정확한 논리 구조로 알려줄 때 진정한 자기 것이 된다!

설명을 계속 강조하는 이유는 누구에게 설명해주기 위해서는 풀이가 머릿속에 체계적이고 논리적으로 그려지는 단계에 왔을 때 비로소 가능하기 때문이다.
(개인 여건상 설명하기 힘든 경우는 백지에 자신의 사고를 정리하는 연습으로 대체해도 됩니다.)

솔직히 이렇게 하는 사람은 1% 정도겠지만 만약 한다고 하면 난 그 사람을 지지한다.

그냥 풀고 넘어가는 것은 딱히 도움이 안 된다. 이건 Fact 다!

이렇게 하면 실력이 안 늘래야 안 늘 수가 없다!

규토 라이트 N제

추천 계획표

★ 필 독 ★

아래 계획표에는 일주일 혹은 하루에 대단원 한 개씩이라고 되어있지만

이는 학생에 따라서는 매우 큰 부담감으로 작용할 수 있습니다.

도리어 '빨리 풀어야한다'는 압박감에 정작 가장 중요한 100% 공부법을

제대로 이행하지 못하는 부작용이 생길 수 있습니다.

따라서 대단원이 부담되시면 대단원을 쪼개서

중단원을 기준으로 하셔도 됩니다.

저는 큰 틀을 제시한 것이고 각자의 상황에 맞게

조금씩 변화를 주시면 됩니다.

건투를 빌겠습니다.

화이팅입니다~!

선택 ① 개념강의 + 개념부교재(워크북) + 규토 라이트 N제 병행 (1~2등급 학생)

선택 ② 개념강의 + 개념부교재(워크북) + 규토 라이트 N제 병행 (3등급 학생)

선택 ③ 개념강의 + 규토 라이트 N제 병행 (찐노베 학생)
(개념부교재까지 보는 것은 학습에 부담을 줄 수 있기 때문에 라이트 N제로 단권화 / 100%공부법에 적힌 찐노베추천 순서대로 학습
개념부교재를 추가할 수는 있으나 만약 추가한다면 학습에 부담을 주지 않는 선에서 계산연습용으로 쉬운 문제집 선택 권장)

선택 ④ 개념강좌 완강 후 규토 라이트 N제 (1~2등급 학생)

선택 ⑤ 개념강좌 완강 후 규토 라이트 N제 (3등급 학생)

선택 ⑥ 개념강좌 완강 후 규토 라이트 N제 (찐노베 학생)

선택 ⑦ 수1+수2 병행 (①~⑥을 참고하여 개별 맞춤 진행)

선택 ⑧ 수1+수2+선택과목 병행 (①~⑥을 참고하여 개별 맞춤 진행)

선택 ① 개념강의 + 개념부교재(워크북) + 규토 라이트 N제 병행 (1~2등급 학생)

전체 1회독 기준 4주 완성 커리큘럼

월	화	수	목	금	토	일
* 1단원 개념강의 수강 (수강 후 10분이 지나기 전에 복습) * 개념부교재	* 1단원 개념강의 수강 (수강 후 10분이 지나기전에 복습) * 개념부교재	* 1단원 개념강의 수강 (수강 후 10분이 지나기 전에 복습) * 개념부교재	* 1단원에 수록된 규토 라이트 N제 (Guide step ~ Training – 2step)	* 1단원에 수록된 규토 라이트 N제 (Guide step ~ Training – 2step)	* 1단원에 수록된 규토 라이트 N제 (Guide step ~ Training – 2step)	* 새로운 문제 금지 * 복습의 날 (일주일동안 했던 것 복습 및 누적 복습) * 동그라미 커리큘럼 이행하기 (전주, 전전주 틀린 문제 다시 풀기)
* 2단원 개념강의 수강 (수강 후 10분이 지나기 전에 복습) * 개념부교재	* 2단원 개념강의 수강 (수강 후 10분이 지나기 전에 복습) * 개념부교재	* 2단원 개념강의 수강 (수강 후 10분이 지나기 전에 복습) * 개념부교재	* 2단원에 수록된 규토 라이트 N제 (Guide step ~ Training – 2step)	* 2단원에 수록된 규토 라이트 N제 (Guide step ~ Training – 2step)	* 2단원에 수록된 규토 라이트 N제 (Guide step ~ Training – 2step)	* 새로운 문제 금지 * 복습의 날 (일주일동안 했던 것 복습 및 누적 복습) * 동그라미 커리큘럼 이행하기 (전주, 전전주 틀린 문제 다시 풀기)
* 3단원 개념강의 수강 (수강 후 10분이 지나기 전에 복습) * 개념부교재	* 3단원 개념강의 수강 (수강 후 10분이 지나기 전에 복습) * 개념부교재	* 3단원 개념강의 수강 (수강 후 10분이 지나기 전에 복습) * 개념부교재	* 3단원에 수록된 규토 라이트 N제 (Guide step ~ Training – 2step)	* 3단원에 수록된 규토 라이트 N제 (Guide step ~ Training – 2step)	* 3단원에 수록된 규토 라이트 N제 (Guide step ~ Training – 2step)	* 새로운 문제 금지 * 복습의 날 (일주일동안 했던 것 복습 및 누적 복습) * 동그라미 커리큘럼 이행하기 (전주, 전전주 틀린 문제 다시 풀기)
* 1단원 Guide step 복습 *1단원 Guide step ~Training – 2step 틀린 문제 다시보기 * 1단원에 수록된 규토 라이트 N제 (Master step)	* 1단원 Guide step 복습 *1단원 Guide step ~Training – 2step 틀린 문제 다시보기 * 1단원에 수록된 규토 라이트 N제 (Master step)	* 2단원 Guide step 복습 *2단원 Guide step ~Training – 2step 틀린 문제 다시보기 * 2단원에 수록된 규토 라이트 N제 (Master step)	* 2단원 Guide step 복습 *2단원 Guide step ~Training – 2step 틀린 문제 다시보기 * 2단원에 수록된 규토 라이트 N제 (Master step)	* 3단원 Guide step 복습 *3단원 Guide step ~Training – 2step 틀린 문제 다시보기 * 3단원에 수록된 규토 라이트 N제 (Master step)	* 3단원 Guide step 복습 *3단원 Guide step ~Training – 2step 틀린 문제 다시보기 * 3단원에 수록된 규토 라이트 N제 (Master step)	* 새로운 문제 금지 * 복습의 날 (일주일동안 했던 것 복습 및 누적 복습) * 동그라미 커리큘럼 이행하기 (전주, 전전주 틀린 문제 다시 풀기)

* 추후에 계속 틀린 문제 복습해야 함 (동그라미 커리큘럼, 최대한 책에 적힌 100%공부법으로 학습할 것!) / 개념도 반드시 누적 복습할 것
* 각 Step이 끝날 때마다 해설보기 (해설지로 공부한다고 생각)
  ex) Training - 1step 문제 풀고 → 해설보기 → Training - 2step 문제 풀고 → 해설보기
* 실전개념강좌는 도구정리 느낌으로 라이트 N제 체화 후 볼 것 (라이트 N제에도 저자가 쓰는 실전개념 모두 수록 / 해설지에도 수록)
* 복습량이 많아 일요일로 벅차다면 다른 요일에 학습량 일부를 복습에 투자해도 된다.

선택 ② 개념강의 + 개념부교재(워크북) + 규토 라이트 N제 병행 (3등급 학생)

전체 1회독 기준 5주 완성 커리큘럼

월	화	수	목	금	토	일
* 1단원에 수록된 규토 라이트 N제 (Guide step) 정독 후 해당 중단원 개념강의 수강 (수강 후 10분이 지나기 전에 복습) * 개념부교재	* 1단원에 수록된 규토 라이트 N제 (Guide step) 정독 후 해당 중단원 개념강의 수강 (수강 후 10분이 지나기 전에 복습) * 개념부교재	* 1단원에 수록된 규토 라이트 N제 (Guide step) 정독 후 해당 중단원 개념강의 수강 (수강 후 10분이 지나기 전에 복습) * 개념부교재	* 1단원에 수록된 규토 라이트 N제 (Guide step ~ Training – 2step)	* 1단원에 수록된 규토 라이트 N제 (Guide step ~ Training – 2step)	* 1단원에 수록된 규토 라이트 N제 (Guide step ~ Training – 2step)	* 새로운 문제 금지 * 복습의 날 (일주일동안 했던 것 복습 및 누적 복습) * 동그라미 커리큘럼 이행하기 (전주, 전전주 틀린 문제 다시 풀기)
* 2단원에 수록된 규토 라이트 N제 (Guide step) 정독 후 해당 중단원 개념강의 수강 (수강 후 10분이 지나기 전에 복습) * 개념부교재	* 2단원에 수록된 규토 라이트 N제 (Guide step) 정독 후 해당 중단원 개념강의 수강 (수강 후 10분이 지나기 전에 복습) * 개념부교재	* 2단원에 수록된 규토 라이트 N제 (Guide step) 정독 후 해당 중단원 개념강의 수강 (수강 후 10분이 지나기 전에 복습) * 개념부교재	* 2단원에 수록된 규토 라이트 N제 (Guide step ~ Training – 2step)	* 2단원에 수록된 규토 라이트 N제 (Guide step ~ Training – 2step)	* 2단원에 수록된 규토 라이트 N제 (Guide step ~ Training – 2step)	* 새로운 문제 금지 * 복습의 날 (일주일동안 했던 것 복습 및 누적 복습) * 동그라미 커리큘럼 이행하기 (전주, 전전주 틀린 문제 다시 풀기)
* 3단원에 수록된 규토 라이트 N제 (Guide step) 정독 후 해당 중단원 개념강의 수강 (수강 후 10분이 지나기 전에 복습) * 개념부교재	* 3단원에 수록된 규토 라이트 N제 (Guide step) 정독 후 해당 중단원 개념강의 수강 (수강 후 10분이 지나기 전에 복습) * 개념부교재	* 3단원에 수록된 규토 라이트 N제 (Guide step) 정독 후 해당 중단원 개념강의 수강 (수강 후 10분이 지나기 전에 복습) * 개념부교재	* 3단원에 수록된 규토 라이트 N제 (Guide step ~ Training – 2step)	* 3단원에 수록된 규토 라이트 N제 (Guide step ~ Training – 2step)	* 3단원에 수록된 규토 라이트 N제 (Guide step ~ Training – 2step)	* 새로운 문제 금지 * 복습의 날 (일주일동안 했던 것 복습 및 누적 복습) * 동그라미 커리큘럼 이행하기 (전주, 전전주 틀린 문제 다시 풀기)
* 1단원 Guide step 복습 *1단원 Guide step ~Training – 2step 틀린 문제 다시보기 * 1단원에 수록된 규토 라이트 N제 (Master step)	* 1단원 Guide step 복습 *1단원 Guide step ~Training – 2step 틀린 문제 다시보기 * 1단원에 수록된 규토 라이트 N제 (Master step)	* 1단원 Guide step 복습 *1단원 Guide step ~Training – 2step 틀린 문제 다시보기 * 1단원에 수록된 규토 라이트 N제 (Master step)	* 2단원 Guide step 복습 *2단원 Guide step ~Training – 2step 틀린 문제 다시보기 * 2단원에 수록된 규토 라이트 N제 (Master step)	* 2단원 Guide step 복습 *2단원 Guide step ~Training – 2step 틀린 문제 다시보기 * 2단원에 수록된 규토 라이트 N제 (Master step)	* 2단원 Guide step 복습 *2단원 Guide step ~Training – 2step 틀린 문제 다시보기 * 2단원에 수록된 규토 라이트 N제 (Master step)	* 새로운 문제 금지 * 복습의 날 (일주일동안 했던 것 복습 및 누적 복습) * 동그라미 커리큘럼 이행하기 (전주, 전전주 틀린 문제 다시 풀기)
* 3단원 Guide step 복습 *3단원 Guide step ~Training – 2step 틀린 문제 다시보기 * 3단원에 수록된 규토 라이트 N제 (Master step)	* 3단원 Guide step 복습 *3단원 Guide step ~Training – 2step 틀린 문제 다시보기 * 3단원에 수록된 규토 라이트 N제 (Master step)	* 3단원 Guide step 복습 *3단원 Guide step ~Training – 2step 틀린 문제 다시보기 * 3단원에 수록된 규토 라이트 N제 (Master step)	보충	보충	보충	* 새로운 문제 금지 * 복습의 날 (일주일동안 했던 것 복습 및 누적 복습) * 동그라미 커리큘럼 이행하기 (전주, 전전주 틀린 문제 다시 풀기)

* 추후에 계속 틀린 문제 복습해야 함 (동그라미 커리큘럼, 최대한 책에 적힌 100%공부법으로 학습할 것!) / 개념도 반드시 누적 복습할 것
* 각 Step이 끝날 때마다 해설보기 (해설지로 공부한다고 생각)

  ex) Training - 1step 문제 풀고 → 해설보기 → Training - 2step 문제 풀고 → 해설보기
* 실전개념강좌는 도구정리 느낌으로 라이트 N제 체화 후 볼 것 (라이트 N제에도 저자가 쓰는 실전개념 모두 수록 / 해설지에도 수록)
* 복습량이 많아 일요일로 벅차다면 다른 요일에 학습량 일부를 복습에 투자해도 된다.

선택 ③ 개념강의 + 규토 라이트 N제 병행 (찐노베 학생)

training–2step까지 1회독 기준 5주 완성 커리큘럼 (Master step은 추후 학습)

월	화	수	목	금	토	일
* 1단원에 수록된 규토 라이트 N제 (Guide step) 정독 후 해당 중단원 개념강의 수강 (수강 후 10분이 지나기 전에 복습)	* 1단원에 수록된 규토 라이트 N제 (Guide step) 정독 후 해당 중단원 개념강의 수강 (수강 후 10분이 지나기 전에 복습)	* 1단원에 수록된 규토 라이트 N제 (Guide step) 정독 후 해당 중단원 개념강의 수강 (수강 후 10분이 지나기 전에 복습)	* 1단원에 수록된 규토 라이트 N제 (Guide step ~ Training - 2step) t1 theme당 3문제씩 t2 3점	* 1단원에 수록된 규토 라이트 N제 (Guide step ~ Training - 2step) t1 theme당 3문제씩 t2 3점	* 1단원에 수록된 규토 라이트 N제 (Guide step ~ Training - 2step) t1 theme당 3문제씩 t2 3점	* 새로운 문제 금지 * 복습의 날 (일주일동안 했던 것 복습 및 누적 복습) * 동그라미 커리큘럼 이행하기 (전주, 전전주 틀린 문제 다시 풀기)
* 2단원에 수록된 규토 라이트 N제 (Guide step) 정독 후 해당 중단원 개념강의 수강 (수강 후 10분이 지나기 전에 복습)	* 2단원에 수록된 규토 라이트 N제 (Guide step) 정독 후 해당 중단원 개념강의 수강 (수강 후 10분이 지나기 전에 복습)	* 2단원에 수록된 규토 라이트 N제 (Guide step) 정독 후 해당 중단원 개념강의 수강 (수강 후 10분이 지나기 전에 복습)	* 2단원에 수록된 규토 라이트 N제 (Guide step ~ Training - 2step) t1 theme당 3문제씩 t2 3점	* 2단원에 수록된 규토 라이트 N제 (Guide step ~ Training - 2step) t1 theme당 3문제씩 t2 3점	* 2단원에 수록된 규토 라이트 N제 (Guide step ~ Training - 2step) t1 theme당 3문제씩 t2 3점	* 새로운 문제 금지 * 복습의 날 (일주일동안 했던 것 복습 및 누적 복습) * 동그라미 커리큘럼 이행하기 (전주, 전전주 틀린 문제 다시 풀기)
* 3단원에 수록된 규토 라이트 N제 (Guide step) 정독 후 해당 중단원 개념강의 수강 (수강 후 10분이 지나기 전에 복습)	* 3단원에 수록된 규토 라이트 N제 (Guide step) 정독 후 해당 중단원 개념강의 수강 (수강 후 10분이 지나기 전에 복습)	* 3단원에 수록된 규토 라이트 N제 (Guide step) 정독 후 해당 중단원 개념강의 수강 (수강 후 10분이 지나기 전에 복습)	* 3단원에 수록된 규토 라이트 N제 (Guide step ~ Training - 2step) t1 theme당 3문제씩 t2 3점	* 3단원에 수록된 규토 라이트 N제 (Guide step ~ Training - 2step) t1 theme당 3문제씩 t2 3점	* 3단원에 수록된 규토 라이트 N제 (Guide step ~ Training - 2step) t1 theme당 3문제씩 t2 3점	* 새로운 문제 금지 * 복습의 날 (일주일동안 했던 것 복습 및 누적 복습) * 동그라미 커리큘럼 이행하기 (전주, 전전주 틀린 문제 다시 풀기)
* 1단원에 수록된 규토 라이트 N제 (Guide step ~ Training - 2step) t1 남은 문제 t2 4점	* 1단원에 수록된 규토 라이트 N제 (Guide step ~ Training - 2step) t1 남은 문제 t2 4점	* 1단원에 수록된 규토 라이트 N제 (Guide step ~ Training - 2step) t1 남은 문제 t2 4점	* 1단원에 수록된 규토 라이트 N제 (Guide step ~ Training - 2step) t1 남은 문제 t2 4점	* 2단원에 수록된 규토 라이트 N제 (Guide step ~ Training - 2step) t1 남은 문제 t2 4점	* 2단원에 수록된 규토 라이트 N제 (Guide step ~ Training - 2step) t1 남은 문제 t2 4점	* 새로운 문제 금지 * 복습의 날 (일주일동안 했던 것 복습 및 누적 복습) * 동그라미 커리큘럼 이행하기 (전주, 전전주 틀린 문제 다시 풀기)
* 2단원에 수록된 규토 라이트 N제 (Guide step ~ Training - 2step) t1 남은 문제 t2 4점	* 2단원에 수록된 규토 라이트 N제 (Guide step ~ Training - 2step) t1 남은 문제 t2 4점	* 3단원에 수록된 규토 라이트 N제 (Guide step ~ Training - 2step) t1 남은 문제 t2 4점	* 3단원에 수록된 규토 라이트 N제 (Guide step ~ Training - 2step) t1 남은 문제 t2 4점	* 3단원에 수록된 규토 라이트 N제 (Guide step ~ Training - 2step) t1 남은 문제 t2 4점	* 3단원에 수록된 규토 라이트 N제 (Guide step ~ Training - 2step) t1 남은 문제 t2 4점	* 새로운 문제 금지 * 복습의 날 (일주일동안 했던 것 복습 및 누적 복습) * 동그라미 커리큘럼 이행하기 (전주, 전전주 틀린 문제 다시 풀기)

* 100% 공부법에 적힌 찐노베 추천순서대로 학습할 것 / 개념부교재까지 보는 것은 부담이 될 수 있기 때문에 라이트 N제로 단권화하도록 하자. 개념부교재를 추가할 수는 있으나 만약 추가한다면 학습에 부담을 주지 않는 선에서 계산연습용으로 쉬운 문제집 선택 권장
* 추후에 계속 틀린 문제 복습해야 함 (동그라미 커리큘럼, 최대한 책에 적힌 100%공부법으로 학습할 것!) / 개념도 반드시 누적 복습할 것
* 각 Step이 끝날 때마다 해설보기 (해설지로 공부한다고 생각)
  ex) Training - 1step 문제 풀고 → 해설보기 → Training - 2step 문제 풀고 → 해설보기
* 실전개념강좌는 도구정리 느낌으로 라이트 N제 체화 후 볼 것 (라이트 N제에도 저자가 쓰는 실전개념 모두 수록 / 해설지에도 수록)
* 복습량이 많아 일요일로 벅차다면 다른 요일에 학습량 일부를 복습에 투자해도 된다.

선택 ④ 개념강좌 완강 후 규토 라이트 N제 (1~2등급 학생)

전체 1회독 기준 2주 완성 커리큘럼

월	화	수	목	금	토	일
* 1단원에 수록된 규토 라이트 N제 (Guide step ~ Training – 2step)	* 1단원에 수록된 규토 라이트 N제 (Guide step ~ Training – 2step)	* 2단원에 수록된 규토 라이트 N제 (Guide step ~ Training – 2step)	* 2단원에 수록된 규토 라이트 N제 (Guide step ~ Training – 2step)	* 3단원에 수록된 규토 라이트 N제 (Guide step ~ Training – 2step)	* 3단원에 수록된 규토 라이트 N제 (Guide step ~ Training – 2step)	* 새로운 문제 금지 * 복습의 날 (일주일동안 했던 것 복습 및 누적 복습) * 동그라미 커리큘럼 이행하기 (전주, 전전주 틀린 문제 다시 풀기)
* 1단원 Guide step 복습 *1단원 Guide step ~Training – 2step 틀린 문제 다시보기 * 1단원에 수록된 규토 라이트 N제 (Master step)	* 1단원 Guide step 복습 *1단원 Guide step ~Training – 2step 틀린 문제 다시보기 * 1단원에 수록된 규토 라이트 N제 (Master step)	* 2단원 Guide step 복습 *2단원 Guide step ~Training – 2step 틀린 문제 다시보기 * 2단원에 수록된 규토 라이트 N제 (Master step)	* 2단원 Guide step 복습 *2단원 Guide step ~Training – 2step 틀린 문제 다시보기 * 2단원에 수록된 규토 라이트 N제 (Master step)	* 3단원 Guide step 복습 *3단원 Guide step ~Training – 2step 틀린 문제 다시보기 * 3단원에 수록된 규토 라이트 N제 (Master step)	* 3단원 Guide step 복습 *3단원 Guide step ~Training – 2step 틀린 문제 다시보기 * 3단원에 수록된 규토 라이트 N제 (Master step)	* 새로운 문제 금지 * 복습의 날 (일주일동안 했던 것 복습 및 누적 복습) * 동그라미 커리큘럼 이행하기 (전주, 전전주 틀린 문제 다시 풀기)

* 추후에 계속 틀린 문제 복습해야 함 (동그라미 커리큘럼, 최대한 책에 적힌 100%공부법으로 학습할 것!) / 개념도 반드시 누적 복습할 것
* 각 Step이 끝날 때마다 해설보기 (해설지로 공부한다고 생각)
  ex) Training - 1step 문제 풀고 → 해설보기 → Training - 2step 문제 풀고 → 해설보기
* 실전개념강좌는 도구정리 느낌으로 라이트 N제 체화 후 볼 것 (라이트 N제에도 저자가 쓰는 실전개념 모두 수록 / 해설지에도 수록)
* 복습량이 많아 일요일로 벅차다면 다른 요일에 학습량 일부를 복습에 투자해도 된다.

선택 ⑤ 개념강좌 완강 후 규토 라이트 N제 (3등급 학생)

전체 1회독 기준 3주 완성 커리큘럼

월	화	수	목	금	토	일
* 1단원에 수록된 규토 라이트 N제 (Guide step ~ Training – 2step)	* 1단원에 수록된 규토 라이트 N제 (Guide step ~ Training – 2step)	* 1단원에 수록된 규토 라이트 N제 (Guide step ~ Training – 2step)	* 2단원에 수록된 규토 라이트 N제 (Guide step ~ Training – 2step)	* 2단원에 수록된 규토 라이트 N제 (Guide step ~ Training – 2step)	* 2단원에 수록된 규토 라이트 N제 (Guide step ~ Training – 2step)	* 새로운 문제 금지 * 복습의 날 (일주일동안 했던 것 복습 및 누적 복습) * 동그라미 커리큘럼 이행하기 (전주, 전전주 틀린 문제 다시 풀기)
* 3단원에 수록된 규토 라이트 N제 (Guide step ~ Training – 2step)	* 3단원에 수록된 규토 라이트 N제 (Guide step ~ Training – 2step)	* 3단원에 수록된 규토 라이트 N제 (Guide step ~ Training – 2step)	* 1단원 Guide step 복습 *1단원 Guide step ~Training – 2step 틀린 문제 다시보기 * 1단원에 수록된 규토 라이트 N제 (Master step)	* 1단원 Guide step 복습 *1단원 Guide step ~Training – 2step 틀린 문제 다시보기 * 1단원에 수록된 규토 라이트 N제 (Master step)	* 1단원 Guide step 복습 *1단원 Guide step ~Training – 2step 틀린 문제 다시보기 * 1단원에 수록된 규토 라이트 N제 (Master step)	* 새로운 문제 금지 * 복습의 날 (일주일동안 했던 것 복습 및 누적 복습) * 동그라미 커리큘럼 이행하기 (전주, 전전주 틀린 문제 다시 풀기)
* 2단원 Guide step 복습 *2단원 Guide step ~Training – 2step 틀린 문제 다시보기 * 2단원에 수록된 규토 라이트 N제 (Master step)	* 2단원 Guide step 복습 *2단원 Guide step ~Training – 2step 틀린 문제 다시보기 * 2단원에 수록된 규토 라이트 N제 (Master step)	* 2단원 Guide step 복습 *2단원 Guide step ~Training – 2step 틀린 문제 다시보기 * 2단원에 수록된 규토 라이트 N제 (Master step)	* 3단원 Guide step 복습 *3단원 Guide step ~Training – 2step 틀린 문제 다시보기 * 3단원에 수록된 규토 라이트 N제 (Master step)	* 3단원 Guide step 복습 *3단원 Guide step ~Training – 2step 틀린 문제 다시보기 * 3단원에 수록된 규토 라이트 N제 (Master step)	* 3단원 Guide step 복습 *3단원 Guide step ~Training – 2step 틀린 문제 다시보기 * 3단원에 수록된 규토 라이트 N제 (Master step)	* 새로운 문제 금지 * 복습의 날 (일주일동안 했던 것 복습 및 누적 복습) * 동그라미 커리큘럼 이행하기 (전주, 전전주 틀린 문제 다시 풀기)

* 추후에 계속 틀린 문제 복습해야함 (동그라미 커리큘럼, 최대한 책에 적힌 100%공부법으로 학습할 것!) / 개념도 반드시 누적 복습할 것
* 각 Step이 끝날 때마다 해설보기 (해설지로 공부한다고 생각)
  ex) Training - 1step 문제 풀고 → 해설보기 → Training - 2step 문제 풀고 → 해설보기
* 실전개념강좌는 도구정리 느낌으로 라이트 N제 체화 후 볼 것 (라이트 N제에도 저자가 쓰는 실전개념 모두 수록 / 해설지에도 수록)
* 복습량이 많아 일요일로 벅차다면 다른 요일에 학습량 일부를 복습에 투자해도 된다.

선택 ⑥ 개념강좌 완강 후 규토 라이트 N제 (찐노베 학생)

training-2step까지 1회독 기준 4주 완성 커리큘럼 (Master step은 추후 학습)

월	화	수	목	금	토	일
* 1단원에 수록된 규토 라이트 N제 (Guide step ~ Training - 2step) t1 theme당 3문제씩 t2 3점	* 1단원에 수록된 규토 라이트 N제 (Guide step ~ Training - 2step) t1 theme당 3문제씩 t2 3점	* 1단원에 수록된 규토 라이트 N제 (Guide step ~ Training - 2step) t1 theme당 3문제씩 t2 3점	* 2단원에 수록된 규토 라이트 N제 (Guide step ~ Training - 2step) t1 theme당 3문제씩 t2 3점	* 2단원에 수록된 규토 라이트 N제 (Guide step ~ Training - 2step) t1 theme당 3문제씩 t2 3점	* 2단원에 수록된 규토 라이트 N제 (Guide step ~ Training - 2step) t1 theme당 3문제씩 t2 3점	* 새로운 문제 금지 * 복습의 날 (일주일동안 했던 것 복습 및 누적 복습) * 동그라미 커리큘럼 이행하기 (전주, 전전주 틀린 문제 다시 풀기)
* 3단원에 수록된 규토 라이트 N제 (Guide step ~ Training - 2step) t1 theme당 3문제씩 t2 3점	* 3단원에 수록된 규토 라이트 N제 (Guide step ~ Training - 2step) t1 theme당 3문제씩 t2 3점	* 3단원에 수록된 규토 라이트 N제 (Guide step ~ Training - 2step) t1 theme당 3문제씩 t2 3점	* 1단원에 수록된 규토 라이트 N제 (Guide step ~ Training - 2step) t1 남은 문제 t2 4점	* 1단원에 수록된 규토 라이트 N제 (Guide step ~ Training - 2step) t1 남은 문제 t2 4점	* 1단원에 수록된 규토 라이트 N제 (Guide step ~ Training - 2step) t1 남은 문제 t2 4점	* 새로운 문제 금지 * 복습의 날 (일주일동안 했던 것 복습 및 누적 복습) * 동그라미 커리큘럼 이행하기 (전주, 전전주 틀린 문제 다시 풀기)
* 1단원에 수록된 규토 라이트 N제 (Guide step ~ Training - 2step) t1 남은 문제 t2 4점	* 2단원에 수록된 규토 라이트 N제 (Guide step ~ Training - 2step) t1 남은 문제 t2 4점	* 2단원에 수록된 규토 라이트 N제 (Guide step ~ Training - 2step) t1 남은 문제 t2 4점	* 2단원에 수록된 규토 라이트 N제 (Guide step ~ Training - 2step) t1 남은 문제 t2 4점	* 2단원에 수록된 규토 라이트 N제 (Guide step ~ Training - 2step) t1 남은 문제 t2 4점	* 3단원에 수록된 규토 라이트 N제 (Guide step ~ Training - 2step) t1 남은 문제 t2 4점	* 새로운 문제 금지 * 복습의 날 (일주일동안 했던 것 복습 및 누적 복습) * 동그라미 커리큘럼 이행하기 (전주, 전전주 틀린 문제 다시 풀기)
* 3단원에 수록된 규토 라이트 N제 (Guide step ~ Training - 2step) t1 남은 문제 t2 4점	* 3단원에 수록된 규토 라이트 N제 (Guide step ~ Training - 2step) t1 남은 문제 t2 4점	* 3단원에 수록된 규토 라이트 N제 (Guide step ~ Training - 2step) t1 남은 문제 t2 4점	보충	보충	보충	* 새로운 문제 금지 * 복습의 날 (일주일동안 했던 것 복습 및 누적 복습) * 동그라미 커리큘럼 이행하기 (전주, 전전주 틀린 문제 다시 풀기)

* 100% 공부법에 적힌 찐노베 추천순서대로 학습할 것
* 추후에 계속 틀린 문제 복습해야 함 (동그라미 커리큘럼, 최대한 책에 적힌 100%공부법으로 학습할 것!) / 개념도 반드시 누적 복습할 것
* 각 Step이 끝날 때마다 해설보기 (해설지로 공부한다고 생각)
  ex) Training - 1step 문제 풀고 → 해설보기 → Training - 2step 문제 풀고 → 해설보기
* 실전개념강좌는 도구정리 느낌으로 라이트 N제 체화 후 볼 것 (라이트 N제에도 저자가 쓰는 실전개념 모두 수록 / 해설지에도 수록)
* 복습량이 많아 일요일로 벅차다면 다른 요일에 학습량 일부를 복습에 투자해도 된다.

선택 ⑦ 수1+수2 병행 (①~⑥을 참고하여 개별 맞춤 진행)

월화수(수1) 목금토(수2) 일(복습)

월	화	수	목	금	토	일
수1	수1	수1	수2	수2	수2	* 새로운 문제 금지 * 복습의 날 (일주일동안 했던 것 복습 및 누적 복습) * 동그라미 커리큘럼 이행하기 (전주, 전전주 틀린 문제 다시 풀기)

* ①~⑥를 참고하여 각자의 상황에 맞춰 진행 / 기존 6일 분량을 3일 분량으로 줄여서 일주일 진행
* 추후에 계속 틀린 문제 복습해야함 (동그라미 커리큘럼, 최대한 책에 적힌 100%공부법으로 학습할 것!) / 개념도 반드시 누적 복습할 것
* 각 Step이 끝날 때마다 해설보기 (해설지로 공부한다고 생각)
  ex) Training - 1step 문제 풀고 → 해설보기 → Training - 2step 문제 풀고 → 해설보기
* 실전개념강좌는 도구정리 느낌으로 라이트 N제 체화 후 볼 것 (라이트 N제에도 저자가 쓰는 실전개념 모두 수록 / 해설지에도 수록)
* 복습량이 많아 일요일로 벅차다면 다른 요일에 학습량 일부를 복습에 투자해도 된다.

선택 ⑧ 수1+수2+선택과목 병행 (①~⑥을 참고하여 개별 맞춤 진행)

월화수(수1) 목금토(수2) 일(복습) 월~토(꾸준히 조금씩 선택과목)

월	화	수	목	금	토	일
수1 + 선택과목	수1 + 선택과목	수1 + 선택과목	수2 + 선택과목	수2 + 선택과목	수2 + 선택과목	* 새로운 문제 금지 * 복습의 날 (일주일동안 했던 것 복습 및 누적 복습) * 동그라미 커리큘럼 이행하기 (전주, 전전주 틀린 문제 다시 풀기)

* ①~⑥를 참고하여 각자의 상황에 맞춰 진행 / 기존 6일 분량을 3일 분량으로 줄여서 일주일 진행
* 추후에 계속 틀린 문제 복습해야함 (동그라미 커리큘럼, 최대한 책에 적힌 100%공부법으로 학습할 것!) / 개념도 반드시 누적 복습할 것
* 각 Step이 끝날 때마다 해설보기 (해설지로 공부한다고 생각)
  ex) Training - 1step 문제 풀고 → 해설보기 → Training - 2step 문제 풀고 → 해설보기
* 실전개념강좌는 도구정리 느낌으로 라이트 N제 체화 후 볼 것 (라이트 N제에도 저자가 쓰는 실전개념 모두 수록 / 해설지에도 수록)
* 복습량이 많아 일요일로 벅차다면 다른 요일에 학습량 일부를 복습에 투자해도 된다.

규토 라이트 N제

학습법 가이드

1. 무조건 책에 적혀있는 100%공부법으로 학습한다.

그냥 문제만 풀면 딱히 도움 안 된다. 이건 Fact다.

보통 학생들은 주어 담을 생각만 하지 정작 빠져나가고 있는 것은 생각하지 않는다. 진짜다.
근데 혹시 그거 아나? 빠져나가는 것이 훨씬 더 많다는 것을....
규토 라이트 N제를 푸는 자랑스러운 학생으로서 **절대 해서는 안 될 짓**이다.
100% 공부법으로 학습하면 아주 효율적으로 3~4회독 할 수 있다.

제발 책에다 풀지 말고 노트에 풀도록 하자. (답, 풀이, 힌트 금지 / 틀린 이유를 쓰려면 별도의 노트를 만들어라.)
(단, Guide step에 답을 제외한 필기는 가능)
팁을 주자면 문제는 노트에 풀고 답은 포스트잇에다 적어 놓으면 나중에 채점하기 편하다.
가끔 문제 질문할 때 책에 풀려 있는 거 보면 마음이 아프다;;;
(속으로 하..ㅠㅠ 이분은 과연 100%공부법을 지키시는 중일까? 읽어는 봤을까?...하는 생각에 근심걱정 한가득하게 된다.)

다시 풀 때 항상 새 문제처럼 느껴지는 것이 훨씬 더 도움 되기 때문이니 반드시 지키도록 하자.

즉, 오로지 책에 표시되는 것은 아래와 같이 문제번호에 OX와 box표에 OX뿐이다.

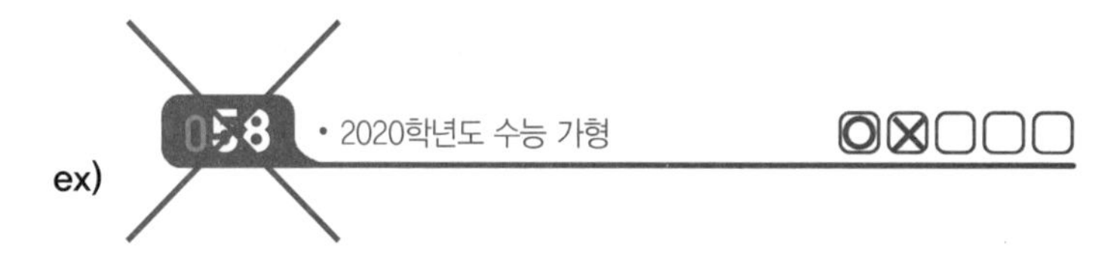

100% 공부법 2번을 잘 지키도록 하자. 문제를 풀고 나서 바로 다음 문제로 넘어가지 말고
백지에 깔끔하게 다시 풀어본다. 어떤 개념이 쓰였고 여기서 왜 이런 생각을 해야 하는 것인지
A에서 B로 갈 때 어떤 논리적 근거가 있는지 등등 생각하면서 다시 풀도록 하자.
반드시 백지에 다시 풀면서 자신의 풀이가 논리적으로 맞는지 체계화를 해본다.

동그라미 커리큘럼은 틀린 문제만 하는 것이 원칙이지만 1달 정도 지난 뒤에 전체를 다시 풀어준다.
분명히 맞았던 것도 틀리는 경우가 생길 것이다.
이때 틀린 문제들은 마찬가지로 동그라미 커리큘럼으로 처리하도록 하자.

2. 규토 라이트 N제 추천 계획표를 기본 틀로 하여 자신에게 맞는 계획표를 짠다.

계획이 있어야 체계적이고 효율적으로 학습할 수 있다.

3. 각 스텝이 끝난 후 해설지를 본다. (100%공부법에도 명시되어 있음)

ex) Training – 1step 문제 풀기 → 해설지 보기 → Training – 2step 문제 풀기 → 해설지 보기

4. 가져야할 마인드

① Training - 1step은 "문제를 풀어야지"라는 생각보다는 "**공부한다.**"는 생각을 갖도록 하자.
진정한 실전 적용연습은 Training -2step부터라고 생각하자.
(더욱이 실전연습에 적합하도록 Training -2step부터는 유형별이 아니라 난이도순으로 배치하였다.)
즉, Training - 1step에 있는 문항들을 학습한 후 **도전!** 이라는 마음가짐으로 Training -2step에 임하도록 하자.

만약 Training - 1step에서 특정한 유형을 전부 못 풀었다면?
Training - 1step을 끝내고 해설지를 볼 때, 그 특정 유형에서 제일 첫 번째 문제에 대한 해설을 보고 확실히 이해한 뒤 같은 유형에서 그 다음에 수록된 문제를 도전해본다. (이 경우 풀릴 가능성이 높다.)

② Training - 1step이 Training - 2step 보다 반드시 쉬운 것은 아니다. 단원마다 난이도가 다르기도 하고
쉬운문제도 있고 어려운 문제도 있으니 틀리는 문제가 많다고 괴로워할 필요 전~혀 없다.
문제를 보자마자 어떻게 해야겠다는 기본값이 있는데 특히 노베 학생의 경우에는 이러한 기본값이
전무하기 때문에 당연히 어려울 수밖에 없다. 처음부터 잘하는 사람은 아무도 없다.
어차피 나중에 100% 공부법으로 계속 공부하다보면 다 아무것도 아니게 되니 걱정하지 않아도 된다.
즉, 동그라미 커리큘럼을 통해 계속 주기적으로 반복하여 자기 것으로 만들면 그만이다.

5. 고민하는 시간에 대한 가이드라인

Training – 1step : 10~15분 / T1은 공부용이므로 해설지를 본다는 것에 너무 부담을 갖지 말도록 하자.
Training – 2step : 15~20분
Master step : 20~30분
(치열하게 고민해야 질적 성장이 가능하다.)

6. 약점 노트 만들기

수능 당일 1교시가 끝나면 대략 15~20분 정도 시간이 난다. 이때 볼 약점 노트를 만들자. 수학공식, 자신이 매번 실수하는 유형들, 조건을 보고 떠올려야 하는 발상들, 자신만의 약점 등을 노트에 정리해보자. 자기가 직접 만들었기 때문에 5분 안에 충분히 다 볼 수 있고 수능만이 아니라 모의고사 응시 10분 전에 자신이 직접 만든 약점 노트를 보고 시험에 응시하도록 하자.

7. 해설보기 (feat.실전개념)

모든 문항은 해설을 봐야 한다. 가이드 스텝에 모든 것을 설명하지 않고 문제를 통해 배울 수 있도록 해설지에 실전개념을 설명해 놓은 것도 있다. 상담을 하다 보면 정말 많은 학생들이 질문하는 것 중에 하나가 바로 실전개념강의이다. 남들은 다 실전개념강의를 듣고 있는데 자기만 뒤쳐져 있다고 느껴져 걱정된다는 글이 대다수이다. 수학은 단계라는 것이 있다. 자기는 A단계인데 남들 한다고 C단계부터 학습하면 나중에 실전에서 무너질 확률이 매우 높다. 안타깝게도 14년동안 수능판에 있으면서 이러한 케이스를 너무도 많이 보아왔다. 라이트 N제에도 저자가 실전에서 사용하는 실전개념이 모두 수록되어있다. 저자가 아는 것을 모두 나열한 것이 아니라 정말 실전에서 사용하는 것들만 수록하였다. 그렇니 너무 걱정하지 말도록 하자. 다만 보통 실전개념 강의와 달리 Theme별로 실전개념을 다루기보다는 쌩기초부터 점점 살을 붙여가며 기출킬러까지 다루는 올인원 성격의 교재라는 점에서 차이가 있다. 따라서 해설지를 최대한 꼼꼼히 보고 자신의 풀이와 다르면 다~ 흡수하여 자기 것으로 만들도록 하자. 개인적으로 실전개념강의는 필수유형과 기출이 어느 정도 되어 있는 상태에서 보는 것이 좋다. 그래야 더 많은 것이 보이기 때문이다. 실전개념강의를 듣고 싶다면 라이트 N제를 체화한 후에 도구 정리 느낌으로 보는 것을 추천한다. 그리고 킬러문제가 안 풀리는 이유는 실전개념이 부족하기보다는 문제해결력이 부족하기 때문이다.

8. 만약 라이트 수1 수2를 병행한다면?

라이트 수1 수2를 병행한다면 라이트 수1 지수함수와 로그함수 가이드스텝 (평행이동, 대칭이동, 절댓값 함수 그리기)부터 먼저 학습하고 수2를 들어가도록 하자.

9. 규토 라이트 N제 무료개념강의 활용하기

규토의 가능세계(규토 N제 네이버 질문카페)에서 수1,수2,미적분의 경우 전 범위 개념강의를 무료로 들을 수 있다. 단순히 개념설명뿐만 아니라 t1~t2 대표유형도 풀어주기 때문에 초반 접근이 쉬워질 수 있어 노베학생들의 경우 무료개념강의를 적극 활용하도록 하자.

10. 진심 및 최종목표

제가 괜히 라이트 N제를 씹어먹으라고 한 게 아닙니다. 그냥 단순히 1회독? 2회독? 그 정도로는 턱도 없습니다. 제가 분명히 단언합니다. 얼마 지나면 다 까먹을 거예요. 기억도 안 날 겁니다. 진짜입니다. 실제로 변별력 있는 문제들은 온갖 요소들이 복합적으로 결합되어 출제됩니다. 이런 문제들을 현장에서 타파하기 위해서는 배운 내용들이 확실하게 체화되어 있어야 합니다. 그래야 비로소 실전에서 배운 것이 발휘됩니다. 그냥 단순히 강의 좀 듣고 문제 몇 번 풀고 해설지 몇 번 읽어 본다고 해서 체화되는 게 아니거든요. 정말 치열하게 고민해 보고 진짜 보고 또 보고 또 보고 해야 합니다. 그러면 결국 됩니다. 이건 진짜입니다. 라이트 N제로 공부하시는 분들은 반드시! 학습법 가이드를 기초로 학습하시길 바랍니다. 처음에는 정말 힘들 거예요. 제가 괜히 1% 지지자라고 쓴 게 아닙니다. 하지만 효과는 보장합니다. 원래 질적 성장에는 당연히 고통이 수반되거든요. 당연한 고통이니 즐기시기 바랍니다. 반복하면 반복할수록 속도는 빨라질 겁니다. 틀리면 될 때까지 반복하면 되는 겁니다. 그리고 모든 문제가 손쉽게 풀리면 그게 무슨 도움이 되겠습니까? 오직 틀린 문제만이 당신을 강하게 만들어 줄겁니다.

기준은 "라이트 N제에 있는 모든 문제를 설명할 수 있다"입니다. 이외에 그 어떤 것도 기준이 될 수 없습니다.

요약 : 치열하게 고민하고! 반복해서 체화하자! 라이트 N제에 있는 모든 문제를 누구에게 설명할 수 있을 때까지!

유일하게 부족한 것은 노력뿐!

맺음말

지금으로부터 20년 전 중학교 2학년이었던 규토는 "버킷리스트"라는 것을 작성하게 됩니다.

많은 항목들이 있었지만 그 중에서 가장 기억에 남는 것은 바로 저 만의 책을 만드는 것이었습니다.

그로부터 12년 후 규토 수학 고득점 N제를 발간하게 됩니다.

첫 책을 받았을 때의 감동... 아직도 잊을 수가 없네요..ㅠㅠ

벌써 8년이라는 세월이 흘렀네요.

규토 수학 고득점 n제 2017 ⇒ 규토 수학 고득점 n제 2019 ⇒ 규토 수학 고득점 n제 2020 (가/나)

⇒ 규토 수학 라이트 N제 2021 (수1/ 수2) + 고득점 N제 2021 (가/나)

⇒ 규토 라이트 N제 2022 (수1/수2/확통/미적), 고득점 N제 2022 (수1+수2/미적)

⇒ 규토 라이트 N제 2023 (수1/수2/확통/미적/기하), 고득점 N제 2023 (수1+수2/미적)

⇒ 규토 라이트 N제 2024 (수1/수2/확통/미적/기하), 고득점 N제 2024 (수1+수2/미적)

올해 나오게 될 규토 라이트 N제 2025 (수1/수2/확통/미적/기하), 규토 데일리 N제 2025까지 아주 감개무량하네요. ㅎㅎ

규토 라이트 N제는 15년간 수능판에 있으면서 쌓아왔던 저자의 데이터를 바탕으로 기출문제와 개념 간의 격차를 최소화하고

고정 1등급으로 도약하기 위한 탄탄한 base를 만들어 주기 위해 기획한 교재입니다.

규토 라이트 N제로 더 많은 학생들과 만날 수 있게 되어 진심으로 기쁩니다.

규토 라이트 N제로 폭풍 성장한 여러분들이 벌써부터 눈에 아른거리는 군요. ㅎㅎ

계속해서 발전해 나가는 규토 N제가 되겠습니다! 내년 개정판은 더 더욱 좋아지겠죠?-_-;;

2021년부터 네이버 카페 (규토의 가능세계)를 통해 질문을 받고 있습니다~
https://cafe.naver.com/gyutomath

많은 가입부탁드립니다 :D

질문뿐만 아니라 각종 자료도 업로드하면서 차츰차츰 업그레이드 해나가겠습니다~ㅎㅎ
(수1,수2,미적분의 경우 전 범위 무료 개념강의도 들으실 수 있습니다.)

규토 N제를 푸시는 모든 분들께 감사의 인사를 전하면서 저는 해설로 찾아뵐게요~ :D

참고로

① 네이버 블로그 (규토의 특별한 수학) 이웃추가
② 오르비에서 (닉네임 : 규토) 팔로우
③ 네이버 카페 (규토의 가능세계) 가입

하시면 규토 N제에 대한 최신 소식(정오표 or 보충자료 등)을 누구보다 빠르게 받아 보실 수 있습니다~

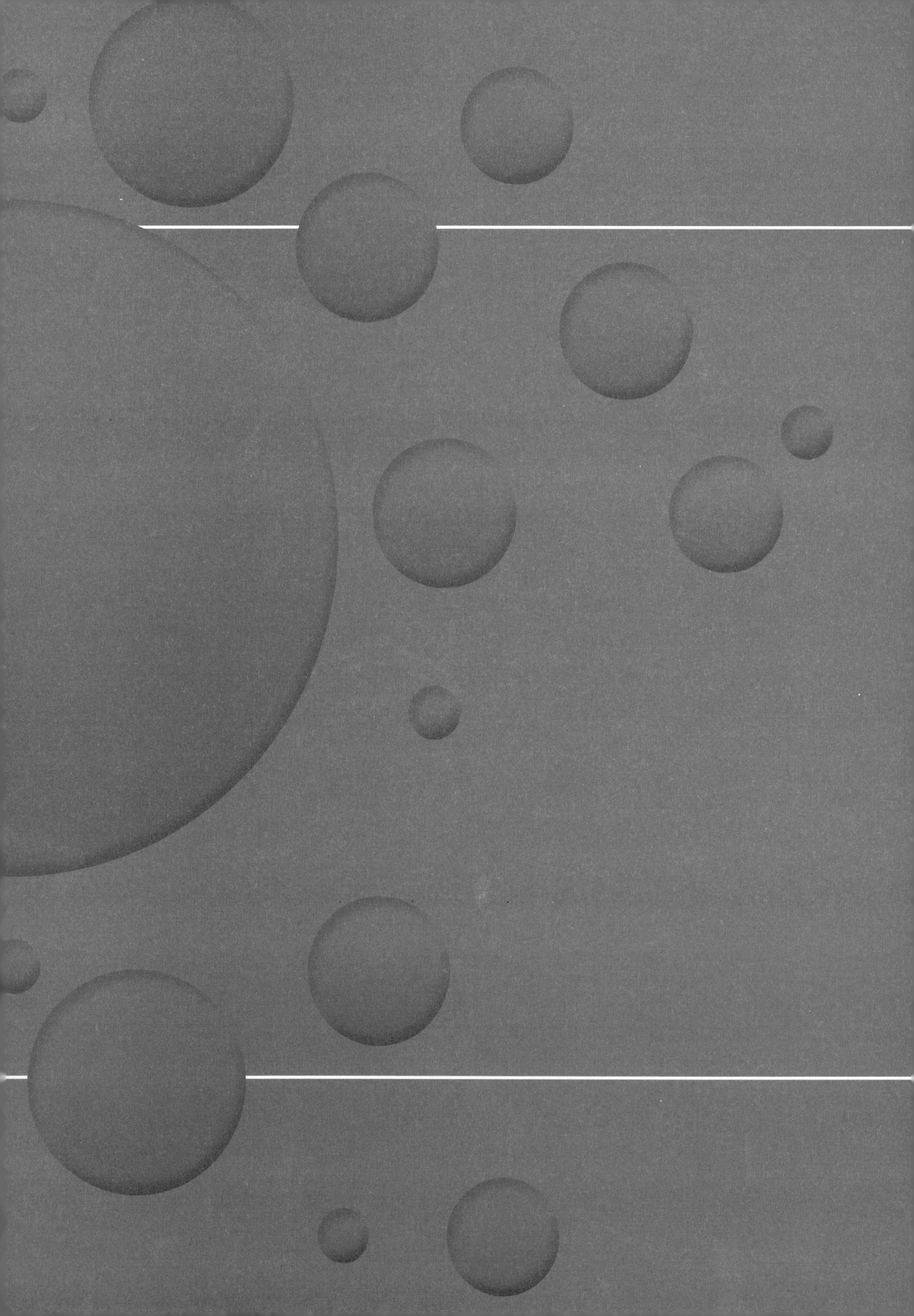

규토 라이트 N제

지수함수와 로그함수

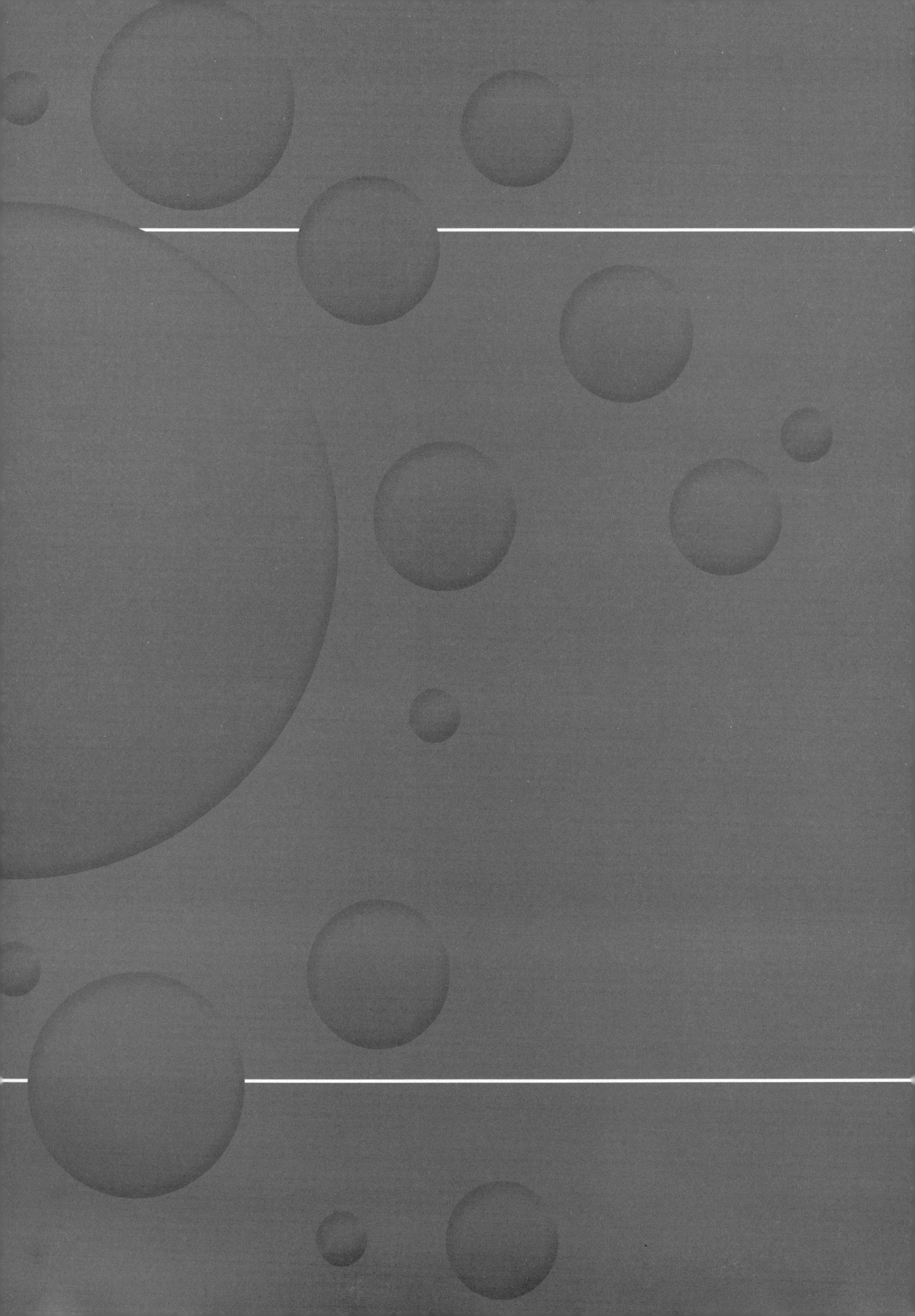

규토 라이트 N제

지수함수와 로그함수

Guide step

개념 익히기편

1. 지수

01

지수함수와 로그함수

거듭제곱과 거듭제곱근

성취 기준 – 거듭제곱과 거듭제곱근의 뜻을 알고, 그 성질을 이해한다.

개념 파악하기 (1) 거듭제곱과 거듭제곱근이란 무엇일까?

거듭제곱

실수 a를 n번 곱한 것을 a의 n제곱이라 하고, 기호로 a^n과 같이 나타낸다.
또 a, a^2, a^3, $\cdots$, a^n, $\cdots$을 통틀어 a의 거듭제곱이라 하고,
a^n에서 a를 거듭제곱의 밑, n을 거듭제곱의 지수라 한다.

중학교에서 배운 내용 복습

a, b가 실수이고 m, n이 자연수일 때

① $a^m a^n = a^{m+n}$

② $(a^m)^n = a^{mn}$

③ $(ab)^n = a^n b^n$

④ $\left(\frac{a}{b}\right)^n = \frac{a^n}{b^n}$ (단, $b \neq 0$)

⑤ $a^m \div a^n = \begin{cases} a^{m-n} & (m > n) \\ 1 & (m = n) \\ \frac{1}{a^{n-m}} & (m < n) \end{cases}$ (단, $a \neq 0$)

Tip ②번에서 $(a^m)^n \neq a^{m^n}$ 임을 유의하자. ex $(a^2)^3 = a^6$, $a^{2^3} = a^8 \Rightarrow (a^2)^3 \neq a^{2^3}$

개념 확인문제 1

a, b가 0이 아닌 실수일 때, 다음 식을 간단히 하시오.

(1) $(a^2b^3)^4 \times a^3$

(2) $a^3b^5 \div ab^2$

(3) $\left(\frac{a}{b}\right)^2 \times \left(\frac{b^2}{a}\right)^3$

거듭제곱근

제곱하여 실수 a가 되는 수, 즉 $x^2=a$를 만족시키는 수 x를 a의 제곱근이라고 하고,
세제곱하여 실수 a가 되는 수, 즉 $x^3=a$를 만족시키는 수 x를 a의 세제곱근이라고 한다.

일반적으로 n이 2 이상의 정수일 때, n제곱하여 실수 a가 되는 수,
즉 방정식 $x^n=a$를 만족시키는 x를 a의 n제곱근이라 한다.

또한 a의 제곱근, a의 세제곱근, $\cdots$, a의 n제곱근, $\cdots$을 통틀어 a의 거듭제곱근이라 한다.

Tip 1 '방정식 $x^n=a$를 만족시키는 x를 a의 n제곱근' 이라는 문장 전체를 암기하는 것을 추천한다.

Tip 2 방정식 $x^n=a$의 해 개수는 복소수의 범위에서 n개다.

ex $x^3=1$을 만족시키는 x는 $x=1$, $x=\dfrac{-1+\sqrt{3}i}{2}$, $x=\dfrac{-1-\sqrt{3}i}{2}$이다.

이처럼 실수 a의 n제곱근은 복소수의 범위에서 n개가 존재한다.

예제 1

-27의 세제곱근을 모두 구하시오.

풀이

-27의 세제곱근을 x라 하면 방정식 $x^3=-27 \Rightarrow x^3+27=0 \Rightarrow (x+3)(x^2-3x+9)=0$이므로
$x=-3$, $x=\dfrac{3\pm3\sqrt{3}i}{2}$ 이다.

Tip 1 a의 n제곱근을 x라고 하면 $x^n=a$임을 이용하여 x의 값을 구한다.
즉, 먼저 x에 대한 방정식을 세우고 난 뒤 방정식을 푸는 형태로 접근한다.

Tip 2 -27의 세제곱근 중 실수인 것은? 이라고 물어보지 않았기 때문에 복소수도 따져줘야 한다.

개념 확인문제 2 다음 거듭제곱근을 모두 구하시오.

(1) -8의 세제곱근

(2) 16의 네제곱근

실수인 거듭제곱근

실수 a의 n제곱근 중에서 실수인 것을 구해보자.
n이 2 이상의 정수일 때, 실수 a의 n제곱근 중에서 실수인 것은 방정식 $x^n=a$의 실근이므로
함수 $y=x^n$의 그래프와 직선 $y=a$의 교점의 x좌표와 같다.

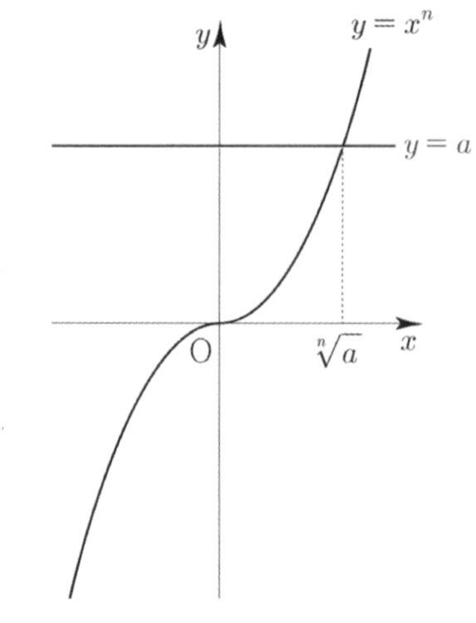

① n이 홀수일 때

임의의 실수 x에 대하여 $(-x)^n=-x^n$이므로 함수 $y=x^n$의 그래프는 오른쪽 그림과 같이 원점에 대하여 대칭이다. (기함수)
이때 이 그래프와 직선 $y=a$의 교점은 실수 a의 값에 관계없이 항상 한 개다.

따라서 a의 n제곱근 중에서 실수인 것은 오직 하나 존재하고, 이것을 기호로 $\sqrt[n]{a}$와 같이 나타낸다.

② n이 짝수일 때

임의의 실수 x에 대하여 $(-x)^n=x^n$이므로 함수 $y=x^n$의 그래프는 오른쪽 그림과 같이 y축에 대하여 대칭이다. (우함수)
함수 $y=x^n$와 직선 $y=a$의 교점은 실수 a의 값에 따라 달라진다.

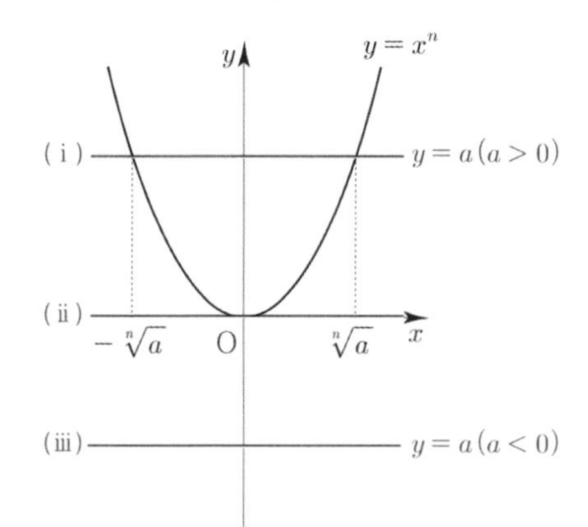

(i) $a>0$이면 교점은 두 개이고, 두 교점의 x좌표는 각각 양수와 음수이다. 따라서 a의 n제곱근 중에서 양의 실수인 것을 $\sqrt[n]{a}$, 음의 실수인 것을 $-\sqrt[n]{a}$로 나타낸다.

(ii) $a=0$이면 교점은 한 개이고, 교점의 x좌표는 0이다.
따라서 0의 n제곱근은 0 하나뿐이고, $\sqrt[n]{0}=0$이다.

(iii) $a<0$이면 교점이 존재하지 않는다.
따라서 a의 n제곱근 중에서 실수인 것은 없다.

실수 a의 n제곱근 중 실수인 것

a가 실수이고 n이 2 이상의 정수일 때

	$a>0$	$a=0$	$a<0$
n이 홀수	$\sqrt[n]{a}$	0	$\sqrt[n]{a}$
n이 짝수	$\sqrt[n]{a}$, $-\sqrt[n]{a}$	0	없다

Tip 1 $\sqrt[n]{a}$는 n제곱근 a라 읽는다.

Tip 2 $\sqrt[2]{a}$는 간단히 $\sqrt{a}$로 나타낸다.

Tip 3 a의 n제곱근과 n제곱근 a를 헷갈리지 않도록 유의하자. (★완벽히 이해하고 넘어갈 것!★)
ex1 4의 제곱근 : $x^2=4 \Rightarrow x=2$ or $x=-2$ ex2 제곱근 4 : $\sqrt{4}=2$

개념 확인문제 3 다음의 값을 구하시오.

(1) $\sqrt[3]{-27}$ (2) $\sqrt[4]{16}$ (3) $-\sqrt[5]{32}$

개념 파악하기 (2) 거듭제곱근에는 어떤 성질이 있을까?

거듭제곱근의 성질

$a>0$이고 n이 2 이상의 정수일 때, $\sqrt[n]{a}$는 n제곱하면 a가 되는 양수이므로 $(\sqrt[n]{a})^n=a$이다.
이를 바탕으로 지수법칙을 이용하여 거듭제곱근의 성질을 알아보자.

$a>0$, $b>0$이고 n이 2 이상의 정수일 때,
$(\sqrt[n]{a}\sqrt[n]{b})^n=(\sqrt[n]{a})^n(\sqrt[n]{b})^n=ab$이다.
이때 $a>0$, $b>0$이므로 $\sqrt[n]{a}>0$, $\sqrt[n]{b}>0$이고 $\sqrt[n]{a}\sqrt[n]{b}>0$이다.

따라서 $\sqrt[n]{a}\sqrt[n]{b}$는 ab의 양의 n제곱근이므로 $\sqrt[n]{a}\sqrt[n]{b}=\sqrt[n]{ab}$이다.

거듭제곱근의 성질 요약

$a>0$, $b>0$이고 m, n이 2 이상의 정수일 때

① $\sqrt[n]{a}\sqrt[n]{b}=\sqrt[n]{ab}$

② $\dfrac{\sqrt[n]{a}}{\sqrt[n]{b}}=\sqrt[n]{\dfrac{a}{b}}$

③ $(\sqrt[n]{a})^m=\sqrt[n]{a^m}$

④ $\sqrt[m]{\sqrt[n]{a}}=\sqrt[mn]{a}$

Tip 1 $\sqrt[m]{\sqrt[n]{a}}=\sqrt[mn]{a}=\sqrt[n]{\sqrt[m]{a}}$

Tip 2 나중에 근호를 지수로 바꾼 후 지수법칙으로 가볍게 처리할 수 있으므로 너무 어려워하지 않아도 된다.

Tip 3 거듭제곱근의 성질은 $a>0$, $b>0$일 때만 성립한다는 것에 유의하자.
예를 들어 다음과 같은 경우에는 거듭제곱근의 성질이 성립하지 않는다.

ex1 $\sqrt{-2}\sqrt{-3}=\sqrt{2}i\sqrt{3}i=-\sqrt{6}$, $\sqrt{(-2)\times(-3)}=\sqrt{6}$이므로 $\sqrt{-2}\sqrt{-3}\neq\sqrt{(-2)\times(-3)}$

ex2 $\dfrac{\sqrt{2}}{\sqrt{-8}}=\dfrac{\sqrt{2}}{\sqrt{8}i}=-\dfrac{1}{2}i$, $\sqrt{\dfrac{2}{-8}}=\sqrt{\dfrac{1}{-4}}=\dfrac{1}{2}i$이므로 $\dfrac{\sqrt{2}}{\sqrt{-8}}\neq\sqrt{\dfrac{2}{-8}}$

ex3 $\sqrt{(-2)^6}=\sqrt{64}=8$, $(\sqrt{-2})^6=(\sqrt{2}i)^6=-8$이므로 $\sqrt{(-2)^6}\neq(\sqrt{-2})^6$

ex4 $\sqrt{\sqrt[3]{-64}}=\sqrt{-4}=2i$이지만 $\sqrt[6]{-64}$는 정의할 수 없다.
Q. $(2i)^6=-64$이니 $\sqrt[6]{-64}$는 전자와 마찬가지로 $2i$로 표현할 수 있는 것이 아닐까?

고1 수학에서 "i의 정의는 $i^2=-1$이 되는 수이고, 제곱하여 -1이 된다는 뜻에서 i를 $\sqrt{-1}$로 나타낼 수 있다."라고 배웠다. 바로 앞페이지에서 실수인 거듭제곱근에 대한 정의를 학습하였고, a의 n제곱근 중 실수인 것을 n제곱근 a로 나타낸다고 학습하였다. 즉, a의 n제곱근은 방정식의 근 전체이고 n제곱근 a는 방정식의 근 중 실근을 나타낸 것이다. (앞앞페이지 tip3 참고)
즉, $n=2$일 때는 제곱근 -1은 i의 정의에 따라 $\sqrt{-1}=i$라고 쓸 수 있지만 6제곱근 -1은 정의할 수 없다. 물론 $\sqrt{-4}$는 실수가 아니지만 특별히 $n=2$일 때, i의 정의에 따라 $\sqrt{-4}$를 $2i$로 표현했다고 받아들이면 된다. 이렇게 헷갈리는 이유는 단순히 방정식의 근으로 변환하여 생각했기 때문인데 위에서 설명했듯이 방정식의 근(a의 n제곱근)으로 보면 안되고, n제곱근 a로 봐야 한다.
다른 관점에서 살펴보면 방정식 $x^6=-64$는 서로 다른 6개의 허근을 갖고, 그 중에 한 허근이 $2i$라고 볼 수 있다. 만약 $\sqrt[6]{-64}=2i$이라면 다른 5개의 허근들은 고려하지 않게 되어 모순에 빠진다. 즉, $\sqrt[6]{-64}$는 정의할 수 없다.

cf $a<0,\ b<0$일 때, $\sqrt{a}\sqrt{b}=-\sqrt{ab}$
$a>0,\ b<0$일 때, $\dfrac{\sqrt{a}}{\sqrt{b}}=-\sqrt{\dfrac{a}{b}}$

$\sqrt[n]{a^n}$

① n이 홀수일 때 ⇨ $\sqrt[n]{a^n}=a$

② n이 짝수일 때 ⇨ $\sqrt[n]{a^n}=|a|$

Tip $\sqrt[4]{(-2)^4}$를 예로 들면 $\sqrt[4]{(-2)^4}=\sqrt[4]{16}=2$가 된다. $\left(\sqrt[4]{(-2)^4}\neq -2\right)$
이해가 잘되지 않는다면 앞에서 배운 실수인 거듭제곱근의 정의를 떠올려보자.
$\sqrt[4]{(-2)^4}$라는 것은 함수 $y=x^4$의 그래프와 직선 $y=(-2)^4=16$의 교점의 x좌표 중 양수와 같으므로 $\sqrt[4]{(-2)^4}=2$임이 자명하다. 이때 $\sqrt[4]{(-2)^4}=2=|-2|$이므로 n이 짝수인 경우 $\sqrt[n]{a^n}=|a|$이 된다.

예제 2

다음 식을 간단히 하시오.

(1) $\sqrt[5]{8}\times\sqrt[5]{4}$　(2) $\dfrac{\sqrt[3]{81}}{\sqrt[3]{3}}$　(3) $(\sqrt[3]{2})^6$　(4) $\sqrt[3]{\sqrt[5]{7^{15}}}$

풀이

(1) $\sqrt[5]{8}\times\sqrt[5]{4}=\sqrt[5]{8\times4}=\sqrt[5]{32}=\sqrt[5]{2^5}=2$

(2) $\dfrac{\sqrt[3]{81}}{\sqrt[3]{3}}=\sqrt[3]{\dfrac{81}{3}}=\sqrt[3]{27}=\sqrt[3]{3^3}=3$

(3) $(\sqrt[3]{2})^6=\sqrt[3]{2^6}=\sqrt[3]{(2^2)^3}=4$

(4) $\sqrt[3]{\sqrt[5]{7^{15}}}=\sqrt[15]{7^{15}}=7$

개념 확인문제 4 다음 식을 간단히 하시오.

(1) $\sqrt[3]{9}\times\sqrt[3]{3}$　(2) $\dfrac{\sqrt[4]{48}}{\sqrt[4]{3}}$　(3) $(\sqrt[10]{32})^4$　(4) $\sqrt[3]{\sqrt[4]{25^6}}$

02 지수함수와 로그함수

지수의 확장과 지수법칙

성취 기준 - 지수가 유리수, 실수까지 확장될 수 있음을 이해한다.
- 지수법칙을 이해하고, 이를 이용하여 식을 간단히 나타낼 수 있다.

개념 파악하기 (3) 지수를 정수까지 확장하여도 지수법칙이 성립할까?

0 또는 음의 정수인 지수

지금까지는 지수가 양의 정수일 때만 다루었는데, 이제 지수가 0 또는 음의 정수일 때로 지수의 범위를 확장해보자.

$a \neq 0$이고 m, n이 양의 정수일 때,
지수법칙 $a^m a^n = a^{m+n}$ $\cdots$ ㉠ 이 성립한다.

$m=0$일 때에도 ㉠이 성립한다고 하면
$a^0 a^n = a^{0+n} = a^n$ 이므로 $a^0 = 1$이다.

또, $m=-n$ (n은 양의 정수)일 때에도 ㉠이 성립한다고 하면
$a^{-n} a^n = a^{-n+n} = a^0 = 1$ 이므로 $a^{-n} = \frac{1}{a^n}$이다.

0 또는 음의 정수인 지수 요약

$a \neq 0$이고 n이 양의 정수일 때

① $a^0 = 1$

② $a^{-n} = \frac{1}{a^n}$

Tip n은 양의 정수일 때 $0^n = 0$이지만 0^0, 0^{-n}은 정의하지 않는다.

개념 확인문제 5 다음 값을 구하시오.

(1) $(-2)^0$

(2) 3^{-3}

(3) $(-4)^{-2}$

지수가 정수일 때의 지수법칙

지수가 0 또는 음의 정수일 때에도 지수법칙이 성립하는지 알아보자.

$a \neq 0$이고 m, n이 음의 정수일 때, $m=-p$, $n=-q$ (p, q는 양의 정수)로 놓으면

$$a^m a^n = a^{-p}a^{-q} = \frac{1}{a^p} \times \frac{1}{a^q} = \frac{1}{a^{p+q}} = a^{-(p+q)} = a^{(-p)+(-q)} = a^{m+n}$$

$$(a^m)^n = (a^{-p})^{-q} = \left(\frac{1}{a^p}\right)^{-q} = \frac{1}{\left(\frac{1}{a^p}\right)^q} = \frac{1}{\frac{1}{a^{pq}}} = a^{pq} = a^{(-p)(-q)} = a^{mn}$$

이다. 즉, $a^m a^n = a^{m+n}$, $(a^m)^n = a^{mn}$이 성립한다.
이 지수법칙은 지수가 0일 때에도 성립한다.

지수가 정수일 때의 지수법칙 요약

$a \neq 0$, $b \neq 0$이고 m, n이 정수일 때

① $a^m a^n = a^{m+n}$

② $a^m \div a^n = a^{m-n}$

③ $(a^m)^n = a^{mn}$

④ $(ab)^n = a^n b^n$

Tip 1 ②번은 m, n의 대소에 관계없이 성립한다.

Tip 2 지수, 로그 단원은 계산을 정확히 하는 것에 초점을 두고 공부하면 된다.

예제 3

다음 식을 간단히 하시오.

(1) $2^2 \times 2^{-3}$ (2) $3^3 \div 3^{-2}$ (3) $(2^{-2})^3$ (4) $(2^2 \times 5^{-1})^{-2}$

풀이

(1) $2^2 \times 2^{-3} = 2^{2-3} = 2^{-1} = \frac{1}{2}$

(2) $3^3 \div 3^{-2} = 3^3 \times 3^2 = 3^5 = 243$

(3) $(2^{-2})^3 = 2^{-6} = \frac{1}{64}$

(4) $(2^2 \times 5^{-1})^{-2} = 2^{-4} \times 5^2 = \frac{25}{16}$

개념 확인문제 6 다음 값을 구하시오.

(1) $5^{-1}\times 5^{3}$　　(2) $a^{3}\div (a^{-2})^{3}$　　(3) $(a^{-2}b^{-1}c)^{-3}$

개념 파악하기 (4) 지수를 유리수까지 확장하여도 지수법칙이 성립할까?

유리수인 지수

지수가 유리수일 때로 지수의 범위를 확장해 보자.

$a>0$이고 m, n이 정수일 때,
지수법칙 $(a^{m})^{n}=a^{mn}$이 성립한다.
지수가 유리수일 때에도 이 지수법칙이 성립한다고 하면
$m, n\ (n\geq 2)$이 정수일 때,
$\left(a^{\frac{m}{n}}\right)^{n}=a^{\frac{m}{n}\times n}=a^{m}$이다.

그런데 $a>0$이므로 $a^{\frac{m}{n}}>0$이다.
즉, $a^{\frac{m}{n}}$은 a^{m}의 양의 n제곱근이므로 $a^{\frac{m}{n}}=\sqrt[n]{a^{m}}$이 성립한다.

유리수인 지수의 요약

$a>0$이고 $m,\ n(n\geq 2)$이 정수일 때

① $a^{\frac{m}{n}}=\sqrt[n]{a^{m}}$　　② $a^{\frac{1}{n}}=\sqrt[n]{a}$

Tip $a<0$일 때에는 $a^{\frac{m}{n}}=\sqrt[n]{a^{m}}$가 성립하지 않는다.

ex $a=-2,\ m=6,\ n=2$이면 $(-2)^{\frac{6}{2}}=(-2)^{3}=-8$이지만 $\sqrt{(-2)^{6}}=\sqrt{64}=8$이다.

즉, $(-2)^{\frac{6}{2}}\neq\sqrt{(-2)^{6}}$이다. 따라서 지수가 유리수일 때는 $a>0$인 조건에 유의해야 한다.

개념 확인문제 7 다음 식에서 근호를 사용한 것은 지수를 사용하여 나타내고, 지수를 사용한 것은 근호를 사용하여 나타내시오. (단, $a>0$)

(1) $\sqrt[3]{a^{2}}$　　(2) $a^{\frac{3}{5}}$　　(3) $\sqrt[7]{a^{-2}}$

지수가 유리수일 때의 지수법칙

지수가 유리수일 때에도 지수법칙이 성립하는지 알아보자.

$a>0$이고, r, s가 유리수일 때, $r=\frac{m}{n}$, $s=\frac{p}{q}$ (m, n, p, q는 정수, $n\geq 2$, $q\geq 2$)로 놓으면

$$a^r a^s = a^{\frac{m}{n}} a^{\frac{p}{q}} = a^{\frac{mq}{nq}} a^{\frac{np}{nq}} = \sqrt[nq]{a^{mq}}\sqrt[nq]{a^{np}} = \sqrt[nq]{a^{mq}a^{np}} = \sqrt[nq]{a^{mq+np}}$$

$$= a^{\frac{mq+np}{nq}} = a^{\frac{m}{n}+\frac{p}{q}} = a^{r+s}$$

$$(a^r)^s = \left(a^{\frac{m}{n}}\right)^{\frac{p}{q}} = \left(\sqrt[n]{a^m}\right)^{\frac{p}{q}} = \sqrt[q]{\left(\sqrt[n]{a^m}\right)^p} = \sqrt[q]{\sqrt[n]{(a^m)^p}} = \sqrt[nq]{a^{mp}}$$

$$= a^{\frac{mp}{nq}} = a^{\frac{m}{n}\times\frac{p}{q}} = a^{rs}$$

이다. 즉, $a^r a^s = a^{r+s}$, $(a^r)^s = a^{rs}$이 성립한다.

지수가 유리수일 때의 지수법칙 요약

$a>0$, $b>0$이고 r, s이 유리수일 때

① $a^r a^s = a^{r+s}$

② $a^r \div a^s = a^{r-s}$

③ $(a^r)^s = a^{rs}$

④ $(ab)^r = a^r b^r$

예제 4

다음 식을 간단히 하시오. (단, $x>0$, $y>0$)

(1) $2^{\frac{1}{3}}\times 2^{\frac{2}{3}}$

(2) $\left(x^{-\frac{1}{3}}y\right)^3$

(3) $\{(-3)^4\}^{\frac{3}{4}}$

풀이

(1) $2^{\frac{1}{3}}\times 2^{\frac{2}{3}} = 2^{\frac{1+2}{3}} = 2^1 = 2$

(2) $\left(x^{-\frac{1}{3}}y\right)^3 = \left(x^{-\frac{1}{3}}\right)^3 y^3 = x^{-1}y^3$

(3) $\{(-3)^4\}^{\frac{3}{4}} = (81)^{\frac{3}{4}} = (3^4)^{\frac{3}{4}} = 3^{4\times\frac{3}{4}} = 27$

Tip (3)번에서 $(-3)^{4\times\frac{3}{4}} = (-3)^3 = -27$로 쓰기 쉬운데 $a>0$이고 r, s이 유리수일 때 $(a^r)^s = a^{rs}$가 성립함으로 위와 같이 계산할 수 없음에 유의하자.
즉, 지수가 유리수일 때의 지수법칙은 밑이 양수일 때만 사용할 수 있음에 유의해야 하고 밑이 음수인 경우는 계산 순서에 따라 계산하도록 하자.

개념 확인문제 8 다음 식을 간단히 하시오. (단, $x>0$, $y>0$)

(1) $3^{\frac{1}{2}} \times 3^{\frac{7}{2}}$

(2) $\left(x^{-1} \div y^{\frac{1}{2}}\right)^{4}$

개념 파악하기 (5) 지수를 실수까지 확장하여도 지수법칙이 성립할까?

실수인 지수

지수가 실수일 때로 지수의 범위를 확장해 보자.

지수가 무리수일 때, 예를 들어 $2^{\sqrt{2}}$은 어떻게 정의할 수 있는지 알아보자.
$\sqrt{2}=1.41421356\cdots$이므로 1, 1.4, 1.41, 1.414, 1.4142, $\cdots$과 같이
$\sqrt{2}$에 한없이 가까워지는 유리수를 지수로 갖는 수
2^{1}, $2^{1.4}$, $2^{1.41}$, $2^{1.414}$, $2^{1.4142}$, $\cdots$
은 어떤 일정한 수에 한없이 가까워진다는 것이 알려져 있다.
이때 이 일정한 수를 $2^{\sqrt{2}}$으로 정의한다.

이와 같은 방법으로 x가 임의의 무리수일 때 2^{x}를 정의할 수 있다.
같은 방법으로 $a>0$이고, x가 임의의 실수일 때 a^{x}를 정의할 수 있다.

지수가 실수일 때의 지수법칙 요약

$a>0$, $b>0$이고 x, y이 실수일 때

① $a^{x}a^{y}=a^{x+y}$

② $a^{x} \div a^{y}=a^{x-y}$

④ $(a^{x})^{y}=a^{xy}$

⑤ $(ab)^{x}=a^{x}b^{x}$

Tip 지수가 실수일 때는 직관적으로 받아들이면 되고 깊게 생각하지 않아도 된다.

예제 5

다음 식을 간단히 하시오. (단, $x>0$, $y>0$)

(1) $\left(2^{\sqrt{2}}\right)^{3\sqrt{2}}$ (2) $\left(2^{\frac{1}{\sqrt{3}}}\times\sqrt{2}\right)^{2}$ (3) $\left(x^{\frac{1}{\sqrt{6}}}\div y^{\sqrt{2}}\right)^{\sqrt{6}}$

풀이

(1) $\left(2^{\sqrt{2}}\right)^{3\sqrt{2}}=2^{\sqrt{2}\times3\sqrt{2}}=2^{6}=64$

(2) $\left(2^{\frac{1}{\sqrt{3}}}\times\sqrt{2}\right)^{2}=2^{\frac{2}{\sqrt{3}}}\times2=2^{\frac{2}{\sqrt{3}}+1}=2^{\frac{2+\sqrt{3}}{\sqrt{3}}}=2^{\frac{3+2\sqrt{3}}{3}}$

(3) $\left(x^{\frac{1}{\sqrt{6}}}\div y^{\sqrt{2}}\right)^{\sqrt{6}}=\left(x^{\frac{1}{\sqrt{6}}}\times y^{-\sqrt{2}}\right)^{\sqrt{6}}=x\times y^{-\sqrt{12}}=x\times y^{-2\sqrt{3}}$

개념 확인문제 9 다음 식을 간단히 하시오.

(1) $5^{-\sqrt{2}}\times5^{\sqrt{18}}$ (2) $8^{\sqrt{2}}\times\left(\frac{1}{2}\right)^{\sqrt{8}}$ (3) $\left(2^{2}\times3^{\sqrt{3}}\right)^{\sqrt{3}}\times\left(4^{-\frac{\sqrt{3}}{6}}\div3^{\frac{1}{3}}\right)^{6}$

규토 라이트 N제

지수함수와 로그함수

Training – 1 step

필수 유형편

1. 지수

Theme 1

거듭제곱근

001

항상 옳은 것만을 〈보기〉에서 있는 대로 고르시오.

〈보기〉

ㄱ. -81 의 제곱근은 존재하지 않는다.
ㄴ. $\sqrt[3]{(-8)^3}$ 의 세제곱근 중 실수인 것은 -2 이다.
ㄷ. -2 의 세제곱근 중 허수인 것은 1개다.
ㄹ. $(-2)^4$의 네제곱근은 ± 2이다.
ㅁ. n이 홀수일 때, -5 의 n 제곱근 중에서 실수인 것은 $\sqrt[n]{-5}$ 이다.
ㅂ. n이 짝수일 때, -2의 n제곱근 중 실수인 것은 두 개다.

002

실수 a와 자연수 $n(n \geq 2)$에 대하여 a의 n제곱근 중에서 실수인 것의 개수를 $f_n(a)$ 이라 할 때, $f_4(3)+f_5(-2\sqrt{2})+f_6(2\sqrt{2})+f_7(1)+f_8(-3)$ 의 값을 구하시오.

003

실수 x, y에 대하여 x는 -3의 세제곱근이고 $\sqrt{3}$은 y의 네제곱근일 때, $\frac{x^9}{y}$ 의 값을 구하시오.

004

$\sqrt[3]{(-3)^3}+\sqrt[4]{(-4)^4}+\sqrt[5]{(-5)^5}+\sqrt[6]{(-6)^6}$ 의 값을 구하시오.

005

자연수 n이 $2 \leq n \leq 10$일 때, $n^2-12n+32$의 n제곱근 중에 음의 실수가 존재하도록 하는 모든 n의 값의 합을 구하시오.

006

512의 여섯제곱근 중 실수인 것을 a, $b\,(a>b)$라 하고, -512의 세제곱근 중 실수인 것을 c라 할 때, $(a-b)^2-c$의 값을 구하시오.

007

실수 a의 다섯제곱근 중 실수인 것과 27의 여섯제곱근 중 음의 실수인 것이 서로 같고, 9의 세제곱근 중 실수인 것과 양의 실수 b의 제곱근 중 양의 실수인 것이 서로 같다. $-a \times b = 3^k$ 일 때, $30k$의 값을 구하시오.

Theme 2 지수법칙을 이용한 식 계산

008

$\sqrt[3]{2} \times 32^{\frac{1}{3}}$의 값을 구하시오.

009

양의 실수 p에 대하여 $p^2 = 9^{\frac{1}{3}}$일 때,
$p^5 \div \sqrt[3]{9}$의 값을 구하시오.

010

$(\sqrt{5}-1)^3 \times \left(\dfrac{1}{\sqrt{5}+1}\right)^{-3}$의 값을 구하시오.

011

$\sqrt[4]{3} + \sqrt[4]{48} = 3^k$ 일 때, $20k$의 값을 구하시오.

012

x에 대한 이차방정식 $x^2 - \sqrt[3]{243}x + a = 0$의 두 근이
$\sqrt[3]{9}$과 b일 때, ab의 값을 구하시오.

Theme 3 곱셈공식을 이용한 식 계산

013

두 유리수 a, b에 대하여
$\left(3^{\frac{4}{3}} - 3^{-\frac{1}{3}}\right)^3 = a - b \times \left(3^{\frac{4}{3}} - 3^{-\frac{1}{3}}\right)$ 일 때,
ab의 값을 구하시오. (단, $3^{\frac{4}{3}} - 3^{-\frac{1}{3}}$은 무리수이다.)

014

$(x+y)^{-1} = \dfrac{1}{3}$, $x^{-1} + y^{-1} = -1$를 만족시키는
두 실수 x, y에 대하여 $x^3 + y^3$의 값을 구하시오.

015

$x = \sqrt[3]{3} + \sqrt[3]{\dfrac{1}{3}}$ 일 때, $x^3 - 3x - \dfrac{1}{3}$의 값을 구하시오.

016

$\sqrt{x} + \dfrac{1}{\sqrt{x}} = 2$일 때, $\dfrac{x^{\frac{3}{2}} + x^{-\frac{3}{2}} + 2}{x + x^{-1}}$의 값을
구하시오. (단, $x > 0$)

Theme 4 $a^x = k,\ a^x = b^y$

017

$2^x = 5^y = \left(\frac{1}{100}\right)^z$ 일 때, $\frac{1}{x}+\frac{1}{y}+\frac{1}{2z}$ 의 값을 구하시오.

(단, $x,\ y,\ z \neq 0$)

018

실수 $a,\ b$에 대하여 $108^a = 27,\ 4^b = 9$ 일 때,

$\frac{3}{a}-\frac{2}{b}$의 값을 구하시오.

019

$xyz \neq 0$ 인 세 실수 $x,\ y,\ z$에 대하여

$2^x = 5^y = 10^z,\ (x-2)(y-2)=4$일 때,

3^z 의 값을 구하시오.

020

두 실수 $x,\ y$에 대하여 $3^x = 5,\ 15^y = 4$일 때,

3^{xy+x+y}의 값을 구하시오.

Theme 5 자연수 조건

021

100 이하의 자연수 n에 대하여 $\sqrt[6]{25}$이 어떤

자연수의 n제곱근이 되도록 하는 n의 개수를 구하시오.

022

세 양수 $a,\ b,\ c$에 대하여 $a^5 = 2,\ b^3 = 3,\ c^6 = 5$일 때,

$(abc)^n$ 이 자연수가 되도록 하는 자연수 n의 최솟값을

구하시오.

023

두 자연수 $a,\ b$에 대하여

$\sqrt{\frac{2^a \times 3^b}{2}}$ 이 자연수, $\sqrt[3]{\frac{7^b}{2^{a+1}}}$ 이 유리수일 때,

$a+b$의 최솟값을 구하시오.

024

함수 $f(x) = \left(x^2 \times \sqrt[3]{\frac{1}{x^2}}\right)^{\frac{1}{2}}$ $(x > 1)$에 대하여

$n > 1$인 자연수 n에 대하여 $(f \circ f)(n)$의 값이

자연수일 때, $(f \circ f)(n)$의 최솟값을 구하시오.

규토 라이트 N제

지수함수와 로그함수

Training – 2 step

기출 적용편

1. 지수

025 • 2024학년도 수능 공통

$\sqrt[3]{24} \times 3^{\frac{2}{3}}$의 값은? [2점]

① 6 ② 7 ③ 8 ④ 9 ⑤ 10

026 • 2022학년도 수능 공통

$(2^{\sqrt{3}} \times 4)^{\sqrt{3}-2}$의 값은? [2점]

① $\frac{1}{4}$ ② $\frac{1}{2}$ ③ 1 ④ 2 ⑤ 4

027 • 2023학년도 고3 9월 평가원 공통

$\left(\frac{2^{\sqrt{3}}}{2}\right)^{\sqrt{3}+1}$ 의 값은? [2점]

① $\frac{1}{16}$ ② $\frac{1}{4}$ ③ 1 ④ 4 ⑤ 16

028 • 2023학년도 수능 공통

$\left(\frac{4}{2^{\sqrt{2}}}\right)^{2+\sqrt{2}}$ 의 값은? [2점]

① $\frac{1}{4}$ ② $\frac{1}{2}$ ③ 1 ④ 2 ⑤ 4

029 • 2008학년도 수능 나형

$a=\sqrt{2}$, $b^3=\sqrt{3}$일 때, $(ab)^2$의 값은?
(단, b는 실수이다.) [3점]

① $2 \cdot 3^{\frac{1}{3}}$ ② $2 \cdot 3^{\frac{2}{3}}$ ③ $2^{\frac{1}{2}} \cdot 3^{\frac{1}{3}}$
④ $3 \cdot 2^{\frac{1}{3}}$ ⑤ $3 \cdot 2^{\frac{2}{3}}$

030 • 2013학년도 고3 9월 평가원 나형

$\left(\sqrt{2\sqrt[3]{4}}\right)^3$보다 큰 자연수 중 가장 작은 것은? [3점]

① 4 ② 6 ③ 8
④ 10 ⑤ 12

031 • 2019년 고3 3월 교육청 나형 

10 이하의 자연수 a에 대하여 $\left(a^{\frac{2}{3}}\right)^{\frac{1}{2}}$ 의 값이 자연수가 되도록 하는 모든 a의 값의 합은? [3점]

① 5 ② 7 ③ 9
④ 11 ⑤ 13

032 • 2021년 고3 7월 교육청 공통

2 이상의 두 자연수 a, n에 대하여 $(\sqrt[n]{a})^3$의 값이 자연수가 되도록 하는 n의 최댓값을 $f(a)$라 하자.
$f(4)+f(27)$의 값은? [4점]

① 13 ② 14 ③ 15
④ 16 ⑤ 17

033 • 2023년 고3 7월 교육청 공통

2 이상의 자연수 n에 대하여 x에 대한 방정식

$$(x^n-8)(x^{2n}-8)=0$$

의 모든 실근의 곱이 -4일 때, n의 값은? [4점]

① 2　② 3　③ 4　④ 5　⑤ 6

034 • 2019년 고2 9월 교육청 가형

모든 실수 x에 대하여 $\sqrt[3]{-x^2+2ax-6a}$가 음수가 되도록 하는 모든 자연수 a의 값의 합을 구하시오. [3점]

035 • 2011학년도 고3 9월 평가원 나형

$1 \le m \le 3$, $1 \le n \le 8$인 두 자연수 m, n에 대하여 $\sqrt[3]{n^m}$이 자연수가 되도록 하는 순서쌍 $(m,\ n)$의 개수는? [3점]

① 6　② 8　③ 10　④ 12　⑤ 14

036 • 2022학년도 사관학교 공통

$\sqrt[m]{64} \times \sqrt[n]{81}$의 값이 자연수가 되도록 하는 2 이상의 자연수 m, n의 모든 순서쌍 $(m,\ n)$의 개수는? [3점]

① 2　② 4　③ 6　④ 8　⑤ 10

037 • 2022년 고3 7월 교육청 공통

$n \ge 2$인 자연수 n에 대하여 $2n^2-9n$의 n제곱근 중에서 실수인 것의 개수를 $f(n)$이라 할 때, $f(3)+f(4)+f(5)+f(6)$의 값을 구하시오. [3점]

038 • 2019년 고2 9월 교육청 나형

2 이상의 자연수 n에 대하여 넓이가 $\sqrt[n]{64}$인 정사각형의 한 변의 길이를 $f(n)$이라 할 때, $f(4) \times f(12)$의 값을 구하시오. [4점]

지수함수와 로그함수

039 • 2019년 고2 6월 교육청 가형 

양수 a와 두 실수 x, y가

$15^x=8$, $a^y=2$, $\frac{3}{x}+\frac{1}{y}=2$ 를 만족시킬 때,

a의 값은? [4점]

① $\frac{1}{15}$ ② $\frac{2}{15}$ ③ $\frac{1}{5}$ ④ $\frac{4}{15}$ ⑤ $\frac{1}{3}$

040 • 2019년 고2 6월 교육청 가형

두 집합 $A=\{5,\ 6\}$, $B=\{-3,\ -2,\ 2,\ 3,\ 4\}$가 있다.
집합 $C=\{x\mid x^a=b,\ x$는 실수, $a\in A,\ b\in B\}$에 대하여
$n(C)$의 값을 구하시오. [4점]

041 • 2020년 고3 4월 교육청 가형

2 이상의 자연수 n에 대하여 $(n-5)$의 n제곱근 중 실수인 것의 개수를 $f(n)$이라 할 때, $\sum_{n=2}^{10}f(n)$의 값은? [4점]

① 8 ② 9 ③ 10
④ 11 ⑤ 12

042 • 2020년 고3 4월 교육청 나형

1이 아닌 세 양수 a, b, c와 1이 아닌 두 자연수 m, n이 다음 조건을 만족시킨다.

> (가) $\sqrt[3]{a}$는 b의 m제곱근이다.
> (나) $\sqrt{b}$는 c의 n제곱근이다.
> (다) c는 a^{12}의 네제곱근이다.

모든 순서쌍 $(m,\ n)$의 개수는? [4점]

① 4 ② 7 ③ 10
④ 13 ⑤ 16

043 • 2023학년도 고3 9월 평가원 공통

함수 $f(x)=-(x-2)^2+k$에 대하여
다음 조건을 만족시키는 자연수 n의 개수가 2일 때,
상수 k의 값은? [4점]

> $\sqrt{3}^{f(n)}$의 네제곱근 중 실수인 것을 모두 곱한 값이 -9이다.

① 8 ② 9 ③ 10
④ 11 ⑤ 12

규토 라이트 N제

지수함수와 로그함수

Master step

심화 문제편

1. 지수

044

실수 전체의 집합의 부분집합 A, B, C를

$A=\{-7,\ -3,\ -2,\ 2,\ 3,\ 7\}$

$B=\left\{\sqrt{a^2}\mid a\in A\right\}$

$C=\{x\mid x=\sqrt[b]{a},\ a\in A,\ b\in B,\ x\text{는 실수}\}$

라 할 때, $n(C)$의 값을 구하시오.

045 • 2017년 고3 3월 교육청 나형

자연수 m에 대하여 집합 A_m을

$A_m=\left\{(a,\ b)\mid 2^a=\dfrac{m}{b},\ a,\ b\text{는 자연수}\right\}$ 라 할 때,

<보기>에서 옳은 것만을 있는 대로 고른 것은? [4점]

<보기>

ㄱ. $A_4=\{(1,\ 2),\ (2,\ 1)\}$

ㄴ. 자연수 k에 대하여 $m=2^k$이면 $n(A_m)=k$이다.

ㄷ. $n(A_m)=1$이 되도록 하는 두 자리 자연수 m의 개수는 23이다.

① ㄱ ② ㄱ, ㄴ ③ ㄱ, ㄷ
④ ㄴ, ㄷ ⑤ ㄱ, ㄴ, ㄷ

046 • 2017년 고2 6월 교육청 가형

두 집합 $A=\{3,\ 4\}$, $B=\{-9,\ -3,\ 3,\ 9\}$에 대하여 집합 X를

$X=\{x\mid x^a=b,\ a\in A,\ b\in B,\ x\text{는 실수}\}$ 라 할 때,

<보기>에서 옳은 것만을 있는 대로 고른 것은? [4점]

<보기>

ㄱ. $\sqrt[3]{-9}\in X$

ㄴ. 집합 X의 원소의 개수는 8이다.

ㄷ. 집합 X의 원소 중 양수인 모든 원소의 곱은 $\sqrt[4]{3^7}$이다.

① ㄱ ② ㄱ, ㄴ ③ ㄱ, ㄷ
④ ㄴ, ㄷ ⑤ ㄱ, ㄴ, ㄷ

047 • 2022학년도 고3 6월 평가원 공통

다음 조건을 만족시키는 최고차항의 계수가 1인 이차함수 $f(x)$가 존재하도록 하는 모든 자연수 n의 값의 합을 구하시오. [4점]

(가) x에 대한 방정식 $(x^n-64)f(x)=0$은 서로 다른 두 실근을 갖고, 각각의 실근은 중근이다.

(나) 함수 $f(x)$의 최솟값은 음의 정수이다.

규토 라이트 N제

지수함수와 로그함수

Guide step

개념 익히기편

2. 로그

01

지수함수와 로그함수

로그의 뜻과 성질

성취 기준 – 로그의 뜻을 알고, 그 성질을 이해한다.

개념 파악하기 (1) 로그란 무엇일까?

로그의 뜻

$3^x=3$, $3^x=9$, $3^x=27$, $\cdots$을 만족시키는 x의 값은 각각 1, 2, 3, $\cdots$으로 하나씩만 존재함을 알 수 있다.
하지만 $3^x=4$을 만족시키는 x의 값은 쉽게 알 수 없다.
이제부터 $a^x=N$을 만족시키는 실수 x를 알아보자.

$a>0$, $a\neq1$, $N>0$일 때, 등식 $a^x=N$을 만족시키는 실수 x는 오직 하나 존재함이 알려져 있다.
이 실수 x를 기호로 $\log_a N$과 같이 나타내고, a를 밑으로 하는 N의 로그라 한다.
이때 N을 $\log_a N$의 진수라 한다.

로그의 정의

$a>0$, $a\neq1$, $N>0$ 일 때,

$$a^x=N \Leftrightarrow x=\log_a N$$

Tip 1 밑 조건 ($a>0$, $a\neq1$)과 진수 조건 ($N>0$)을 기억하도록 하자.

Tip 2 〈$\log_a N$에서 $a\neq1$인 조건이 필요한 이유는 무엇일까?〉
만약 $a=1$이라면 $1^2=1$, $1^3=1$인데 이것을 로그로 표현하면
$\log_1 1=2$, $\log_1 1=3$이 되어 밑이 1인 로그의 값이 하나로 정해지지 않기 때문이다.

예제 1

다음 등식에서 $a^x=N$ 꼴로 나타낸 것은 로그를 사용하여 나타내고, 로그를 사용하여 나타낸 것은 $a^x=N$ 꼴로 나타내시오.

(1) $2^3=8$

(2) $\log_{27}3=\frac{1}{3}$

풀이

(1) $2^3=8 \Leftrightarrow \log_2 8=3$

(2) $\log_{27}3=\frac{1}{3} \Leftrightarrow 27^{\frac{1}{3}}=3$

개념 확인문제 1 다음 등식에서 $a^x=N$ 꼴로 나타낸 것은 로그를 사용하여 나타내고, 로그를 사용하여 나타낸 것은 $a^x=N$ 꼴로 나타내시오.

(1) $5^2=25$ (2) $2^{-3}=\frac{1}{8}$ (3) $\log_3 81=4$

예제 2

$\log_2 32$의 값을 구하시오.

풀이

$\log_2 32=x$라 하면 $2^x=32$이고 $2^5=32$이므로 $x=5$이다. 따라서 $\log_2 32=5$이다.

개념 확인문제 2 다음 값을 구하시오.

(1) $\log_3 \sqrt{3}$ (2) $\log_5 \frac{1}{125}$ (3) $\log_{\frac{1}{2}} 4$

개념 파악하기 (2) 로그에는 어떤 성질이 있을까?

로그의 성질

로그의 정의와 지수법칙을 이용하여 로그의 성질을 알아보자.

$a>0$, $a\neq1$일 때, $a^0=1$, $a^1=a$이므로 로그의 정의에 따라
$\log_a 1=0$, $\log_a a=1$이다.

또한 $a>0$, $a\neq1$, $M>0$, $N>0$일 때,
$\log_a M=m$, $\log_a N=n$으로 놓으면
$a^m=M$, $a^n=N$이므로 지수법칙과 로그의 정의에 따라 다음이 성립함을 알 수 있다.

(1) $MN=a^m a^n=a^{m+n} \Rightarrow \log_a MN=m+n=\log_a M+\log_a N$

(2) $\dfrac{M}{N}=\dfrac{a^m}{a^n}=a^{m-n} \Rightarrow \log_a \dfrac{M}{N}=m-n=\log_a M-\log_a N$

(3) $M^k=(a^m)^k=a^{mk} \Rightarrow \log_a M^k=mk=k\log_a M$ (단, k는 실수)

로그의 성질 요약

$a>0$, $a\neq1$, $M>0$, $N>0$일 때

① $\log_a 1=0$, $\log_a a=1$

② $\log_a MN=\log_a M+\log_a N$

③ $\log_a \dfrac{M}{N}=\log_a M-\log_a N$

④ $\log_a M^k=k\log_a M$ (단, k는 실수)

Tip 1 진수의 곱셈은 로그의 덧셈이고 진수의 나눗셈은 로그의 뺄셈이다.
지수의 성질과 로그의 성질을 혼동하지 않도록 유의하자.

Tip 2 ④번에서 만약 $M<0$이더라도 k가 짝수이면 M^k는 양수이므로 진수조건을 만족시킨다.
그렇기 때문에 $M<0$이고 k가 짝수이면 $\log_a M^k=k\log_a|M|$이 된다.

ex $\log_2(-2)^2=\log_2 2^2=2\log_2 2=2=2\log_2|-2|$

나중에 로그함수에서 $y=\log_2 x^2\ (x\neq0)$의 그래프를 그릴 때 $y=2\log_2 x\ (x\neq0)$가 아니라
$y=2\log_2|x|\ (x\neq0)$로 변환해서 그려야 한다.

예제 3

다음 식을 간단히 하시오.

(1) $\log_2 24$　　(2) $\log_2 \frac{1}{7}$　　(3) $\log_2 5 - 2\log_2 \sqrt{10}$

풀이

(1) $\log_2 24 = \log_2 8 + \log_2 3 = 3\log_2 2 + \log_2 3 = 3 + \log_2 3$

(2) $\log_2 \frac{1}{7} = \log_2 1 - \log_2 7 = 0 - \log_2 7 = -\log_2 7$

$(\log_2 \frac{1}{7} = \log_2 7^{-1} = -\log_2 7)$

(3) $\log_2 5 - 2\log_2 \sqrt{10} = \log_2 5 - \log_2 (\sqrt{10})^2 = \log_2 5 - \log_2 10 = \log_2 \frac{1}{2} = \log_2 2^{-1} = -1$

개념 확인문제 3 다음 식을 간단히 하시오.

(1) $\log_3 \sqrt{27}$　　(2) $\log_5 \frac{1}{\sqrt{5}}$　　(3) $\log_{15} 3 + \log_{15} 5$

(4) $\log_2 96 - \log_2 6$　　(5) $\log_3 \frac{9}{2} + \log_3 \frac{1}{\sqrt{5}} + \frac{1}{2}\log_3 20$

로그의 밑의 변환

$a>0$, $a\neq 1$, $b>0$일 때, $\log_a b$를 1이 아닌 양수 c를 밑으로 하는 로그로 바꾸어 나타내는 방법을 알아보자.

$\log_a b = x$, $\log_c a = y$로 놓으면 로그의 정의에 따라
$a^x = b$, $c^y = a$이므로 지수의 성질을 따라
$b = a^x = (c^y)^x = c^{xy}$이다.
즉, 로그의 정의에 따라 $xy = \log_c b$이므로
$\log_a b \times log_c a = \log_c b$ ⋯ ㉠
이다. 그런데 $a\neq 1$일 때, $\log_c a \neq 0$이므로 ㉠의 양변을 $\log_c a$로 나누면 다음이 성립한다.

$$\log_a b = \frac{\log_c b}{\log_c a}$$

로그의 밑의 변환 요약

$a>0$, $a\neq 1$, $b>0$, $b\neq 1$, $c>0$, $c\neq 1$일 때

① $\log_a b = \dfrac{\log_c b}{\log_c a}$　　② $\log_a b = \dfrac{1}{\log_b a}$

예제 4

$\log_4 32$의 값을 구하시오.

풀이

로그의 밑을 변환하여 계산하면

$$\log_4 32 = \frac{\log_2 32}{\log_2 4} = \frac{\log_2 2^5}{\log_2 2^2} = \frac{5\log_2 2}{2\log_2 2} = \frac{5}{2}$$

Tip 반드시 밑이 2인 로그로 변환해야하는 것은 아니다.

$$\log_4 32 = \frac{\log_c 32}{\log_c 4} = \frac{\log_c 2^5}{\log_c 2^2} = \frac{5\log_c 2}{2\log_c 2} = \frac{5}{2}$$

개념 확인문제 4 다음 값을 구하시오.

(1) $\log_{25} 125$　　(2) $\log_9 \dfrac{1}{27}$

예제 5

$\log_{10}2=a$, $\log_{10}3=b$일 때, $\log_5 48$를 a, b로 나타내시오.

풀이

$\log_5 48$를 10을 밑으로 하는 로그로 변환하여 나타내면

$\log_5 48=\dfrac{\log_{10}48}{\log_{10}5}$

$\log_{10}48=\log_{10}(2^4\times 3)=4\log_{10}2+\log_{10}3=4a+b$이고

$\log_{10}5=\log_{10}\dfrac{10}{2}=\log_{10}10-\log_{10}2=1-a$이므로

$\log_5 48=\dfrac{4a+b}{1-a}$ 이다.

개념 확인문제 5 $\log_{10}2=a$, $\log_{10}3=b$일 때, 다음 값을 a, b로 나타내시오.

(1) $\log_{10}18$

(2) $\log_8 9$

(3) $\log_5\sqrt{6}$

로그의 밑의 변환의 활용

1이 아닌 양수 a, b, c에 대하여 로그의 정의와 로그의 밑의 변환 공식을 이용하여 다음과 같은 공식을 유도할 수 있다.

(1) $a^{\log_a b}=b$

$a^{\log_a b}=x$라 하고 양변에 b를 밑으로 하는 로그를 취하면

$\log_b a^{\log_a b}=\log_b x$, $\log_a b\times\log_b a=\log_b x$

$\log_a b\times\log_b a=1$이므로 $\log_b x=1$

따라서 $x=b$, 즉 $a^{\log_a b}=b$

(2) $\log_{a^m} b^n=\dfrac{n}{m}\log_a b$

$\log_{a^m} b^n=\dfrac{\log_a b^n}{\log_a a^m}=\dfrac{n\log_a b}{m\log_a a}=\dfrac{n}{m}\log_a b$

(3) $a^{\log_b c}=c^{\log_b a}$

$a^{\log_b c}=x$라고 하면 $\log_b c=\log_a x$ ⋯ ㉠

$\log_b c=\dfrac{1}{\log_c b}$, $\log_a x=\dfrac{\log_c x}{\log_c a}$ ⋯ ㉡

㉠, ㉡에서 $\dfrac{1}{\log_c b}=\dfrac{\log_c x}{\log_c a}$이므로

$\log_c x=\dfrac{\log_c a}{\log_c b}=\log_b a$이고, 로그의 정의에 따라 $x=c^{\log_b a}$

따라서 $a^{\log_b c}=c^{\log_b a}$

로그의 밑의 변환의 활용 요약

$a>0$, $a\neq1$, $b>0$일 때

① $\log_a b\cdot\log_b a=1$ (단, $b\neq1$)

② $\log_{a^m} b^n=\dfrac{n}{m}\log_a b$ (단, $m\neq0$)

③ $a^{\log_a b}=b$

④ $a^{\log_c b}=b^{\log_c a}$ (단, $c>0$, $c\neq1$)

예제 6

다음 값을 구하시오.

(1) $\log_8 128$

(2) $4^{\log_2 5}+\log_2 6\cdot\log_6 16$

풀이

(1) $\log_8 128=\log_{2^3}2^7=\dfrac{7}{3}$

(2) $4^{\log_2 5}+\log_2 6\cdot\log_6 16=5^{\log_2 4}+\dfrac{\log_{10}6}{\log_{10}2}\cdot\dfrac{4\log_{10}2}{\log_{10}6}=5^2+4=29$

개념 확인문제 6

다음 값을 구하시오.

(1) $\log_2 36\cdot\log_6 4$

(2) $\log_8 27+\log_2\dfrac{2\sqrt{2}}{3}$

(3) $9^{2\log_{\sqrt{3}}2+\log_9 4+\log_{\frac{1}{3}}2}$

지수함수와 로그함수

02 상용로그

성취 기준 - 상용로그를 이해하고, 이를 활용할 수 있다.

개념 파악하기 (3) 상용로그란 무엇일까?

상용로그의 뜻

$\log_{10}2$, $\log_{10}3$ 와 같이 밑이 10인 로그를 상용로그라 하고,
양수 N의 상용로그 $\log_{10}N$은 보통 10을 생략하여
기호로 **$\log N$**과 같이 나타낸다.
예를 들어 $\log_{10}2$는 간단히 $\log 2$로 나타낸다.

10의 거듭제곱 꼴로 나타낸 수의 상용로그의 값은 로그의 성질을 이용하여 쉽게 구할 수 있다.

예제 7

다음 상용로그의 값을 구하시오.

(1) $\log 100$

(2) $\log 0.001$

풀이

(1) $\log 100 = \log_{10}10^2 = 2$

(2) $\log 0.001 = \log_{10}\frac{1}{1000} = \log_{10}10^{-3} = -3$

개념 확인문제 7

다음 상용로그의 값을 구하시오.

(1) $\log 10000$

(2) $\log\frac{1}{100}$

(3) $\log 10\sqrt{10}$

상용로그의 값

상용로그의 값은 상용로그표를 이용하여 구할 수 있다.
상용로그표는 0.01의 간격으로 1.00부터 9.99까지의 수에 대한 상용로그의 값을 반올림하여 소수점 아래 넷째 자리까지 나타낸 것이다.

상용로그표에서 상용로그의 값을 구해보자.

예를 들어 아래 상용로그표에서 $\log 3.21$의 값을 구하려면 3.2의 가로줄과 1의 세로줄이 만나는 곳에 있는 $.5065$를 찾으면 된다.
따라서 $\log 3.21 = 0.5065$이다.

수	0	1	2	3
1.0	.0000	.0043	.0086	.0128
1.1	.0414	.0453	.0492	.0531
⋮	⋮	⋮	⋮	⋮
3.1	.4914	.4928	.4942	.4955
3.2	.5051	.5065	.5079	.5092

Tip 상용로그표에 있는 상용로그의 값은 반올림하여 구한 것이지만 편의상 등호를 사용하여 나타낸다.

예제 8

상용로그표에서 구한 $\log 3.11 = 0.4928$를 이용하여 $\log 311$의 값을 구하시오.

풀이

$\log 311 = \log(10^2 \times 3.11) = \log 10^2 + \log 3.11 = 2 + \log 3.11 = 2.4928$

개념 확인문제 8 상용로그표에서 구한 $\log 1.13 = 0.0531$를 이용하여 다음 값을 구하시오.

(1) $\log 1130$

(2) $\log 0.113$

규토 라이트 N제

지수함수와 로그함수

Training – 1 step

필수 유형편

2. 로그

Theme 1 로그의 정의

001 □□□□□

양수 a에 대하여 $\log_2 \frac{8}{a} = b$일 때, $a \cdot 2^b$의 값을 구하시오.

002 □□□□□

$x = \log_2(2+\sqrt{3})$일 때, $4^x + \frac{1}{4^x}$의 값을 구하시오.

003 □□□□□

1이 아닌 양수 a에 대하여 $\log_a 7 = 3$, $\log_7 8 = b$일 때, a^b의 값을 구하시오.

004 □□□□□

$\log_a(2a+15) = 2$를 만족시키는 1이 아닌 양의 실수 a의 값을 구하시오.

005 □□□□□

두 양수 a, b에 대하여 $\log_3(\log_2 a) = 2$, $\log_5(\log_2 b) = 0$일 때, $\frac{a}{b}$의 값을 구하시오.

Theme 2 로그의 밑과 진수의 조건

006 □□□□□

$\log_{(x-4)}(-x^2+11x-24)$가 정의되도록 하는 모든 정수 x의 값의 합을 구하시오.

007 □□□□□

모든 실수 x에 대하여 $\log_{|a-1|}(x^2+2ax+a+12)$이 정의되도록 하는 정수 a의 개수를 구하시오.

Theme 3 로그의 성질

008

$\log_3 \sqrt[5]{162} + \frac{1}{5}\log_3 \frac{3}{2}$의 값을 구하시오.

009

$\log_7(8+\sqrt{15})+\log_7(8-\sqrt{15})$의 값을 구하시오.

010

$\log_2(\sqrt[3]{15}+1)+\log_2(\sqrt[3]{225}-\sqrt[3]{15}+1)$의 값을 구하시오.

011

$\log_3 \sqrt[3]{\frac{8}{3}} + \log_3 \sqrt[3]{9^k} - \log_3 2$이 자연수가 되도록 하는 10 이하의 모든 자연수 k의 값의 합을 구하시오.

Theme 4 로그의 밑의 변환

012

$a=9^{21}$일 때, $\frac{1}{\log_a 27}$의 값을 구하시오.

013

$\log_3 a \times \log_3 b = 2$이고 $\log_a 3 + \log_b 3 = 5$일 때, $\log_{\sqrt{3}} ab$의 값을 구하시오.

014

1이 아닌 세 양수 a, b, c에 대하여 $\log_a c = \frac{1}{2}$, $\log_b c = \frac{1}{7}$일 때, $\frac{1}{\log_{ab} c}$의 값을 구하시오.

015

실수 a에 대하여 $3^{\log_9 2} = 8^a$일 때, $60a$의 값을 구하시오.

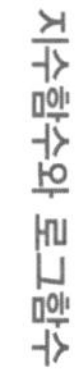

016

1보다 큰 세 실수 a, b, c에 대하여
$\log_a c : \log_b c = 3:1$일 때,
$\dfrac{20}{\log_a b + \log_b a}$의 값을 구하시오.

017

두 실수 a, b에 대하여 $2^{a+b}=5$, $3^{a-b}=8$일 때,
$3^{a^2-b^2}$의 값을 구하시오.

018

1보다 큰 세 실수 a, b, c가 $\log_a b = \log_b \sqrt{c} = \log_c \sqrt[4]{a}$
를 만족시킬 때, $\dfrac{1}{\log_{abc} c}$의 값을 구하시오.

019

1보다 크고 10보다 작은 세 자연수 a, b, c에 대하여
$2\log_c b = \log_a b$, $3\log_b c = \log_a c$일 때,
$a+b-c$의 값을 구하시오.

Theme 5 상용로그

020

$\log \sqrt[3]{5000}$의 값을 구하시오.
(단, $\log 2 = 0.301$으로 계산한다.)

021

두 자연수 a, b에 대하여 $\log a + \log b = 2 + \log 4$를
만족시키는 모든 순서쌍 (a, b)의 개수를 구하시오.

규토 라이트 N제

지수함수와 로그함수

Training – 2 step

기출 적용편

2. 로그

022 • 2019년 고2 6월 교육청 가형

다음은 상용로그표의 일부이다.

수	…	4	5	6	…
⋮		⋮	⋮	⋮	
5.9	…	.7738	.7745	.7752	…
6.0	…	.7810	.7818	.7825	…
6.1	…	.7882	.7889	.7896	…

이 표를 이용하여 구한 $\log\sqrt{6.04}$의 값은? [3점]

① 0.3905　② 0.7810　③ 1.3905　④ 1.7810　⑤ 2.3905

023 • 2020학년도 고3 6월 평가원 나형

$\log_2 5=a$, $\log_5 3=b$라 할 때, $\log_5 12$을 a, b로 옳게 나타낸 것은? [3점]

① $\frac{1}{a}+b$　② $\frac{2}{a}+b$　③ $\frac{1}{a}+2b$　④ $a+\frac{1}{b}$　⑤ $2a+\frac{1}{b}$

024 • 2019학년도 고3 6월 평가원 나형

좌표평면 위의 두 점 $(1,\ \log_2 5)$, $(2,\ \log_2 10)$을 지나는 직선의 기울기는? [3점]

① 1　② 2　③ 3　④ 4　⑤ 5

025 • 2015년 고3 3월 교육청 B형

두 실수 x, y가 $2^x=3^y=24$를 만족시킬 때, $(x-3)(y-1)$의 값은? [3점]

① 1　② 2　③ 3　④ 4　⑤ 5

026 • 2018년 고3 3월 교육청 나형

$\frac{1}{\log_4 18}+\frac{2}{\log_9 18}$의 값은? [3점]

① 1　② 2　③ 3　④ 4　⑤ 5

027 • 2017년 고3 4월 교육청 나형

이차방정식 $x^2-18x+6=0$의 두 근을 α, β라 할 때, $\log_2(\alpha+\beta)-2\log_2\alpha\beta$의 값은? [3점]

① -5　② -4　③ -3　④ -2　⑤ -1

028 • 2019년 고3 3월 교육청 나형

$\log 1.44=a$일 때, $2\log 12$를 a로 나타낸 것은? [3점]

① $a+1$　② $a+2$　③ $a+3$　④ $a+4$　⑤ $a+5$

029 • 2018학년도 고3 9월 평가원 나형

두 실수 a, b가 $ab=\log_3 5$, $b-a=\log_2 5$를 만족시킬 때, $\frac{1}{a}-\frac{1}{b}$의 값은? [3점]

① $\log_5 2$　② $\log_3 2$　③ $\log_3 5$　④ $\log_2 3$　⑤ $\log_2 5$

030 • 2016년 고2 10월 교육청 나형

1이 아닌 두 양수 a, b에 대하여 $\frac{\log_a b}{2a} = \frac{18\log_b a}{b} = \frac{3}{4}$

이 성립할 때, ab의 값을 구하시오. [3점]

031 • 2024학년도 고3 9월 평가원 공통

두 실수 a, b가

$$3a+2b=\log_3 32, \quad ab=\log_9 2$$

를 만족시킬 때, $\frac{1}{3a}+\frac{1}{2b}$의 값은? [3점]

① $\frac{5}{12}$ ② $\frac{5}{6}$ ③ $\frac{5}{4}$

④ $\frac{5}{3}$ ⑤ $\frac{25}{12}$

032 • 2010년 고3 3월 교육청 나형

세 양수 a, b, c에 대하여

$$\begin{cases} \log_2 ab+\log_2 bc=5 \\ \log_2 bc+\log_2 ca=8 \\ \log_2 ca+\log_2 ab=7 \end{cases}$$

이 성립할 때, $a+b+c$의 값을 구하시오. [3점]

033 • 2011년 고3 3월 교육청 나형

1보다 큰 세 실수 a, b, c에 대하여

$\log_a 2=\log_b 5=\log_c 10=\log_{abc} x$가 성립할 때,

실수 x의 값은? [3점]

① $\frac{1}{10}$ ② $\sqrt{10}$ ③ 10

④ $10\sqrt{10}$ ⑤ 100

034 • 2007학년도 고3 6월 평가원 나형

자연수 n에 대하여 $f(n)=2^n-\log_2 n$이라 할 때,

<보기>에서 옳은 것만을 있는 대로 고른 것은? [3점]

〈보기〉

ㄱ. $f(2)=3$

ㄴ. $f(8)=-f(\log_2 8)$

ㄷ. $f(2^n)+n=\{f(2^{n-1})+n-1\}^2$

① ㄱ ② ㄴ ③ ㄱ, ㄴ

④ ㄱ, ㄷ ⑤ ㄴ, ㄷ

035 • 2019년 고2 6월 교육청 가형

$\log_{(a+3)}(-a^2+3a+28)$이 정의되도록 하는 모든 정수 a의 개수를 구하시오. [3점]

036 • 2020년 고3 7월 교육청 나형

1보다 큰 두 실수 a, b에 대하여

$$\log_{27}a=\log_3\sqrt{b}$$

일 때, $20\log_b\sqrt{a}$의 값을 구하시오. [3점]

037 • 2021학년도 고3 6월 평가원 가형

두 양수 a, b에 대하여 좌표평면 위의 두 점 $(2,\ \log_4 a)$, $(3,\ \log_2 b)$를 지나는 직선이 원점을 지날 때, $\log_a b$의 값은? (단, $a\neq 1$) [3점]

① $\frac{1}{4}$　② $\frac{1}{2}$　③ $\frac{3}{4}$　④ 1　⑤ $\frac{5}{4}$

038 • 2021학년도 고3 9월 평가원 가형 

1보다 큰 세 실수 a, b, c가

$$\log_a b=\frac{\log_b c}{2}=\frac{\log_c a}{4}$$

를 만족시킬 때, $\log_a b+\log_b c+\log_c a$의 값은? [3점]

① $\frac{7}{2}$　② 4　③ $\frac{9}{2}$　④ 5　⑤ $\frac{11}{2}$

039 • 2022학년도 사관학교 공통

그림과 같은 5개의 칸에 5개의 수 $\log_a 2$, $\log_a 4$, $\log_a 8$, $\log_a 32$, $\log_a 128$을 한 칸에 하나씩 적는다. 가로로 나열된 3개의 칸에 적힌 세 수의 합과 세로로 나열된 3개의 칸에 적힌 세 수의 합이 15로 서로 같을 때, a의 값은? [3점]

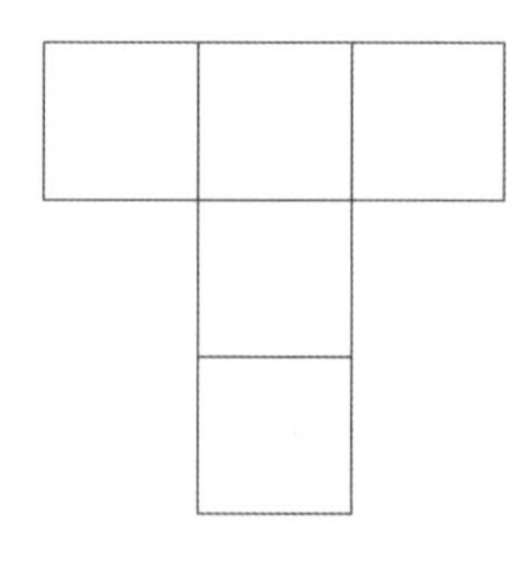

① $2^{\frac{1}{3}}$　② $2^{\frac{2}{3}}$　③ 2　④ $2^{\frac{4}{3}}$　⑤ $2^{\frac{5}{3}}$

040 • 2019년 고3 3월 교육청 나형 

$\log_x(-x^2+4x+5)$가 정의되기 위한 모든 정수 x의 값의 합을 구하시오. [4점]

041 • 2019년 고2 6월 교육청 나형

두 양수 a, b $(b \neq 1)$가 다음 조건을 만족시킬 때, a^2+b^2의 값은? [4점]

> (가) $(\log_2 a)(\log_b 3)=0$
> (나) $\log_2 a+\log_b 3=2$

① 3 ② 4 ③ 5 ④ 6 ⑤ 7

042 • 2019학년도 수능 나형

2 이상의 자연수 n에 대하여 $5\log_n 2$의 값이 자연수가 되도록 하는 모든 n의 값의 합은? [4점]

① 34 ② 38 ③ 42 ④ 46 ⑤ 50

043 • 2018학년도 수능 나형

1보다 큰 두 실수 a, b에 대하여 $\log_{\sqrt{3}} a=\log_9 ab$가 성립할 때, $\log_a b$의 값은? [4점]

① 1 ② 2 ③ 3 ④ 4 ⑤ 5

044 • 2019년 고2 9월 교육청 나형

2 이상의 자연수 n에 대하여 $\log_n 4 \times \log_2 9$의 값이 자연수가 되도록 하는 모든 n의 값의 합은? [4점]

① 93 ② 94 ③ 95 ④ 96 ⑤ 97

045 • 2019년 고2 6월 교육청 나형

자연수 n에 대하여 $2^{\frac{1}{n}}=a$, $2^{\frac{1}{n+1}}=b$라 하자.

$\left\{\dfrac{3^{\log_2 ab}}{3^{(\log_2 a)(\log_2 b)}}\right\}^5$이 자연수가 되도록 하는 모든 n의 값의 합은? [4점]

① 14 ② 15 ③ 16 ④ 17 ⑤ 18

046 • 2022학년도 수능예비시행

$\dfrac{1}{2}<\log a<\dfrac{11}{2}$인 양수 a에 대하여 $\dfrac{1}{3}+\log\sqrt{a}$의 값이 자연수가 되도록 하는 모든 a의 값의 곱은? [4점]

① 10^{10} ② 10^{11} ③ 10^{12} ④ 10^{13} ⑤ 10^{14}

047 • 2024학년도 수능 공통

수직선 위의 두 점 $P(\log_5 3)$, $Q(\log_5 12)$에 대하여
선분 PQ를 $m:(1-m)$으로 내분하는 점의 좌표가 1일 때,
4^m의 값은? (단, m은 $0<m<1$인 상수이다.) [4점]

① $\frac{7}{6}$ ② $\frac{4}{3}$ ③ $\frac{3}{2}$
④ $\frac{5}{3}$ ⑤ $\frac{11}{6}$

048 • 2020학년도 고3 9월 평가원 나형

네 양수 a, b, c, k가 다음 조건을 만족시킬 때,
k^2의 값을 구하시오. [4점]

(가) $3^a=5^b=k^c$
(나) $\log c=\log(2ab)-\log(2a+b)$

049 • 2020학년도 사관학교 나형

두 양수 a, $b\,(a>b)$에 대하여
$9^a=2^{\frac{1}{b}}$, $(a+b)^2=\log_3 64$ 일 때, $\frac{a-b}{a+b}$의 값은? [4점]

① $\frac{\sqrt{6}}{6}$ ② $\frac{\sqrt{3}}{3}$ ③ $\frac{\sqrt{2}}{2}$
④ $\frac{\sqrt{6}}{3}$ ⑤ $\frac{\sqrt{30}}{6}$

050 • 2023학년도 고3 6월 평가원 공통

자연수 n에 대하여 $4\log_{64}\left(\frac{3}{4n+16}\right)$의 값이 정수가 되도록
하는 1000 이하의 모든 n의 값의 합을 구하시오. [4점]

051 • 2020학년도 수능 나형

자연수 n의 양의 약수의 개수를 $f(n)$이라 하고, 36의 모든
양의 약수를 a_1, a_2, a_3, $\cdots$, a_9라 하자.
$\sum_{k=1}^{9}\left\{(-1)^{f(a_k)}\times\log a_k\right\}$의 값은? [4점]

① $\log 2+\log 3$ ② $2\log 2+\log 3$ ③ $\log 2+2\log 3$
④ $2\log 2+2\log 3$ ⑤ $3\log 2+2\log 3$

052 • 2021학년도 수능 가형

$\log_4 2n^2-\frac{1}{2}\log_2\sqrt{n}$의 값이 40 이하의 자연수가 되도록
하는 자연수 n의 개수를 구하시오. [4점]

규토 라이트 N제

지수함수와 로그함수

Master step

심화 문제편

2. 로그

053

두 양의 실수 a, b에 대하여 두 집합 A, B가

$$A=\left\{-1,\ \log_3\frac{a}{b}\right\},\ B=\left\{3,\ \log_3 a,\ \log_{\frac{1}{3}}\sqrt[3]{b^2}\right\}$$

이고 $A-B=\{2\}$일 때,
$4(\log_3 a)(\log_3 b)$의 값을 구하시오.

054

• 2018년 고3 4월 교육청 나형

2 이상의 세 실수 a, b, c가 다음 조건을 만족시킨다.

(가) $\sqrt[3]{a}$는 ab의 네제곱근이다. (나) $\log_a bc+\log_b ac=4$

$a=\left(\frac{b}{c}\right)^k$이 되도록 하는 실수 k의 값은? [4점]

① 6　② $\frac{13}{2}$　③ 7　④ $\frac{15}{2}$　⑤ 8

055

• 2015년 고3 3월 교육청 A형

$\log_2(-x^2+ax+4)$의 값이 자연수가 되도록 하는 실수 x의 개수가 6일 때, 모든 자연수 a의 값의 곱을 구하시오. [4점]

056

• 2012학년도 고3 6월 평가원 나형

100 이하의 자연수 전체의 집합을 S라 할 때,
$n\in S$에 대하여 집합
$\{k \mid k\in S$이고 $\log_2 n-\log_2 k$는 정수$\}$
의 원소의 개수를 $f(n)$이라 하자.
예를 들어, $f(10)=5$이고 $f(99)=1$이다.
이때, $f(n)=1$인 n의 개수를 구하시오. [4점]

규토 라이트 N제

지수함수와 로그함수

Guide step

개념 익히기편

3. 지수함수와 로그함수

01 지수함수와 로그함수
함수 그리기 기초

성취 기준 - 평행이동과 대칭이동의 의미를 이해하고 이를 이용하여 함수의 그래프를 그릴 수 있다.
- 절댓값 함수의 그래프를 그릴 수 있다.

개념 파악하기 (1) 평행이동한 점의 좌표와 도형의 방정식은 어떻게 구할까?

점의 평행이동

좌표평면 위의 점 $\mathrm{P}(x, y)$를 x축의 방향으로 a만큼, y축의 방향으로 b만큼 이동한 점을 $\mathrm{P}'(x', y')$이라 하면 $x'=x+a$, $y'=y+b$
이므로 P'의 좌표는 $(x+a, y+b)$이다.

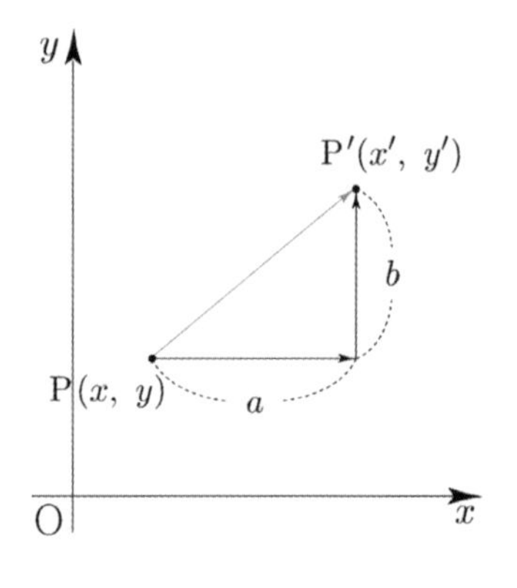

ex 점 $(3, 1)$을 x축의 방향으로 -1만큼, y축의 방향으로 2만큼 평행이동한 점의 좌표는 점 $(3-1, 1+2)$, 즉 점 $(2, 3)$이다.

도형의 평행이동

방정식 $y=2x+4$은 직선을 나타내고, 방정식 $x^2+y^2=1$은 원을 나타낸다. 이들을 각각 $2x-y+4=0$, $x^2+y^2-1=0$으로 나타낼 수 있는 것처럼 방정식 $f(x, y)=0$은 좌표평면 위의 도형을 나타낸다.

좌표평면 위의 방정식 $f(x, y)=0$이 나타내는 도형 F를 x축의 방향으로 a만큼, y축의 방향으로 b만큼 평행이동한 도형 F'의 방정식을 구하여 보자.

[1단계] 점의 좌표 나타내기

도형 F 위의 점 $\mathrm{P}(x, y)$를 x축의 방향으로 a만큼, y축의 방향으로 b만큼 평행이동한 점을 $\mathrm{P}'(x', y')$이라 하자.

[2단계] 두 점 사이의 관계식 구하기

점 P'의 좌표를 x, y를 이용하여 나타내면 $x'=x+a$, $y'=y+b$이므로
$x=x'-a$, $y=y'-b$이다.

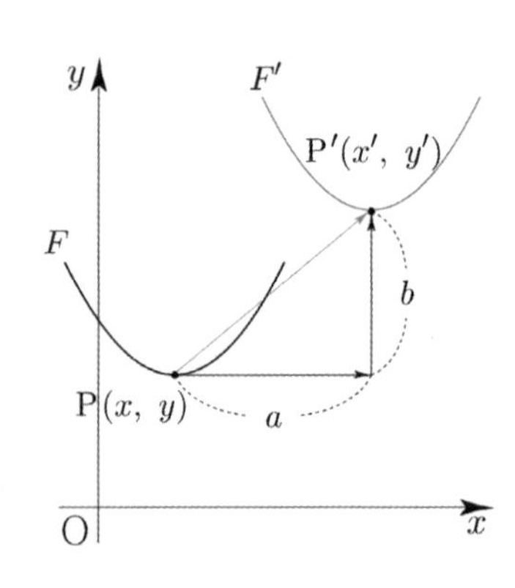

[3단계] 도형의 방정식에 대입하기

$f(x, y)=0$에 $x=x'-a$, $y=y'-b$를 대입하면 $f(x'-a, y'-b)=0$이다.
따라서 점 $\mathrm{P}'(x', y')$은 방정식 $f(x-a, y-b)=0$이 나타내는 도형 위의 점이므로 이 방정식이 도형 F'의 방정식이다.

ex 방정식 $y=2x$이 나타내는 도형을 x축의 방향으로 3만큼, y축으로 -2만큼 평행이동한 도형의 방정식은 $y+2=2(x-3)$, 즉 $y=2x-8$이다.

Tip $f(x'-a, y'-b)=0$이 $f(x-a, y-b)=0$로 변한 것에 대해 다소 낯설게 느낄 수도 있는데 이는 도형의 방정식을 나타낼 때 일반적으로 문자 x, y를 사용하기 때문에 x', y'를 각각 x, y로 바꾸어 쓴 것일 뿐이다.

개념 파악하기 (2) 대칭이동한 점의 좌표와 도형의 방정식은 어떻게 구할까?

좌표축과 원점에 대한 대칭이동

좌표평면 위의 점 P를 한 직선 또는 한 점에 대하여 대칭인 점으로 옮기는 것을 각각 그 직선 또는 그 점에 대한 대칭이동이라 한다.

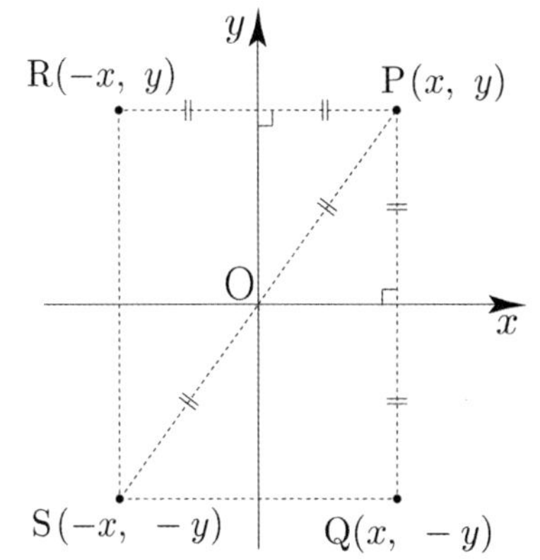

좌표평면 위의 점 P$(x,\ y)$를

① x축에 대하여 대칭이동한 점은 Q$(x,\ -y)$이다.
② y축에 대하여 대칭이동한 점은 R$(-x,\ y)$이다.
③ 원점에 대하여 대칭이동한 점은 S$(-x,\ -y)$이다.

ex 점 $(-1,\ 2)$를 x축, y축, 원점에 대하여 대칭이동한 점의 좌표는 순서대로 점 $(-1,\ -2)$, $(1,\ 2)$, $(1,\ -2)$이다.

직선 $y=x$에 대한 대칭이동

좌표평면 위의 점 P$(x,\ y)$를 직선 $y=x$에 대하여 대칭이동한 점 P$'(x',\ y')$의 좌표를 구하여 보자.

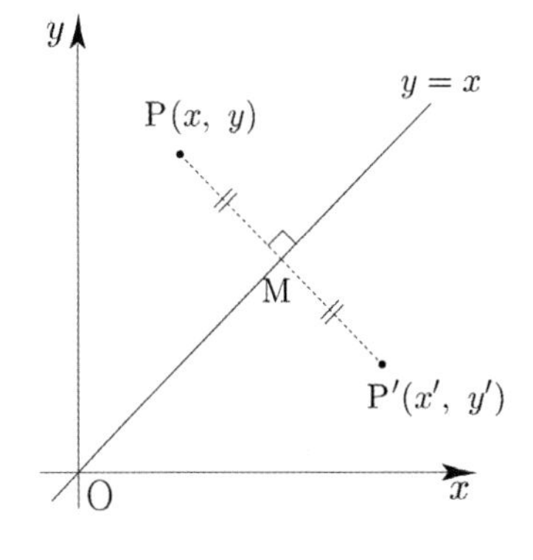

[1단계] 두 직선의 수직 조건 이용하기

직선 PP$'$은 직선 $y=x$와 서로 수직이므로

$\frac{y'-y}{x'-x}\times 1=-1$ (기울기 곱 $=-1$)에서 $x'+y'=x+y$ ⋯ ㉠

[2단계] 선분의 중점이 직선 $y=x$ 위에 있음을 이용하기

선분 PP$'$의 중점 M의 좌표는 $\left(\frac{x+x'}{2},\ \frac{y+y'}{2}\right)$이고, 이 점은

직선 $y=x$ 위에 있으므로 $\frac{x+x'}{2}=\frac{y+y'}{2}$에서 $x'-y'=-x+y$ ⋯ ㉡

[3단계] 연립방정식 풀기

두 방정식 ㉠, ㉡을 연립하여 풀면 $x'=y$, $y'=x$이므로
점 P$(x,\ y)$를 직선 $y=x$에 대하여 대칭이동한 점 P$'$의 좌표는 $(y,\ x)$이다.

ex 점 $(3,\ 1)$을 직선 $y=x$에 대하여 대칭이동한 점의 좌표는 점 $(1,\ 3)$이다.

Tip 위와 같은 논리로 직선 $y=ax+b$에 대한 대칭이동 역시 구할 수 있다. (수직 조건 + 중점)

도형의 대칭이동

좌표평면 위의 방정식 $f(x,\ y)=0$이 나타내는 도형 F를 직선 $x=a$에 대하여 대칭이동한 도형 F'의 도형의 방정식을 구하여 보자.

[1단계] 점의 좌표 나타내기

도형 F 위의 점 $\mathrm{P}(x,\ y)$를 직선 $x=a$에 대하여 대칭이동한 점을 $\mathrm{P}'(x',\ y')$이라 하자.

[2단계] 두 점 사이의 관계식 구하기

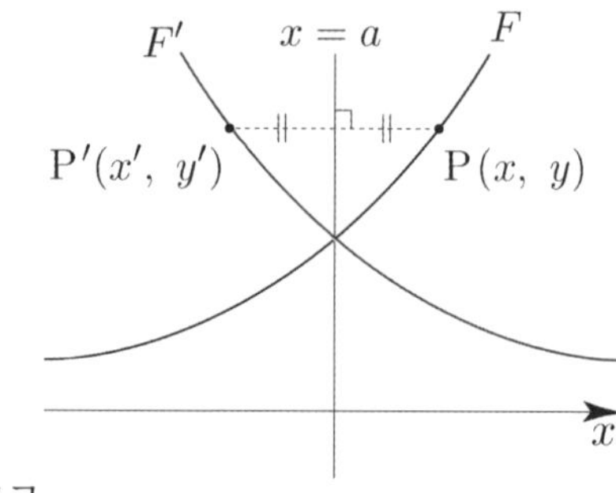

점 P'의 좌표를 x, y를 이용하여 나타내면 $\dfrac{x'+x}{2}=a$, $y'=y$이므로

$x=2a-x'$, $y=y'$이다.

[3단계] 도형의 방정식에 대입하기

$f(x,\ y)=0$에 $x=2a-x'$, $y=y'$을 대입하면 $f(2a-x',\ y')=0$이다.
따라서 점 $\mathrm{P}'(x',\ y')$은 방정식 $f(2a-x,\ y)=0$이 나타내는 도형 위의 점이므로 이 방정식이 도형 F'의 방정식이다.

같은 방법으로 방정식 $f(x,\ y)=0$이 나타내는 도형을 직선 $y=a$, 점 $(a,\ b)$, 직선 $y=x$에 대하여 대칭이동한 도형의 방정식은 각각 다음과 같다.

$f(x,\ 2a-y)=0$, $f(2a-x,\ 2b-y)=0$, $f(y,\ x)=0$

ex 방정식 $y=3x$이 나타내는 도형을 직선 $x=1$에 대하여 대칭이동한 도형의 방정식은 $y=3(2-x)$, 즉 $y=-3x+6$이다.

Tip x축은 $y=0$과 같으므로 x축에 대하여 대칭이동한 도형의 방정식은 $f(x,\ -y)=0$이고,
y축은 $x=0$과 같으므로 y축에 대하여 대칭이동한 도형의 방정식은 $f(-x,\ y)=0$이고,
원점은 점 $(0,\ 0)$과 같으므로 원점에 대하여 대칭이동한 도형의 방정식은 $f(-x,\ -y)=0$이다.

개념 파악하기 **(3) 실전에서 평행이동과 대칭이동한 도형의 방정식은 어떻게 구할까?**

평행이동과 대칭이동 총정리

실전 문제에서는 $f(x, y)=0$와 같은 형태보다는 $y=f(x)$와 같은 형태가 빈번하게 출제되므로 $y=f(x)$의 형태로 기억하는 편이 좋다. 반드시 기억해야 할 평행이동과 대칭이동을 총정리하면 다음과 같다.

① x축의 방향으로 a만큼 평행이동 : $x \to x-a$

$y=f(x) \Rightarrow y=f(x-a)$

② y축의 방향으로 a만큼 평행이동 : $y \to y-a$

$y=f(x) \Rightarrow y-a=f(x) \Rightarrow y=f(x)+a$

③ $x=a$에 대하여 대칭이동 : $x \to 2a-x$

$y=f(x) \Rightarrow y=f(2a-x)$

ex $x=0$ (y축)에 대하여 대칭이동 : $x \to -x$

$y=f(x) \Rightarrow y=f(-x)$

④ $y=a$에 대하여 대칭이동 : $y \to 2a-y$

$y=f(x) \Rightarrow 2a-y=f(x) \Rightarrow y=2a-f(x)$

ex $y=0$ (x축)에 대하여 대칭이동 : $y \to -y$

$y=f(x) \Rightarrow -y=f(x) \Rightarrow y=-f(x)$

⑤ 점 (a, b)에 대하여 대칭이동 : $x \to 2a-x$, $y \to 2b-y$

$y=f(x) \Rightarrow 2b-y=f(2a-x)$

ex 점 $(0, 0)$ (원점)에 대하여 대칭이동
: $x \to -x$, $y \to -y$

$y=f(x) \Rightarrow -y=f(-x) \Rightarrow y=-f(-x)$

⑥ $y=x$에 대하여 대칭이동 : $x \to y$, $y \to x$

$y=f(x) \Rightarrow x=f(y)$

Tip 1 완벽히 암기가 되어 있어야 한다. 평행이동과 대칭이동을 완벽히 숙지했다면 지수함수와 로그함수를 아주 손쉽게 그릴 수 있다.

Tip 2 $x \to X$라는 것은 x에 X를 대입한다는 의미이다. 예를 들어 $x \to -x$라는 것은 x앞에 $-$를 붙여준다고 기억하는 것이 아니라 x에 $-x$를 대입한다고 기억하자. (★중요★)

Tip 3 ②번에서 $y-a=f(x)$보다는 $y=f(x)+a$와 같은 형태를 더 많이 쓴다.
④번에서 x축에 대하여 대칭이동시 $-y=f(x)$보다는 $y=-f(x)$와 같은 형태를 더 많이 쓴다.
즉, $2a-y=f(x)$보다는 $y=2a-f(x)$와 같은 형태를 더 많이 쓴다.

개념 확인문제 1 다음 방정식이 나타내는 도형을 x축의 방향으로 -2만큼, y축의 방향으로 3만큼 평행이동한 도형의 방정식을 구하시오.

(1) $y=-2x^2$

(2) $y=2x+3$

(3) $x^2+(y-1)^2=2$

개념 확인문제 2 직선 $2x-y+1=0$을 원점에 대하여 대칭이동한 후, x축의 방향으로 2만큼 평행이동하였더니 원 $(x-4)^2+(y-a)^2=1$의 넓이를 이등분하였다. 상수 a의 값을 구하시오.

개념 파악하기 (4) 절댓값 함수의 그래프는 어떻게 그릴 수 있을까?

절댓값 함수 그리기 (기본 유형편)

① $y=f(|x|)$

$$\begin{cases} y=f(x) & (x \ge 0) \\ y=f(-x) & (x<0) \end{cases}$$

방법: x가 양수인 부분을 y축 대칭

ex $y=|x|+1$

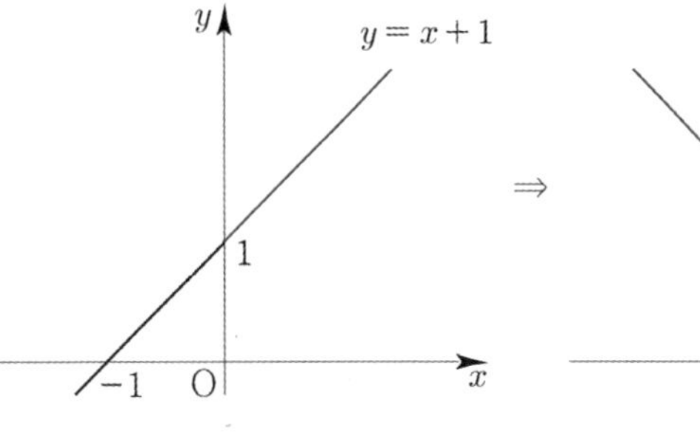

⇒

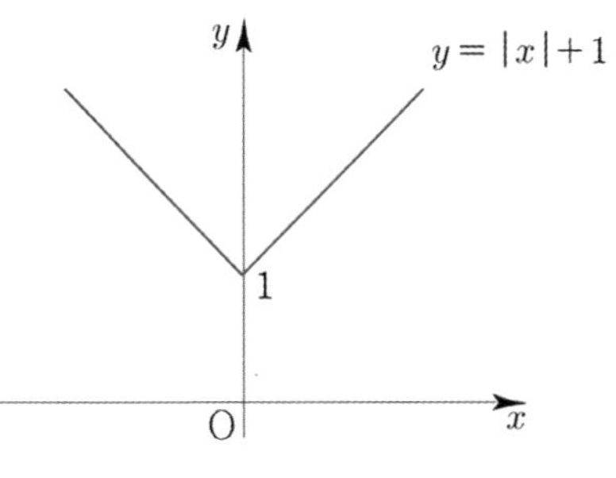

② $|y|=f(x)$

$$\begin{cases} y=f(x) & (y \ge 0) \\ y=-f(x) & (y<0) \end{cases}$$

방법: y가 양수인 부분을 x축 대칭

ex $|y|=x+1$

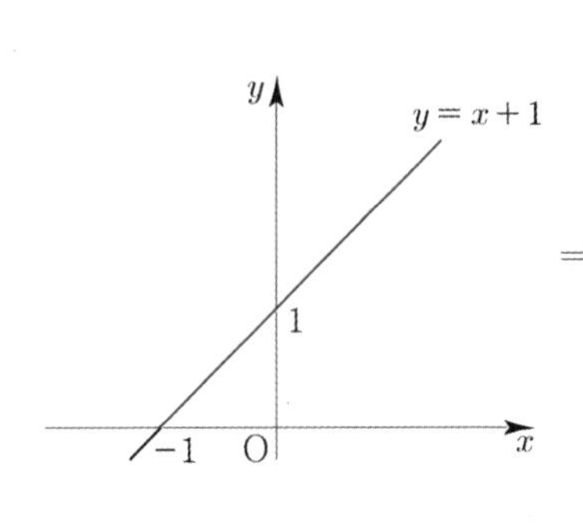

⇒

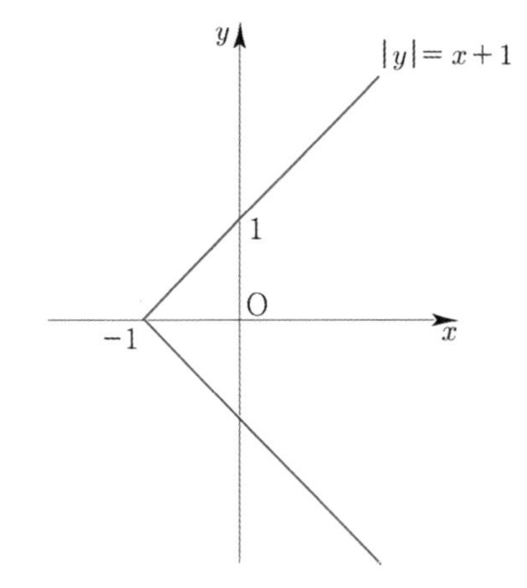

③ $y=|f(x)|$

$$\begin{cases} y=f(x) & (f(x) \ge 0) \\ y=-f(x) & (f(x)<0) \end{cases}$$

방법: $f(x)$가 음수인 부분을
x축 위로 접어올림

ex $y=|x^2-1|$

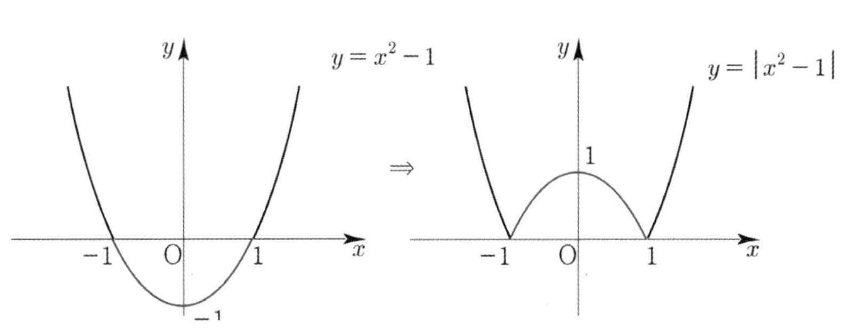

절댓값 함수 그리기 (실전 적용편)

① 무엇을 기본함수로 둘까?
② 배운 것을 바탕으로 순서를 설계하자!

ex $y=|x-1|$

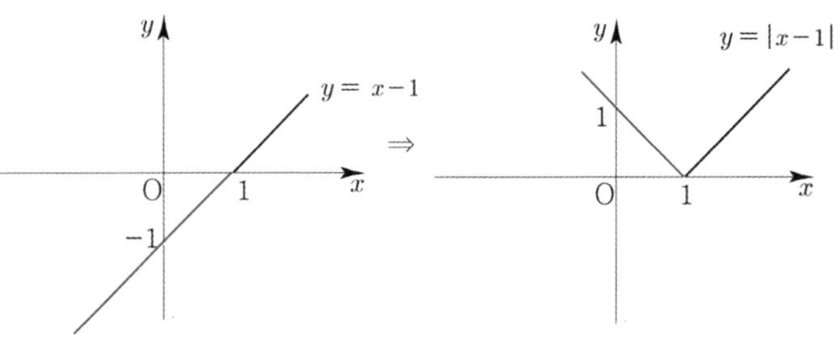

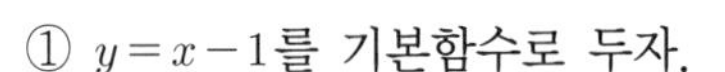
① $y=x-1$를 기본함수로 두자.
② $y=|f(x)|$를 적용시키면 $y=|x-1|$이 된다.

다르게도 풀어보자.
① $y=x$를 기본함수로 두자.
② $x \to |x|$ (x가 양수인 부분을 y축 대칭) 하면 $y=|x|$이 된다.
③ $x \to x-1$ (x축 방향으로 1만큼 평행이동) 하면 $y=|x-1|$이 된다.

개념 확인문제 3 다음 그래프를 그리시오.

(1) $y=|x|-1$

(2) $y=||x|-1|$

(3) $|y-1|=x-1$

(4) $y=x^2+|x|+1$

절댓값 함수 그리기 (case분류 유형)

모든 절댓값 함수는 절댓값 안에 있는 식이 양수인지 음수인지에 따라 case분류하면 다 풀 수 있다.

(1) 범위가 2개인 경우

ex $f(x)=|x-1|+x$

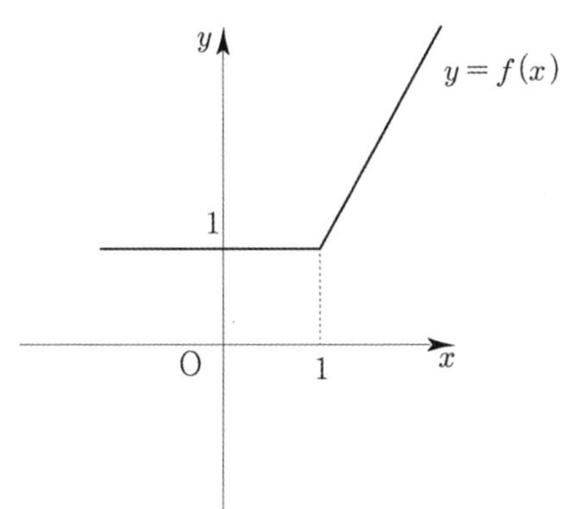

① 절댓값이 걸려있는 식은 $x-1$ 뿐이므로
$x-1\ge 0$인지 $x-1<0$인지에 따라 case분류할 수 있다.

② $f(x)=\begin{cases} 2x-1 & (x\ge 1) \\ 1 & (x<1) \end{cases}$

Tip $x\ge 1$ 일 때 $x-1$은 양수이므로 그냥 나온다. 따라서 $y=x-1+x=2x-1$이다.
$x<1$ 일 때 $x-1$은 음수이므로 마이너스가 붙어서 나온다. 따라서 $y=-(x-1)+x=1$이다.
$x=1$ 일 때 등호는 $x\le 1$이든지 $x\ge 1$이든지 상관없다.

(2) 범위가 3개 이상인 경우

ex $f(x)=|x|-|x-1|$

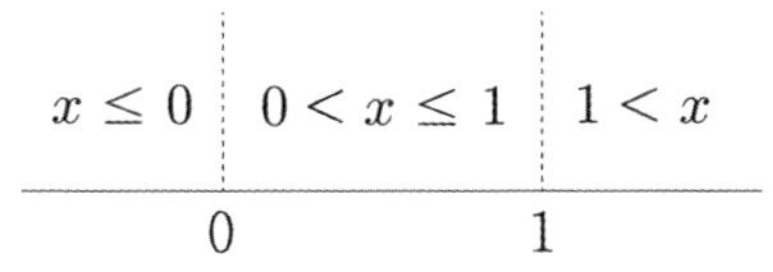

① 절댓값이 걸려있는 식은 x, $x-1$ 이므로
$x\le 0$인지 $0<x\le 1$인지 $1<x$에 따라 case분류할 수 있다.

Tip 절댓값을 포함하는 식에서 절댓값이 0이 되는 x값이 0, 1 이므로 수직선을 그리고
$x=0$, 1에서 칸막이를 치면 범위가 3가지로 구분됨을 쉽게 알 수 있다.

② $f(x)=\begin{cases} 1 & (x>1) \\ 2x-1 & (0<x\le 1) \\ -1 & (x\le 0) \end{cases}$

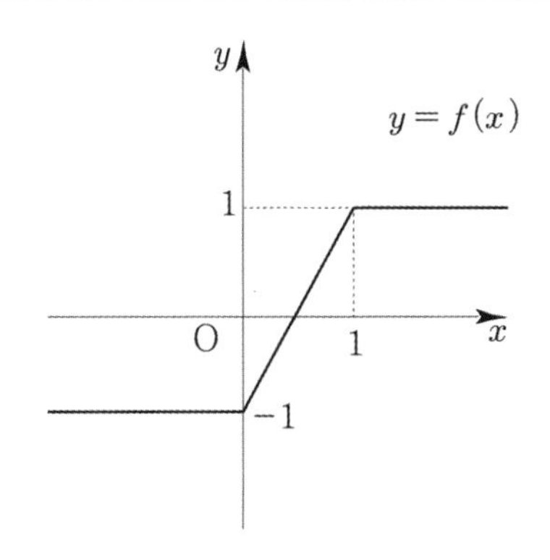

개념 확인문제 4 다음 그래프를 그리시오.

(1) $y=|x|+x$

(2) $y=|x|+|x-1|$

지수함수와 로그함수

02 지수함수의 뜻과 그래프

성취 기준 - 지수함수의 뜻을 안다.
- 지수함수의 그래프를 그릴 수 있고, 그 성질을 이해한다.

개념 파악하기 (5) 지수함수란 무엇일까?

지수함수의 뜻

$a>0$이고 $a\neq1$이면 x가 임의의 실수일 때, a^x의 값은 하나로 정해지므로 $y=a^x$은 x에 대한 함수라 할 수 있다.
실수 전체의 집합을 정의역으로 하는 함수 $y=a^x\ (a>0,\ a\neq1)$을 a을 밑으로 하는 지수함수라 한다.

Tip 지수함수 $y=a^x$에서 $a=1$이면 $y=1$(상수함수)가 되므로 지수함수는 $a\neq1\ (a>0)$인 경우만 생각한다.

개념 확인문제 5 다음 중에서 지수함수인 것을 모두 찾으시오.

(1) $y=x^4$ (2) $y=\left(\frac{1}{2}\right)^x$ (3) $y=2^{-2x}$ (4) $y=x^{-1}$

개념 파악하기 (6) 지수함수의 그래프는 어떻게 그릴까?

지수함수의 그래프

지수함수 $y=2^x$의 그래프를 그려보자.
실수 x의 여러 가지 값에 대응하는 y의 값을 표로 나타내면 다음과 같다.

x	$\cdots$	-3	-2	-1	0	1	2	3	$\cdots$
y	$\cdots$	$\frac{1}{8}$	$\frac{1}{4}$	$\frac{1}{2}$	1	2	4	8	$\cdots$

x, y의 값의 순서쌍 $(x,\ y)$를 좌표로 하는 점을 좌표평면 위에 나타내고,
이를 매끄러운 곡선으로 연결하면 오른쪽 그림과 같이 함수 $y=2^x$의
그래프를 얻는다.

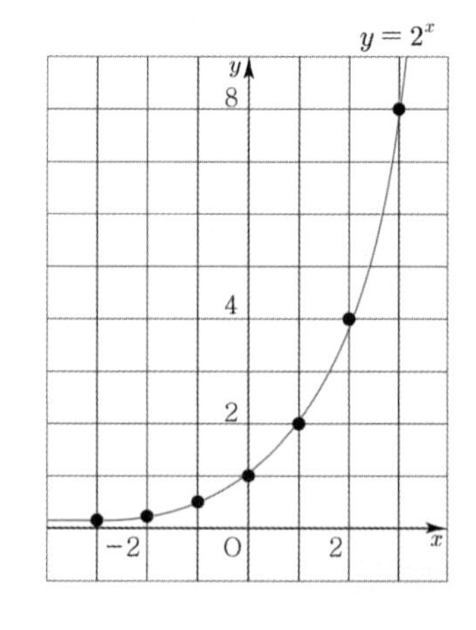

이 함수의 그래프에서 다음을 알 수 있다.

① 지수함수 $y=2^x$의 정의역은 실수 전체의 집합이고,
치역은 양의 실수 전체의 집합이다.

② 지수함수 $y=2^x$에서 x의 값이 증가하면 y의 값도 증가한다.

③ 지수함수 $y=2^x$의 그래프는 점 $(0,\ 1)$을 지나고, x의 값이 한없이 작아지면
y의 값은 0에 한없이 가까워지므로 x축을 점근선으로 갖는다.

Tip 그래프가 어떤 직선에 한없이 가까워질 때, 이 직선을 그 그래프의 점근선이라고 한다.

지수함수의 성질

지수함수 $y=a^x$ $(a>0,\ a\neq 1)$의 그래프는 밑 a의 범위에 따라 case분류할 수 있다.

① $a>1$일 때

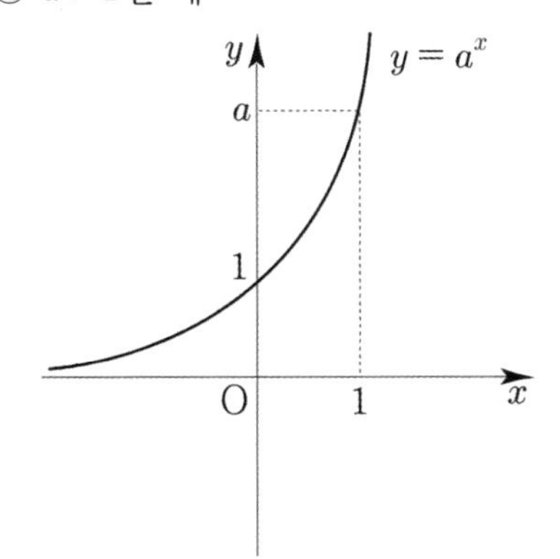

② $0<a<1$일 때

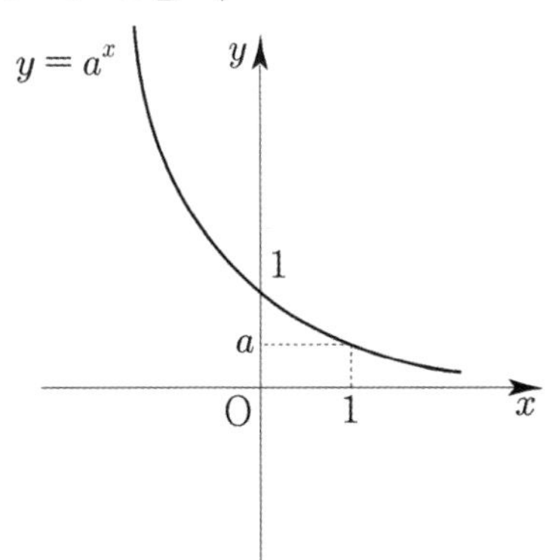

위의 그래프에서 지수함수 $y=a^x$ $(a>0,\ a\neq 1)$은 $a>1$일 때 x의 값이 증가하면 y의 값도 증가하고, $0<a<1$일 때 x의 값이 증가하면 y의 값은 감소함을 알 수 있다.

지수함수 $y=a^x$ $(a>0,\ a\neq 1)$의 성질

① 정의역은 실수 전체의 집합이고, 치역은 양의 실수 전체의 집합이다.
② $a>1$일 때, x값이 증가하면, y의 값도 증가한다. (증가함수)
$0<a<1$일 때, x값이 증가하면, y값은 감소한다. (감소함수)
③ 그래프는 점 $(0,\ 1)$을 지난다.
④ $y=0$ (x축)을 점근선으로 갖는다.

개념 확인문제 6 다음 지수함수의 그래프를 같은 좌표축에 그리시오.

(1) $y=2^x,\ y=3^x$

(2) $y=\left(\frac{1}{2}\right)^x,\ y=\left(\frac{1}{3}\right)^x$

지수함수의 그래프의 평행이동

함수 $y=f(x-m)+n$의 그래프는 함수 $y=f(x)$의 그래프를 x축의 방향으로 m만큼, y축의 방향으로 n만큼 평행이동한 것이다.

지수함수 $y=a^x$ $(a>0,\ a\neq 1)$의 그래프를 x축의 방향으로 m만큼, y축의 방향으로 n만큼 이동한 그래프를 나타내는 식은 $y=a^{x-m}+n$이다. 이때 점근선은 직선 $y=n$이다.

Tip 1 $y=a^x$ $(a>0,\ a\neq 1)$의 점근선 $y=0$는 x축 방향으로의 평행이동에는 영향을 받지 않고 y축 방향으로의 평행이동에만 영향을 받으므로 직선 $y=0$을 y축의 방향으로 n만큼 평행이동한 직선 $y=n$이 $y=a^{x-m}+n$의 점근선이 된다.

Tip 2 $y=3\times 2^x$의 그래프는 $y=2^x$의 그래프를 x축 방향으로 $-\log_2 3$만큼 평행이동시켜서 얻을 수 있다. $\Rightarrow$ $y=3\times 2^x=2^{\log_2 3}\times 2^x=2^{x+\log_2 3}$

지수함수의 그래프의 대칭이동

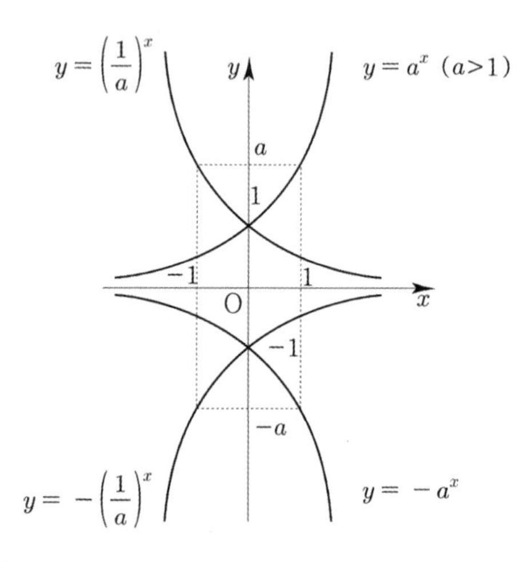

$y=a^x$ $(a>0,\ a\neq 1)$의 그래프를 대칭이동하면 다음과 같다.

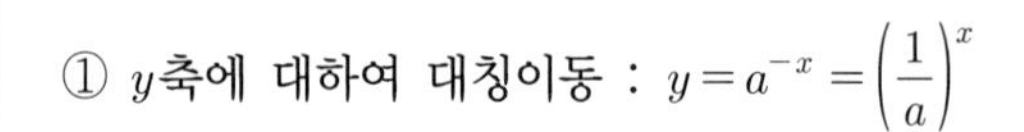
① y축에 대하여 대칭이동 : $y=a^{-x}=\left(\frac{1}{a}\right)^x$

② x축에 대하여 대칭이동 : $y=-a^x$

③ 원점에 대하여 대칭이동 : $y=-a^{-x}=-\left(\frac{1}{a}\right)^x$

Tip $y=a^x$ $(a>0,\ a\neq 1)$을 기본함수로 설정하고 평행이동, 대칭이동, 절댓값함수 그리기를 이용하여 여러 가지 함수의 그래프를 그릴 수 있다.

예제 1

함수 $y=3^{x-1}+1$의 그래프를 그리고, 점근선의 방정식을 구하시오.

풀이

함수 $y=3^{x-1}+1$의 그래프는 함수 $y=3^x$의 그래프를 x축의 방향으로 1만큼, y축의 방향으로 1만큼 평행이동한 것이다.
따라서 함수 $y=3^{x-1}+1$의 그래프는 오른쪽 그림과 같고,

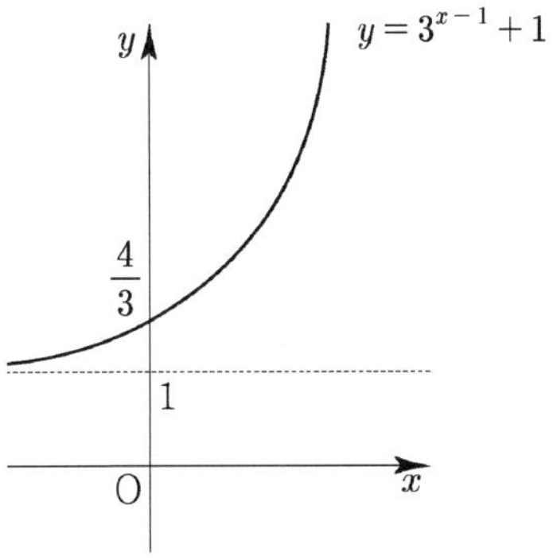

$y=3^{x-1}+1$, y, x, $\frac{4}{3}$, 1, O

점근선의 방정식은 $y=1$이다.

개념 확인문제 7 다음 함수의 그래프를 그리고, 만약 점근선이 존재한다면 점근선의 방정식을 구하시오.

(1) $y=2^{x+1}-3$

(2) $y=-3^{-x+1}$

(3) $y=|2^x-1|$

(4) $y=2^{|x|}$

(5) $y=\left(\frac{1}{2}\right)^{|x-1|}+1$

예제 2

정의역이 $\{x \mid -1 \le x \le 0\}$인 함수 $y=\left(\frac{1}{2}\right)^x+1$의 최댓값과 최솟값을 구하시오.

풀이

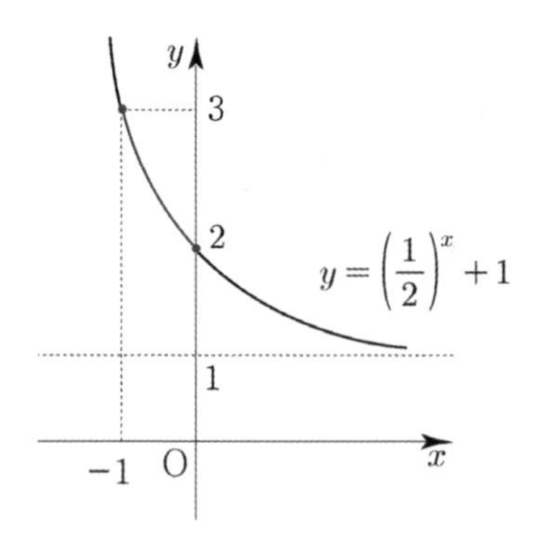

함수 $y=\left(\frac{1}{2}\right)^x+1$의 그래프를 그린 후 정의역 범위를 바탕으로 판단한다.

$x=-1$ 일 때 최댓값 $\left(\frac{1}{2}\right)^{-1}+1=(2^{-1})^{-1}+1=2^1+1=3$

$x=0$ 일 때 최솟값 $\left(\frac{1}{2}\right)^0+1=1+1=2$

따라서 최댓값은 3이고 최솟값은 2이다.

Tip 무조건 그래프다! 그래프를 그린 후 판단하자!

개념 확인문제 8 다음 함수의 최댓값과 최솟값을 구하시오.

(1) 정의역이 $\{x \mid 2 \le x \le 3\}$인 함수 $y=2^x-1$

(2) 정의역이 $\{x \mid -1 \le x \le 1\}$인 함수 $y=-2^{x+1}+5$

03 로그함수의 뜻과 그래프

성취 기준 - 로그함수의 뜻을 안다.
- 로그함수의 그래프를 그릴 수 있고, 그 성질을 이해한다.

개념 파악하기 (7) 로그함수란 무엇일까?

로그함수의 뜻과 그래프

지수함수 $y=a^x\,(a>0,\ a\neq 1)$은 실수 전체의 집합에서 양의 실수 전체의 집합으로의 일대일대응이다. 따라서 역함수가 존재한다.

로그의 정의로부터 $y=a^x \Leftrightarrow x=\log_a y$이므로 $x=\log_a y$에서 x와 y를 서로 바꾸면 지수함수 $y=a^x$의 역함수 $y=\log_a x\,(a>0,\ a\neq 1)$를 얻는다. 이 함수를 a를 밑으로 하는 로그함수라 한다.

Tip 1 원래 함수의 정의역이 역함수의 치역이 되고, 원래 함수의 치역이 역함수의 정의역이 된다. 즉, $y=\log_a x\,(a>0,\ a\neq 1)$의 정의역은 양의 실수 전체의 집합이고, 치역은 실수 전체의 집합이다.

Tip 2 지수함수 $y=a^x$의 그래프와 그 역함수 $y=\log_a x$의 그래프는 직선 $y=x$에 대하여 대칭이다.
대칭성은 출제자 입장에서 매우 매력적인 소재이다.

ex $y=2^x$와 $y=\log_2 x$는 직선 $y=x$에 대하여 대칭이다.

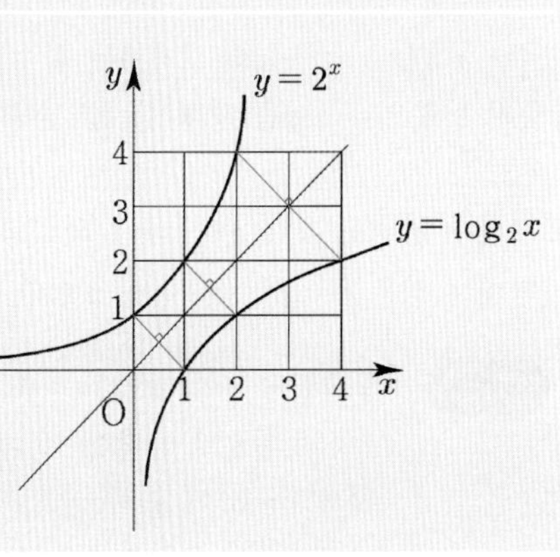

로그함수의 성질

로그함수 $y=\log_a x\,(a>0,\ a\neq 1)$의 그래프는 그 역함수인 지수함수 $y=a^x$의 그래프와 직선 $y=x$에 대하여 대칭이므로 a의 범위에 따라 case분류할 수 있다.

① $a>1$일 때

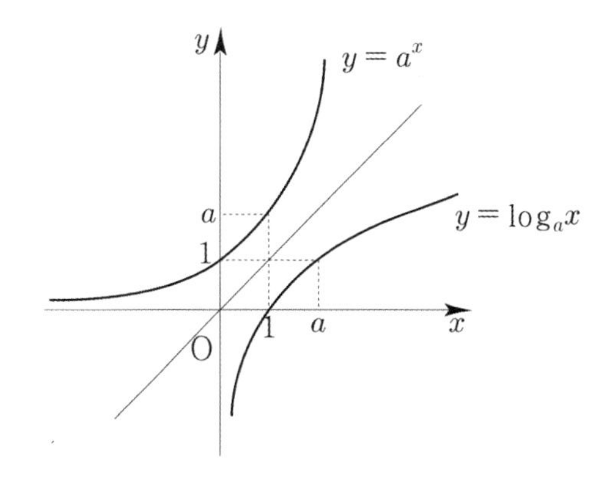

② $0<a<1$일 때

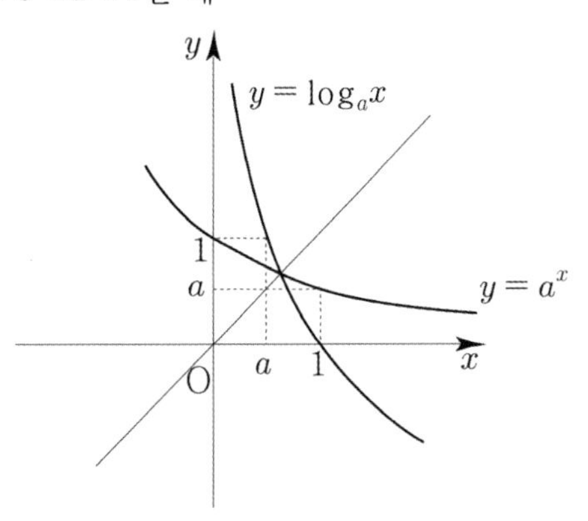

로그함수 $y=\log_a x$ $(a>0,\ a\neq 1)$의 성질

① 정의역은 양의 실수 전체의 집합이고, 치역은 실수 전체의 집합이다.
② $a>1$일 때, x값이 증가하면, y의 값도 증가한다. (증가함수)
$0<a<1$일 때, x값이 증가하면, y값은 감소한다. (감소함수)
③ 그래프는 점 $(1,\ 0)$을 지난다.
④ $x=0$ (y축)을 점근선으로 갖는다.

개념 확인문제 9 다음 로그함수의 그래프를 같은 좌표축에 그리시오.

(1) $y=\log_2 x$, $y=\log_3 x$

(2) $y=\log_{\frac{1}{2}} x$, $y=\log_{\frac{1}{3}} x$

로그함수의 그래프의 평행이동

함수 $y=f(x-m)+n$의 그래프는 함수 $y=f(x)$의 그래프를 x축의 방향으로 m만큼, y축의 방향으로 n만큼 평행이동한 것이다.

로그함수 $y=\log_a x\,(a>0,\ a\neq 1)$의 그래프를 x축의 방향으로 m만큼, y축의 방향으로 n만큼 이동한 그래프를 나타내는 식은 $y=\log_a(x-m)+n$이다. 이때 점근선은 직선 $x=m$이다.

Tip 로그함수 $y=\log_a x\,(a>0,\ a\neq 1)$의 점근선 $x=0$는 y축 방향으로의 평행이동에는 영향을 받지 않고 x축 방향으로의 평행이동에만 영향을 받으므로 직선 $x=0$을 x축의 방향으로 m만큼 평행이동한 직선 $x=m$이 $y=\log_a(x-m)+n$의 점근선이 된다.
실전에서는 진수가 0이 되도록 하는 x값을 a라 했을 때, $x=a$가 점근선이 된다.
ex $y=\log_2(x-3)+1$의 점근선은 $x=3$이 된다.

로그함수의 그래프의 대칭이동

$y=\log_a x\,(a>0,\ a\neq 1)$의 그래프를 대칭이동하면 다음과 같다.

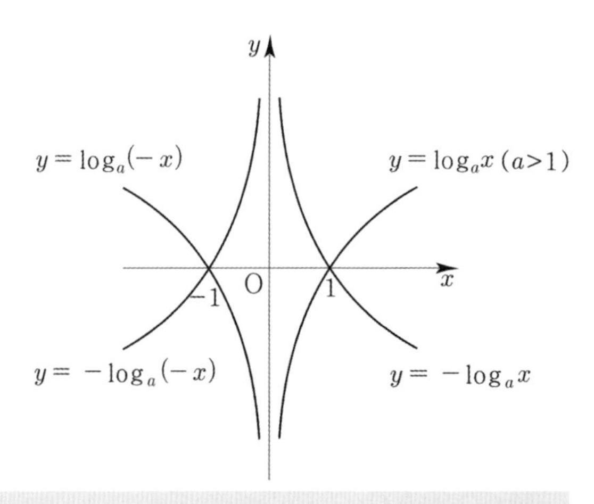

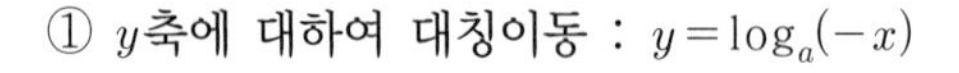
① y축에 대하여 대칭이동 : $y=\log_a(-x)$

② x축에 대하여 대칭이동 : $y=-\log_a x$

③ 원점에 대하여 대칭이동 : $y=-\log_a(-x)$

Tip $y=\log_a x\,(a>0,\ a\neq 1)$을 기본함수로 설정하고 평행이동, 대칭이동, 절댓값함수 그리기를 이용하여 여러 가지 함수의 그래프를 그릴 수 있다.

예제 3

함수 $y=-\log_2(x-2)$의 그래프를 그리고, 점근선의 방정식을 구하시오.

풀이

함수 $y=-\log_2(x-2)$의 그래프는 함수 $y=\log_2 x$의 그래프를

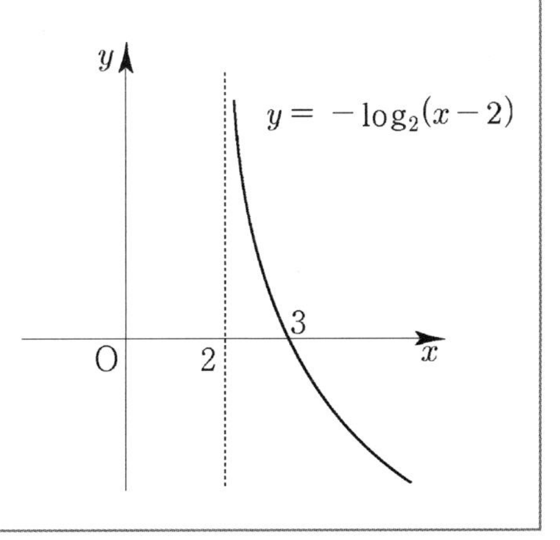

x축의 방향으로 2만큼 평행이동한 후 x축에 대하여 대칭이동한 것이다.

$y=\log_2 x \Rightarrow y=\log_2(x-2) \Rightarrow y=-\log_2(x-2)$

따라서 함수 $y=-\log_2(x-2)$의 그래프는 오른쪽 그림과 같고,
점근선의 방정식은 $x=2$이다.

개념 확인문제 10 다음 함수의 그래프를 그리고, 만약 점근선이 존재한다면 점근선의 방정식을 구하시오.

(1) $y=\log_3(x+1)-2$

(2) $y=-\log_2(-x)$

(3) $y=\log_{\frac{1}{2}}(-x-1)$

(4) $y=\log_2|x|$

(5) $y=|\log_2(x+1)|$

예제 4

정의역이 $\{x|\ 1 \le x \le 3\}$인 함수 $y=\log_{\frac{1}{2}}(x+1)$의 최댓값과 최솟값을 구하시오.

풀이

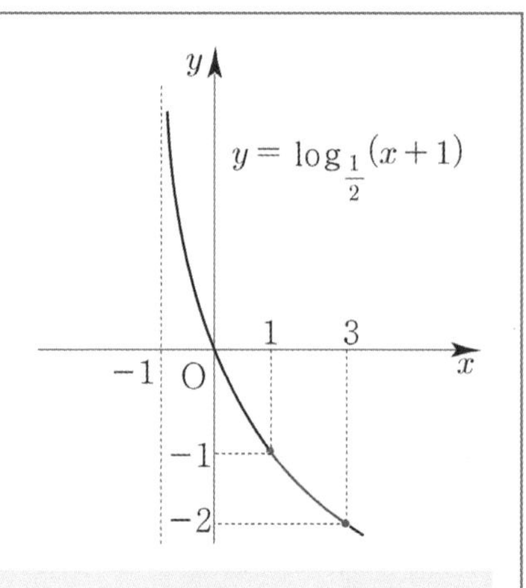

함수 $y=\log_{\frac{1}{2}}(x+1)$의 그래프를 그린 후 정의역 범위를 바탕으로 판단한다.

$x=1$ 일 때 최댓값 $\log_{\frac{1}{2}}(1+1)=-\log_2 2=-1$

$x=3$ 일 때 최솟값 $\log_{\frac{1}{2}}(3+1)=-\log_2 2^2=-2$

따라서 최댓값은 -1이고 최솟값은 -2이다.

Tip 무조건 그래프다! 그래프를 그린 후 판단하자!

개념 확인문제 11

다음 함수의 최댓값과 최솟값을 구하시오.

(1) 정의역이 $\{x|\ 3 \le x \le 17\}$인 함수 $y=\log_2(x-1)$

(2) 정의역이 $\{x|\ 0 \le x \le 6\}$인 함수 $y=\log_{\frac{1}{3}}(x+3)$

규토 라이트 N제

지수함수와 로그함수

Training – 1 step

필수 유형편

3. 지수함수와 로그함수

Theme 1 지수함수의 함숫값과 성질

001

두 실수 a, b에 대하여 좌표평면에서 함수 $y=a\times 2^{x-1}$의 그래프가 두 점 $(2,\ 8)$, $(b,\ 64)$을 지날 때, $a+b$의 값을 구하시오.

002

함수 $f(x)=3^{ax+b}$에서 $f(1)=9$, $f(3)=27$ 일 때, $f(a+3b)$의 값을 구하시오. (단, a, b는 상수이다.)

003

함수 $y=\left(\frac{1}{3}\right)^x$ 의 그래프 위의 한 점 A의 y좌표가 9이다. 이 그래프 위의 한 점 B에 대하여 직선 AB와 y축과의 교점을 C라 할 때, $2\overline{\text{AC}}=\overline{\text{CB}}$이다.
점 B의 y좌표를 구하시오.

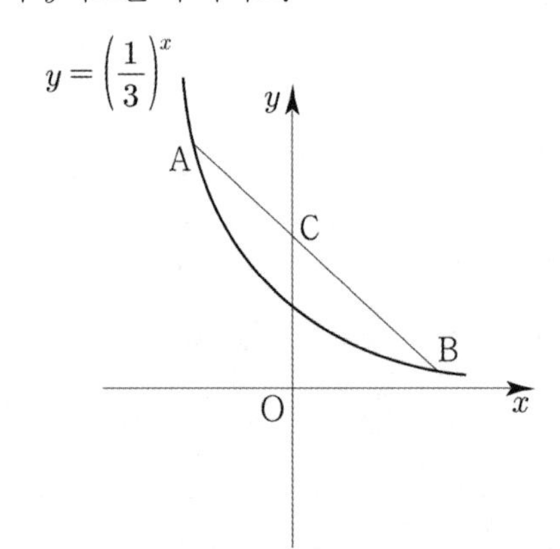

004

함수 $y=f(x)$의 그래프가 다음 그림과 같을 때,

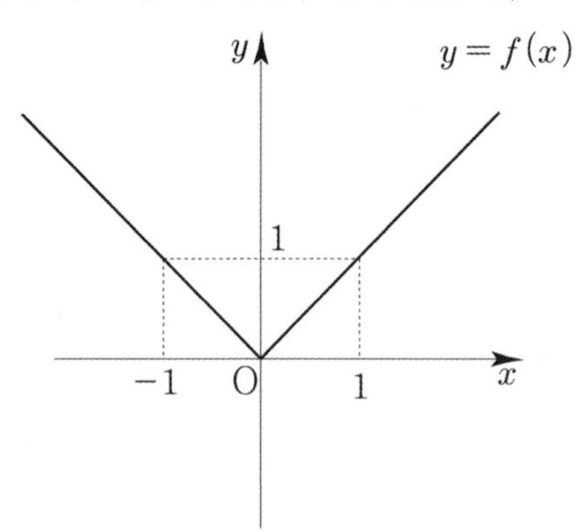

다음 〈보기〉 중 함수 $g(x)=2^{-f(x)}$의 그래프에 관한 설명으로 옳은 것만을 있는 대로 고르시오

〈보기〉

ㄱ. 함수 $y=g(x)$의 그래프는 y축에 대하여 대칭이다.
ㄴ. 모든 실수 x에 대하여 $g(x)\le g(0)$이다.
ㄷ. x축을 점근선으로 갖는다.
ㄹ. 치역은 $\{y\mid 0<y\le 1\}$이다.
ㅁ. $0<x<1$일 때, x값이 증가하면 y의 값은 증가한다.
ㅂ. $g(x_1)=g(x_2)$이면 $x_1=x_2$이다.
ㅅ. 임의의 양수 k에 대하여 방정식 $g(x)=\frac{1}{k+1}$은 항상 서로 다른 2개의 실근을 갖는다.

Theme 2 지수함수의 그래프의 평행이동과 대칭이동

005 □□□□□

함수 $y=5^{-x}$의 그래프를 x축의 방향으로 2만큼, y축의 방향으로 3만큼 평행이동 한 후 y축에 대하여 대칭이동한 그래프의 식이 $y=5^{ax+b}+c$ 일 때, $a+b+c$의 값은?

006 □□□□□

함수 $y=3^{3x}$의 그래프를 x축의 방향으로 m만큼, y축의 방향으로 n만큼 평행이동시켰더니 함수 $y=27\times3^{3x}+5$의 그래프가 되었다. $m+n$의 값을 구하시오.

007 □□□□□

좌표평면에서 지수함수 $y=a^x$의 그래프를 y축에 대하여 대칭이동시킨 후, x축의 방향으로 5만큼, y축의 방향으로 4만큼 평행이동시킨 그래프가 점 $(3,\ 8)$를 지난다.
양수 a의 값을 구하시오.

008 □□□□□

다음 〈보기〉 중 함수 $f(x)=3^{2x-1}+1$의 그래프에 관한 설명으로 옳은 것만을 있는 대로 고르시오.

〈보기〉

ㄱ. 치역은 $\{y \mid y \geq 0\}$이다.
ㄴ. $x_1 < x_2$이면 $f(x_1) > f(x_2)$이다.
ㄷ. $y=9^x$의 그래프를 x축의 방향으로 1만큼, y축의 방향으로 1만큼 평행이동한 것이다.
ㄹ. $x_1 \neq x_2$이면 $f(x_1) \neq f(x_2)$이다.
ㅁ. $y=1$을 점근선으로 갖는다.

009 

지수함수 $y=2^{2x+a}+b$의 그래프를 원점에 대하여 대칭이동시킨 함수 $y=f(x)$의 그래프가 그림과 같다. 함수 $y=f(x)$의 그래프가 점 $(-1,\ -9)$를 지날 때, $a+b$의 값을 구하시오. (단, a, b는 상수이다.)

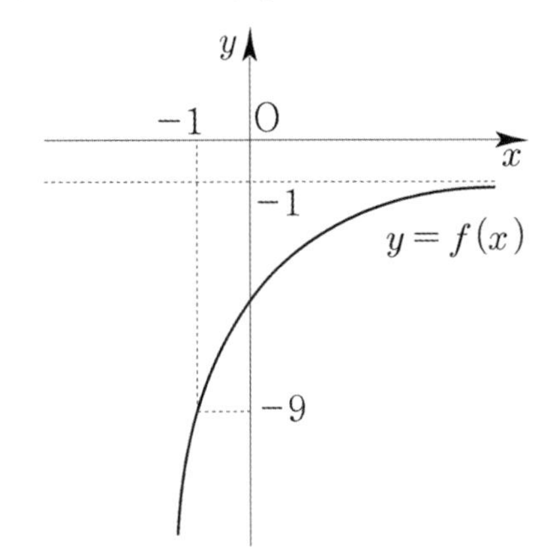

010 □□□□□

두 함수 $y=\left(\frac{1}{3}\right)^x$, $y=27\left(\frac{1}{3}\right)^x$의 그래프와 두 직선 $y=1$, $y=3$으로 둘러싸인 부분의 넓이를 구하시오.

Theme 3 지수함수의 최대, 최소

011

닫힌구간 $[-3,\ -1]$에서 함수 $f(x)=\left(\frac{1}{2}\right)^{x}-4$의 최댓값을 M, 최솟값을 m이라 할 때, $M+m$의 값을 구하시오.

012

$0<a<1$인 실수 a에 대하여 함수 $f(x)=a^{x}$은 닫힌구간 $[-3,\ 2]$에서 최솟값 $\frac{1}{4}$, 최댓값 M을 갖는다. $\frac{M}{a}$의 값을 구하시오.

013

닫힌구간 $[-2,\ 1]$에서 함수 $f(x)=\left(\frac{4}{a}\right)^{x+1}$의 최댓값이 4가 되도록 하는 모든 양수 a의 값의 곱을 구하시오.

014

$-3\le x\le 2$에서 함수 $y=3^{x^2-2x-4}$의 최댓값과 최솟값의 곱을 구하시오.

015

함수 $f(x)=3^{x^2}\times\left(\frac{1}{9}\right)^{x-2}$의 최솟값을 구하시오.

Theme 4 지수함수의 그래프

016

두 곡선 $y=3^{x+m}$, $y=3^{-x}$이 y축과 만나는 점을 각각 A, B라 하자. $\overline{\mathrm{AB}}=26$일 때, m의 값을 구하시오.

017

곡선 $y=a^{-x}$ 위의 서로 다른 두 점 $\mathrm{A}(k,\ a^{-k})$, $\mathrm{B}(k+2,\ a^{-k-2})$에 대하여 선분 AB가 한 변의 길이가 2인 정사각형의 대각선이다.
$k=\log_a 5-2\log_a 3-\log_a 2$일 때, $40a$의 값을 구하시오.
(단, a는 $a>1$인 상수이다.)

018

두 곡선 $y=3^x$, $y=-9^{x-1}$이 y축과 평행한 직선과 만나는 서로 다른 두 점을 각각 A, B라 하자.
$\overline{OA}=\overline{OB}$일 때, 삼각형 AOB의 넓이를 구하시오.
(단, O는 원점이다.)

019

두 곡선 $y=3^x$, $y=-3^x+6$가 y축과 만나는 서로 다른 두 점을 각각 A, B라 하고, 두 곡선의 교점을 C라 할 때, 삼각형 ABC의 넓이를 구하시오.

020

두 곡선 $y=\left(\frac{1}{2}\right)^x$, $y=\left(\frac{1}{4}\right)^x$가 $y=2$와 만나는 서로 다른 두 점을 각각 A, B라 하고, $y=8$과 만나는 서로 다른 두 점을 각각 C, D라 할 때, 사각형 ABDC의 넓이를 구하시오.

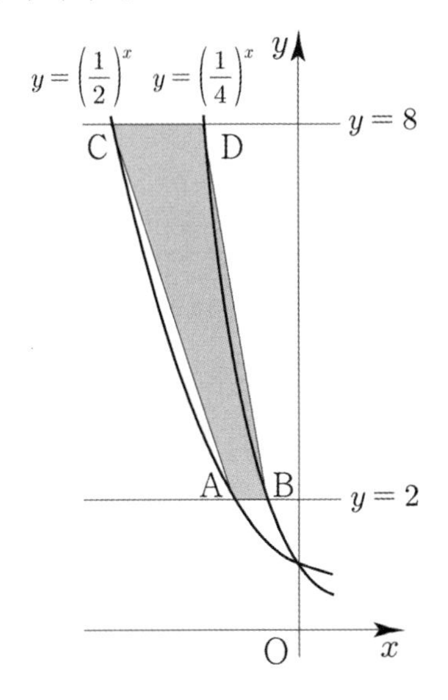

Theme 5 로그함수의 함숫값과 성질

021

함수 $y=\log_3(x-2)+3$의 그래프가 점 $(a,\ 5)$를 지날 때, a의 값을 구하시오.

022

좌표평면에서 두 곡선 $y=\log_3 x$, $y=\log_9 x$가 직선 $x=81$과 만나는 점을 각각 A, B라 하자.
두 점 A, B 사이의 거리를 구하시오.

023

함수 $f(x)=2^{x+a}+b$의 역함수를 $g(x)$라 하자.
함수 $y=g(x)$의 그래프는 점 $(7,\ 1)$를 지나고 점근선이 직선 $x=3$ 일 때, $a+b$의 값을 구하시오.
(단, a, b는 상수이다.)

024

$0<a<1$인 상수 a에 대하여 함수 $y=\log_a x$이 x축, 직선 $y=-2$와 만나는 점을 각각 A, B라 하고, 점 B에서 x축과 y축에 내린 수선의 발을 각각 C, D라 하자.
사각형 ACBD의 넓이가 17일 때, $\frac{1}{a}$의 값을 구하시오.

025 □□□□□

함수 $f(x)=\log_2(ax+b)$의 역함수를 $g(x)$라 하자.
함수 $y=g(x)$의 그래프는 점 (4, 2)를 지나고 점근선이 직선 $y=-6$일 때, $a+b$의 값을 구하시오.
(단, $a \neq 0$이고, a, b는 상수이다.)

026 □□□□□

함수 $y=\log_2(-x)$의 그래프 위의 점 A와 점 B(4, 0)에 대하여 선분 AB를 2:1로 내분하는 점을 C라 하자. 점 C가 y축 위에 있을 때, 점 C의 y좌표를 구하시오.

027 □□□□□

그림과 같이 두 점 B, C가 x축 위에 있고, 점 D가 함수 $y=\log_3 x$의 그래프 위의 점이고, 한 변의 길이가 2인 정사각형 ABCD가 있다.
선분 AB가 함수 $y=\log_3 x$의 그래프와 만나는 점을 E라 하고, 함수 $y=\log_3 x$와 x축이 만나는 점을 F라 할 때, 삼각형 BEF의 넓이는 k이다. 3^k의 값을 구하시오.
(단, 점 C의 x좌표가 점 B의 x좌표보다 크다.)

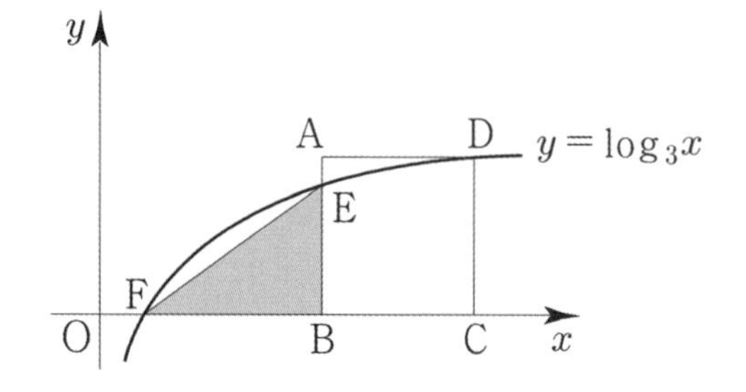

Theme 6 로그함수의 그래프의 평행이동과 대칭이동

028 □□□□□

함수 $y=\log_3(x-2)+3$의 그래프를 x축의 방향으로 a만큼, y축의 방향으로 b만큼 평행이동하면 함수 $y=\log_3(3x-27)$의 그래프와 일치할 때, $a+b$의 값을 구하시오. (단, a, b는 상수이다.)

029 □□□□□

함수 $y=\log_{\frac{1}{2}} x$의 그래프를 x축의 방향으로 a만큼, y축의 방향으로 b만큼 평행이동시킨 그래프가 두 점 $(3,\ b-2)$, $(7,\ 5)$을 지날 때, $a+b$의 값을 구하시오.
(단, a, b는 상수이다.)

030 □□□□□

함수 $f(x)=\log_5(2a-x)+b$의 그래프의 점근선이 직선 $x=-a^2-1$이고, $f(-7)=5$이다.
$a+b$의 값을 구하시오. (단, a, b는 상수이다.)

031

함수 $y=\log_2\left(1-\frac{x}{16}\right)$의 그래프는 함수 $y=\log_2(-x)$를 x축의 방향으로 m만큼, y축의 방향으로 n만큼 평행이동시켜 구할 수도 있고, 함수 $y=\log_2 x$를 $x=a$에 대하여 대칭시키고 y축의 방향으로 n만큼 평행이동시켜 구할 수 있다. $m-n-a$의 값을 구하시오. (단, m, n, a는 상수이다.)

032

함수 $y=\log_2 4x$의 그래프를 평행이동 또는 대칭이동하여 겹쳐지는 함수의 그래프만을 〈보기〉에서 있는 대로 고르시오.

〈보기〉

ㄱ. $y=\log_2 x+5$

ㄴ. $y=-2\log_2 x+5$

ㄷ. $y=\log_{\frac{1}{2}} 4x-1$

ㄹ. $y=-\log_2 5x+3$

ㅁ. $y=\log_4 x^2$

ㅂ. $y=\log_2 \frac{4}{x}$

Theme 7 로그함수의 최대, 최소

033

정의역이 $\{x\mid 1\le x\le 4\}$인 함수 $y=2+\log_5(x^2-4x+5)$의 최댓값을 M, 최솟값을 m이라 할 때, $M+m$의 값을 구하시오.

034

정의역이 $\left\{x\mid -\frac{3}{2}\le x\le 2\right\}$인 함수 $y=\log_{\frac{1}{2}}(x+a)+3$의 최솟값이 1일 때, 최댓값을 구하시오.

035

두 함수 $f(x)=10-x^2$, $g(x)=\log_{\frac{1}{3}} x$에 대하여 정의역이 $\left\{x\mid \frac{1}{3}\le x\le 9\right\}$인 함수 $h(x)=(f\circ g)(x)$의 최댓값과 최솟값의 합을 구하시오.

036

정의역이 $\{x\mid 1\le x\le 27\}$인 함수 $f(x)=(\log_3 x)\left(\log_{\frac{1}{3}} x\right)+2\log_3 x+5$의 최댓값을 M, 최솟값을 m이라 할 때, $M+m$의 값을 구하시오.

037

정의역이 $\left\{x \mid \frac{1}{16} \le x \le 4\right\}$인 함수

$f(x)=(\log_2 4x)\left(\log_2 \frac{2}{x^2}\right)$ 의 최댓값을 M,

최솟값을 m이라 할 때, $8M-m$의 값을 구하시오.

038

$x \ge 1$에서 정의된 함수 $f(x)=\frac{x^{\log x}}{x^2}$는 $x=a$일 때,

최솟값 b를 갖는다. $10(a-b)$의 값을 구하시오.

Theme 8 로그함수의 그래프

039

곡선 $y=2^x+6$의 점근선과 곡선 $y=\log_3 x+2$의

교점의 x좌표를 구하시오.

040

그림과 같이 두 곡선 $y=\log_3 x$, $\log_{\frac{1}{3}} x$가 만나는 점을

A라 하고, 직선 $x=k$ $(k>1)$이 두 곡선과 만나는 점을

각각 B, C라 하자. 삼각형 ACB의 무게중심의 좌표가

$\left(\frac{19}{3}, 0\right)$일 때, 삼각형 ABC의 넓이를 구하시오.

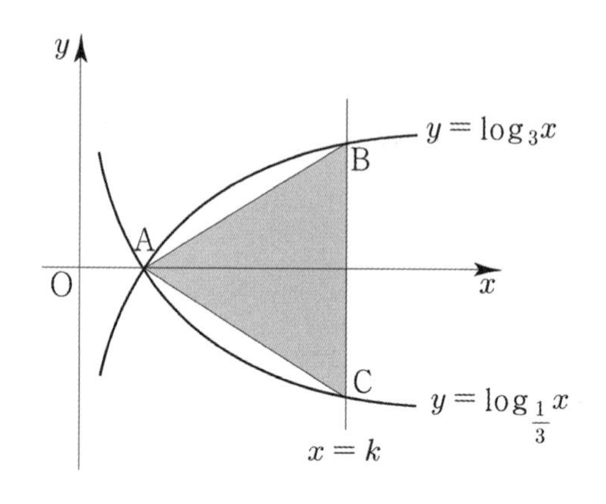

041

그림과 같이 3 이상의 자연수 n에 대하여 두 곡선

$y=\log_2 x$, $y=\log_n x$가 직선 $y=1$과 만나는 점을 각각

A, B라 하고, 두 곡선 $y=\log_2 x$, $y=\log_n x$가 직선 $y=2$와

만나는 점을 각각 C, D라 하자. 사다리꼴 ABDC의 넓이가

33 이하가 되도록 하는 모든 자연수 n의 값의 합을

구하시오.

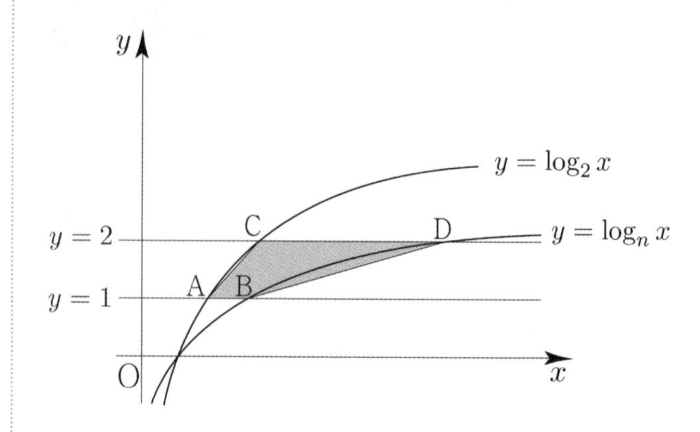

042

좌표평면 위의 두 점 $A\left(0,\ \frac{5}{2}\right)$과 $B(a,\ 0)\ (a>1)$를 지나는 직선이 두 곡선 $y=\log_2 x$, $y=\log_4 x$와 만나는 점을 각각 C, D라 하자. $\overline{AC}=\overline{CD}$일 때, 상수 a의 값을 구하시오.

043

그림과 같이 제 1사분면에서 직선 $y=3x-6$가 두 곡선 $y=\log_3 x$, $y=\log_3(27x-27)$와 만나는 점을 각각 A, B라 하고, 직선 $y=3x-12$이 두 곡선 $y=\log_3 x$, $y=\log_3(27x-27)$와 만나는 점을 각각 C, D라 하자. 두 선분 AB, CD와 두 곡선 $y=\log_3 x$, $y=\log_3(27x-27)$로 둘러싸인 부분의 넓이를 구하시오.

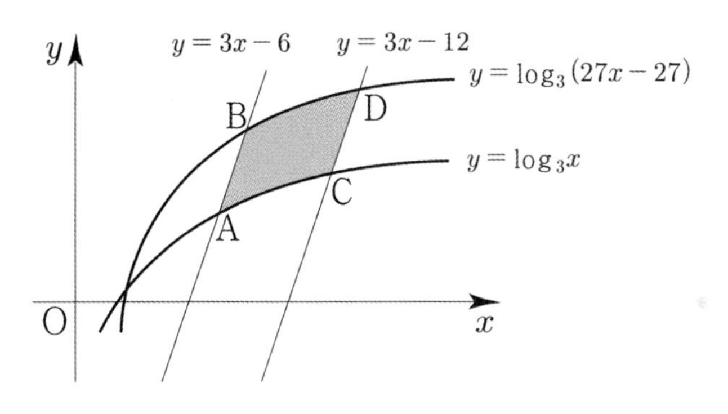

Theme 9 함수를 이용한 대소비교

044

세 수 $A=\sqrt{3}$, $B=\sqrt[3]{9}$, $C=\sqrt[5]{27}$의 대소 관계를 구하시오.

045

$a=2$, $b=\sqrt[3]{4}$일 때, 세 실수 a, b, a^b의 대소 관계를 구하시오.

046

$1<a<b$인 두 실수 a, b에 대하여 <보기>에서 옳은 것만을 있는 대로 고르시오.

〈보기〉

ㄱ. $\log_b a < \log_a b$

ㄴ. $\log_{\frac{1}{a}}\left(\frac{a+b}{2}\right) < \log_{\frac{1}{b}}\left(\frac{a+b}{2}\right)$

ㄷ. $\frac{\log a}{a} < \frac{\log b}{b}$

047

다음 등식을 만족시키는 세 양수 A, B, C의 대소 관계를 구하시오..

$$-\left(\frac{1}{3}\right)^{A}=\log_{\frac{1}{2}}A\ ,\ -\left(\frac{1}{3}\right)^{B}=\log_{\frac{1}{3}}B\ ,\ -\left(\frac{1}{2}\right)^{C}=\log_{\frac{1}{3}}C$$

Theme 10 지수함수와 로그함수의 그래프

048

그림과 같이 두 곡선 $y=2^{x+2}-3$, $y=\log_2(x+1)-1$이 y축과 만나는 점을 각각 A, B라 하자. 점 A를 지나고 x축에 평행한 직선이 곡선 $y=\log_2(x+1)-1$과 만나는 점을 C, 점 B를 지나고 x축에 평행한 직선이 곡선 $y=2^{x+2}-3$와 만나는 점을 D라 할 때, 사각형 ADBC의 넓이를 구하시오.

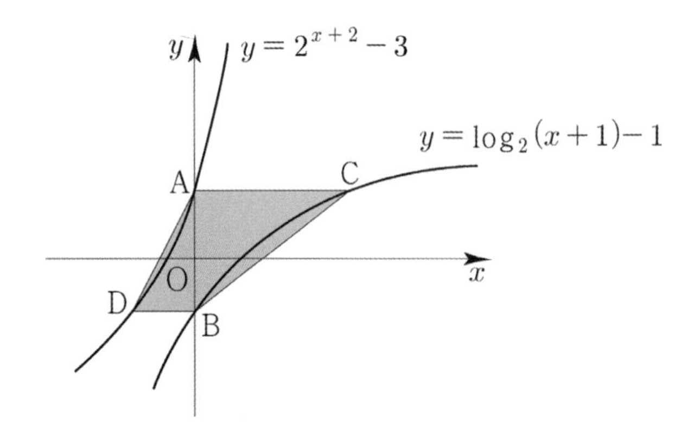

049

그림과 같이 곡선 $y=2\log_2 x$ 위의 한 점 A를 지나고 x축에 평행한 직선이 곡선 $y=2^{x-a}$과 만나는 점을 B라 하자. 점 B를 지나고 y축에 평행한 직선이 곡선 $y=2\log_2 x$과 만나는 점을 C라 하자. $\overline{AB}=\overline{BC}=2$일 때, 상수 a의 값을 구하시오.

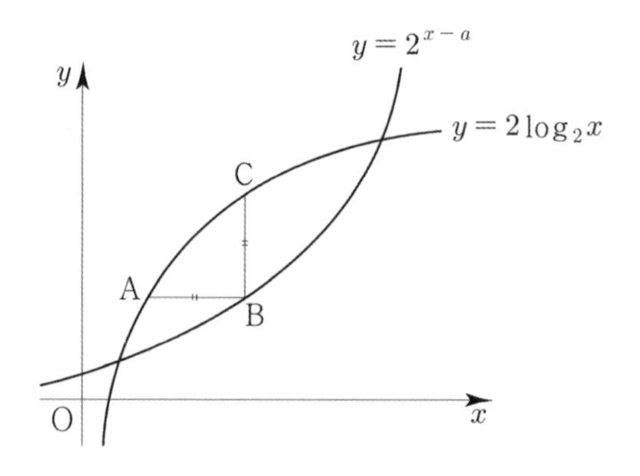

050

그림과 같이 $a>1$인 상수 a에 대하여 두 곡선 $y=3^{x-a}-1$, $y=a\log_3(x-a+1)$이 서로 다른 두 점 A, B에서 만난다. 두 점 A, B 중에서 x축 위에 있지 않은 점을 B라 할 때, 점 B를 지나고 x축에 평행한 직선이 y축과 만나는 점을 C라 하자. 삼각형 OAB의 넓이가 $4a$일 때, 사각형 OABC의 넓이를 구하시오. (단, O는 원점이다.)

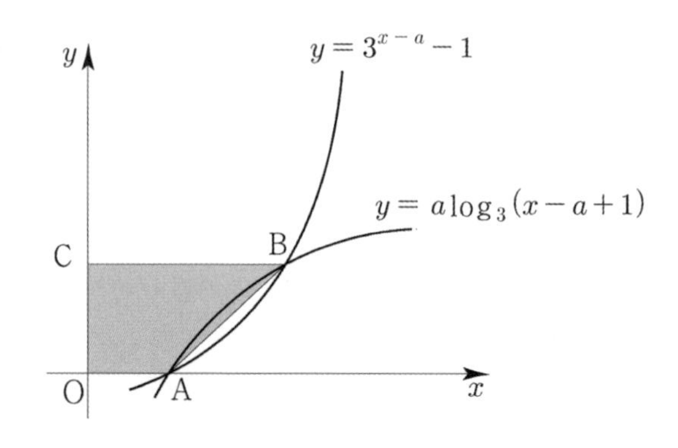

규토 라이트 N제

지수함수와 로그함수

Training – 2 step

기출 적용편

3. 지수함수와 로그함수

051 • 2021학년도 고3 6월 평가원 나형

닫힌구간 $[-1, 3]$에서 함수 $f(x)=2^{|x|}$의 최댓값과 최솟값의 합은? [3점]

① 5 ② 7 ③ 9
④ 11 ⑤ 13

052 • 2020년 고3 4월 교육청 가형

함수 $f(x)=2^{x+p}+q$의 그래프의 점근선이 직선 $y=-4$이고 $f(0)=0$일 때, $f(4)$의 값을 구하시오.
(단, p와 q는 상수이다.) [3점]

053 • 2021학년도 고3 6월 평가원 가형

함수 $f(x)=2\log_{\frac{1}{2}}(x+k)$가 닫힌구간 $[0, 12]$에서 최댓값 -4, 최솟값 m을 갖는다. $k+m$의 값은?
(단, k는 상수이다.) [3점]

① -1 ② -2 ③ -3
④ -4 ⑤ -5

054 • 2019학년도 수능 가형

함수 $y=2^x+2$의 그래프를 x축의 방향으로 m만큼 평행이동한 그래프가 함수 $y=\log_2 8x$의 그래프를 x축의 방향으로 2만큼 평행이동한 그래프와 직선 $y=x$에 대하여 대칭일 때, 상수 m의 값은? [3점]

① 1 ② 2 ③ 3
④ 4 ⑤ 5

055 • 2008학년도 고3 9월 평가원 나형

다음은 1이 아닌 세 양수 a, b, c에 대하여 세 함수 $y=\log_a x$, $y=\log_b x$, $y=c^x$의 그래프를 나타낸 것이다. 세 양수 a, b, c의 대소 관계를 옳게 나타낸 것은? [3점]

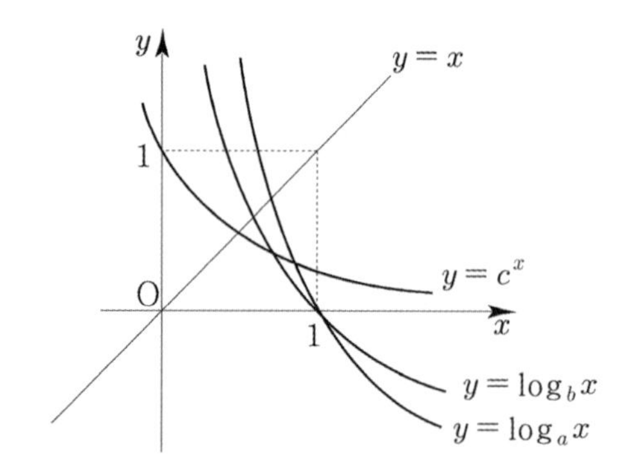

① $a>b>c$ ② $a>c>b$ ③ $b>a>c$
④ $b>c>a$ ⑤ $c>b>a$

056 • 2008학년도 수능 나형

함수 $f(x)=2^x$의 그래프를 x축의 방향으로 m만큼, y축의 방향으로 n만큼 평행이동시키면서 함수 $y=g(x)$의 그래프가 되고, 이 평행이동에 의하여 점 $\mathrm{A}(1, f(1))$이 점 $\mathrm{A}'(3, g(3))$으로 이동된다. 함수 $y=g(x)$의 그래프가 점 $(0, 1)$을 지날 때, $m+n$의 값은? [3점]

① $\frac{11}{4}$ ② 3 ③ $\frac{13}{4}$
④ $\frac{7}{2}$ ⑤ $\frac{15}{4}$

057 • 2019학년도 고3 9월 평가원 가형

함수 $f(x)=-2^{4-3x}+k$의 그래프가 제 2사분면을 지나지 않도록 하는 자연수 k의 최댓값은? [3점]

① 10 ② 12 ③ 14
④ 16 ⑤ 18

058 • 2019년 고3 3월 교육청 가형

닫힌구간 $[2,\ 3]$에서 함수 $f(x)=\left(\frac{1}{3}\right)^{2x-a}$의 최댓값은 27, 최솟값은 m이다. $a\times m$의 값을 구하시오. (단, a는 상수이다.) [3점]

059 • 2020년 고3 3월 교육청 나형

두 곡선 $y=\log_2 x$, $y=\log_a x\ (0<a<1)$이 x축 위의 점 A에서 만난다. 직선 $x=4$가 곡선 $y=\log_2 x$와 만나는 점 B, 곡선 $y=\log_a x$와 만나는 점을 C라 하자. 삼각형 ABC의 넓이가 $\frac{9}{2}$일 때, 상수 a의 값은? [3점]

① $\frac{1}{16}$ ② $\frac{1}{8}$ ③ $\frac{3}{16}$
④ $\frac{1}{4}$ ⑤ $\frac{5}{16}$

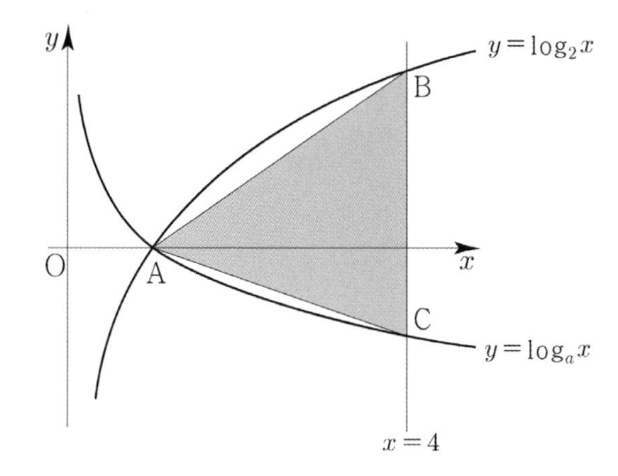

060 • 2020년 고3 10월 교육청 나형

실수 t에 대하여 직선 $x=t$가 곡선 $y=3^{2-x}+8$과 만나는 점을 A, x축과 만나는 점을 B라 하자. 직선 $x=t+1$이 x축과 만나는 점을 C, 곡선 $y=3^{x-1}$과 만나는 점을 D라 하자. 사각형 ABCD가 직사각형일 때, 이 사각형의 넓이는? [3점]

① 9 ② 10 ③ 11
④ 12 ⑤ 13

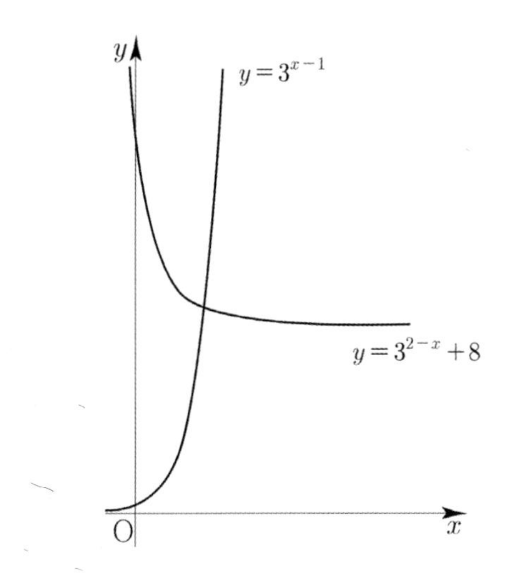

061 • 2014학년도 수능예비시행 B형

곡선 $y=-2^x$을 y축의 방향으로 m만큼 평행이동시킨 곡선을 $y=f(x)$라 하자. 곡선 $y=f(x)$가 x축과 만나는 점을 A라 할 때, 다음 물음에 답하시오. (단, $m>2$이다.)

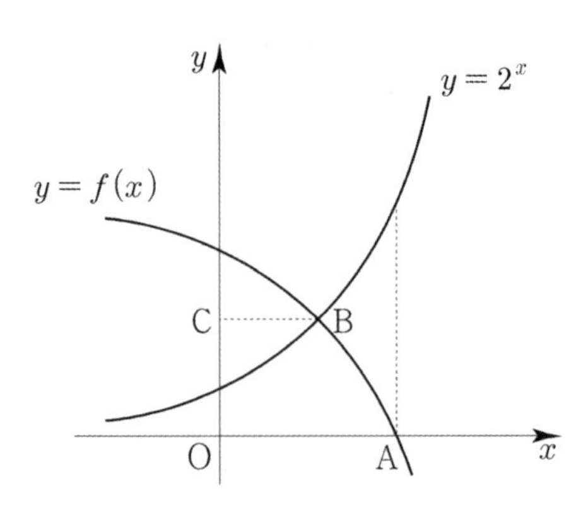

곡선 $y=2^x$이 곡선 $y=f(x)$와 만나는 점을 B, 점 B에서 y축에 내린 수선의 발을 C라 하자. $\overline{OA}=2\overline{BC}$일 때, m의 값은? (단, O는 원점이다.) [3점]

① $2\sqrt{2}$ ② 4 ③ $4\sqrt{2}$
④ 8 ⑤ $8\sqrt{2}$

062 • 2010년 고3 10월 교육청 나형

그림과 같이 두 곡선 $y=2^x$, $y=2^{x-2}$과 직선 $y=k$의 교점을 각각 P_k, Q_k라 하고, 삼각형 OP_kQ_k의 넓이를 A_k라 하자. $A_1+A_4+A_7+A_{10}$의 값을 구하시오. (단, k는 자연수이고, O는 원점이다.) [3점]

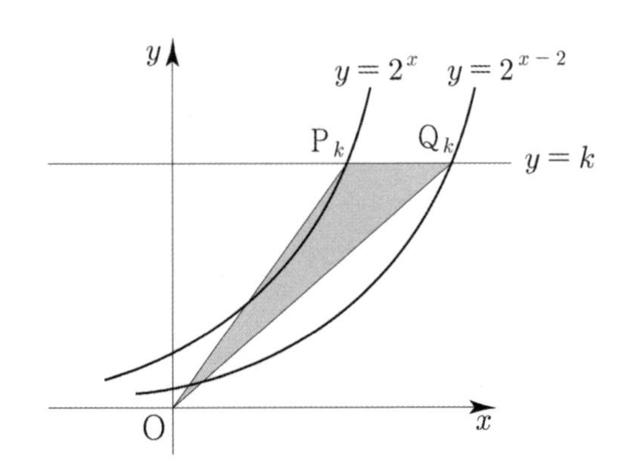

063 • 2008학년도 고3 6월 평가원 나형

그림과 같이 함수 $y=8^x$의 그래프가 두 직선 $y=a$, $y=b$와 만나는 점을 각각 A, B라 하고, 함수 $y=4^x$의 그래프가 두 직선 $y=a$, $y=b$와 만나는 점을 각각 C, D라 하자. 점 B에서 직선 $y=a$에 내린 수선의 발을 E, 점 C에서 직선 $y=b$에 내린 수선의 발을 F라 하자. 삼각형 AEB의 넓이가 20일 때, 삼각형 CDF의 넓이는? (단, $a>b>1$이다.) [3점]

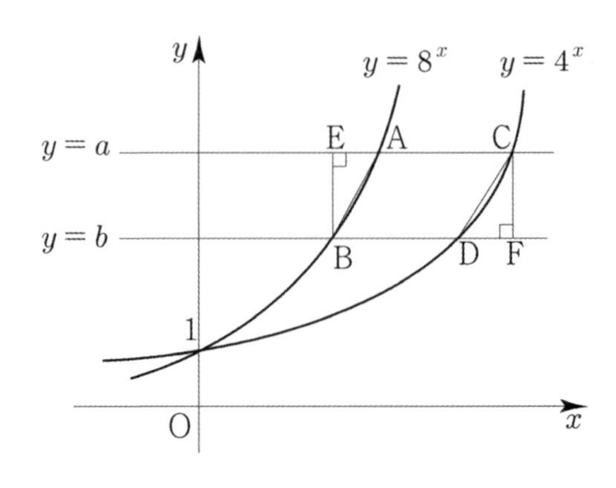

① 26 ② 28 ③ 30
④ 32 ⑤ 34

064 • 2011학년도 고3 6월 평가원 나형

1보다 큰 양수 a에 대하여 두 곡선 $y=a^{-x-2}$과 $y=\log_a(x-2)$가 직선 $y=1$과 만나는 두 점을 각각 A, B라 하자. $\overline{AB}=8$일 때, a의 값은? [3점]

① 2 ② 4 ③ 6
④ 8 ⑤ 10

065 • 2023학년도 사관학교 공통

그림과 같이 직선 $y=mx+2(m>0)$이 곡선 $y=\frac{1}{3}\left(\frac{1}{2}\right)^{x-1}$과 만나는 점을 A, 직선 $y=mx+2$가 x축, y축과 만나는 점을 각각 B, C라 하자. $\overline{AB}:\overline{AC}=2:1$일 때, 상수 m의 값은? [3점]

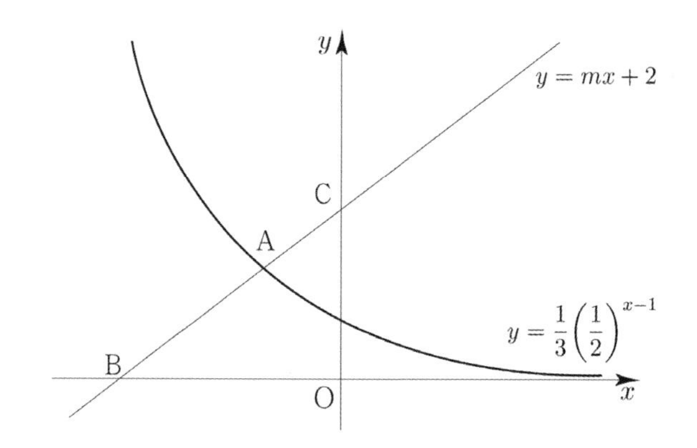

① $\frac{7}{12}$ ② $\frac{5}{8}$ ③ $\frac{2}{3}$
④ $\frac{17}{24}$ ⑤ $\frac{3}{4}$

066 • 2016학년도 고3 9월 평가원 A형

그림과 같이 두 함수 $y=\log_2 x$, $y=\log_2(x-2)$의 그래프가 x축과 만나는 점을 각각 A, B라 하자.
직선 $x=k(k>3)$이 두 함수 $y=\log_2 x$, $y=\log_2(x-2)$의 그래프와 만나는 점을 각각 P, Q라 하고, x축과 만나는 점을 R라 하자. 점 Q가 선분 PR의 중점일 때, 사각형 ABQP의 넓이는? [3점]

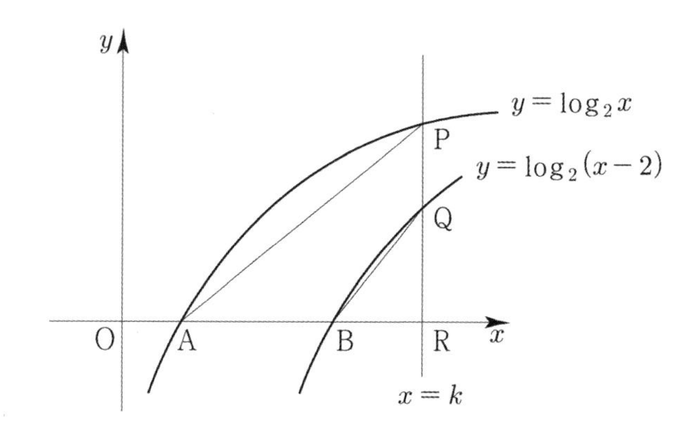

① $\frac{3}{2}$ ② 2 ③ $\frac{5}{2}$
④ 3 ⑤ $\frac{7}{2}$

067 • 2011학년도 고3 6월 평가원 나형

곡선 $y=2^x-1$ 위의 점 A(2, 3)을 지나고 기울기가 -1인 직선이 곡선 $y=\log_2(x+1)$과 만나는 점을 B라 하자. 두 점 A, B에서 x축에 내린 수선의 발을 각각 C, D라 할 때, 사각형 ACDB의 넓이는? [3점]

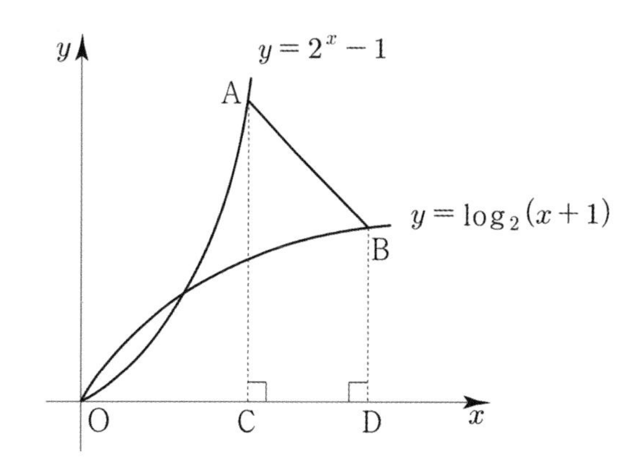

① $\frac{5}{2}$ ② $\frac{11}{4}$ ③ 3
④ $\frac{13}{4}$ ⑤ $\frac{7}{2}$

068 • 2019년 고2 9월 교육청 가형

상수 $a(a>1)$에 대하여 함수 $y=|a^x-a|$의 그래프가 x축, y축과 만나는 점을 각각 A, B, 직선 $y=a$와 만나는 점을 C라 하고, 점 C에서 x축에 내린 수선의 발을 H라 하자. $\overline{AH}=1$일 때, 선분 BC의 길이는? [3점]

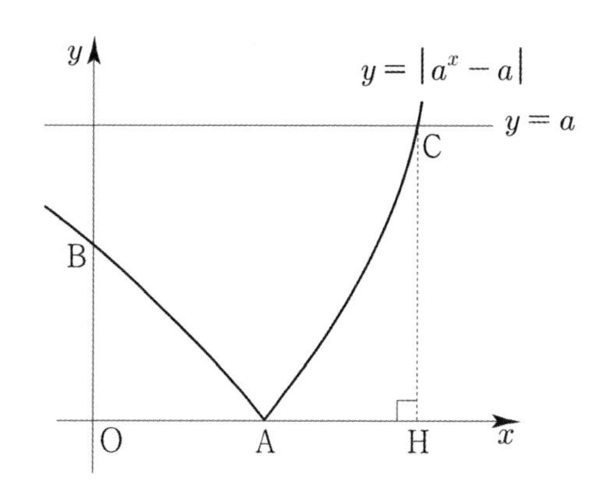

① 2 ② $\sqrt{5}$ ③ $\sqrt{6}$
④ $\sqrt{7}$ ⑤ $2\sqrt{2}$

069 • 2017학년도 사관학교 가형

그림과 같이 곡선 $y=|\log_a x|$가 직선 $y=1$과 만나는 점을 각각 A, B라 하고 x축과 만나는 점을 C라 하자. 두 직선 AC, BC가 서로 수직이 되도록 하는 모든 양수 a의 값의 합은? (단, $a \neq 1$) [3점]

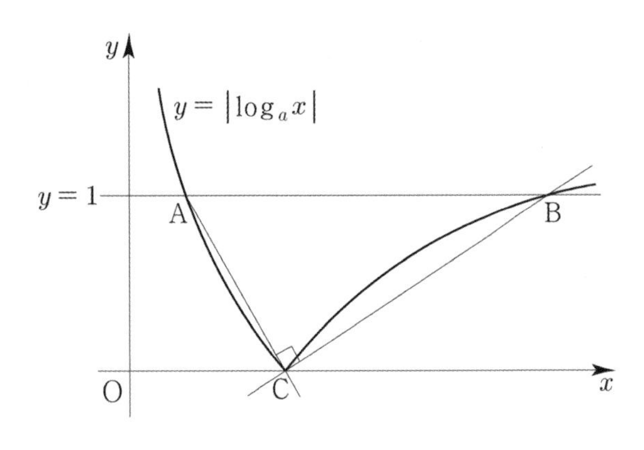

① 2 ② $\frac{5}{2}$ ③ 3 ④ $\frac{7}{2}$ ⑤ 4

070 • 2019학년도 사관학교 가형

곡선 $y=\log_3 9x$ 위의 점 $A(a,\ b)$를 지나고 x축에 평행한 직선이 곡선 $y=\log_3 x$와 만나는 점을 B, 점 B를 지나고 y축에 평행한 직선이 곡선 $y=\log_3 9x$와 만나는 점을 C라 하자. $\overline{AB}=\overline{BC}$일 때, $a+3^b$의 값은?
(단, a, b는 상수이다.) [3점]

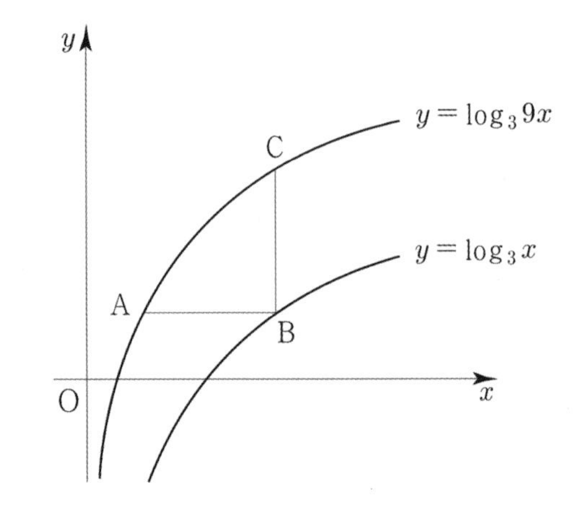

① $\frac{1}{2}$ ② 1 ③ $\frac{3}{2}$ ④ 2 ⑤ $\frac{5}{2}$

071 • 2020년 고3 7월 교육청 가형

두 함수 $f(x)=2^x+1$, $g(x)=2^{x+1}$의 그래프가 점 P에서 만난다. 서로 다른 두 실수 a, b에 대하여 두 점 $A(a,\ f(a))$, $B(b,\ g(b))$의 중점이 P일 때, 선분 AB의 길이는? [3점]

① $2\sqrt{2}$ ② $2\sqrt{3}$ ③ 4 ④ $2\sqrt{5}$ ⑤ $2\sqrt{6}$

072 • 2022학년도 사관학교 공통

함수 $f(x)=\log_2 kx$에 대하여 곡선 $y=f(x)$와 직선 $y=x$가 두 점 A, B에서 만나고 $\overline{OA}=\overline{AB}$이다. 함수 $f(x)$의 역함수를 $g(x)$라 할 때, $g(5)$의 값을 구하시오.
(단, k는 0이 아닌 상수이고, O는 원점이다.) [3점]

073 • 2021년 고3 10월 교육청 공통

2보다 큰 상수 k에 대하여 두 곡선 $y=|\log_2(-x+k)|$, $y=|\log_2 x|$가 만나는 세 점 P, Q, R의 x좌표를 각각 x_1, x_2, x_3이라 하자. $x_3-x_1=2\sqrt{3}$일 때, x_1+x_3의 값은?
(단, $x_1 < x_2 < x_3$) [3점]

① $\frac{7}{2}$ ② $\frac{15}{4}$ ③ 4 ④ $\frac{17}{4}$ ⑤ $\frac{9}{2}$

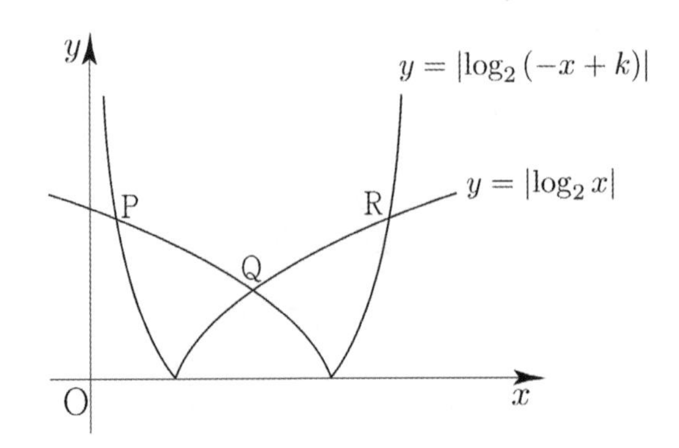

074 • 2024학년도 고3 6월 평가원 공통

상수 $a(a>2)$에 대하여 함수 $y=\log_2(x-a)$의 그래프의 점근선이 두 곡선 $y=\log_2\frac{x}{4}$, $y=\log_{\frac{1}{2}}x$와 만나는 점을 각각 A, B라 하자. $\overline{\text{AB}}=4$일 때, a의 값은? [3점]

① 4 ② 6 ③ 8 ④ 10 ⑤ 12

075 • 2020년 고3 3월 교육청 가형

함수 $y=\log_3|2x|$의 그래프와 함수 $y=\log_3(x+3)$의 그래프가 만나는 서로 다른 두 점을 각각 A, B라 하자. 점 A를 지나고 직선 AB와 수직인 직선이 y축과 만나는 점을 C라 할 때, 삼각형 ABC의 넓이는? (단, 점 A의 x좌표는 점 B의 x좌표보다 작다.) [4점]

① $\frac{13}{2}$ ② 7 ③ $\frac{15}{2}$ ④ 8 ⑤ $\frac{17}{2}$

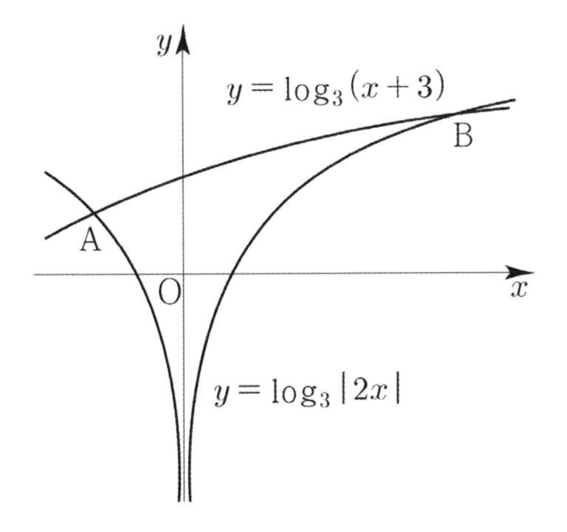

076 • 2022년 고3 4월 교육청 공통

그림과 같이 두 곡선 $y=2^{-x+a}$, $y=2^x-1$이 만나는 점을 A, 곡선 $y=2^{-x+a}$이 y축과 만나는 점을 B라 하자. 점 A에서 y축에 내린 수선의 발을 H라 할 때, $\overline{\text{OB}}=3\times\overline{\text{OH}}$이다. 상수 a의 값은? (단, O는 원점이다.) [4점]

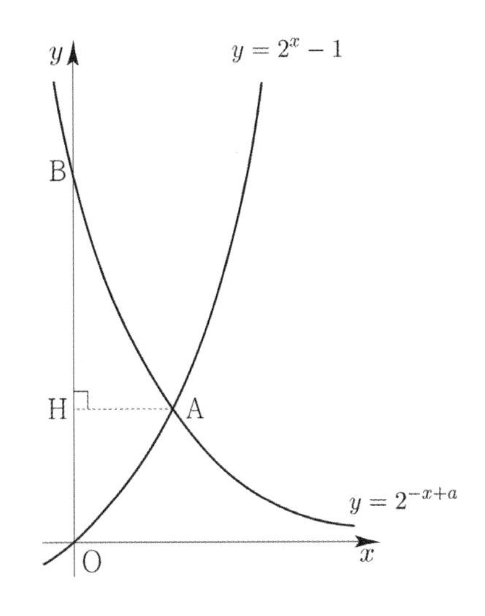

① 2 ② $\log_2 5$ ③ $\log_2 6$ ④ $\log_2 7$ ⑤ 3

077 • 2023학년도 사관학교 공통

곡선 $y=|\log_2(-x)|$를 y축에 대하여 대칭이동한 후 x축의 방향으로 k만큼 평행이동한 곡선을 $y=f(x)$라 하자. 곡선 $y=f(x)$와 곡선 $y=|\log_2(-x+8)|$이 세 점에서 만나고 세 교점의 x좌표의 합이 18일 때, k의 값은? [4점]

① 1 ② 2 ③ 3 ④ 4 ⑤ 5

078 • 2021학년도 고3 9월 평가원 나형

곡선 $y=2^{ax+b}$과 직선 $y=x$가 서로 다른 두 점 A, B에서 만날 때, 두 점 A, B에서 x축에 내린 수선의 발을 각각 C, D라 하자.
$\overline{AB}=6\sqrt{2}$이고 사각형 ACDB의 넓이가 30일 때, $a+b$의 값은? (단, a, b는 상수이다.) [4점]

① $\frac{1}{6}$ ② $\frac{1}{3}$ ③ $\frac{1}{2}$
④ $\frac{2}{3}$ ⑤ $\frac{5}{6}$

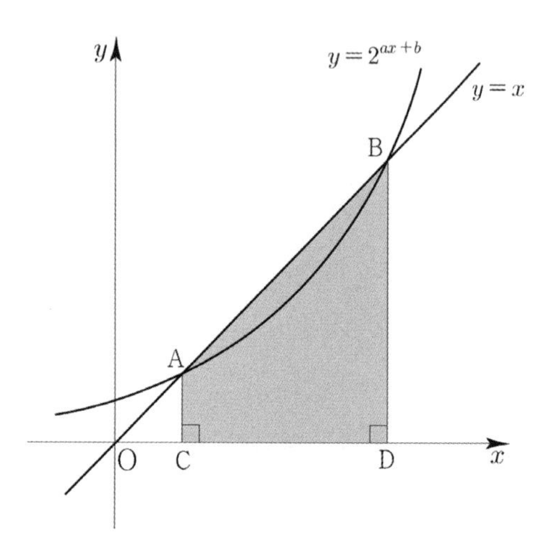

079 • 2007년 고3 7월 교육청 나형

함수 $f(x)=\log_a x$, $g(x)=\log_b x$가 $0<x<1$에서 $f(x)>g(x)$가 성립하기 위한 조건으로 〈보기〉에서 옳은 것만을 모두 고른 것은? [4점]

〈보기〉

ㄱ. $1<b<a$
ㄴ. $0<a<b<1$
ㄷ. $0<a<1<b$

① ㄱ ② ㄴ ③ ㄱ, ㄷ
④ ㄴ, ㄷ ⑤ ㄱ, ㄴ, ㄷ

080 • 2022년 고3 10월 교육청 공통

$a>1$인 실수 a에 대하여 두 곡선
$y=-\log_2(-x)$, $y=\log_2(x+2a)$가 만나는 두 점을 A, B라 하자. 선분 AB의 중점이 직선 $4x+3y+5=0$ 위에 있을 때, 선분 AB의 길이는? [4점]

① $\frac{3}{2}$ ② $\frac{7}{4}$ ③ 2
④ $\frac{9}{4}$ ⑤ $\frac{5}{2}$

081 • 2022년 고3 3월 교육청 공통

그림과 같이 두 상수 a, k에 대하여 직선 $x=k$가 두 곡선 $y=2^{x-1}+1$, $y=\log_2(x-a)$와 만나는 점을 각각 A, B라 하고, 점 B를 지나고 기울기가 -1인 직선이 곡선 $y=2^{x-1}+1$과 만나는 점을 C라 하자.
$\overline{AB}=8$, $\overline{BC}=2\sqrt{2}$일 때, 곡선 $y=\log_2(x-a)$가 x축과 만나는 점 D에 대하여 사각형 ACDB의 넓이는?
(단, $0<a<k$) [4점]

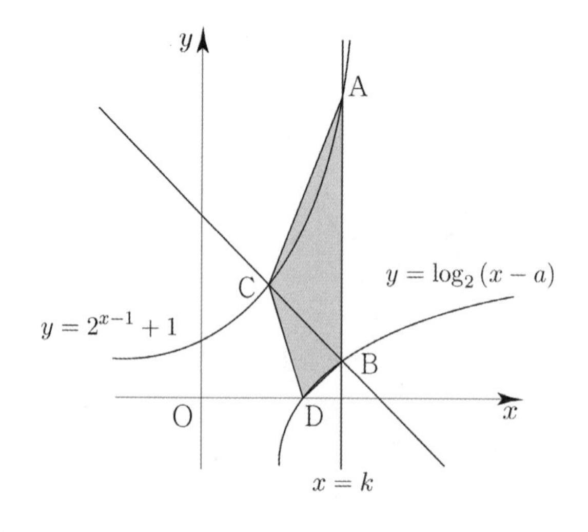

① 14 ② 13 ③ 12
④ 11 ⑤ 10

082 • 2022년 고3 7월 교육청 공통

기울기가 $\frac{1}{2}$인 직선 l이 곡선 $y=\log_2 2x$와 서로 다른 두 점에서 만날 때, 만나는 두 점 중 x좌표가 큰 점을 A라 하고, 직선 l이 곡선 $y=\log_2 4x$와 만나는 두 점 중 x좌표가 큰 점을 B라 하자. $\overline{AB}=2\sqrt{5}$일 때, 점 A에서 x축에 내린 수선의 발 C에 대하여 삼각형 ACB의 넓이는? [4점]

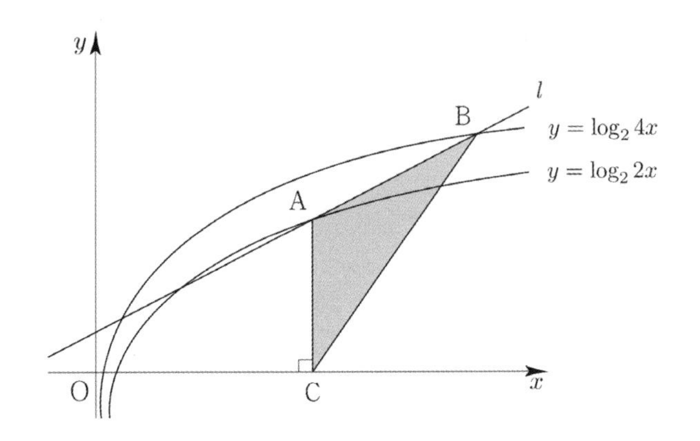

① 5 ② $\frac{21}{4}$ ③ $\frac{11}{2}$ ④ $\frac{23}{4}$ ⑤ 6

083 • 2013년 고3 3월 교육청 A형

그림과 같이 기울기가 1인 직선 l이 곡선 $y=\log_2 x$와 서로 다른 두 점 $A(a, \log_2 a)$, $B(b, \log_2 b)$에서 만난다. 직선 l과 두 직선 $x=b$, $y=\log_2 a$로 둘러싸인 부분의 넓이가 2일 때, $a+b$의 값은? (단, $0<a<b$이다.) [4점]

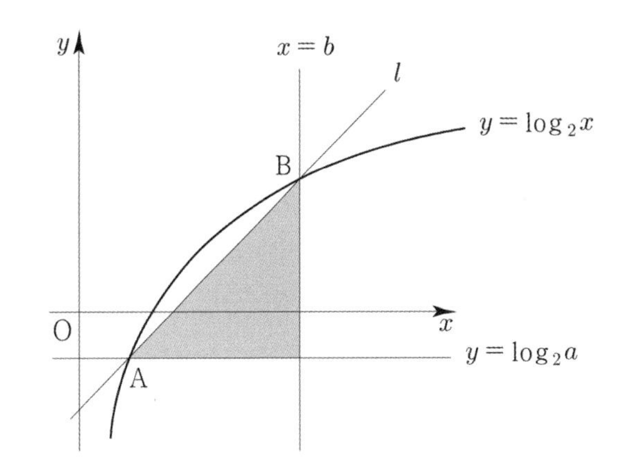

① 2 ② $\frac{7}{3}$ ③ $\frac{8}{3}$ ④ 3 ⑤ $\frac{10}{3}$

084 • 2007학년도 수능 나형

함수 $y=k\cdot 3^x\,(0<k<1)$의 그래프가 두 함수 $y=3^{-x}$, $y=-4\cdot 3^x+8$의 그래프와 만나는 점을 각각 P, Q라 하자. 점 P와 점 Q의 x좌표의 비가 $1:2$일 때, $35k$의 값을 구하시오. [4점]

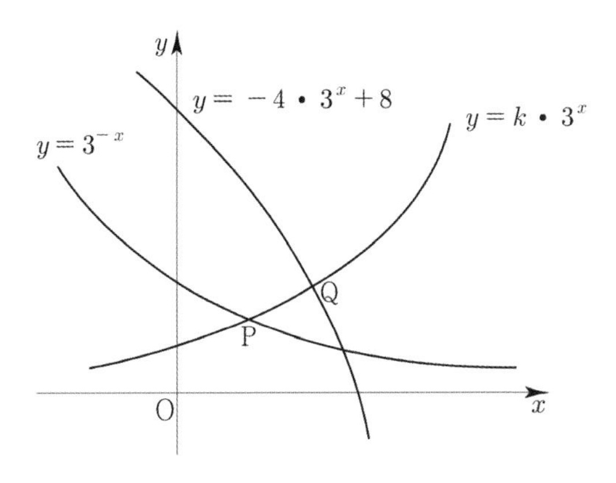

085 • 2009년 고3 5월 교육청 나형

함수 $f(x)=2^{-x+a}+1$에 대하여 함수 $g(x)$가 임의의 실수 x에 대하여 $g(f(x))=x$를 만족한다. $g(9)=-2$일 때, $g(17)$의 값은? (단, a는 상수이다.) [4점]

① -1 ② -2 ③ -3
④ -4 ⑤ -5

087 • 2019년 고2 9월 교육청 가형

곡선 $y=\log_3(5x-3)$ 위의 서로 다른 두 점 A, B가 다음 조건을 만족시킨다.

(가) 세 점 O, A, B는 한 직선 위에 있다.
(나) $\overline{OA}:\overline{OB}=1:2$

직선 AB의 기울기가 $\frac{q}{p}$일 때, $p+q$의 값을 구하시오.
(단, O는 원점이고, p와 q는 서로소인 자연수이다.) [4점]

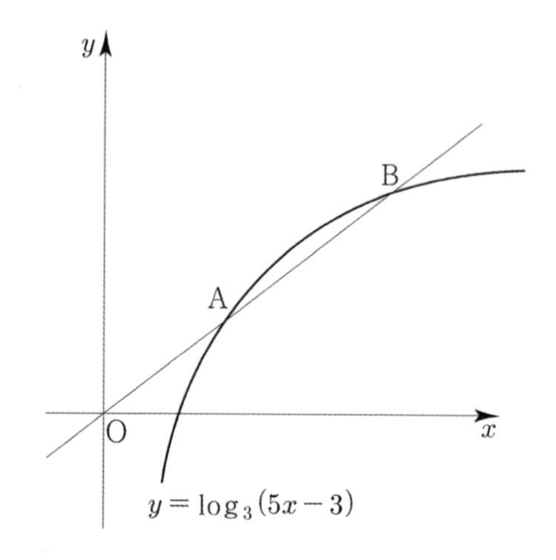

086 • 2016학년도 고3 6월 평가원 A형

함수 $y=\log_3 x$의 그래프를 x축의 방향으로 a만큼, y축의 방향으로 2만큼 평행이동한 그래프를 나타내는 함수를 $y=f(x)$라 하자. 함수 $f(x)$의 역함수가 $f^{-1}(x)=3^{x-2}+4$일 때, 상수 a의 값은? [4점]

① 1 ② 2 ③ 3
④ 4 ⑤ 5

088 • 2019년 고3 3월 교육청 가형

그림과 같이 직선 $y=2$가 두 곡선 $y=\log_2 4x$, $y=\log_2 x$와 만나는 점을 각각 A, B라 하고, 직선 $y=k\,(k>2)$가 두 곡선 $y=\log_2 4x$, $y=\log_2 x$와 만나는 점을 각각 C, D라 하자. 점 B를 지나고 y축과 평행한 직선이 직선 CD와 만나는 점을 E라 하면 점 E는 선분 CD를 $1:2$로 내분한다.
사각형 ABDC의 넓이를 S라 할 때, $12S$의 값을 구하시오. [4점]

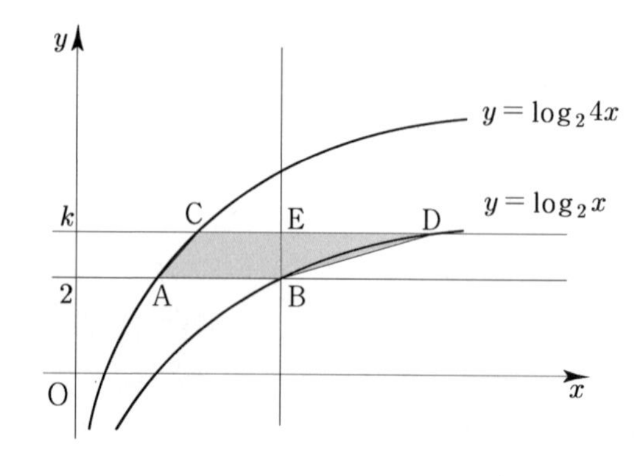

089 • 2018년 고3 7월 교육청 가형

점 A(4, 0)을 지나고 y축에 평행한 직선이 곡선 $y=\log_2 x$와 만나는 점을 B라 하고, 점 B를 지나고 기울기가 -1인 직선이 곡선 $y=2^{x+1}+1$과 만나는 점을 C라 할 때, 삼각형 ABC의 넓이는? [4점]

① 3　② $\frac{7}{2}$　③ 4　④ $\frac{9}{2}$　⑤ 5

090 • 2019년 고3 10월 교육청 가형

곡선 $y=\log_{\sqrt{2}}(x-a)$와 직선 $y=\frac{1}{2}x$가 만나는 점 중 한 점을 A라 하고, 점 A를 지나고 기울기가 -1인 직선이 곡선 $y=(\sqrt{2})^x+a$와 만나는 점을 B라 하자.
삼각형 OAB의 넓이가 6일 때, 상수 a의 값은?
(단, $0<a<4$이고, O는 원점이다.) [4점]

① $\frac{1}{2}$　② 1　③ $\frac{3}{2}$　④ 2　⑤ $\frac{5}{2}$

091 • 2009학년도 수능 나형

$0<a<\frac{1}{2}$인 상수 a에 대하여 직선 $y=x$가 곡선 $y=\log_a x$와 만나는 점을 (p, p), 직선 $y=x$가 곡선 $y=\log_{2a} x$와 만나는 점을 (q, q)라 하자. 〈보기〉에서 옳은 것만을 있는 대로 고른 것은? [4점]

〈보기〉

ㄱ. $p=\frac{1}{2}$이면 $a=\frac{1}{4}$이다.

ㄴ. $p<q$

ㄷ. $a^{p+q}=\frac{pq}{2^q}$

① ㄱ　② ㄱ, ㄴ　③ ㄱ, ㄷ　④ ㄴ, ㄷ　⑤ ㄱ, ㄴ, ㄷ

092 • 2007년 고3 3월 교육청 가형

그림은 함수 $f(x)=2^x-1$의 그래프와 직선 $y=x$이다. 곡선 $y=f(x)$ 위의 임의로 두 점을 잡아 그 두 점의 x좌표를 각각 a, $b(0<a<b)$라 할 때, 〈보기〉에서 항상 옳은 것을 모두 고른 것은? [4점]

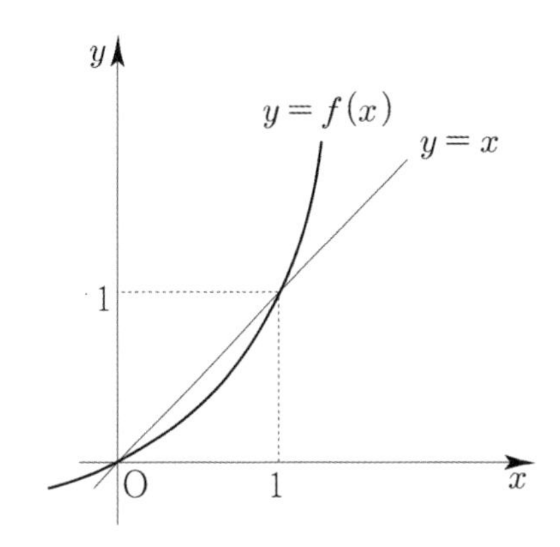

〈보기〉

ㄱ. $0<a<1$이면 $f(a)<a$ 이다.

ㄴ. $b-a<2^b-2^a$

ㄷ. $b(2^a-1)<a(2^b-1)$

① ㄱ　② ㄱ, ㄴ　③ ㄱ, ㄷ　④ ㄴ, ㄷ　⑤ ㄱ, ㄴ, ㄷ

093 • 2005년 고3 4월 교육청 가형

두 함수 $y=x$와 $y=\log_2 x$의 그래프를 이용하여 〈보기〉에서 옳은 것을 모두 고른 것은? [4점]

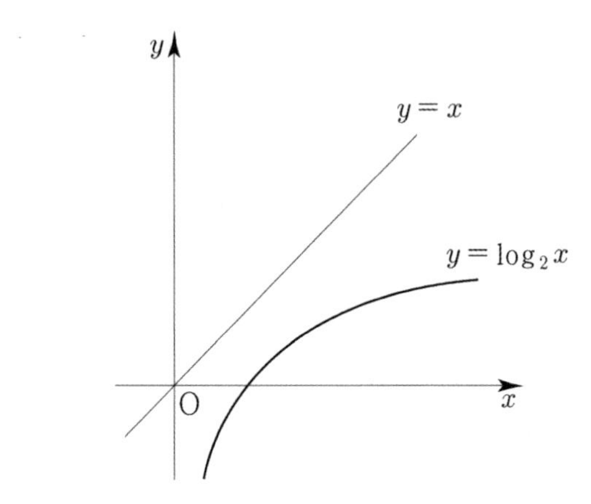

〈보기〉

ㄱ. $\dfrac{\log_2 x}{x}<1$

ㄴ. $\dfrac{\log_2 x}{x-1}<1\ (x\neq 1)$

ㄷ. $\dfrac{\log_2 (x+1)}{x}<1\ (x\neq 0)$

① ㄱ ② ㄴ ③ ㄱ, ㄷ
④ ㄴ, ㄷ ⑤ ㄱ, ㄴ, ㄷ

094 • 2012년 고3 7월 교육청 나형

두 곡선 $y=2^x$, $y=\log_3 x$와 직선 $y=-x+5$가 만나는 점을 각각 $\mathrm{A}(a_1,\ a_2)$, $\mathrm{B}(b_1,\ b_2)$라 할 때, 옳은 것만을 〈보기〉에서 있는 대로 고른 것은? [4점]

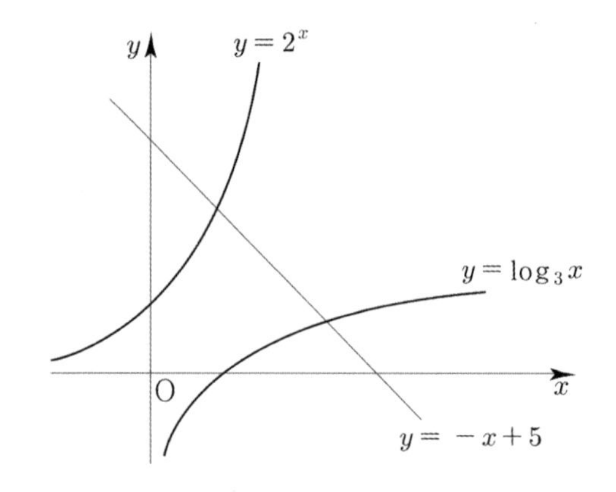

〈보기〉

ㄱ. $a_1>b_2$

ㄴ. $a_1+a_2=b_1+b_2$

ㄷ. $\dfrac{a_1}{a_2}<\dfrac{b_2}{b_1}$

① ㄱ ② ㄷ ③ ㄱ, ㄴ
④ ㄴ, ㄷ ⑤ ㄱ, ㄴ, ㄷ

095 • 2016학년도 사관학교 A형

그림과 같이 곡선 $y=2^{x-1}+1$ 위의 점 A와 곡선 $y=\log_2(x+1)$ 위의 두 점 B, C에 대하여 두 점 A와 B는 직선 $y=x$에 대하여 대칭이고, 직선 AC는 x축과 평행하다. 삼각형 ABC의 무게중심의 좌표가 $(p,\ q)$일 때, $p+q$의 값은? [4점]

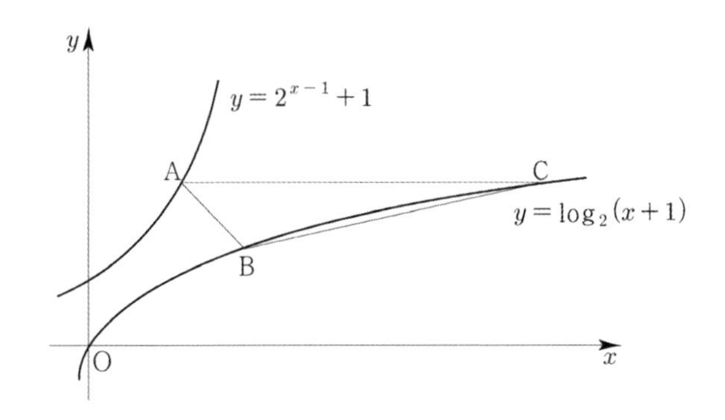

① $\frac{16}{3}$ ② $\frac{17}{3}$ ③ 6
④ $\frac{19}{3}$ ⑤ $\frac{20}{3}$

096 • 2022학년도 고3 6월 평가원 공통

$n\geq 2$인 자연수 n에 대하여 두 곡선

$$y=\log_n x,\quad y=-\log_n(x+3)+1$$

이 만나는 점의 x좌표가 1보다 크고 2보다 작도록 하는 모든 n의 값의 합은? [4점]

① 30 ② 35 ③ 40
④ 45 ⑤ 50

097 • 2023학년도 고3 6월 평가원 공통

두 곡선 $y=16^x$, $y=2^x$과 한 점 $\mathrm{A}(64,\ 2^{64})$이 있다.
점 A를 지나며 x축과 평행한 직선이 곡선 $y=16^x$과 만나는 점을 P_1이라 하고, 점 P_1을 지나며 y축과 평행한 직선이 곡선 $y=2^x$과 만나는 점을 Q_1이라 하자.
점 Q_1을 지나며 x축과 평행한 직선이 곡선 $y=16^x$과 만나는 점을 P_2라 하고, 점 P_2를 지나며 y축과 평행한 직선이 곡선 $y=2^x$과 만나는 점을 Q_2라 하자.
이와 같은 과정을 계속하여 n번째 얻은 두 점을 각각 P_n, Q_n이라 하고 점 Q_n의 x좌표를 x_n이라 할 때, $x_n<\frac{1}{k}$을 만족시키는 n의 최솟값이 6이 되도록 하는 자연수 k의 개수는? [4점]

① 48 ② 51 ③ 54
④ 57 ⑤ 60

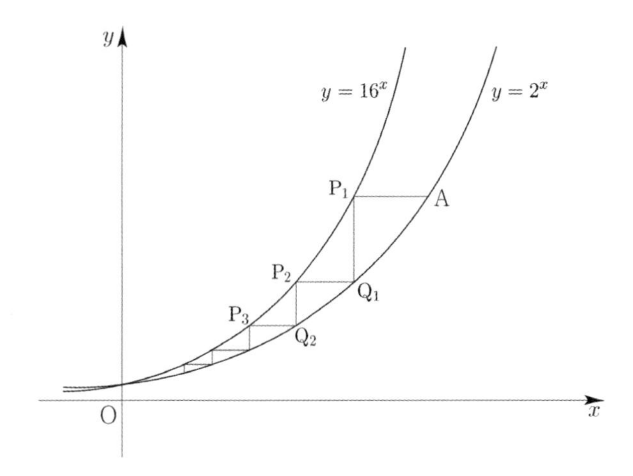

098 • 2022학년도 수능 공통

직선 $y=2x+k$가 두 함수

$$y=\left(\frac{2}{3}\right)^{x+3}+1,\quad y=\left(\frac{2}{3}\right)^{x+1}+\frac{8}{3}$$

의 그래프와 만나는 점을 각각 P, Q라 하자.
$\overline{PQ}=\sqrt{5}$일 때, 상수 k의 값은? [4점]

① $\frac{31}{6}$ ② $\frac{16}{3}$ ③ $\frac{11}{2}$
④ $\frac{17}{3}$ ⑤ $\frac{35}{6}$

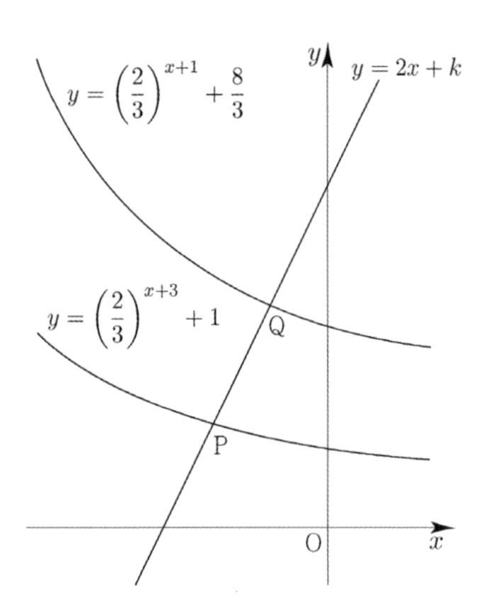

099 • 2023년 고3 7월 교육청 공통

그림과 같이 곡선 $y=2^{x-m}+n$ $(m>0,\ n>0)$과 직선 $y=3x$가 서로 다른 두 점 A, B에서 만날 때, 점 B를 지나며 직선 $y=3x$에 수직인 직선이 y축과 만나는 점을 C라 하자. 직선 CA가 x축과 만나는 점을 D라 하면 점 D는 선분 CA를 $5:3$으로 외분하는 점이다. 삼각형 ABC의 넓이가 20일 때, $m+n$의 값을 구하시오. (단, 점 A의 x좌표는 점 B의 x좌표보다 작다.) [4점]

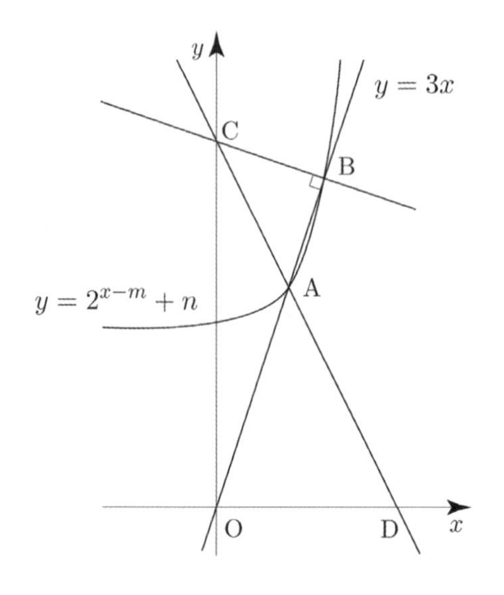

100 • 2011학년도 고3 9월 평가원 가형

함수 $y=\log_2 4x$의 그래프 위의 두 점 A, B와 함수 $y=\log_2 x$의 그래프 위의 점 C에 대하여, 선분 AC가 y축에 평행하고 삼각형 ABC가 정삼각형일 때, 점 B의 좌표는 $(p,\ q)$이다. $p^2\times 2^q$의 값은? [4점]

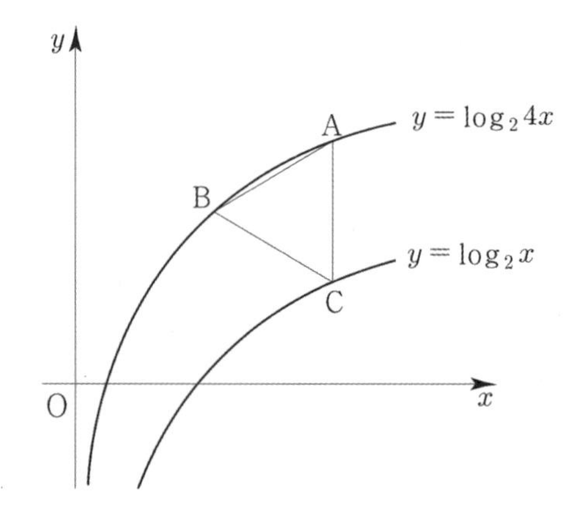

① $6\sqrt{3}$ ② $9\sqrt{3}$ ③ $12\sqrt{3}$
④ $15\sqrt{3}$ ⑤ $18\sqrt{3}$

규토 라이트 N제

지수함수와 로그함수

Master step

심화 문제편

3. 지수함수와 로그함수

101 □□□□□

정의역이 $\{x \mid -1 \le x \le 1\}$인 함수 $y=a^{x^2-2|x|+3}$의 최댓값이 $\frac{1}{9}$, 최솟값이 m일 때, $81(a+m)$의 값을 구하시오. (단, $0<a<1$)

102 □□□□□

함수 $f(x)=\left|\log_{\frac{1}{3}}(-x+3)+1\right|$에 대한 설명 중 〈보기〉에서 옳은 것만을 있는 대로 고른 것은?

〈보기〉

ㄱ. $f(0)=0$
ㄴ. $x_1<x_2<3$이면 $f(x_1)<f(x_2)$이다.
ㄷ. 임의의 양수 k에 대하여 방정식 $f(x)=k$는 항상 서로 다른 2개의 실근을 갖는다.

① ㄱ ② ㄱ, ㄴ ③ ㄱ, ㄷ
④ ㄴ, ㄷ ⑤ ㄱ, ㄴ, ㄷ

103 □□□□□

함수 $f(x)=\log_2(x-1)^2$에 대한 설명 중 〈보기〉에서 옳은 것만을 있는 대로 고른 것은?

〈보기〉

ㄱ. $f(-1)=f(2)+f(3)$
ㄴ. $x_1 \ne x_2$이면 $f(x_1) \ne f(x_2)$이다.
ㄷ. $x>1$인 임의의 실수 x에 대하여 $f(x)<\log_2(x-1)^3$이다.

① ㄱ ② ㄱ, ㄴ ③ ㄱ, ㄷ
④ ㄴ, ㄷ ⑤ ㄱ, ㄴ, ㄷ

104 • 2019년 고2 11월 교육청 가형 □□□□□

그림과 같이 자연수 n에 대하여 함수 $y=a^x-1\,(a>1)$의 그래프가 두 직선 $y=n$, $y=n+1$과 만나는 점을 각각 A_n, A_{n+1}이라 하자. 선분 $\mathrm{A}_n\mathrm{A}_{n+1}$을 대각선으로 하고, 각 변이 x축 또는 y축과 평행한 직사각형의 넓이를 S_n이라 하자. $\sum_{n=1}^{14} S_n=6$일 때, 상수 a의 값은? [4점]

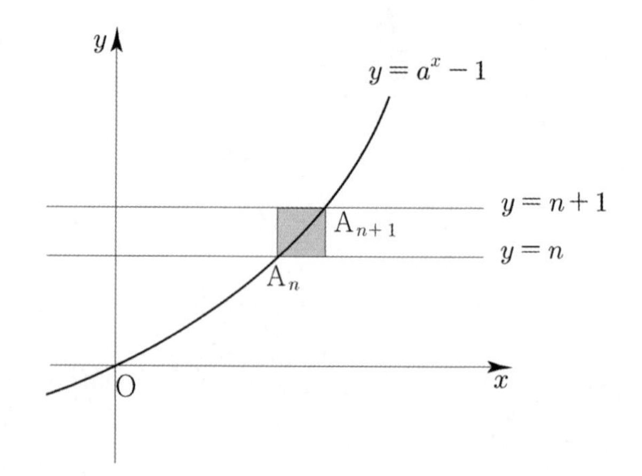

① $\sqrt{2}$ ② $\sqrt{3}$ ③ 2
④ $\sqrt{5}$ ⑤ $\sqrt{6}$

105 • 2020년 고3 4월 교육청 나형

두 함수 $f(x)=2^x$, $g(x)=2^{x-2}$에 대하여 두 양수 a, $b(a<b)$가 다음 조건을 만족시킬 때, $a+b$의 값은? [4점]

> (가) 두 곡선 $y=f(x)$, $y=g(x)$와 두 직선 $y=a$, $y=b$로 둘러싸인 부분의 넓이가 6이다.
> (나) $g^{-1}(b)-f^{-1}(a)=\log_2 6$

① 15 ② 16 ③ 17
④ 18 ⑤ 19

106 • 2019년 고2 11월 교육청 나형

그림과 같이 자연수 n에 대하여 곡선 $y=|\log_2 x-n|$이 직선 $y=1$과 만나는 두 점을 각각 A_n, B_n이라 하고 곡선 $y=|\log_2 x-n|$이 직선 $y=2$와 만나는 두 점을 각각 C_n, D_n이라 하자. 〈보기〉에서 옳은 것만을 있는 대로 고른 것은? [4점]

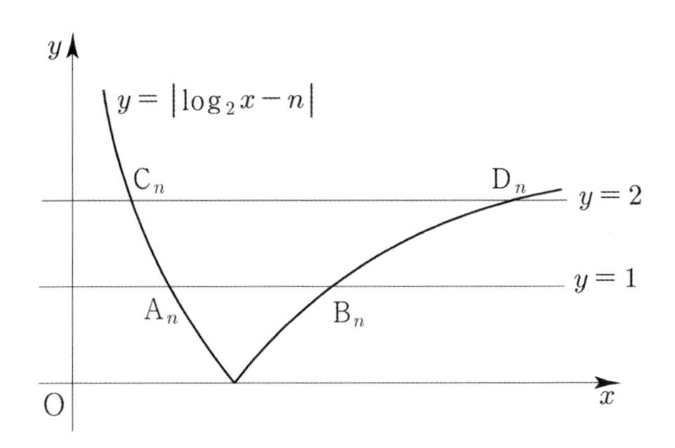

〈보기〉

ㄱ. $\overline{A_1B_1}=3$
ㄴ. $\overline{A_nB_n} : \overline{C_nD_n}=2:5$
ㄷ. 사각형 $A_nB_nD_nC_n$의 넓이를 S_n이라 할 때, $21 \le S_k \le 210$을 만족시키는 모든 자연수 k의 합은 25이다.

① ㄱ ② ㄱ, ㄴ ③ ㄱ, ㄷ
④ ㄴ, ㄷ ⑤ ㄱ, ㄴ, ㄷ

107 • 2015년 고3 10월 교육청 A형

그림과 같이 기울기가 -1인 직선이 두 곡선 $y=2^x$, $y=\log_2 x$와 만나는 두 점을 각각 A, B라 하고, 점 B를 지나고 x축과 평행한 직선이 곡선 $y=2^x$과 만나는 점을 C라 하자. 선분 AB의 길이가 $12\sqrt{2}$, 삼각형 ABC의 넓이가 84이다. 점 A의 x좌표를 a라 할 때, $a-\log_2 a$의 값은? [4점]

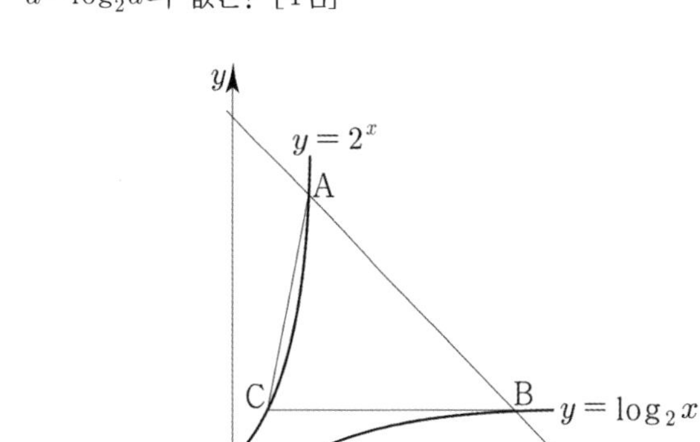

① 1 ② 2 ③ 3
④ 4 ⑤ 5

108 • 2021학년도 수능 나형

$\frac{1}{4}<a<1$인 실수 a에 대하여 직선 $y=1$이 두 곡선 $y=\log_a x$, $y=\log_{4a} x$와 만나는 점을 각각 A, B라 하고, 직선 $y=-1$이 두 곡선 $y=\log_a x$, $y=\log_{4a} x$와 만나는 점을 각각 C, D라 하자. 〈보기〉에서 옳은 것만을 있는 대로 고른 것은? [4점]

〈보기〉

ㄱ. 선분 AB를 $1:4$로 외분하는 점의 좌표는 $(0, 1)$이다.
ㄴ. 사각형 ABCD가 직사각형이면 $a=\frac{1}{2}$이다.
ㄷ. $\overline{AB}<\overline{CD}$이면 $\frac{1}{2}<a<1$이다.

① ㄱ ② ㄷ ③ ㄱ, ㄴ
④ ㄴ, ㄷ ⑤ ㄱ, ㄴ, ㄷ

109 • 2018학년도 고3 9월 평가원 가형

$a>1$인 실수 a에 대하여 곡선 $y=\log_a x$와 원 C : $\left(x-\frac{5}{4}\right)^2+y^2=\frac{13}{16}$의 두 교점을 P, Q라 하자. 선분 PQ가 원 C의 지름일 때, a의 값은? [4점]

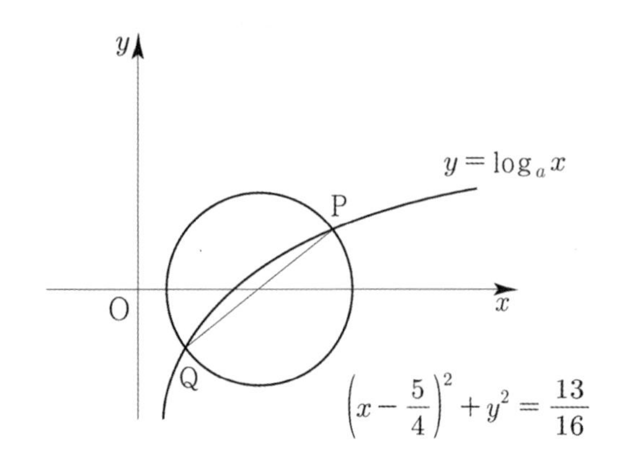

① 3 ② $\frac{7}{2}$ ③ 4 ④ $\frac{9}{2}$ ⑤ 5

110 • 2022학년도 사관학교 공통

$a>1$인 실수 a에 대하여 좌표평면에 두 곡선

$y=a^x$, $y=|a^{-x-1}-1|$

이 있다. <보기>에서 옳은 것만을 있는 대로 고른 것은? [4점]

<보기>

ㄱ. 곡선 $y=|a^{-x-1}-1|$은 점 $(-1, 0)$을 지난다.

ㄴ. $a=4$이면 두 곡선의 교점의 개수는 2이다.

ㄷ. $a>4$이면 두 곡선의 모든 교점의 x좌표의 합은 -2보다 크다.

① ㄱ ② ㄱ, ㄴ ③ ㄱ, ㄷ ④ ㄴ, ㄷ ⑤ ㄱ, ㄴ, ㄷ

111 • 2020학년도 사관학교 가형

그림과 같이 1보다 큰 두 상수 a, b에 대하여 A(1, 0)을 지나고 y축에 평행한 직선이 곡선 $y=a^x$과 만나는 점을 B라 하고, 점 C(0, 1)에 대하여 점 B를 지나고 직선 AC와 평행한 직선이 곡선 $y=\log_b x$와 만나는 점을 D라 하자. $\overline{AC}\perp\overline{AD}$이고, 사각형 ADBC의 넓이가 6일 때, $a\times b$의 값은? [4점]

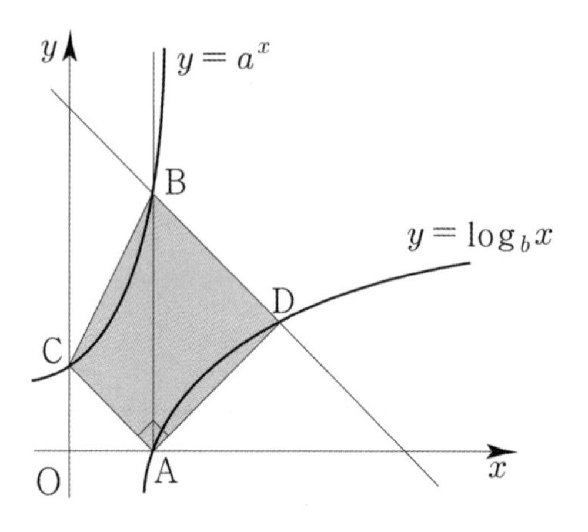

① $4\sqrt{2}$ ② $4\sqrt{3}$ ③ 8 ④ $4\sqrt{5}$ ⑤ $4\sqrt{6}$

112 • 2021학년도 고3 6월 평가원 나형

두 곡선 $y=2^x$과 $y=-2x^2+2$가 만나는 두 점을 (x_1, y_1), (x_2, y_2)라 하자. $x_1<x_2$일 때, <보기>에서 옳은 것만을 있는 대로 고른 것은? [4점]

<보기>

ㄱ. $x_2>\frac{1}{2}$

ㄴ. $y_2-y_1<x_2-x_1$

ㄷ. $\frac{\sqrt{2}}{2}<y_1y_2<1$

① ㄱ ② ㄱ, ㄴ ③ ㄱ, ㄷ ④ ㄴ, ㄷ ⑤ ㄱ, ㄴ, ㄷ

113 • 2023학년도 고3 9월 평가원 공통

그림과 같이 곡선 $y=2^x$ 위에 두 점 $\mathrm{P}(a,\ 2^a)$, $\mathrm{Q}(b,\ 2^b)$이 있다. 직선 PQ의 기울기를 m이라 할 때, 점 P를 지나며 기울기가 $-m$인 직선이 x축, y축과 만나는 점을 각각 A, B라 하고, 점 Q를 지나며 기울기가 $-m$인 직선이 x축과 만나는 점을 C라 하자.

$$\overline{\mathrm{AB}}=4\overline{\mathrm{PB}},\quad \overline{\mathrm{CQ}}=3\overline{\mathrm{AB}}$$

일 때, $90\times(a+b)$의 값을 구하시오. (단, $0<a<b$) [4점]

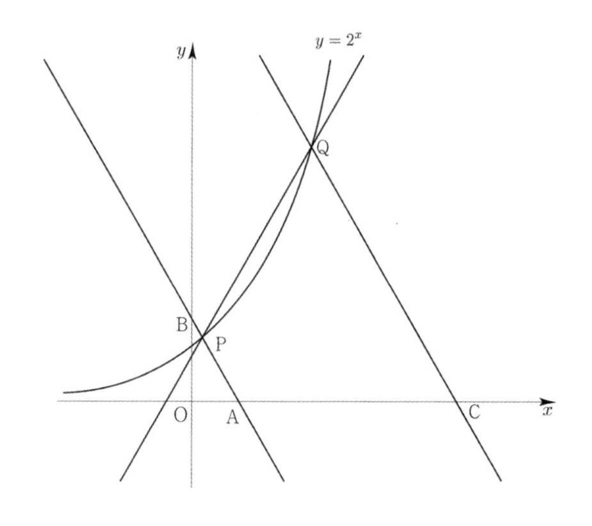

114 • 2023학년도 수능 공통

자연수 n에 대하여 함수 $f(x)$를

$$f(x)=\begin{cases} |3^{x+2}-n| & (x<0) \\ |\log_2(x+4)-n| & (x\geq 0) \end{cases}$$

이라 하자. 실수 t에 대하여 x에 대한 방정식 $f(x)=t$의 서로 다른 실근의 개수를 $g(t)$라 할 때, 함수 $g(t)$의 최댓값이 4가 되도록 하는 모든 자연수 n의 값의 합을 구하시오. [4점]

115 • 2021년 고3 4월 교육청 공통

그림과 같이 1보다 큰 실수 k에 대하여 두 곡선 $y=\log_2|kx|$와 $y=\log_2(x+4)$가 만나는 서로 다른 두 점을 A, B라 하고, 점 B를 지나는 곡선 $y=\log_2(-x+m)$이 곡선 $y=\log_2|kx|$와 만나는 점 중 B가 아닌 점을 C라 하자. 세 점 A, B, C의 x좌표를 각각 x_1, x_2, x_3이라 할 때, 〈보기〉에서 옳은 것만을 있는 대로 고른 것은? (단, $x_1<x_2$이고, m은 실수이다.) [4점]

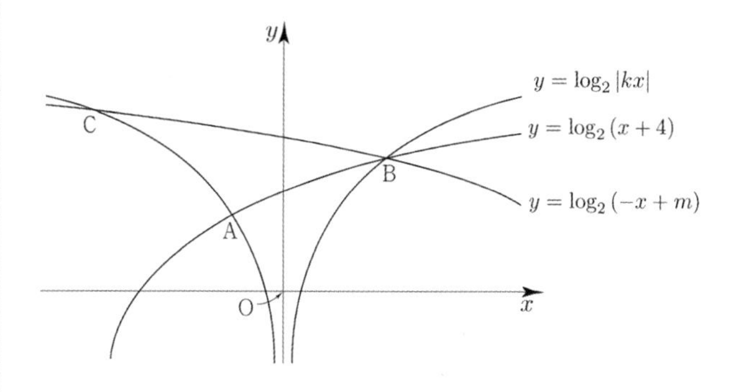

〈보기〉

ㄱ. $x_2=-2x_1$이면 $k=3$이다.

ㄴ. ${x_2}^2=x_1x_3$

ㄷ. 직선 AB의 기울기와 직선 AC의 기울기의 합이 0일 때, $m+k^2=19$이다.

① ㄱ　② ㄷ　③ ㄱ, ㄴ　④ ㄴ, ㄷ　⑤ ㄱ, ㄴ, ㄷ

116 • 2022학년도 고3 9월 평가원 공통

$a>1$인 실수 a에 대하여 직선 $y=-x+4$가 두 곡선

$$y=a^{x-1},\quad y=\log_a(x-1)$$

과 만나는 점을 각각 A, B라 하고, 곡선 $y=a^{x-1}$이 y축과 만나는 점을 C라 하자. $\overline{\mathrm{AB}}=2\sqrt{2}$일 때, 삼각형 ABC의 넓이는 S이다. $50\times S$의 값을 구하시오. [4점]

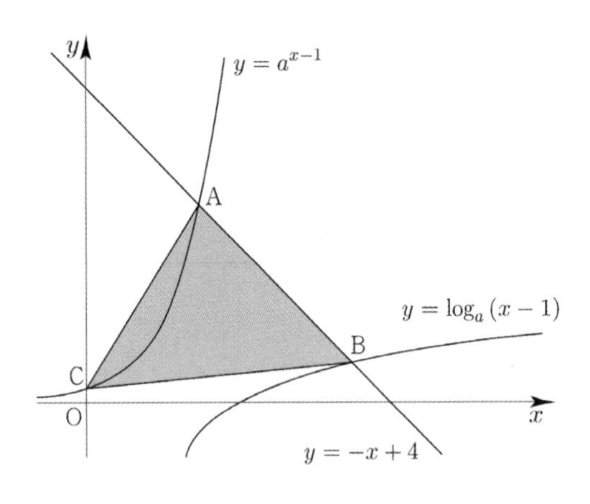

117 • 2022학년도 수능 공통

두 상수 a, $b\,(1<a<b)$에 대하여 좌표평면 위의 두 점 $(a,\ \log_2 a)$, $(b,\ \log_2 b)$를 지나는 직선의 y절편과 두 점 $(a,\ \log_4 a)$, $(b,\ \log_4 b)$를 지나는 직선의 y절편이 같다. 함수 $f(x)=a^{bx}+b^{ax}$에 대하여 $f(1)=40$일 때, $f(2)$의 값은? [4점]

① 760 ② 800 ③ 840 ④ 880 ⑤ 920

118 • 2021년 고3 3월 교육청 공통

함수

$$f(x)=\begin{cases} 2^x & (x<3) \\ \left(\frac{1}{4}\right)^{x+a}-\left(\frac{1}{4}\right)^{3+a}+8 & (x\geq 3) \end{cases}$$

에 대하여 곡선 $y=f(x)$ 위의 점 중에서 y좌표가 정수인 점의 개수가 23일 때, 정수 a의 값은? [4점]

① -7 ② -6 ③ -5 ④ -4 ⑤ -3

119 • 2024학년도 고3 6월 평가원 공통

실수 t에 대하여 두 곡선 $y=t-\log_2 x$와 $y=2^{x-t}$이 만나는 점의 x좌표를 $f(t)$라 하자.
〈보기〉의 각 명제에 대하여 다음 규칙에 따라 A, B, C의 값을 정할 때, $A+B+C$의 값을 구하시오.
(단, $A+B+C\neq 0$) [4점]

- 명제 ㄱ이 참이면 $A=100$, 거짓이면 $A=0$이다.
- 명제 ㄴ이 참이면 $B=10$, 거짓이면 $B=0$이다.
- 명제 ㄷ이 참이면 $C=1$, 거짓이면 $C=0$이다.

〈보기〉

ㄱ. $f(1)=1$이고 $f(2)=2$이다.
ㄴ. 실수 t의 값이 증가하면 $f(t)$의 값도 증가한다.
ㄷ. 모든 양의 실수 t에 대하여 $f(t)\geq t$이다.

120

• 2024학년도 고3 9월 평가원 공통

두 자연수 a, b에 대하여 함수

$$f(x)=\begin{cases} 2^{x+a}+b & (x \le -8) \\ -3^{x-3}+8 & (x > -8) \end{cases}$$

이 다음 조건을 만족시킬 때, $a+b$의 값은? [4점]

> 집합 $\{f(x) \mid x \le k\}$의 원소 중 정수인 것의 개수가 2가 되도록 하는 모든 실수 k의 값의 범위는 $3 \le k < 4$이다.

① 11 ② 13 ③ 15 ④ 17 ⑤ 19

121

• 2024학년도 수능 공통

양수 a에 대하여 $x \ge -1$에서 정의된 함수 $f(x)$는

$$f(x)=\begin{cases} -x^2+6x & (-1 \le x < 6) \\ a\log_4(x-5) & (x \ge 6) \end{cases}$$

이다. $t \ge 0$인 실수 t에 대하여
닫힌구간 $[t-1,\ t+1]$에서의 $f(x)$의 최댓값을 $g(t)$라 하자.
구간 $[0,\ \infty)$에서 함수 $g(t)$의 최솟값이 5가 되도록 하는 양수 a의 최솟값을 구하시오. [4점]

규토 라이트 N제

지수함수와 로그함수

Guide step

개념 익히기편

4. 지수함수와 로그함수의 활용

01

지수함수와 로그함수

지수함수와 로그함수의 활용

성취 기준 – 지수함수와 로그함수를 활용하여 문제를 해결할 수 있다.

개념 파악하기 **(1) 지수함수를 활용하여 문제를 어떻게 해결할까?**

지수에 미지수를 포함하는 방정식

지수함수 $y=a^x\,(a>0,\ a\neq 1)$은 실수 전체의 집합에서 양의 실수 전체의 집합으로의 일대일대응이므로 다음이 성립한다.

$a>0,\ a\neq 1$일 때, $a^{x_1}=a^{x_2} \Leftrightarrow x_1=x_2$

지수방정식의 기본유형

① $a^{f(x)}=b \Leftrightarrow f(x)=\log_a b$

ex $2^x=3 \Leftrightarrow x=\log_2 3$

② $a^{f(x)}=a^{g(x)} \Leftrightarrow f(x)=g(x)$

ex $2^{2x+1}=2^x \Leftrightarrow 2x+1=x$

③ $a^x=t$로 치환 (치환하면 범위조심! $t>0$을 조심해야하고, t에서 x로 다시 변환해줘야 함을 기억하자.)

ex $2^{2x}-2^x=0$

$2^x=t$로 치환하면 $t>0,\ t^2-t=0 \Rightarrow t=1 \Rightarrow 2^x=1 \Rightarrow x=0$

개념 확인문제 1 다음 방정식을 푸시오.

(1) $2^{-x+2}=\sqrt{2}$

(2) $4^x=8^{2x-4}$

(3) $9^x-2\times 3^x=0$

지수에 미지수를 포함하는 부등식

지수함수 $y=a^x\,(a>0,\ a\neq 1)$의 그래프의 성질에 의하여 다음이 성립한다.

① $a>1$일 때, $a^{x_1}<a^{x_2} \Leftrightarrow x_1<x_2$

② $0<a<1$일 때, $a^{x_1}<a^{x_2} \Leftrightarrow x_1>x_2$

Tip 그래프를 그려서 판단해보면 쉽게 파악할 수 있다.
a의 범위에 따라 부등호의 방향이 바뀐다는 것에 주의해야한다.

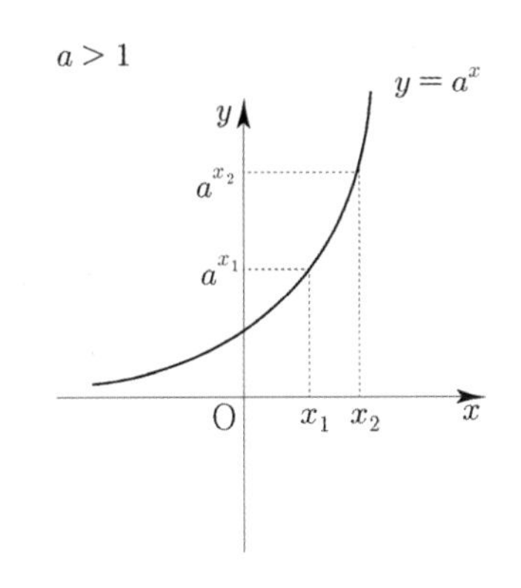

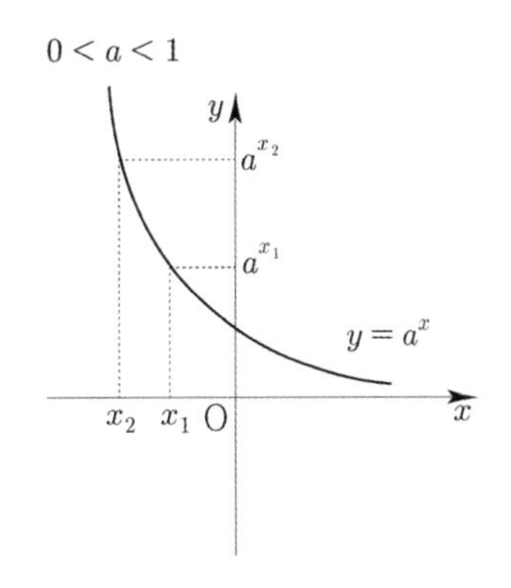

지수부등식의 기본유형

① $a>1$일 때, $a^{f(x)}<a^{g(x)} \Leftrightarrow f(x)<g(x)$

ex $2^x<2^3 \Leftrightarrow x<3$

② $0<a<1$일 때, $a^{f(x)}<a^{g(x)} \Leftrightarrow f(x)>g(x)$

ex $\left(\frac{1}{2}\right)^x<\left(\frac{1}{2}\right)^3 \Leftrightarrow x>3$

Tip ②번의 경우 부등호방향이 달라지기 때문에 조심해야한다. ①번으로 변환시켜 계산하면 실수를 줄일 수 있다.
즉, $\frac{1}{2}=2^{-1}$로 변환하면 $(2^{-1})^x<(2^{-1})^3 \Rightarrow 2^{-x}<2^{-3} \Rightarrow -x<-3 \Rightarrow x>3$

③ $a^x=t$로 치환 (치환하면 범위조심! $t>0$을 조심해야하고, t에서 x로 다시 변환해줘야 함을 기억하자.)

ex $3^{2x}-2\times 3^x-3<0$

$3^x=t$로 치환하면 $t>0,\ t^2-2t-3<0 \Rightarrow t>0,\ -1<t<3 \Rightarrow 0<t<3 \Rightarrow 0<3^x<3$

$0<3^x$는 실수 전체에서 성립하고 $3^x<3 \Rightarrow x<1$이므로 $x<1$이다.

Tip $a<x<b$의 부등식의 해는 $a<x$와 $x<b$의 교집합이다.

개념 확인문제 2 다음 부등식을 푸시오.

(1) $3^{2x}\leq 27^{-x+5}$

(2) $\left(\frac{1}{5}\right)^{2x}\geq\left(\frac{1}{25}\right)^{3x+4}$

개념 파악하기 (2) 로그함수를 활용하여 문제를 어떻게 해결할까?

로그의 진수에 미지수를 포함하는 방정식

로그함수 $y=\log_a x\ (a>0,\ a\neq 1)$은 양의 실수 전체의 집합에서 실수 전체의 집합으로의 일대일대응이므로 다음이 성립한다.

$a>0,\ a\neq 1$이고 $x>0,\ x_1>0,\ x_2>0$일 때

$\log_a x=b \Leftrightarrow x=a^b$

$\log_a x_1=\log_a x_2 \Leftrightarrow x_1=x_2$

로그방정식의 기본유형

① $\log_a f(x)=b \Leftrightarrow f(x)=a^b,\ f(x)>0$

ex $\log_2(x+1)=3 \Leftrightarrow x+1=2^3 \Rightarrow x=7$

Tip 3을 밑이 2인 로그로 변환하여 구할 수도 있다.

ex $\log_2(x+1)=\log_2 8 \Rightarrow x+1=8 \Rightarrow x=7$

② $\log_a f(x)=\log_a g(x) \Leftrightarrow f(x)=g(x),\ f(x)>0,\ g(x)>0$

ex $\log_2(x+1)=\log_2(x^2-1) \Leftrightarrow x+1=x^2-1 \Rightarrow x^2-x-2=0$

$\Rightarrow (x-2)(x+1)=0 \Rightarrow x=2$ or $x=-1$

진수 조건을 고려하면 $x+1>0,\ x^2-1>0 \Rightarrow x>1$이므로 $x=2$이다.

③ $\log_a x=t$로 치환 (t에서 x로 다시 변환해줘야 함을 기억하자.)

ex $(\log_2 x)^2-4\log_2 x=0$

$\log_2 x=t$로 치환하면 $t^2-4t=0 \Rightarrow t=0$ or $t=4 \Rightarrow \log_2 x=0$ or $\log_2 x=4 \Rightarrow x=1$ or $x=16$

개념 확인문제 3 다음 방정식을 푸시오.

(1) $\log_2(2x-2)=3$

(2) $\log_3(x+2)+\log_3 x=1$

(3) $\log_2(x^2-x+2)=\log_2 2x^2$

로그의 진수에 미지수를 포함하는 부등식

로그함수 $y=\log_a x\ (a>0,\ a\neq 1)$의 그래프의 성질에 의하여 다음이 성립한다.

① $a>1$일 때, $\log_a x_1<\log_a x_2 \Leftrightarrow x_1<x_2\quad (x_1>0,\ x_2>0)$

② $0<a<1$일 때, $\log_a x_1<\log_a x_2 \Leftrightarrow x_1>x_2\ (x_1>0,\ x_2>0)$

Tip 그래프를 그려서 판단해보면 쉽게 파악할 수 있다.
a의 범위에 따라 부등호의 방향이 바뀐다는 것에 주의해야한다.

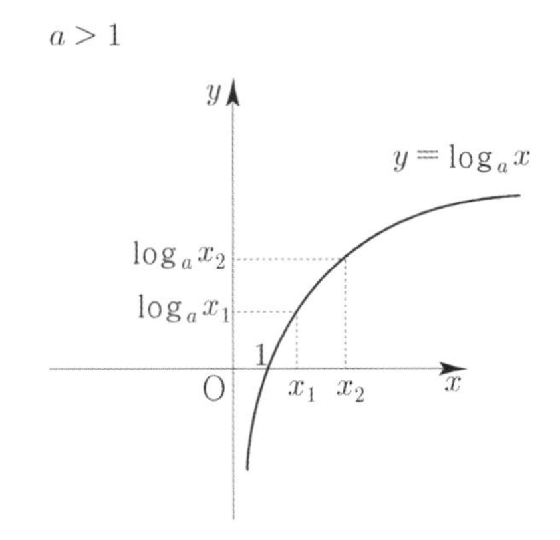

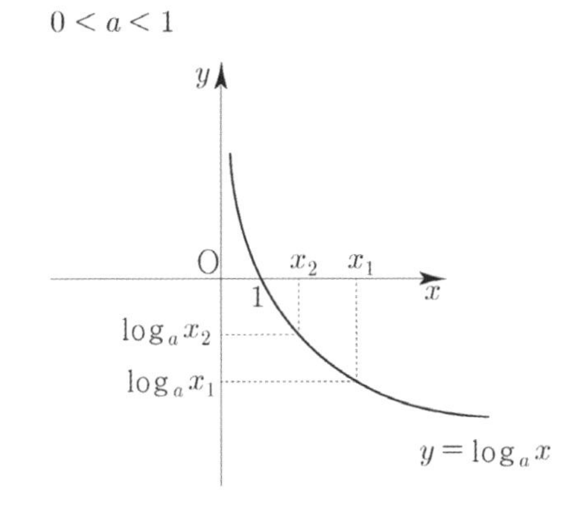

로그부등식의 기본유형

① $a>1$일 때, $\log_a f(x)<\log_a g(x) \Leftrightarrow f(x)<g(x)\ (f(x)>0,\ g(x)>0)$

ex $\log_3(x-1)<\log_3 2x \Leftrightarrow x-1<2x$, 진수조건 : $x-1>0,\ 2x>0$
$-1<x,\ x>1,\ x>0$을 동시에 만족해야하므로 $x>1$ 이다.

② $0<a<1$일 때, $\log_a f(x)<\log_a g(x) \Leftrightarrow f(x)>g(x)\ (f(x)>0,\ g(x)>0)$

ex $\log_{\frac{1}{2}}(x-2)<\log_{\frac{1}{2}}(4-x) \Leftrightarrow x-2>4-x$, 진수조건 : $x-2>0,\ 4-x>0$
$x>3,\ x>2,\ 4>x$을 동시에 만족해야하므로 $3<x<4$이다.

Tip ②번의 경우 부등호 방향이 달라지기 때문에 조심해야한다. ①번으로 변환시켜 계산하면 실수를 줄일 수 있다.
즉, $\log_{\frac{1}{2}}x=-\log_2 x$로 변환하면 $-\log_2(x-2)<-\log_2(4-x) \Rightarrow \log_2(x-2)>\log_2(4-x)$

③ $\log_a x=t$로 치환 (진수조건 조심! t에서 x로 다시 변환해줘야 함을 기억하자.)

ex $(\log_2 x)^2+3\log_2 x-4>0$

$\log_2 x=t$로 치환하면 $t^2+3t-4>0 \Rightarrow (t+4)(t-1)>0 \Rightarrow t<-4$ or $t>1$

$\log_2 x<-4 \Rightarrow \log_2 x<\log_2\frac{1}{16} \Rightarrow x<\frac{1}{16},\ x>0$(진수조건) $\Rightarrow 0<x<\frac{1}{16}$

$\log_2 x>1 \Rightarrow \log_2 x>\log_2 2 \Rightarrow x>2,\ x>0$(진수조건) $\Rightarrow x>2$

따라서 $0<x<\frac{1}{16}$ or $x>2$이다.

Tip 1 로그부등식을 풀 때는 로그의 정의에 의하여 반드시 진수조건 혹은 밑조건에 유의해야한다.
$\log_a x$ $(a>0,\ a\neq 1,\ x>0)$ 문제를 풀기 전에 진수조건과 밑조건을 미리 써두는 것이 좋다.

Tip 2 진수조건을 고려할 때도 예를 들어 $\log_{\sqrt{2}}(x-2)$ 에서 진수조건을 $x-2>0$로 봐야지 진수조건을 $\log_{\sqrt{2}}(x-2)=2\log_2(x-2)=\log_2(x-2)^2$ 이므로 $(x-2)^2>0$로 보지 않도록 조심해야한다.

개념 확인문제 4 다음 부등식을 푸시오.

(1) $\log_4 x \leq 2$

(2) $\log_{\frac{1}{2}} 2 < \log_{\frac{1}{2}}(x-3)$

(3) $\log_4(x-2) \leq \log_2(x-4)$

규토 라이트 N제

지수함수와 로그함수

Training – 1 step

필수 유형편

4. 지수함수와 로그함수의 활용

Theme 1 지수방정식

001
□□□□□

지수방정식 $\frac{8^x}{2}=4^{2x+1}$을 만족시키는 x의 값을 구하시오.

002
□□□□□

방정식 $3^{\frac{1}{9}x-2}=27$의 해를 구하시오.

003
□□□□□

방정식 $4^x-6\times2^x-16=0$을 만족시키는 실수 x의 값을 구하시오.

004
□□□□□

방정식 $3^x+3^{3-x}=12$의 모든 실근의 합을 구하시오.

005
□□□□□

방정식 $4^x-2^{x+2}+3=0$의 두 근을 α, β라 할 때, $8^\alpha+8^\beta$의 값을 구하시오.

Theme 2 지수부등식

006
□□□□□

부등식 $\left(\frac{1}{3}\right)^{x-6}\geq 9$를 만족시키는 모든 자연수 x의 값의 합을 구하시오.

007
□□□□□

부등식 $\left(\frac{1}{2}\right)^{x^2+4}<4^{-x^2}$의 해가 $\alpha<x<\beta$ 일 때, $\beta-\alpha$의 값을 구하시오.

008
□□□□□

부등식 $4^x-5\times2^{x+2}+64\leq0$ 을 만족시키는 모든 자연수 x의 값의 합을 구하시오.

009
□□□□□

부등식 $\frac{1}{9^x}-\frac{4}{3^{x-1}}+27\leq0$ 의 해가 $\alpha\leq x\leq\beta$ 일 때, $\beta-\alpha$의 값을 구하시오.

010 □□□□□

모든 실수 x에 대하여 부등식 $-4^x-2^{x+1}+5<n$이 성립하도록 하는 20 이하의 모든 자연수 n의 개수를 구하시오.

011 □□□□□

모든 실수 x에 대하여 부등식 $25^x-k\times5^x+25\geq0$이 성립하도록 하는 실수 k의 범위를 구하시오.

012 □□□□□

$0\leq x\leq1$인 모든 실수 x에 대하여 부등식 $9^x-6\times3^x\geq9^k-10\times3^k$ 이 항상 성립하도록 하는 실수 k의 최댓값 M, 최솟값 m이라 할 때, $M+m$의 값을 구하시오.

Theme 3 로그방정식

013 □□□□□

방정식 $\log_3(x-2)=\log_9 36$ 의 해를 구하시오.

014 □□□□□

방정식 $\log_3(5-x)+\log_3(5+x)=2$을 만족시키는 모든 실수 x의 곱을 구하시오.

015 □□□□□

방정식 $\log_2(\log_3 x)=2$를 만족시키는 x의 값을 구하시오.

016 □□□□□

방정식 $\log_4(12x-3)=\log_2(2x+1)$를 만족시키는 실수 x의 값을 구하시오.

017

방정식 $(\log_3 x)^2 - 3\log_3 x + 2 = 0$의 두 근을 α, β라 할 때, $\alpha + \beta$의 값을 구하시오.

018

이차방정식 $x^2 - 6x + 2 = 0$의 두 근이 $\log a$, $\log b$일 때, $\log_a b + \log_b a$의 값을 구하시오.

019

방정식 $(\log_3 x)^2 - 2\log_3 x - 2 = 0$의 두 근을 α, β라 할 때, $(\log_\alpha 3)^2 + (\log_\beta 3)^2$의 값을 구하시오.

Theme 4 로그부등식

020

부등식 $\log_3 x \le \log_3(x+10) - 1$를 만족시키는 모든 정수 x의 값의 합을 구하시오.

021

부등식 $\log_{\frac{1}{3}}(x^2 - 2x - 3) \ge \log_{\frac{1}{3}}(2x+2)$를 만족시키는 모든 정수 x의 값의 합을 구하시오.

022

부등식 $\log_2 x \le \log_4(13x + 30)$을 만족시키는 정수 x의 최솟값과 최댓값의 합을 구하시오.

023

부등식 $\log_{\frac{1}{3}}(x+1) + \log_{\frac{1}{3}}(x+5) \ge \log_{\frac{1}{3}} 12$ 를 만족시키는 정수 x의 개수를 구하시오.

024

부등식 $\log_2(\log_3 x) \le 1$을 만족시키는 자연수 x의 개수를 구하시오.

025

부등식 $4\log_3|x| < 4-\log_{\frac{1}{3}} x^2$를 만족시키는 정수 x의 개수를 구하시오.

Theme 5 실생활 활용

026

어느 상품의 수요량이 D, 공급량이 S일 때의 판매가격을 P라 하면 관계식

$\log_2 P = C + \log_3 D - \log_9 S$ (단, C는 상수)

가 성립한다고 한다. 이 상품의 수요량이 27배로 증가되고 공급량이 9배로 증가하면 판매가격은 k배로 증가한다. k의 값을 구하시오.

027

최대 충전 용량이 Q_0 $(Q_0 > 0)$인 어떤 배터리를 완전히 방전시킨 후 t시간 동안 충전한 배터리의 충전 용량을 $Q(t)$라 할 때, 다음 식이 성립한다고 한다.

$Q(t) = Q_0\left(1-2^{-\frac{t}{a}}\right)$ (단, a는 양의 상수이다.)

$\dfrac{Q(4)}{Q(2)} = \dfrac{3}{2}$일 때, $a^2 \times \dfrac{Q(6)}{Q(2)}$의 값을 구하시오.

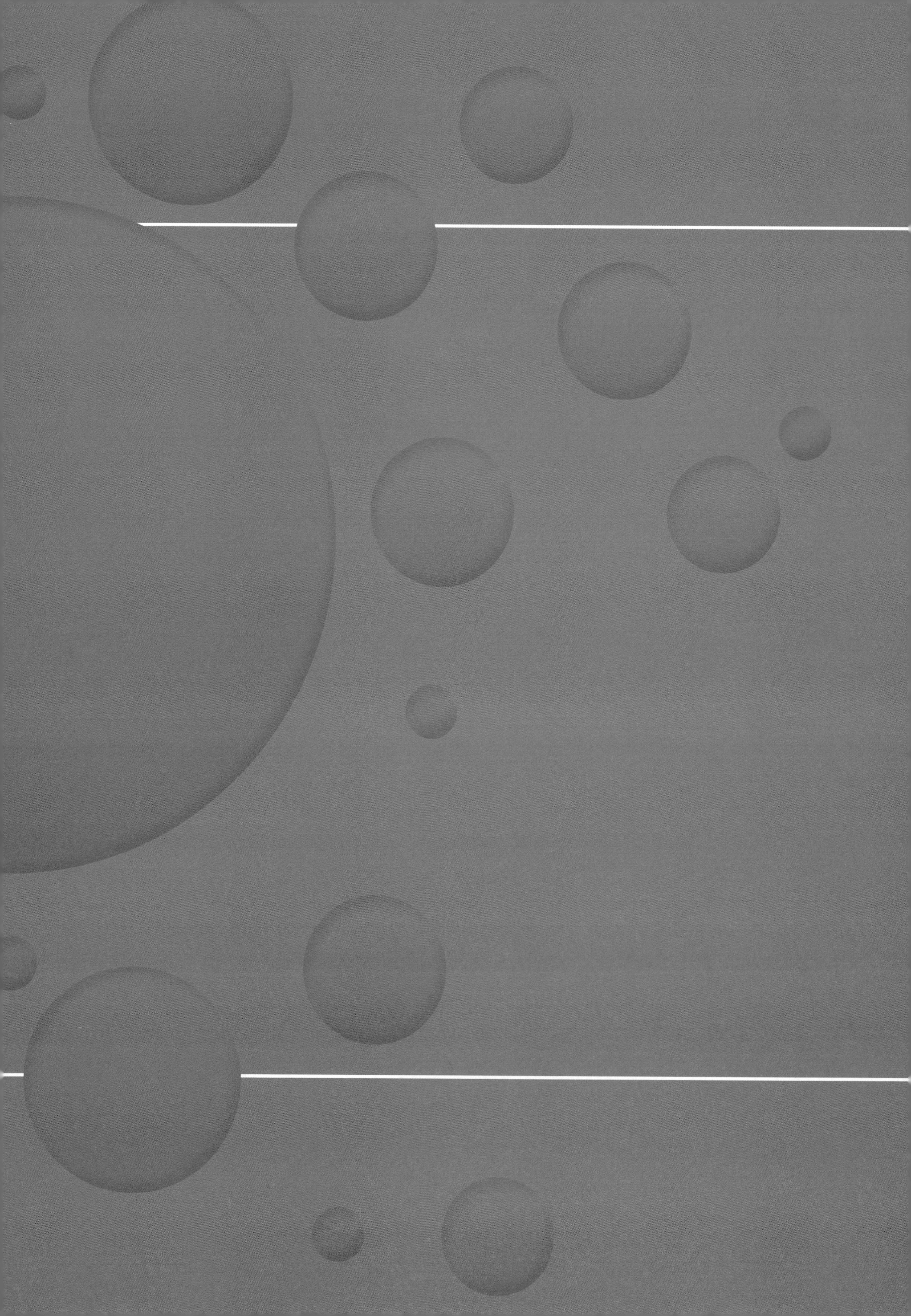

규토 라이트 N제

지수함수와 로그함수

Training – 2 step

기출 적용편

4. 지수함수와 로그함수의 활용

028 • 2017학년도 고3 6월 평가원 가형

방정식 $3^{-x+2}=\frac{1}{9}$을 만족시키는 실수 x의 값을 구하시오. [3점]

029 • 2021년 고3 7월 교육청 공통

부등식 $5^{2x-7} \le \left(\frac{1}{5}\right)^{x-2}$을 만족시키는 자연수 x의 개수는? [3점]

① 1　② 2　③ 3　④ 4　⑤ 5

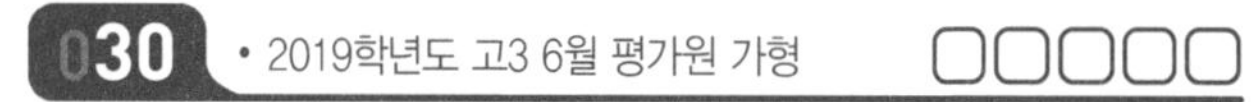

030 • 2019학년도 고3 6월 평가원 가형

부등식 $\frac{27}{9^x} \ge 3^{x-9}$을 만족시키는 모든 자연수 x의 개수는? [3점]

① 1　② 2　③ 3　④ 4　⑤ 5

031 • 2015학년도 고3 9월 평가원 B형

로그방정식 $\log_8 x-\log_8(x-7)=\frac{1}{3}$의 해를 구하시오. [3점]

032 • 2019학년도 고3 9월 평가원 가형

방정식 $2\log_4(5x+1)=1$의 실근을 α라 할 때, $\log_5\frac{1}{\alpha}$의 값을 구하시오. [3점]

033 • 2024학년도 고3 6월 평가원 공통

부등식 $2^{x-6} \le \left(\frac{1}{4}\right)^x$을 만족시키는 모든 자연수 x의 값의 합을 구하시오. [3점]

034 • 2024학년도 고3 9월 평가원 공통

방정식 $\log_2(x-1)=\log_4(13+2x)$를 만족시키는 실수 x의 값을 구하시오. [3점]

035 • 2024학년도 수능 공통

방정식 $3^{x-8}=\left(\frac{1}{27}\right)^x$을 만족시키는 실수 x의 값을 구하시오. [3점]

036 • 2023학년도 고3 9월 평가원 공통

방정식 $\log_3(x-4)=\log_9(x+2)$를 만족시키는 실수 x의 값을 구하시오. [3점]

037 • 2023학년도 수능 공통

방정식 $\log_2(3x+2)=2+\log_2(x-2)$를 만족시키는 실수 x의 값을 구하시오. [3점]

038 • 2021학년도 고3 9월 평가원 가형

방정식 $\log_2 x = 1 + \log_4(2x-3)$을 만족시키는 모든 실수 x의 값의 곱을 구하시오. [3점]

039 • 2020년 고3 10월 교육청 가형

부등식 $\log_2(x^2-7x) - \log_2(x+5) \le 1$을 만족시키는 모든 정수 x의 값의 합은? [3점]

① 22 ② 24 ③ 26
④ 28 ⑤ 30

040 • 2020년 고3 3월 교육청 나형

$10 \le x < 1000$인 실수 x에 대하여 $\log x^3 - \log \dfrac{1}{x^2}$의 값이 자연수가 되도록 하는 모든 x의 개수를 구하시오. [3점]

041 • 2019년 고2 6월 교육청 나형

방정식 $\left(\log_2 \dfrac{x}{2}\right)(\log_2 4x) = 4$의 서로 다른 두 실근 α, β에 대하여 $64\alpha\beta$의 값을 구하시오. [4점]

042 • 2018학년도 고3 6월 평가원 가형

부등식 $2\log_2|x-1| \le 1 - \log_2 \dfrac{1}{2}$을 만족시키는 모든 정수 x의 개수는? [3점]

① 2 ② 4 ③ 6
④ 8 ⑤ 10

043 • 2014학년도 고3 9월 평가원 A형

방정식 $(\log_3 x)^2 - 6\log_3 \sqrt{x} + 2 = 0$의 서로 다른 두 실근을 α, β라 할 때, $\alpha\beta$의 값을 구하시오. [3점]

044 • 2008학년도 고3 9월 평가원 나형

x에 관한 방정식 $a^{2x} - a^x = 2$ $(a > 0,\ a \ne 1)$의 해가 $\dfrac{1}{7}$이 되도록 하는 상수 a의 값을 구하시오. [3점]

045 • 2021년 고3 3월 교육청 공통

모든 실수 x에 대하여 이차부등식 $3x^2 - 2(\log_2 n)x + \log_2 n > 0$이 성립하도록 하는 자연수 n의 개수를 구하시오. [3점]

046 • 2014년 고3 4월 교육청 B형

x에 대한 부등식 $2^{2x+1} - (2n+1)2^x + n \le 0$을 만족시키는 모든 정수 x의 개수가 7일 때, 자연수 n의 최댓값을 구하시오. [3점]

047 • 2017학년도 고3 6월 평가원 가형

부등식 $\log_3(x-1) + \log_3(4x-7) \le 3$을 만족시키는 정수 x의 개수는? [3점]

① 1 ② 2 ③ 3
④ 4 ⑤ 5

048 • 2016학년도 수능 A형

x에 대한 로그부등식 $\log_5(x-1) \le \log_5\left(\frac{1}{2}x+k\right)$를 만족시키는 모든 정수 x의 개수가 3일 때, 자연수 k의 값은? [3점]

① 1 ② 2 ③ 3
④ 4 ⑤ 5

049 • 2019년 고3 10월 교육청 가형

x에 대한 방정식 $4^x - k \times 2^{x+1} + 16 = 0$이 오직 하나의 실근 α를 가질 때, $k+\alpha$의 값은?
(단, k의 상수이다.) [3점]

① 3 ② 4 ③ 5
④ 6 ⑤ 7

050 • 2009학년도 고3 6월 평가원 나형

부등식 $|a-\log_2 x| \le 1$을 만족시키는 x의 최댓값과 최솟값의 차가 18일 때, 2^a의 값은? [3점]

① 10 ② 12 ③ 14
④ 16 ⑤ 18

051 • 2007학년도 고3 6월 평가원 나형

연립부등식

$$\begin{cases} 2^{x+3} > 4 \\ 2\log(x+3) < \log(5x+15) \end{cases}$$

를 만족시키는 정수 x의 개수는? [3점]

① 2 ② 4 ③ 6
④ 8 ⑤ 10

052 • 2008학년도 수능 나형

부등식 $(\log_3 x)(\log_3 3x) \le 20$을 만족시키는 자연수 x의 최댓값을 구하시오. [3점]

053 • 2020학년도 고3 6월 평가원 가형

이차함수 $y=f(x)$의 그래프와 직선 $y=x-1$이 그림과 같을 때, 부등식 $\log_3 f(x) + \log_{\frac{1}{3}}(x-1) \le 0$을 만족시키는 모든 자연수 x의 값의 합을 구하시오.
(단, $f(0)=f(7)=0$, $f(4)=3$) [3점]

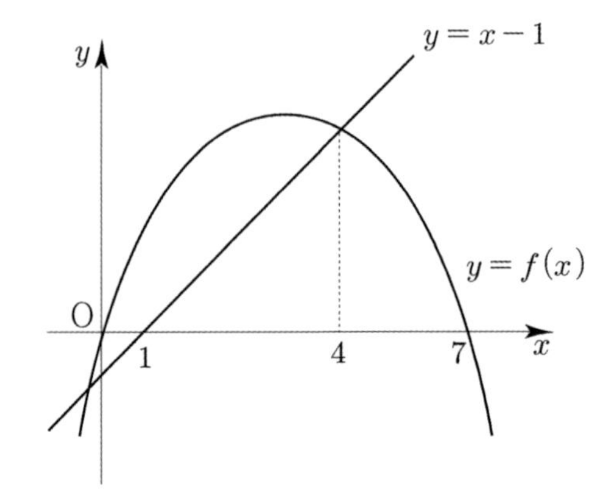

054 • 2021학년도 사관학교 가형

x에 대한 연립부등식

$$\begin{cases} \left(\dfrac{1}{2}\right)^{1-x} > \left(\dfrac{1}{16}\right)^{x-1} \\ \log_2 4x < \log_2(x+k) \end{cases}$$

의 해가 존재하지 않도록 하는 양수 k의 최댓값은? [3점]

① 3 ② 4 ③ 5
④ 6 ⑤ 7

055 • 2016학년도 고3 6월 평가원 A형 

일차함수 $y=f(x)$의 그래프가 그림과 같고 $f(-5)=0$이다. 부등식 $2^{f(x)} \le 8$의 해가 $x \le -4$일 때, $f(0)$의 값을 구하시오. [4점]

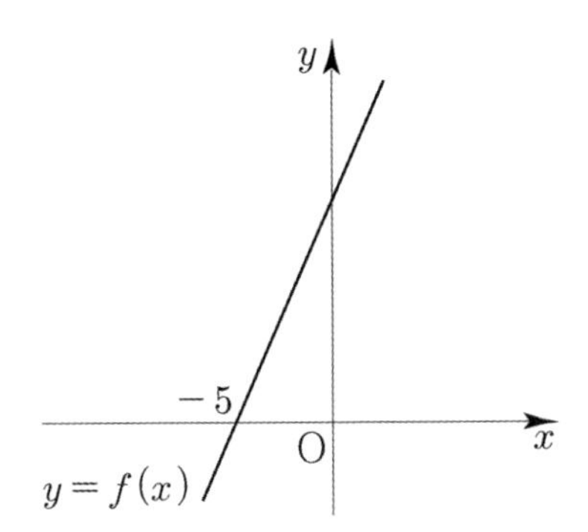

056 • 2015년 고3 4월 교육청 A형

지수부등식 $(2^x-32)\left(\dfrac{1}{3^x}-27\right)>0$을 만족시키는 모든 정수 x의 개수는? [4점]

① 7 ② 8 ③ 9
④ 10 ⑤ 11

057 • 2014학년도 고3 6월 평가원 A형

방정식 $x^{\log_2 x}=8x^2$의 두 실근을 α, β라 할 때, $\alpha\beta$의 값을 구하시오. [4점]

058 • 2007학년도 수능 나형 

정수 n에 대하여 두 집합 $A(n)$, $B(n)$이
$A(n)=\{x \mid \log_2 x \le n\}$, $B(n)=\{x \mid \log_4 x \le n\}$
일 때, 〈보기〉에서 옳은 것을 모두 고른 것은? [4점]

〈보기〉
ㄱ. $A(1)=\{x \mid 0<x\le 1\}$
ㄴ. $A(4)=B(2)$
ㄷ. $A(n)\subset B(n)$일 때, $B(-n)\subset A(-n)$이다.

① ㄱ ② ㄴ ③ ㄷ
④ ㄱ, ㄷ ⑤ ㄴ, ㄷ

지수함수와 로그함수

059 • 2019학년도 고3 6월 평가원 가형 

직선 $x=k$가 두 곡선 $y=\log_2 x$, $y=-\log_2(8-x)$와 만나는 점을 각각 A, B라 하자. $\overline{\mathrm{AB}}=2$가 되도록 하는 모든 실수 k의 값의 곱은? (단, $0<k<8$) [4점]

① $\frac{1}{2}$　② 1　③ $\frac{3}{2}$
④ 2　⑤ $\frac{5}{2}$

060 • 2014학년도 고3 9월 평가원 A형

질량 a(g)의 활성탄 A를 염료 B의 농도가 c(%)인 용액에 충분히 오래 담가 놓을 때 활성탄 A에 흡착되는 염료 B의 질량 b(g)는 다음 식을 만족시킨다고 한다.

$$\log\frac{b}{a}=-1+k\log c \text{ (단, } k\text{는 상수이다.)}$$

10g의 활성탄 A를 염료 B의 농도가 8%인 용액에 충분히 오래 담가 놓을 때 활성탄 A에 흡착되는 염료 B의 질량은 4g이다. 20g의 활성탄 A를 염료 B의 농도가 27%인 용액에 충분히 오래 담가 놓을 때 활성탄 A에 흡착되는 염료 B의 질량(g)은? (단, 각 용액의 양은 충분하다.) [4점]

① 10　② 12　③ 14
④ 16　⑤ 18

061 • 2014학년도 수능예비시행 A형

통신이론에서 신호의 주파수 대역폭이 B(Hz)이고 신호잡음전력비가 x일 때, 전송할 수 있는 신호의 최대 전송 속도 C (bps)는 다음과 같이 계산된다고 한다.

$$C=B\times\log_2(1+x)$$

신호의 주파수 대역폭이 일정할 때, 신호잡음전력비를 a에서 $33a$로 높였더니 신호의 최대 전송 속도가 2배가 되었다. 양수 a의 값을 구하시오. (단, 신호잡음전력비는 잡음전력에 대한 신호전력의 비이다.) [4점]

062 • 2017년 고3 4월 교육청 가형 

두 집합

$$A=\{x\,|\,x^2-5x+4\le 0\},$$
$$B=\{x\,|\,(\log_2 x)^2-2k\log_2 x+k^2-1\le 0\}$$

에 대하여 $A\cap B\neq\varnothing$을 만족시키는 정수 k의 개수는? [4점]

① 5　② 6　③ 7
④ 8　⑤ 9

063 • 2021학년도 고3 9월 평가원 나형 

$\angle A = 90°$ 이고 $\overline{AB} = 2\log_2 x$, $\overline{AC} = \log_4 \frac{16}{x}$ 인

삼각형 ABC의 넓이를 $S(x)$라 하자. $S(x)$가 $x = a$에서 최댓값 M을 가질 때, $a + M$의 값은? (단, $1 < x < 16$) [4점]

① 6 ② 7 ③ 8

④ 9 ⑤ 10

064 • 2019년 고2 6월 교육청 가형 

함수 $f(x) = \begin{cases} -3x+6 & (x < 3) \\ 3x-12 & (x \geq 3) \end{cases}$ 의 그래프가 그림과 같다.

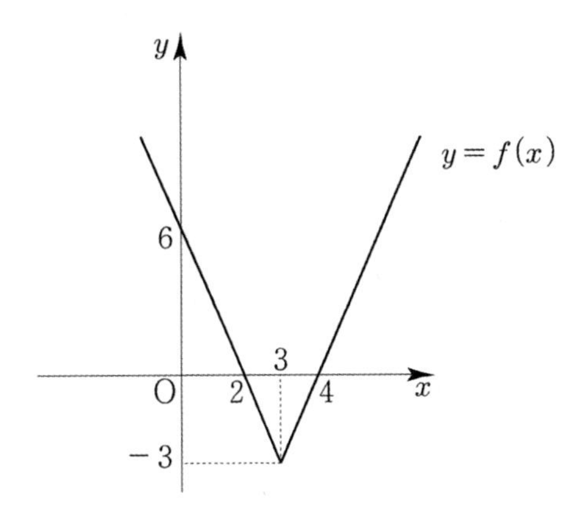

부등식 $2^{f(x)} \leq 4^x$을 만족시키는 x의 최댓값과 최솟값을 각각 M, m이라 할 때, $M+m = \frac{q}{p}$ 이다. $p+q$의 값을 구하시오. (단, p와 q는 서로소인 자연수이다.) [4점]

규토 라이트 N제

지수함수와 로그함수

Master step

심화 문제편

4. 지수함수와 로그함수의 활용

065 • 2006년 고3 3월 교육청 가형

x에 대한 방정식 $4^x - a\times2^{x+1}+a^2-a-6=0$이 서로 다른 두 실근을 갖도록 하는 상수 a의 값의 범위는? [3점]

① $a>-6$ ② $-6<a<-2$ ③ $a>0$
④ $-2<a<3$ ⑤ $a>3$

066 • 2012년 고3 3월 교육청 나형

지수방정식 $5^{2x}-5^{x+1}+k=0$이 서로 다른 두 개의 양의 실근을 갖도록 하는 정수 k의 개수는? [3점]

① 1 ② 2 ③ 3
④ 4 ⑤ 5

067 • 2005년 고3 7월 교육청 나형

임의의 실수 x에 대하여 부등식 $2^{x+1}-2^{\frac{x+4}{2}}+a\geq0$이 성립하도록 하는 실수 a의 최솟값은? [4점]

① 1 ② 2 ③ 3
④ 4 ⑤ 5

068 • 2011년 고3 10월 교육청 나형

x에 대한 로그방정식
$(\log x+\log2)(\log x+\log4)=-(\log k)^2$이 서로 다른 두 실근을 갖도록 하는 양수 k의 값의 범위가 $\alpha<k<\beta$일 때, $10(\alpha^2+\beta^2)$의 값을 구하시오. [4점]

069 • 2019학년도 수능 가형

이차함수 $y=f(x)$의 그래프와 일차함수 $y=g(x)$의 그래프가 그림과 같을 때, 부등식 $\left(\frac{1}{2}\right)^{f(x)g(x)} \geq \left(\frac{1}{8}\right)^{g(x)}$ 을 만족시키는 모든 자연수 x의 값의 합은? [4점]

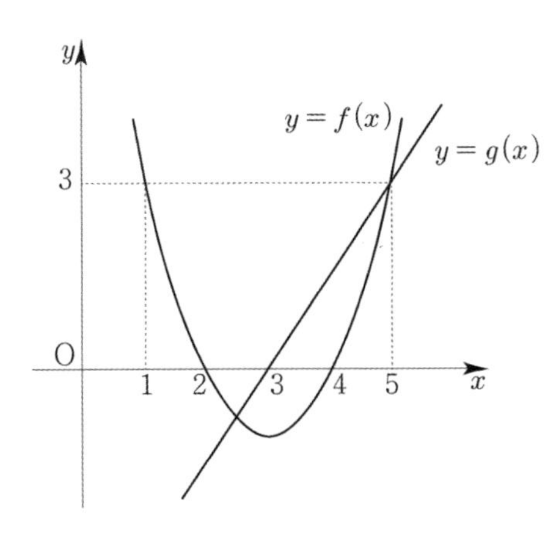

① 7　② 9　③ 11　④ 13　⑤ 15

070

실수 k에 대하여 방정식 $\left|2^{-|x-1|}-\frac{1}{2}\right|=k$ 의 서로 다른 실근의 개수를 $f(k)$라 할 때, $f(0)+f(2^{-2})+f(2^{-1})+f(1)$의 값을 구하시오.

071

두 함수 $y=f(x)$, $y=g(x)$의 그래프가 그림과 같을 때, 부등식 $\log_{f(x)}g(x) \geq 1$ 을 만족시키는 8 이하의 모든 자연수 x의 값의 합을 구하시오.

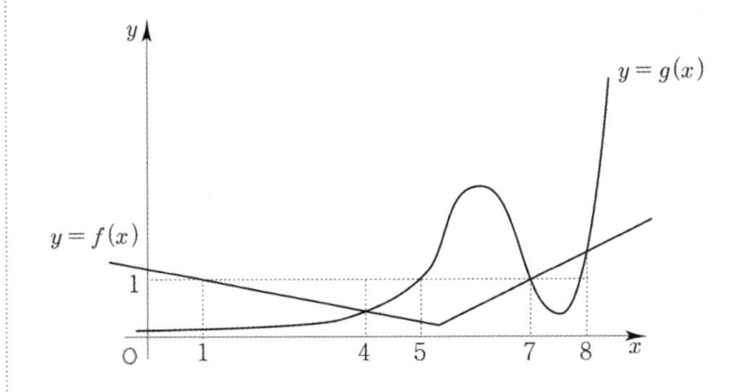

지수함수와 로그함수

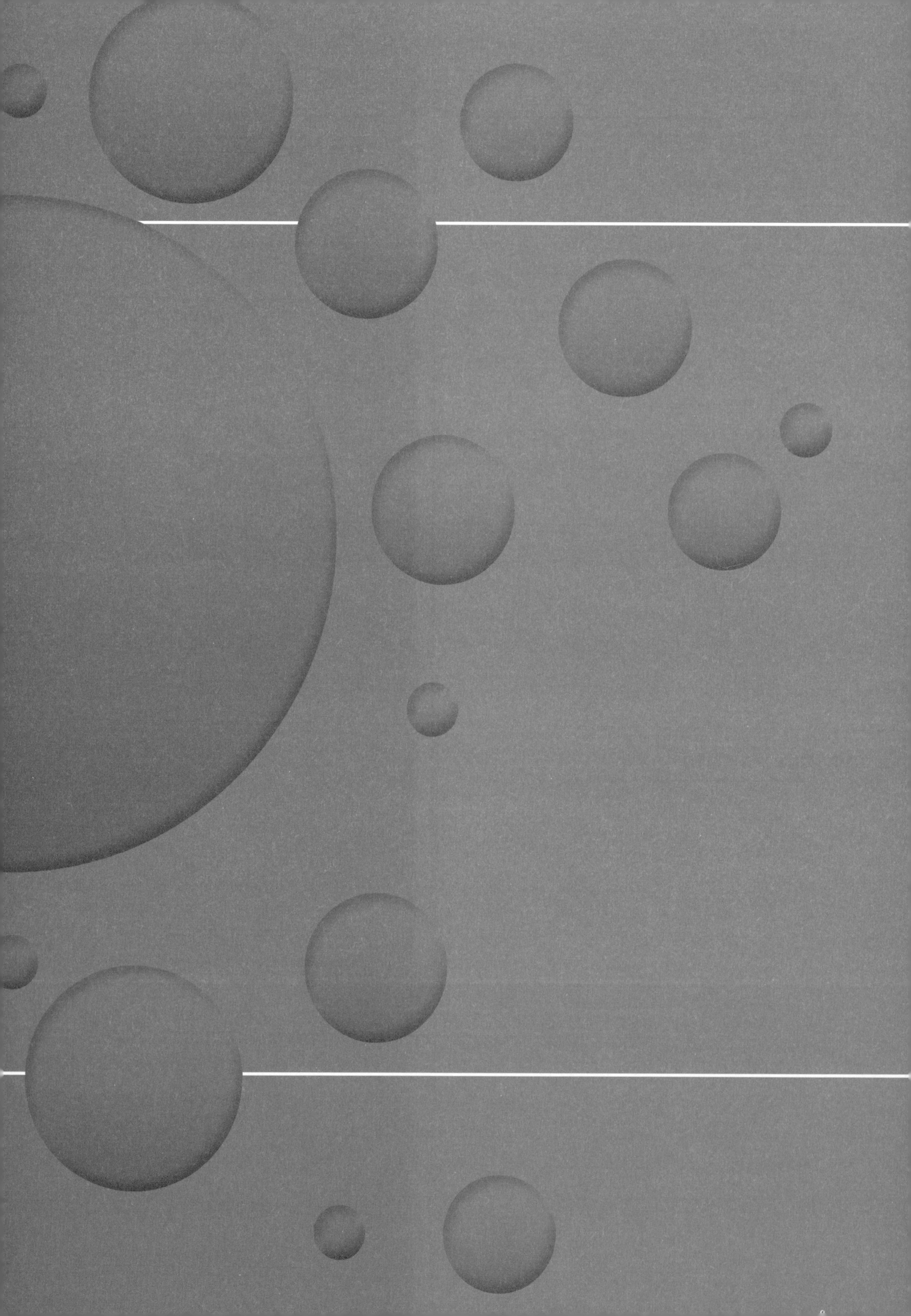

규토 라이트 N제

삼각함수

규토 라이트 N제

삼각함수

Guide step

개념 익히기편

1. 삼각함수

01

삼각함수

일반각과 호도법

성취 기준 – 일반각과 호도법의 뜻을 안다.

개념 파악하기 (1) 일반각이란 무엇일까?

시초선과 동경

오른쪽 그림에서 $\angle XOP$ 의 크기는 반직선 OP가 고정된 반직선 OX의 위치에서 점 O를 중심으로 회전한 양이다.
이 때 반직선 OX를 **시초선**, 반직선 OP를 **동경**이라 한다.

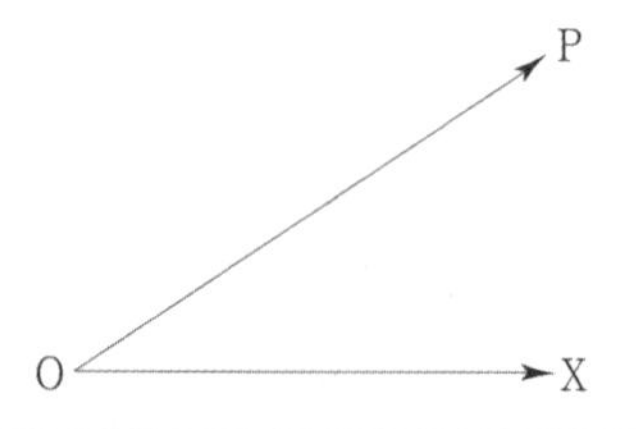

Tip 시초선은 출발의 기준이 되는 선, 동경은 움직이는 선이라는 뜻이다.

동경 OP가 점 O를 중심으로 회전할 때, 시계반대방향을 양의 방향이라 하고, 시계방향을 음의 방향이라 한다.
또한 동경 OP가 양의 방향으로 회전하여 생기는 각의 크기는 양의 부호 +를 붙여 나타내고, 음의 방향으로 회전하여 생기는 각의 크기는 음의 부호 −를 붙여 나타낸다.

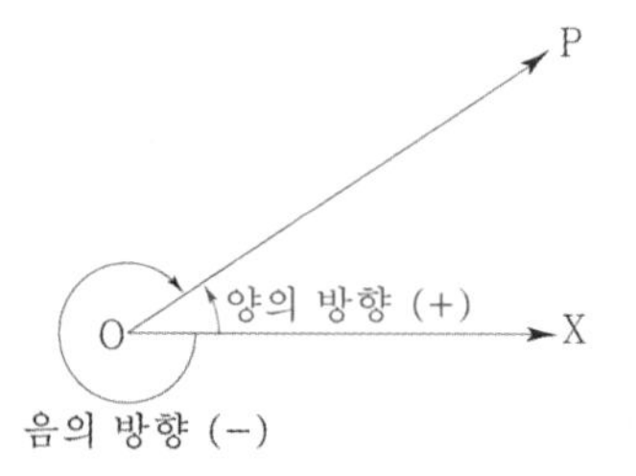

Tip 일반적으로 양의 부호 +는 생략한다.

$-30°$ 는 시계방향으로 $30°$ 만큼 회전했음을 의미한다. 방향을 조심하자!
$-30°$ 가 나타내는 시초선 OX와 동경 OP를 그리면 오른쪽 그림과 같다.

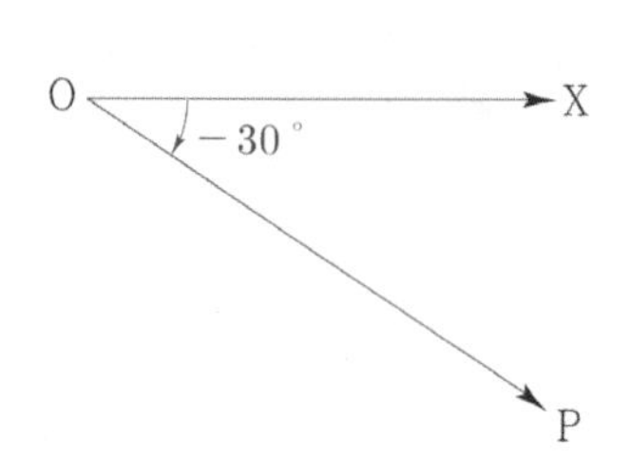

개념 확인문제 1 크기가 다음과 같은 각을 나타내는 시초선 OX와 동경 OP를 그리시오.

(1) $80°$ (2) $100°$ (3) $-200°$

일반각

시초선 OX는 고정되어 있으므로 ∠XOP의 크기가 정해지면 동경 OP의 위치는 하나로 정해진다.
그러나 동경 OP가 양의 방향 또는 음의 방향으로 한 바퀴 이상 회전할 수 있으므로 동경 OP의 위치가 정해지더라도 ∠XOP의 크기는 하나로 정해지지 않는다.

예를 들어 시초선 OX와 $45°$를 이루는 위치에 있는 동경 OP가 나타내는 각의 크기는 다음 그림과 같이 여러 가지로 표현할 수 있다.

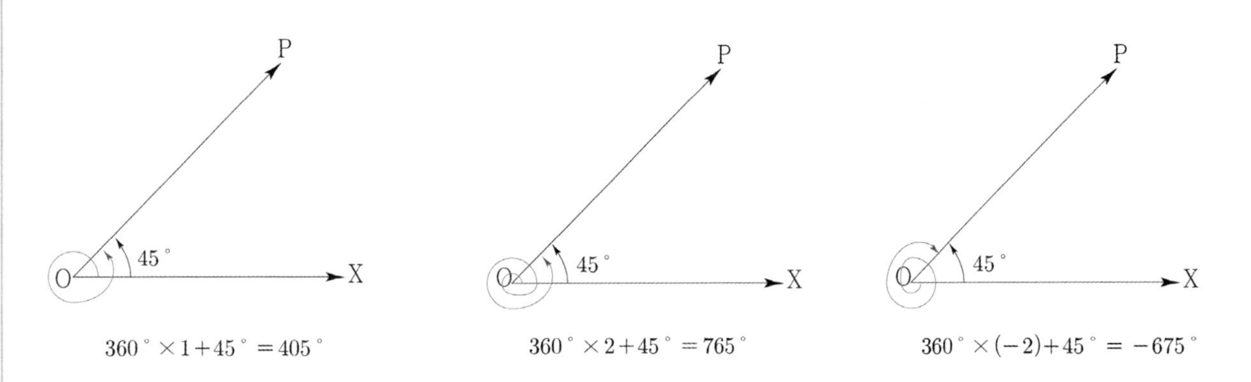

$360° \times 1 + 45° = 405°$ $\quad$ $360° \times 2 + 45° = 765°$ $\quad$ $360° \times (-2) + 45° = -675°$

일반적으로 시초선 OX와 동경 OP가 나타내는 ∠XOP의 크기 중에서 하나를 $\alpha°$라 할 때,
동경 OP가 나타내는 각의 크기는 다음과 같은 꼴로 나타낼 수 있다.

$360° \times n + \alpha°$ (단, n은 정수)

P
$\alpha°$
O
X

이것을 동경 OP가 나타내는 일반각이라 한다.

Tip 1 보통 $\alpha°$는 $0° \leq \alpha° < 360°$인 것을 택한다.

Tip 2 동경의 위치가 같더라도 회전의 방향이나 회전수에 따라 각의 크기가 다를 수 있다.

개념 확인문제 2 다음 각의 동경이 나타내는 일반각을 $360° \times n + \alpha°$ 꼴로 나타내시오.
(단, n은 정수이고 $0° \leq \alpha° < 360°$)

(1) $60°$ $\quad$ (2) $440°$ $\quad$ (3) $-100°$

사분면의 각

좌표평면 위의 원점 O에서 x축의 양의 방향을 시초선으로 잡았을 때, 동경 OP가 제 1사분면, 제 2사분면, 제 3사분면, 제 4사분면에 있으면 동경 OP가 나타내는 각을 각각 제 1사분면의 각, 제 2사분면의 각, 제 3사분면의 각, 제 4사분면의 각이라 한다.

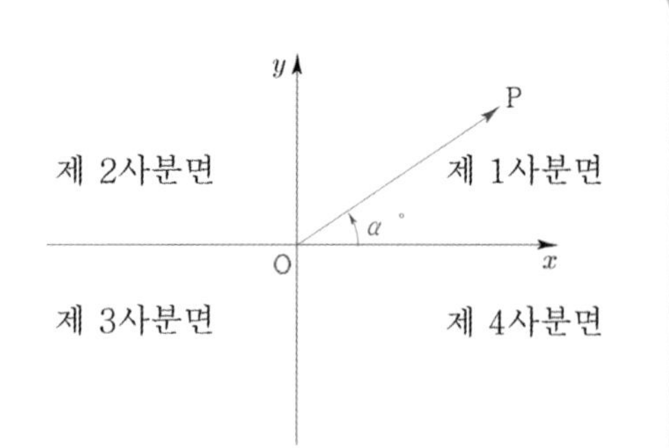

Tip $0°$, $90°$, $180°$, $270°$와 같이 동경이 좌표축 위에 있으면 어느 사분면의 각도 아니다.

개념 확인문제 3 크기가 다음과 같은 각은 제 몇 사분면의 각인지 구하시오.

(1) $310°$ (2) $800°$ (3) $-240°$

개념 파악하기 (2) 호도법이란 무엇일까?

호도법

지금까지는 각의 크기를 나타낼 때, $30°$, $60°$, $-120°$와 같이 도(°)를 단위로 하는 육십분법을 사용하였다.
이제 각의 크기를 나타내는 새로운 단위를 알아보자.

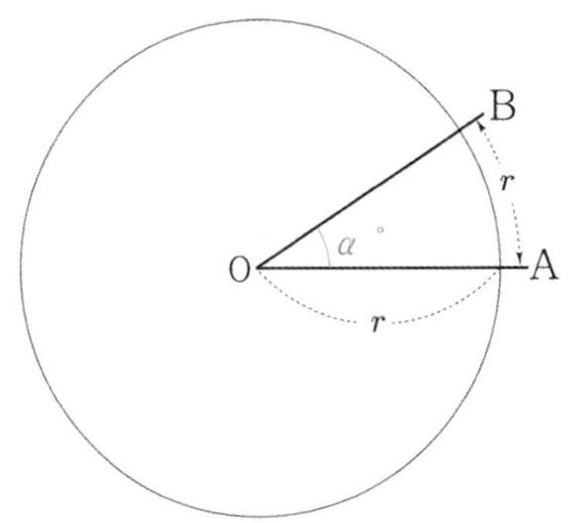

오른쪽 그림과 같이 반지름의 길이가 r인 원 O에서 호 AB의 길이가 r인 부채꼴 OAB의 중심각의 크기를 $\alpha°$라고 하면 호의 길이는 중심각의 크기에 정비례하므로 다음이 성립함을 알 수 있다.

$\overset{\frown}{AB}$: 원의 둘레 $= \alpha° : 360° \Rightarrow r : 2\pi r = \alpha° : 360°$

$\Rightarrow \alpha° = \dfrac{180°}{\pi}$

여기서 반지름의 길이가 호의 길이와 같은 부채꼴의 중심각의 크기 $\alpha°$는 반지름의 길이에 관계없이 항상 일정하다.
이 일정한 각의 크기 $\dfrac{180°}{\pi}$를 1 라디안이라 하고,
이것을 단위로 각의 크기를 나타내는 방법을 호도법이라 한다.

호도법과 육십분법 사이의 관계

1라디안 $= \dfrac{180°}{\pi}$, $1° = \dfrac{\pi}{180}$라디안 (1라디안 = 약 $57°$)

Tip 1 $180° = \pi$라고 기억하는 편이 좋다.

Tip 2 각의 크기를 호도법으로 나타낼 때는 단위인 '라디안'은 생략하고 1, $\dfrac{\pi}{3}$와 같이 실수처럼 쓴다.

Tip 3 호도법은 '호의 길이로 각도를 나타내는 방법'의 줄임말로 생각하면 좋다.

개념 확인문제 4 육십분법(°)은 호도법으로 나타내고, 호도법은 육십분법(°)으로 나타내시오.

(1) $45°$

(2) $\dfrac{2}{3}\pi$

(3) $-75°$

부채꼴의 호의 길이와 넓이

호도법을 이용하여 부채꼴의 호의 길이와 넓이를 구해보자.

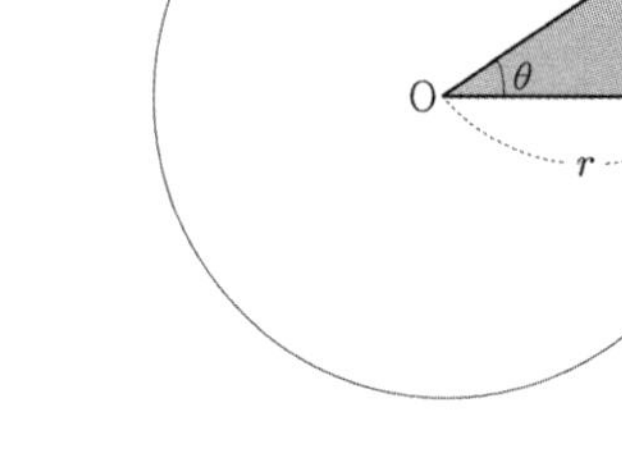

오른쪽 그림과 같이 반지름의 길이가 r, 중심각의 크기가 θ(라디안)인 부채꼴 OAB에서 호 AB의 길이를 l, 부채꼴 OAB의 넓이를 S라 하면 호의 길이는 중심각의 크기에 비례하므로

$$l : 2\pi r = \theta : 2\pi$$
$$\Rightarrow l = r\theta$$

부채꼴의 넓이도 중심각의 크기에 비례하므로

$$S : \pi r^2 = \theta : 2\pi$$
$$\Rightarrow S = \frac{1}{2}r^2\theta = \frac{1}{2}r \times r\theta = \frac{1}{2}rl$$

부채꼴의 호의 길이와 넓이 요약

반지름의 길이가 r, 중심각의 크기가 θ인 부채꼴의 호의 길이를 l, 넓이를 S라 하면

$$l = r\theta, \quad S = \frac{1}{2}r^2\theta = \frac{1}{2}rl$$

Tip 1 중심각의 크기 θ의 단위는 라디안임에 유의한다.
즉, 중심각이 $60°$이면 $\theta = \frac{\pi}{3}$라고 써야한다.

Tip 2 〈왜 호도법을 사용할까?〉
지금까지 육십분법을 쓰면서 딱히 불편한 적도 없었고 $30°$, $45°$, $60°$와 같이 직관적이고 쉬운데 왜 굳이 호도법을 사용할까?
중학교 때 배운 삼각비는 직각삼각형의 빗변, 밑변, 높이의 비로 정의하였지만 고등학교에서는 이를 확장하여 삼각함수를 다룬다. 일반적으로 함수의 정의역은 실수이기 때문에 sin, cos, tan를 함수로 만들려면 각을 실수로 표현해야 한다. 즉, 이를 위해 도입한 것이 바로 호도법이다.
지난 tip에서 언급했듯이 각의 크기를 호도법으로 나타낼 때는 단위인 라디안을 생략하고 실수처럼 사용한다는 것이 핵심이다.

보통 단위라는 것도 연산과 동일하게 곱하거나 나누거나 하는 형태로 약속해서 표현된다.

ex 속력 $= \frac{\text{거리}}{\text{시간}}$ (m/s), 넓이 = 가로의 길이 × 세로의 길이 (m^2)

$\theta(\text{라디안}) = \frac{l}{r} = \frac{\text{길이}}{\text{길이}}$이므로 단위가 약분되어 순수한 비율, 즉 실수로 표현된다는 것을 알 수 있다.
이렇게 순수한 실수가 되었기에 함수의 정의역으로 쓰기 알맞다.

이때 "$45°$는 실수가 아닌가요?" 라는 의문이 있을 수 있다. 45는 실수이지만 °를 붙여서 $45°$라고 쓰는 순간 이정도 ∠45° 의 각을 나타내는 표현법에 불과하다.

물론 육십분법을 이용하여 함수를 그릴 수는 있지만 순수한 실수가 아니기 때문에 다른 그래프들과 같은 좌표평면에서 비교하여 해석할 수 없다. 따라서 실수가 정의역인 삼각함수를 만들기 위해서 호도법이라는 것을 도입한 것이다.

개념 확인문제 5 다음을 구하시오.

(1) 반지름의 길이가 4, 중심각의 크기가 $\frac{\pi}{4}$인 부채꼴의 호의 길이와 넓이를 구하시오.

(2) 반지름의 길이가 12, 호의 길이가 10인 부채꼴의 중심각의 크기와 넓이를 구하시오.

삼각함수

삼각함수

성취 기준 – 삼각함수의 뜻을 안다.

개념 파악하기 (3) 삼각함수란 무엇일까?

삼각함수의 뜻

중학교에서는 $0°$ 에서 $90°$ 까지의 각의 삼각비를 배웠으나,
이제 삼각비의 정의를 확장하여 일반각에 대한 함수로 정의해 보자.

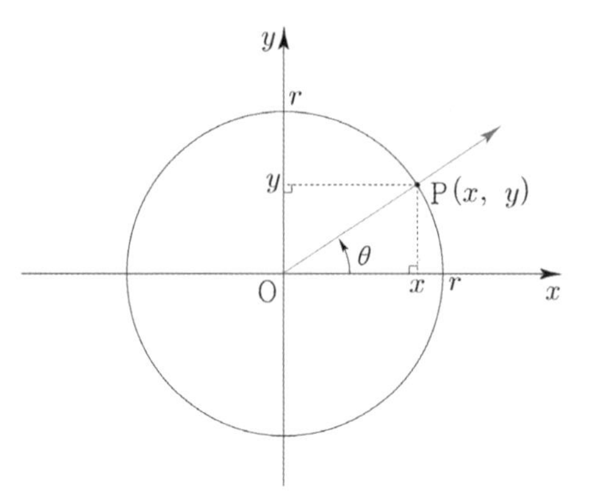

오른쪽 그림과 같이 좌표평면의 원점 O에서 x축의 양의 방향으로 놓인 반직선을 시초선으로 잡을 때, 동경 OP가 나타내는 한 각의 크기를 θ라고 하자. 중심이 원점 O이고 반지름의 길이가 r인 원과 동경 OP의 교점을 $P(x,\ y)$라고 하면

$$\frac{y}{r},\ \frac{x}{r},\ \frac{y}{x}\ (x \neq 0)$$

의 값은 r의 값에 관계없이 θ의 값에 따라 각각 하나로 정해진다.

따라서

$$\theta \rightarrow \frac{y}{r},\ \theta \rightarrow \frac{x}{r},\ \theta \rightarrow \frac{y}{x}\ (x \neq 0)$$

와 같은 대응은 각각 θ의 함수이다.

Tip 〈중학교에서 배운 내용 복습 : 함수의 정의〉
두 변수 x, y에 대하여 x의 값이 정해짐에 따라 y의 값이 하나로 정해지는 대응 관계가 성립할 때, y를 x의 함수라고 한다.

이들을 각각 θ의 사인함수, 코사인함수, 탄젠트함수라 하고, 다음과 같이 나타낸다.

$$\sin\theta = \frac{y}{r},\ \cos\theta = \frac{x}{r},\ \tan\theta = \frac{y}{x}\ (x \neq 0)$$

이 함수들을 통틀어 θ에 대한 삼각함수라 한다.

삼각함수의 정의

동경 OP가 나타내는 각의 크기를 θ라고 할 때,

$$\sin\theta = \frac{y}{r},\ \cos\theta = \frac{x}{r},\ \tan\theta = \frac{y}{x}\ (x \neq 0)$$

Tip 1 **일반각에 대한 삼각함수는 중학교에서 배운 삼각비의 확장이지만 직각삼각형의 변의 길이비가 아닌 함수로 다룬다는 점에서 차이가 있다.** 다시 말해 중학교에서 배운 삼각비는 닮은 직각삼각형의 예각에 대한 두 변의 길이의 비이고, 삼각함수는 삼각비를 일반각의 경우로 확장하여 정의한 것으로 일반각에서 실수로의 함수이다. 여기서 일반각을 호도법으로 나타내고, 단위를 생략하면 삼각함수는 실수에서 실수로의 함수가 된다.

Tip 2 원점을 중심으로 하고 반지름의 길이가 1인 원을 단위원이라고 한다.

단위원일 때는 $\sin\theta = y$, $\cos\theta = x$, $\tan\theta = \frac{y}{x}$ $(x \neq 0)$ 가 됨을 기억하자.

즉, x 좌표가 cos 이 되고 y 좌표가 sin 이 된다.

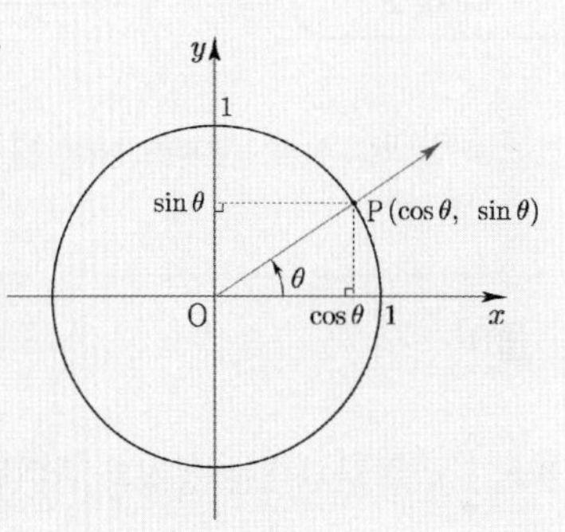

예제 1

원점 O와 점 P(3, −4)를 지나는 동경 OP가 나타내는 각을 θ라 할 때, $\sin\theta$, $\cos\theta$, $\tan\theta$의 값을 구하시오.

풀이

$\overline{OP} = \sqrt{3^2+(-4)^2} = 5$ 이므로 $r = 5$

삼각함수의 정의에 의해

$\sin\theta = \frac{y}{r} = -\frac{4}{5}$, $\cos\theta = \frac{x}{r} = \frac{3}{5}$, $\tan\theta = -\frac{4}{3}$ 이다.

Tip **정의로 접근하는 것이 가장 깔끔하다.**

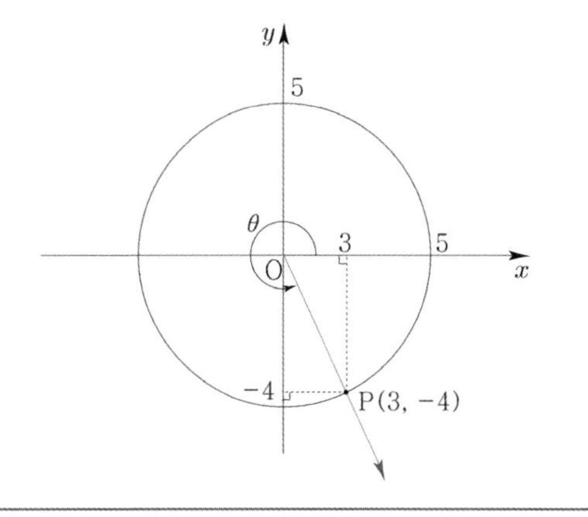

예제 2

$\theta=\frac{2}{3}\pi$ 일 때, $\sin\theta$, $\cos\theta$, $\tan\theta$ 의 값을 구하시오.

풀이

$\theta=\frac{2}{3}\pi$ 를 나타내는 동경과 단위원의 교점을 P 라 하자.
정의를 사용하기 위해서 P 의 좌표만 구해주면 된다.

$\angle \mathrm{POH}=\frac{\pi}{3}$ 이므로 삼각형 POH에서 삼각비를 사용하면

$\cos\frac{\pi}{3}=\frac{\overline{\mathrm{OH}}}{\overline{\mathrm{OP}}}$, $\sin\frac{\pi}{3}=\frac{\overline{\mathrm{PH}}}{\overline{\mathrm{OP}}}$

단위원이므로 $\overline{\mathrm{OP}}=1$ 이고

$\overline{\mathrm{OH}}=\overline{\mathrm{OP}}\cos\frac{\pi}{3}=\frac{1}{2}$, $\overline{\mathrm{PH}}=\overline{\mathrm{OP}}\sin\frac{\pi}{3}=\frac{\sqrt{3}}{2}$ 이다.

따라서 $\mathrm{P}\left(-\frac{1}{2}, \frac{\sqrt{3}}{2}\right)$ 이므로 삼각함수의 정의에 의해서

$\cos\frac{2}{3}\pi=-\frac{1}{2}$, $\sin\frac{2}{3}\pi=\frac{\sqrt{3}}{2}$, $\tan\frac{2}{3}\pi=-\sqrt{3}$ 이다.

〈한 변을 cos, sin, tan로 나타내기〉
빠르게 문제를 풀기 위해서 아래와 같은 등식을 기억해두자.

$\overline{\mathrm{AB}}=\overline{\mathrm{AC}}\cos\theta$, $\overline{\mathrm{BC}}=\overline{\mathrm{AC}}\sin\theta$, $\overline{\mathrm{BC}}=\overline{\mathrm{AB}}\tan\theta$

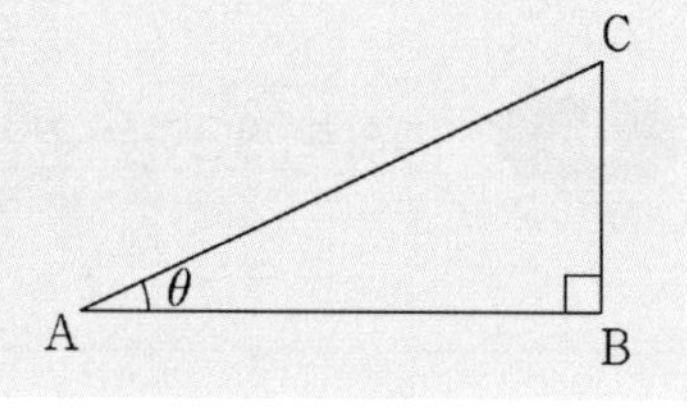

개념 확인문제 6

(1) 원점 O 와 점 P$(-12, 5)$를 지나는 동경 OP가 나타내는 각을 θ 라 할 때, $\sin\theta$, $\cos\theta$, $\tan\theta$ 의 값을 구하시오.

(2) $\theta=-\frac{3}{4}\pi$ 일 때, $\sin\theta$, $\cos\theta$, $\tan\theta$ 의 값을 구하시오.

삼각함수의 값의 부호

삼각함수의 부호는 동경이 놓여 있는 사분면의 x좌표, y좌표의 부호에 의하여 결정된다. (r은 항상 양수이므로 부호에 영향을 미치지 않는다.)

따라서 각 사분면에서 삼각함수의 값의 부호가 + 인 것을 나타내면 오른쪽 그림과 같다.

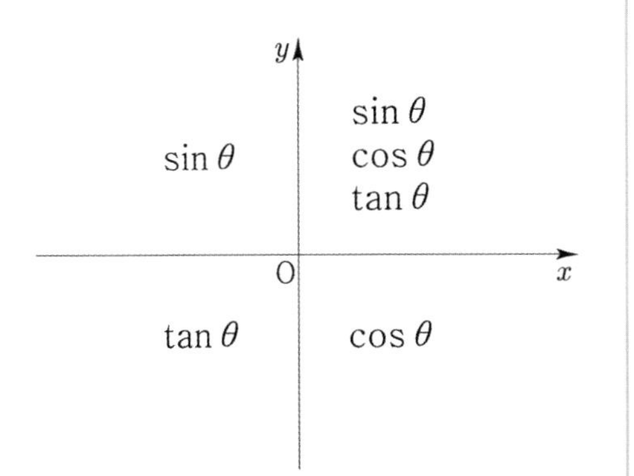

Tip 1사분면, 2사분면, 3사분면, 4사분면 순서대로 양수가 되는 삼각함수는 all, sin, tan, cos 이므로 올싸탄코 라고 외우는 편이 좋다.
(외우는 방법 : 철수와 영희는 기뻐서 서로 얼싸안고 춤을 추었다.)

ex $\frac{2}{3}\pi$는 제 2사분면의 각이므로 $\sin\frac{2}{3}\pi > 0$, $\cos\frac{2}{3}\pi < 0$, $\tan\frac{2}{3}\pi < 0$

개념 확인문제 7

(1) $\sin\frac{12}{5}\pi$ 의 값의 부호와 $\tan(-240^\circ)$의 값의 부호를 각각 구하시오.

(2) $\cos\theta < 0$, $\tan\theta > 0$를 만족시키는 각 θ는 제 몇 사분면의 각인지 구하시오.

개념 파악하기 (4) 삼각함수 사이에는 어떤 관계가 있을까?

삼각함수 사이의 관계

오른쪽 그림과 같이 각 θ를 나타내는 동경과 단위원의 교점을 $\mathrm{P}(x,\ y)$라 하면

삼각함수의 정의에 의해 $\sin\theta = \dfrac{y}{1}=y,\ \cos\theta = \dfrac{x}{1}=x$이고,

$\tan\theta = \dfrac{y}{x}\ (x \neq 0)$이므로 $\tan\theta = \dfrac{y}{x}= \dfrac{\sin\theta}{\cos\theta}$이다.

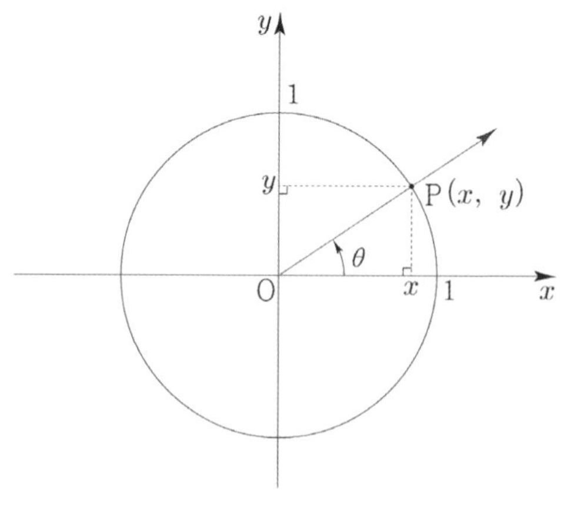

한편, $\mathrm{P}(x,\ y)$는 단위원 위의 점이므로 $x^2+y^2=1$이다.
따라서 $\cos^2\theta+\sin^2\theta=1$이다.

삼각함수 사이의 관계 요약

$\tan\theta = \dfrac{\sin\theta}{\cos\theta},\quad \cos^2\theta+\sin^2\theta=1$

Tip $\sin(\theta^2)$와 혼동하지 않기 위해 $(\sin\theta)^2=\sin^2\theta$으로 쓴다.

예제 3

각 θ가 제 3사분면의 각이고 $\cos\theta = -\frac{4}{5}$일 때, $\sin\theta$, $\tan\theta$의 값을 구하시오.

풀이

풀이1) $\cos^2\theta + \sin^2\theta = 1$를 이용하면 $\sin^2\theta = \frac{9}{25} \Rightarrow \sin\theta = -\frac{3}{5}$ (제 3사분면의 각이므로 $\sin\theta < 0$)

$\tan\theta = \frac{\sin\theta}{\cos\theta} = \frac{-\frac{3}{5}}{-\frac{4}{5}} = \frac{3}{4}$이다.

Tip 삼각함수 사이의 관계를 이용하면 크기가 θ인 각에 대하여 $\sin\theta$, $\cos\theta$, $\tan\theta$ 중 하나의 값이 주어졌을 때, 나머지 값들도 구할 수 있다. 이때 각 사분면에서의 삼각함수의 값의 부호에 유의하여 삼각함수의 값을 결정한다.

풀이2) core 해석법 (실전용) : core(핵심=삼각비)는 변하지 않고 부호만 따지면 되기 때문에 이렇게 이름을 지었다.

① 부호를 지우고 $\cos = \frac{4}{5}$라는 것을 바탕으로 직각삼각형을 그리고, 중학교 때 배웠던 삼각비를 떠올린다.

cos으로 빗변과 밑변을 알 수 있고, 높이는 피타고라스의 정리로 구해준다.

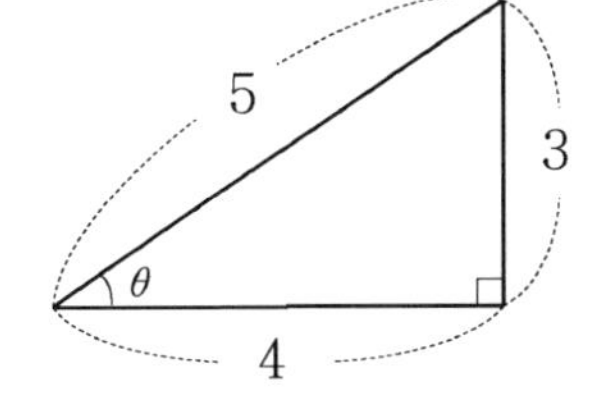

$\sin = \frac{\text{높이}}{\text{빗변}}$, $\cos = \frac{\text{밑변}}{\text{빗변}}$, $\tan = \frac{\text{높이}}{\text{밑변}}$

$\sin = \frac{3}{5}$, $\tan = \frac{3}{4}$

Tip 삼각비에서의 높이는 구하고자 하는 각과 인접하지 않는 변을 말한다.

② 올싸탄코를 생각하며 부호를 결정해준다.

제 3사분면이므로 $\sin\theta < 0$, $\tan\theta > 0 \Rightarrow \sin\theta = -\frac{3}{5}$, $\tan\theta = \frac{3}{4}$

예제 4

$\sin\theta + \cos\theta = \frac{1}{2}$ 일 때, $\sin\theta\cos\theta$ 의 값을 구하시오.

풀이

$\sin\theta + \cos\theta = \frac{1}{2}$ 의 양변을 제곱하면

$(\sin\theta+\cos\theta)^2 = \sin^2\theta+2\sin\theta\cos\theta+\cos^2\theta = 1+2\sin\theta\cos\theta = \frac{1}{4}$ $(\because \sin^2\theta+\cos^2\theta=1)$

따라서 $\sin\theta\cos\theta = -\frac{3}{8}$ 이다.

Tip '제곱해야 한다'는 생각이 제일 중요하다.

반드시 알아야 하는 곱셈공식

① $(x+y)^2 = x^2+2xy+y^2$, $(x-y)^2 = x^2-2xy+y^2$, $(x+y)(x-y) = x^2-y^2$

② $(x+y)^3 = x^3+y^3+3xy(x+y)$, $(x-y)^3 = x^3-y^3-3xy(x-y)$

③ $(x+y+z)^2 = x^2+y^2+z^2+2(xy+yz+xz)$

Tip 괄호를 풀어서 기억하지 말고 위와 같은 형태로 기억하는 것이 좋다.

④ $x^3+y^3 = (x+y)(x^2-xy+y^2)$, $x^3-y^3 = (x-y)(x^2+xy+y^2)$

Tip 1 ④에서 색칠된 부호가 서로 같다.

Tip 2 $y=1$ 인 형태를 기억하자. $x^3+1=(x+1)(x^2-x+1)$, $x^3-1=(x-1)(x^2+x+1)$

Tip 3 $x^2+x+1=0$ 의 판별식은 $D<0$ 이므로 $y=x^2+x+1$ 의 그래프를 그리면 x축과 만나지 않고 붕 뜨는 그래프가 나온다. 즉, 모든 실수 x에 대하여 $x^2+x+1>0$ 이다.
x^2-x+1 도 같은 논리로 모든 실수 x에 대하여 $x^2-x+1>0$ 이다.
정말 잘 나오니 기억하자.

개념 확인문제 8

(1) 각 θ가 제 2사분면의 각이고 $\sin\theta = \frac{1}{3}$ 일 때, $\cos\theta$, $\tan\theta$ 의 값을 각각 구하시오.

(2) $0<\theta<\frac{\pi}{2}$ 이고 $\sin\theta-\cos\theta = \frac{1}{2}$ 일 때, $\sin\theta\cos\theta$, $\sin^3\theta-\cos^3\theta$ 의 값을 각각 구하시오.

개념 파악하기 (5) 두 동경의 위치 사이에는 어떤 관계가 있을까?

두 동경의 위치 관계

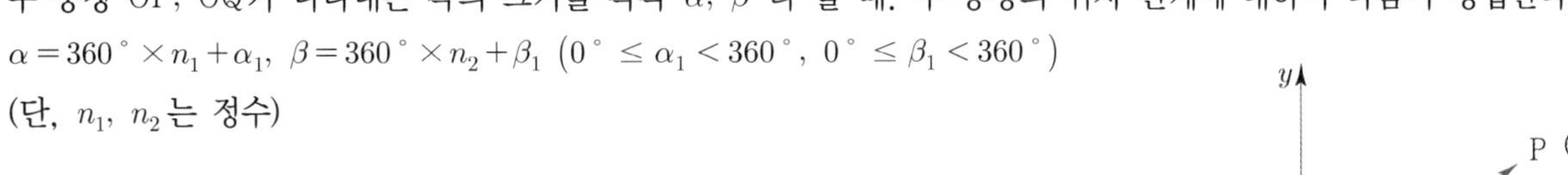
두 동경 OP, OQ가 나타내는 각의 크기를 각각 α, β 라 할 때, 두 동경의 위치 관계에 대하여 다음이 성립한다.

$\alpha=360^\circ\times n_1+\alpha_1$, $\beta=360^\circ\times n_2+\beta_1$ $(0^\circ\le\alpha_1<360^\circ,\ 0^\circ\le\beta_1<360^\circ)$

(단, n_1, n_2는 정수)

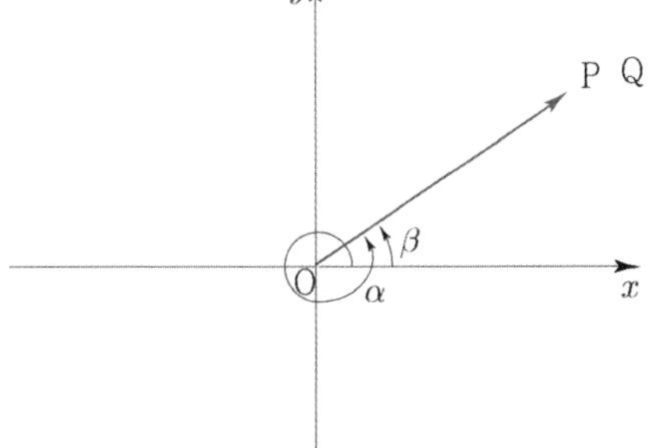

① 두 동경이 일치한다.

⇨ $\alpha-\beta=360^\circ\times n$ (단, n은 정수)

$\alpha_1=\beta_1$이므로 $\alpha-\beta=360^\circ\times(n_1-n_2)$ 이다.

n_1-n_2은 정수이므로 n으로 표현할 수 있다.

Tip 식을 외우려고 하지 말고 그림을 통해 기억하도록 하자. 두 동경의 위치 관계 파트는 시간이 없거나 처음 수1을 공부하는 경우 우선순위상 나중에 다뤄도 되니 너무 부담 갖지 말도록 하자.

② 두 동경이 일직선 위에 있고 방향이 반대이다. (원점대칭)

⇨ $\alpha-\beta=360^\circ\times n+180^\circ$ (단, n은 정수)

$\alpha_1=\beta_1+180^\circ$ 이므로 $\alpha-\beta=360^\circ\times(n_1-n_2)+180^\circ$

n_1-n_2은 정수이므로 n으로 표현할 수 있다.

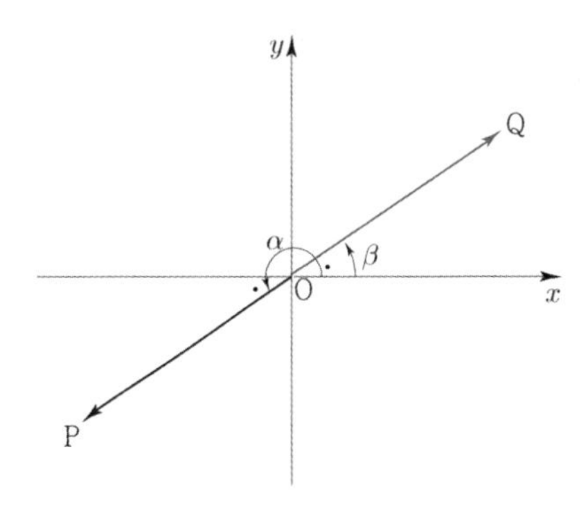

③ 두 동경이 x축에 대하여 대칭이다.

⇨ $\alpha+\beta=360^\circ\times n$ (단, n은 정수)

$\alpha_1+\beta_1=360^\circ$ 이므로 $\alpha+\beta=360^\circ\times(n_1+n_2)+360^\circ$
$=360^\circ(n_1+n_2+1)$

n_1+n_2+1은 정수이므로 n으로 표현할 수 있다.

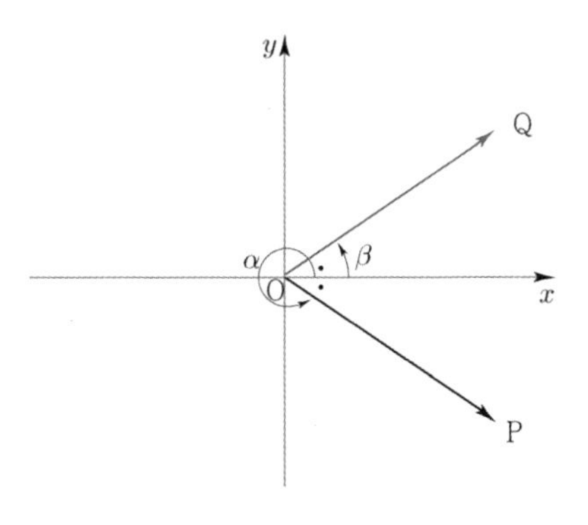

④ 두 동경이 y축에 대하여 대칭이다.

⇨ $\alpha+\beta=360^\circ\times n+180^\circ$ (단, n은 정수)

$\alpha_1+\beta_1=180^\circ$ 이므로 $\alpha+\beta=360^\circ\times(n_1+n_2)+180^\circ$

n_1+n_2은 정수이므로 n으로 표현할 수 있다.

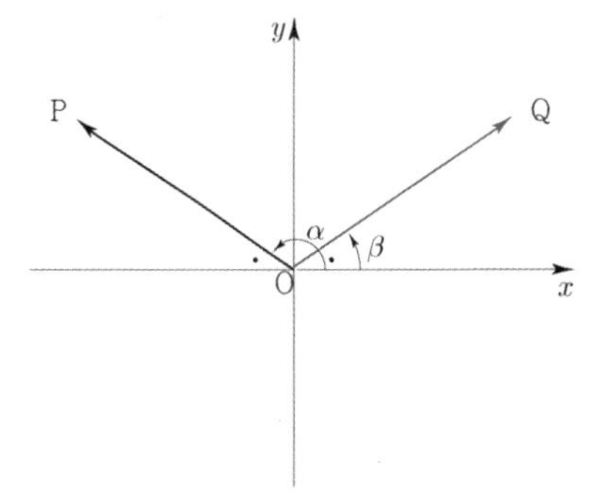

⑤ **두 동경이 직선 $y=x$에 대하여 대칭이다.**

⇨ $\alpha+\beta=360^\circ\times n+90^\circ$ (단, n은 정수)

$\alpha_1+\beta_1=90^\circ$ 이므로 $\alpha+\beta=360^\circ\times(n_1+n_2)+90^\circ$

n_1+n_2은 정수이므로 n으로 표현할 수 있다.

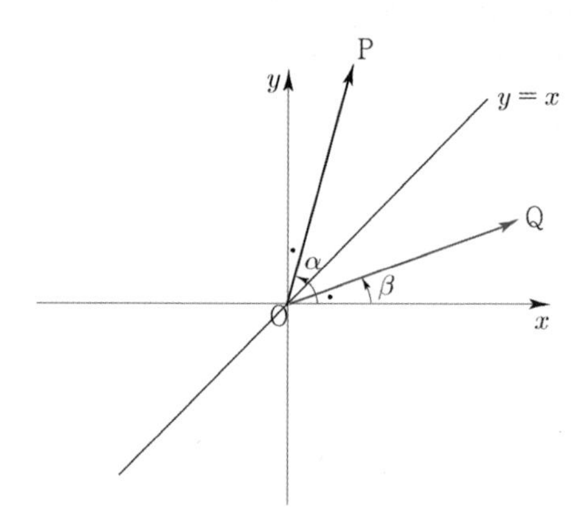

⑥ **두 동경이 직선 $y=-x$에 대하여 대칭이다.**

⇨ $\alpha+\beta=360^\circ\times n+270^\circ$ (단, n은 정수)

$\alpha_1+\beta_1=270^\circ$ 이므로 $\alpha+\beta=360^\circ\times(n_1+n_2)+270^\circ$

n_1+n_2은 정수이므로 n으로 표현할 수 있다.

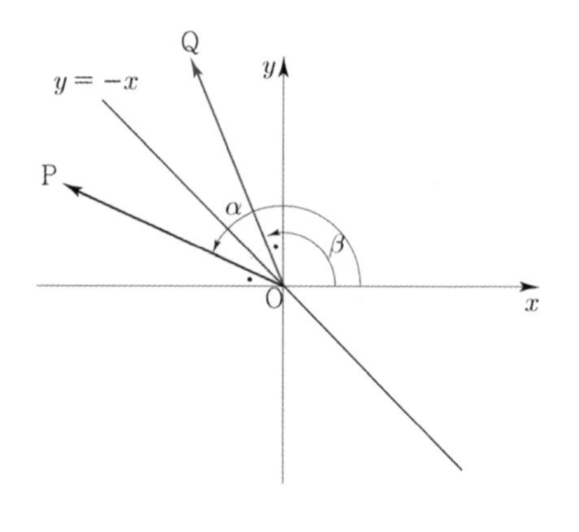

규토 라이트 N제

삼각함수

Training – 1 step

필수 유형편

Theme 1 일반각과 호도법

001 ○○○○○

다음 중 각을 나타내는 동경이 존재하는 사분면이 나머지 넷과 다른 것은?

① 300° ② -50° ③ $\frac{7}{4}\pi$ ④ -380° ⑤ $\frac{8}{3}\pi$

002 ○○○○○

다음 중 각을 나타낸 동경이 제 2사분면에 있는 것은?

① -750° ② 245° ③ 1000° ④ $-\frac{5}{4}\pi$ ⑤ $\frac{10}{3}\pi$

003 ○○○○○

θ가 제 1사분면의 각일 때, 각 $\frac{\theta}{2}$를 나타내는 동경이 존재할 수 있는 사분면을 모두 구하시오.

Theme 2 두 동경의 위치 관계

004 ○○○○○

각 θ를 나타내는 동경과 각 4θ를 나타내는 동경이 일직선 위에 있고 방향이 반대일 때, 각 θ의 크기를 구하시오. (단, $0^\circ < \theta < 90^\circ$)

005 ○○○○○

각 θ를 나타내는 동경과 각 8θ를 나타내는 동경이 일치할 때, 모든 각 θ의 크기의 합을 구하시오. (단, $0 < \theta < \pi$)

006 ○○○○○

각 θ를 나타내는 동경과 각 2θ를 나타내는 동경이 직선 $y = -x$에 대하여 대칭일 때, 각 θ의 크기를 구하시오. (단, $\pi < \theta < \frac{3}{2}\pi$)

007 ○○○○○

각 θ를 나타내는 동경과 각 8θ를 나타내는 동경이 x축에 대하여 대칭일 때, 각 θ의 크기를 모두 구하시오. (단, $90^\circ < \theta < 180^\circ$)

Theme 3 부채꼴의 호의 길이와 넓이

008

호의 길이가 5π이고 넓이가 10π인 부채꼴의 반지름의 길이를 구하시오.

009

중심각의 크기가 $\frac{3}{5}$이고 둘레의 길이가 26인 부채꼴의 넓이를 구하시오.

010

둘레의 길이가 10인 부채꼴 중에서 넓이의 최댓값은 M이다. $16M$의 값을 구하시오.

011

반지름의 길이가 r이고 중심각의 크기가 2인 부채꼴의 둘레의 길이를 a, 부채꼴의 넓이를 b라 하자. $a=b$일 때, r의 값을 구하시오.

012

그림과 같이 중심이 O이고 반지름의 길이가 6인 부채꼴 OAB에서 호 AB의 길이는 π이다. $\angle AOB = a\pi$이고 삼각형 OAB의 넓이는 b일 때, $\frac{b}{a}$의 값을 구하시오.

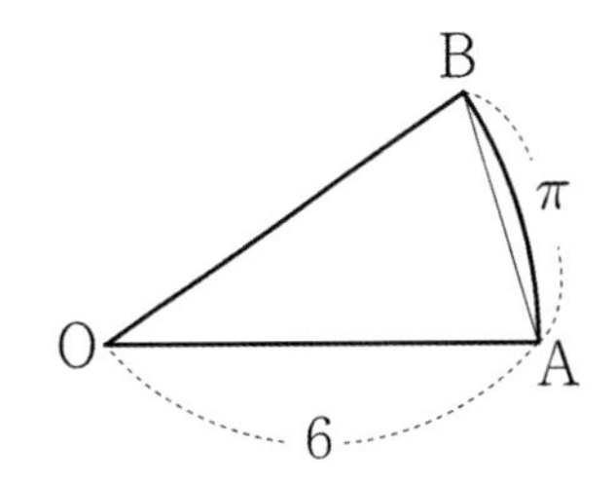

013

중심이 O이고 반지름의 길이가 12인 원 위에 점 A가 있다. 반직선 OA를 시초선으로 했을 때, 두 각 $\frac{\pi}{6}$, $-\frac{13}{4}\pi$가 나타내는 동경이 이 원과 만나는 점을 각각 P, Q라 하자. 선분 PQ를 포함하는 부채꼴 OPQ의 넓이가 $k\pi$일 때, k의 값을 구하시오.

014

그림과 같이 중심이 O이고 호 AB의 길이가 3π, 넓이가 18π인 부채꼴 OAB가 있다. 점 A에서 선분 OB에 내린 수선의 발을 C, 점 O을 중심으로 하고 반지름이 선분 OC인 원이 선분 OA와 만나는 점을 D라 할 때, 호 CD와 두 선분 AD, AC로 둘러싸인 부분의 넓이는 $a-b\pi$이다. $a+b$의 값을 구하시오.
(단, a, b는 자연수이다.)

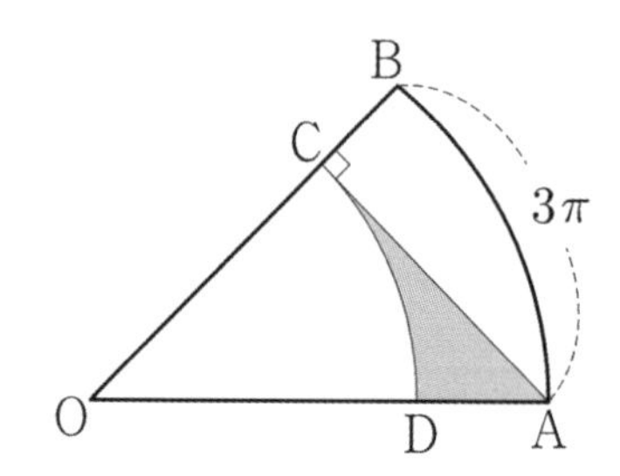

015

그림과 같이 한 변의 길이가 4인 정사각형 ABCD에서 점 B를 중심으로 하는 부채꼴 BCA의 호 CA와 점 C를 중심으로 하는 부채꼴 CDB의 호 DB를 그릴 때, 두 호 CA, DB가 만나는 점을 E라 하자.
두 호 EA, ED와 선분 AD로 둘러싸인 부분의 넓이는 $a-b\pi-\sqrt{c}$이다. $a+bc$의 값을 구하시오.
(단, a, b, c는 유리수이다.)

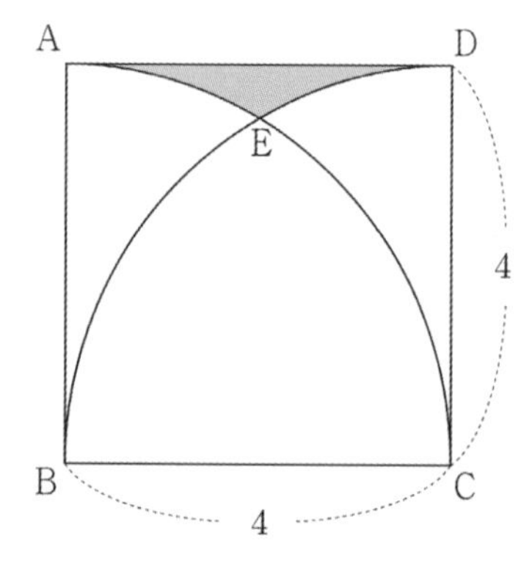

Theme 4 삼각함수의 뜻

016

좌표평면 위의 점 P(1, 3)에 대하여 동경 OP가 나타내는 각의 크기를 θ라 할 때, $10\sin\theta\cos\theta$의 값을 구하시오.

017

$\sin\theta=\frac{12}{13}$이고 $\cos\theta+\sin\theta\times\tan\theta<0$일 때, $\tan\theta$의 값은?

① $-\frac{13}{5}$　② $-\frac{12}{5}$　③ $-\frac{12}{13}$　④ $\frac{12}{5}$　⑤ $\frac{13}{5}$

018

θ가 제 3사분면의 각이고 $\tan\theta=2\sqrt{2}$일 때, $\cos\theta$의 값은?

① $-\frac{2\sqrt{2}}{3}$　② $-\frac{2}{3}$　③ $-\frac{1}{3}$　④ $\frac{1}{3}$　⑤ $\frac{2\sqrt{2}}{3}$

019

원점 O와 점 P$(-3, 4)$을 지나는 동경 OP가 나타내는 각의 크기를 θ라 할 때, $10\sin\theta+5\cos\theta-6\tan\theta$의 값을 구하시오.

020

직선 $y=-3x$ 위의 점 P(a, b)에 대하여 원점 O와 점 P를 지나는 동경 OP가 나타내는 각의 크기를 θ라 할 때, $-10\sin\theta\cos\theta$의 값을 구하시오. (단, $a>0$)

021

좌표평면 위에 중심이 원점이고 반지름의 길이가 1인 원이 있다. 각 θ를 나타내는 동경과 원의 교점을 A(a, b)라 할 때, $\sin\theta=\frac{2\sqrt{2}}{3}$이다. a의 값은? (단, $ab<0$)

① -1　② $-\frac{2\sqrt{2}}{3}$　③ $-\frac{1}{3}$

④ $\frac{1}{3}$　⑤ $\frac{2\sqrt{2}}{3}$

022

좌표평면에서 직선 $y=-2x-8$과 x축 및 y축이 만나는 점을 각각 A, B라 하고, 선분 AB를 $3:1$로 내분하는 점을 P라 하자. 동경 OP가 나타내는 각의 크기를 θ라 할 때, $\sin\theta-\cos\theta$의 값은? (단, $0<\theta<2\pi$이고, O는 원점이다.)

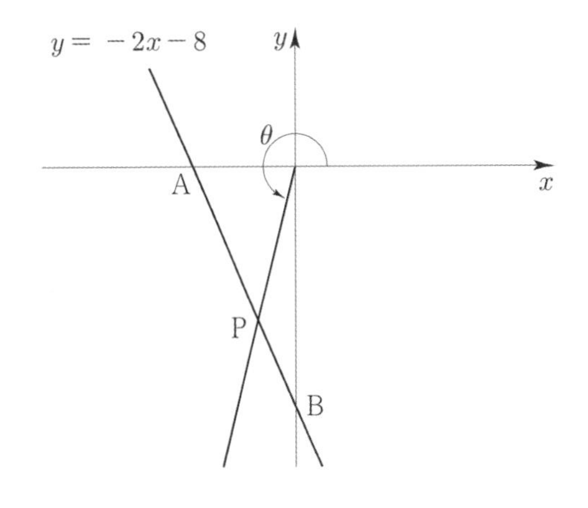

① $-\frac{7}{\sqrt{37}}$　② $-\frac{5}{\sqrt{37}}$　③ $-\frac{3}{\sqrt{37}}$

④ $\frac{5}{\sqrt{37}}$　⑤ $\frac{7}{\sqrt{37}}$

삼각함수

023

그림과 같이 점 $(-1,\ -3)$을 중심으로 하고 반지름의 길이가 $\sqrt{5}$인 원 C와 원점 O를 지나는 직선 l이 있다. 원 C와 직선 l이 제 4사분면 위의 점 P에 접할 때, 동경 OP가 나타내는 각의 크기를 θ라 하자. $\cos\theta - \sin\theta$의 값은?

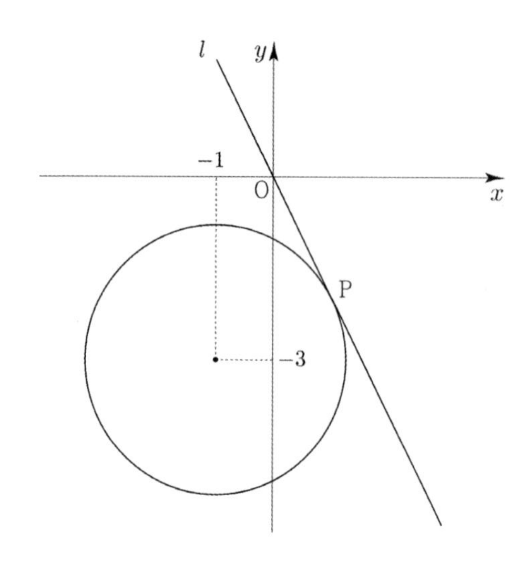

① $\frac{\sqrt{5}}{5}$ ② $\frac{2\sqrt{5}}{5}$ ③ $\frac{3\sqrt{5}}{5}$
④ $-\frac{\sqrt{5}}{5}$ ⑤ $-\frac{3\sqrt{5}}{5}$

Theme 5 삼각함수 사이의 관계

024

$\frac{3}{2}\pi < \theta < 2\pi$에서 $\frac{1-\sin\theta}{\cos\theta} + \frac{\cos\theta}{1-\sin\theta} = 6$일 때, $\sin\theta$의 값은?

① $-\frac{2\sqrt{2}}{3}$ ② $-\frac{2}{3}$ ③ $-\frac{1}{3}$
④ $\frac{1}{3}$ ⑤ $\frac{2\sqrt{2}}{3}$

025

각 θ가 제 2사분면의 각이고 $\cos\theta = -\frac{3}{5}$일 때, $10\sqrt[3]{\sin^3\theta} + 3\sqrt{\tan^2\theta}$의 값을 구하시오.

026

$\sin\theta\cos\theta = \frac{1}{4}$일 때, $\sin^3\theta + \cos^3\theta$의 값은? (단, $\pi < \theta < \frac{3}{2}\pi$)

① $-\frac{5\sqrt{6}}{8}$ ② $-\frac{\sqrt{6}}{2}$ ③ $-\frac{3\sqrt{6}}{8}$
④ $-\frac{\sqrt{6}}{4}$ ⑤ $-\frac{\sqrt{6}}{8}$

027

이차방정식 $2x^2-x-a=0$ 의 두 근이 $\sin\theta$, $\cos\theta$ 일 때,
$a\left(\dfrac{\sin\theta-3}{\cos\theta}+\dfrac{\cos\theta-3}{\sin\theta}+4\right)$의 값을 구하시오.
(단, a는 상수이다.)

028

$\sqrt{\tan\theta}\sqrt{\cos\theta}=-\sqrt{\sin\theta}$ 이고 $|\tan\theta|=2$일 때,
$\dfrac{\tan\theta}{\cos\theta-\sin\theta}$의 값은?

① $-2\sqrt{5}$　② $-\dfrac{2\sqrt{5}}{3}$　③ $-\dfrac{\sqrt{5}}{3}$
④ $\dfrac{\sqrt{5}}{3}$　⑤ $\dfrac{2\sqrt{5}}{3}$

029

$\log_2\sin\theta+\log_2\cos\theta=-3$일 때,
$\log_2(\sin\theta+\cos\theta)=\dfrac{1}{2}(-4+\log_2 a)$를 만족시키는
a의 값을 구하시오.

030

어떤 실수 θ에 대하여 두 등식
$3\sin\theta+a\cos\theta=\dfrac{7}{3}$, $a\sin\theta-3\cos\theta=-\dfrac{5\sqrt{2}}{3}$을
동시에 만족시키는 상수 a가 존재할 때,
a^2의 값을 구하시오.

규토 라이트 N제

삼각함수

Training – 2 step

기출 적용편

031 • 2017년 고3 3월 교육청 가형

그림과 같이 길이가 12인 선분 AB를 지름으로 하는 반원이 있다. 반원 위에서 호 BC의 길이가 4π인 점 C를 잡고 점 C에서 선분 AB에 내린 수선의 발을 H라 하자. $\overline{\mathrm{CH}}^2$의 값을 구하시오. [3점]

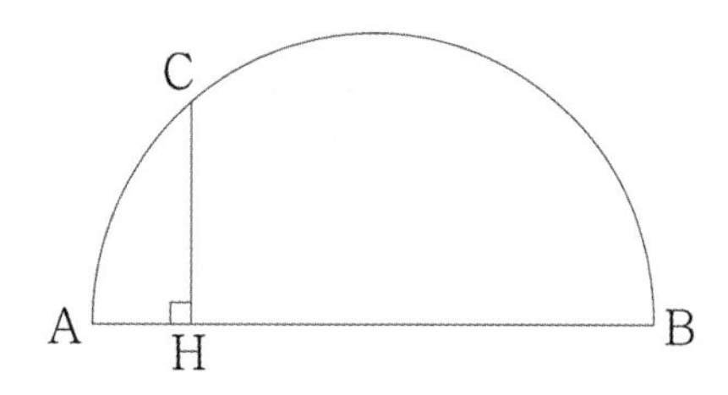

032 • 2019년 고2 6월 교육청 나형

$\cos\theta = -\frac{1}{3}$일 때, $\tan\theta - \sin\theta$의 값은?

(단, $\pi < \theta < \frac{3}{2}\pi$) [3점]

① $\frac{5\sqrt{2}}{3}$ ② $2\sqrt{2}$ ③ $\frac{7\sqrt{2}}{3}$
④ $\frac{8\sqrt{2}}{3}$ ⑤ $3\sqrt{2}$

033 • 2019년 고2 6월 교육청 나형

$\sin\theta - \cos\theta = \frac{1}{2}$일 때, $8\sin\theta\cos\theta$의 값을 구하시오. [3점]

034 • 2019년 고2 11월 교육청 가형

좌표평면 위의 점 P에 대하여 동경 OP가 나타내는 각의 크기 중 하나를 $\theta\left(\frac{\pi}{2} < \theta < \pi\right)$라 하자.
각의 크기 6θ를 나타내는 동경이 동경 OP와 일치할 때, θ의 값은? (단, O는 원점이고, x축의 양의 방향을 시초선으로 한다.) [3점]

① $\frac{3}{5}\pi$ ② $\frac{2}{3}\pi$ ③ $\frac{11}{15}\pi$ ④ $\frac{4}{5}\pi$ ⑤ $\frac{13}{15}\pi$

035 • 2009년 고1 3월 교육청

그림과 같이 부채꼴 모양의 종이로 고깔모자를 만들었더니, 밑면의 반지름의 길이가 8cm이고, 모선의 길이가 20cm인 원뿔 모양이 되었다. 이 종이의 넓이는?
(단, 종이는 겹치지 않도록 한다.) [3점]

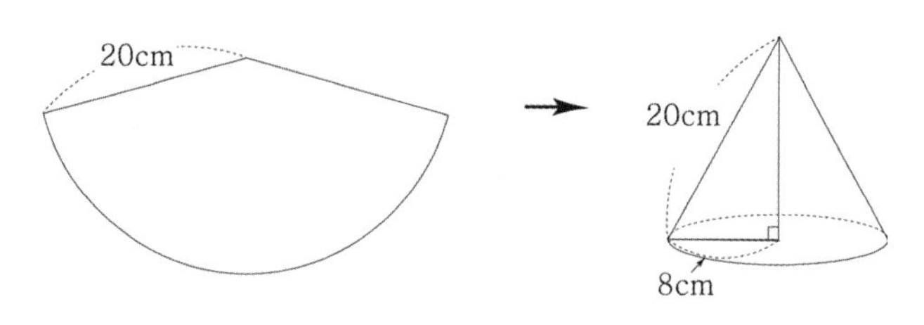

① $160\pi\ cm^2$ ② $170\pi\ cm^2$ ③ $180\pi\ cm^2$
④ $190\pi\ cm^2$ ⑤ $200\pi\ cm^2$

036 • 2024학년도 고3 9월 평가원 공통

$\frac{3}{2}\pi < \theta < 2\pi$인 θ에 대하여 $\cos\theta = \frac{\sqrt{6}}{3}$일 때, $\tan\theta$의 값은? [3점]

① $-\sqrt{2}$ ② $-\frac{\sqrt{2}}{2}$ ③ 0
④ $\frac{\sqrt{2}}{2}$ ⑤ $\sqrt{2}$

037 • 2020년 고3 7월 교육청 나형 ☐☐☐☐☐

$\sin\theta+\cos\theta=\frac{1}{2}$일 때, $\frac{1+\tan\theta}{\sin\theta}$의 값은? [3점]

① $-\frac{7}{3}$　② $-\frac{4}{3}$　③ $-\frac{1}{3}$　④ $\frac{2}{3}$　⑤ $\frac{5}{3}$

038 • 2022학년도 수능예비시행 

$\frac{\pi}{2}<\theta<\pi$인 θ에 대하여 $\sin\theta\cos\theta=-\frac{12}{25}$일 때, $\sin\theta-\cos\theta$의 값은? [3점]

① $\frac{4}{5}$　② 1　③ $\frac{6}{5}$　④ $\frac{7}{5}$　⑤ $\frac{8}{5}$

039 • 2023학년도 사관학교 공통 

이차방정식 $5x^2-x+a=0$의 두 근이 $\sin\theta$, $\cos\theta$일 때, 상수 a의 값은? [3점]

① $-\frac{12}{5}$　② -2　③ $-\frac{8}{5}$　④ $-\frac{6}{5}$　⑤ $-\frac{4}{5}$

040 • 2020년 고3 4월 교육청 가형 ☐☐☐☐☐

$\pi<\theta<2\pi$인 θ에 대하여

$\frac{\sin\theta\cos\theta}{1-\cos\theta}+\frac{1-\cos\theta}{\tan\theta}=1$일 때, $\cos\theta$의 값은? [3점]

① $-\frac{2\sqrt{5}}{5}$　② $-\frac{\sqrt{5}}{5}$　③ $\frac{1}{5}$　④ $\frac{\sqrt{5}}{5}$　⑤ $\frac{2\sqrt{5}}{5}$

041 • 2022학년도 고3 9월 평가원 공통 

$\frac{\pi}{2}<\theta<\pi$인 θ에 대하여

$\frac{\sin\theta}{1-\sin\theta}-\frac{\sin\theta}{1+\sin\theta}=4$일 때, $\cos\theta$의 값은? [3점]

① $-\frac{\sqrt{3}}{3}$　② $-\frac{1}{3}$　③ 0　④ $\frac{1}{3}$　⑤ $\frac{\sqrt{3}}{3}$

042 • 2022학년도 수능 공통 ☐☐☐☐☐

$\pi<\theta<\frac{3}{2}\pi$인 θ에 대하여 $\tan\theta-\frac{6}{\tan\theta}=1$일 때, $\sin\theta+\cos\theta$의 값은? [3점]

① $-\frac{2\sqrt{10}}{5}$　② $-\frac{\sqrt{10}}{5}$　③ 0　④ $\frac{\sqrt{10}}{5}$　⑤ $\frac{2\sqrt{10}}{5}$

043 • 2020년 고3 4월 교육청 나형

그림과 같이 길이가 12인 선분 AB를 지름으로 하는 반원의 호 AB 위에 점 C가 있다. 호 CB의 길이가 2π일 때, 두 선분 AB, AC와 호 CB로 둘러싸인 부분의 넓이는? [4점]

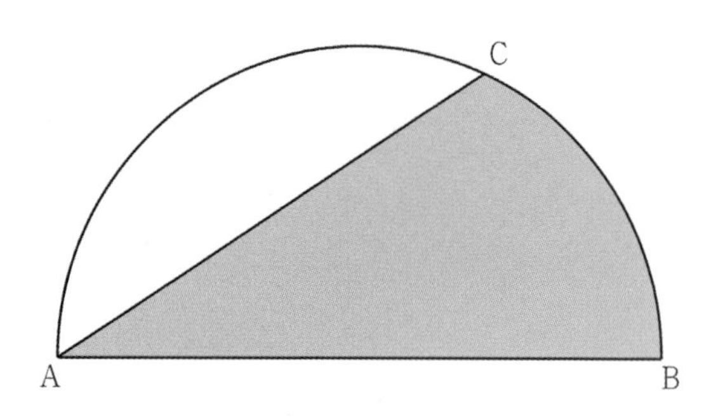

① $5\pi+9\sqrt{3}$ ② $5\pi+10\sqrt{3}$ ③ $6\pi+9\sqrt{3}$
④ $6\pi+10\sqrt{3}$ ⑤ $7\pi+9\sqrt{3}$

044 • 2019년 고2 11월 교육청 나형

그림과 같이 좌표평면에서 직선 $y=2$가 두 원 $x^2+y^2=5$, $x^2+y^2=9$와 제 2사분면에서 만나는 점을 각각 A, B라 하자. 점 C(3, 0)에 대하여 $\angle\mathrm{COA}=\alpha$, $\angle\mathrm{COB}=\beta$라 할 때, $\sin\alpha\times\cos\beta$의 값은?
(단, O는 원점이고, $\frac{\pi}{2}<\alpha<\beta<\pi$) [4점]

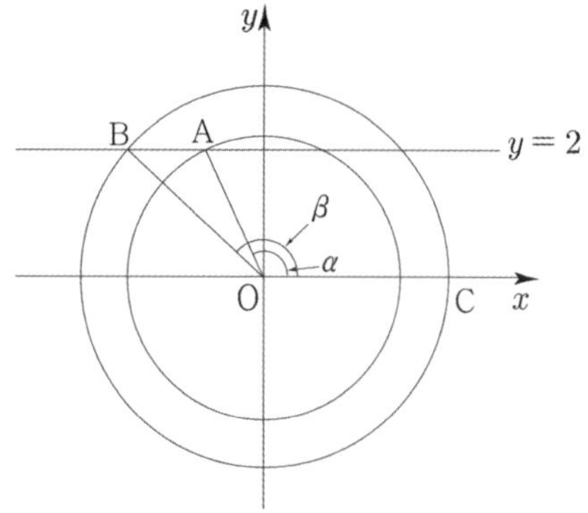

① $\frac{1}{3}$ ② $\frac{1}{12}$ ③ $-\frac{1}{6}$ ④ $-\frac{5}{12}$ ⑤ $-\frac{2}{3}$

045 • 2020년 고3 3월 교육청 가형

좌표평면에서 제 1사분면에 점 P가 있다. 점 P를 직선 $y=x$에 대하여 대칭이동한 점을 Q라 하고, 점 Q를 원점에 대하여 대칭이동한 점을 R라 할 때, 세 동경 OP, OQ, OR가 나타내는 각을 각각 α, β, γ라 하자. $\sin\alpha=\frac{1}{3}$ 일 때, $9(\sin^2\beta+\tan^2\gamma)$의 값을 구하시오.
(단, O는 원점이고, 시초선은 x축의 양의 방향이다.) [4점]

046 • 2021년 고3 3월 교육청 공통

그림과 같이 두 점 O, O′을 각각 중심으로 하고 반지름의 길이가 3인 두 원 O, O'이 한 평면 위에 있다.
두 원 O, O'이 만나는 점을 각각 A, B라 할 때, $\angle\mathrm{AOB}=\frac{5}{6}\pi$이다.

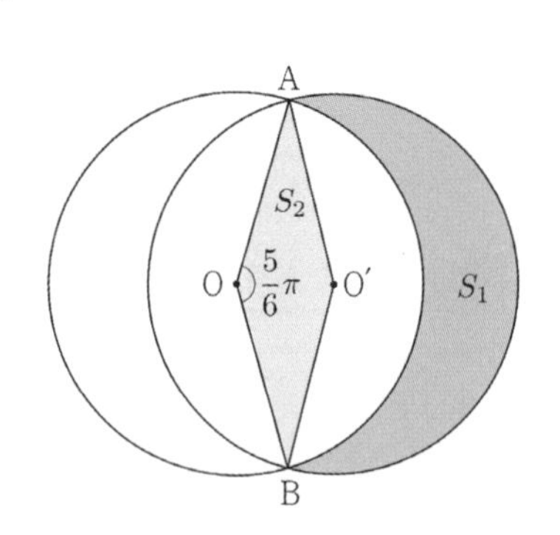

원 O의 외부와 원 O'의 내부의 공통부분의 넓이를 S_1, 마름모 AOBO′의 넓이를 S_2라 할 때, S_1-S_2의 값은? [4점]

① $\frac{5}{4}\pi$ ② $\frac{4}{3}\pi$ ③ $\frac{17}{12}\pi$
④ $\frac{3}{2}\pi$ ⑤ $\frac{19}{12}\pi$

규토 라이트 N제

삼각함수

Master step

심화 문제편

047

점 A$(-4,\ a)$에서 x축에 내린 수선의 발을 점 C라 할 때, 삼각형 OAC에 내접하는 원 S의 반지름의 길이는 1이다. 서로 다른 세 점 A, O, B가 일직선 위에 있고 $\overline{OA}=\overline{OB}$이다. 동경 OB가 나타내는 각의 크기를 θ라 할 때, $\tan\theta$의 값은?
(단, $a>0$이고 O는 원점이다.)

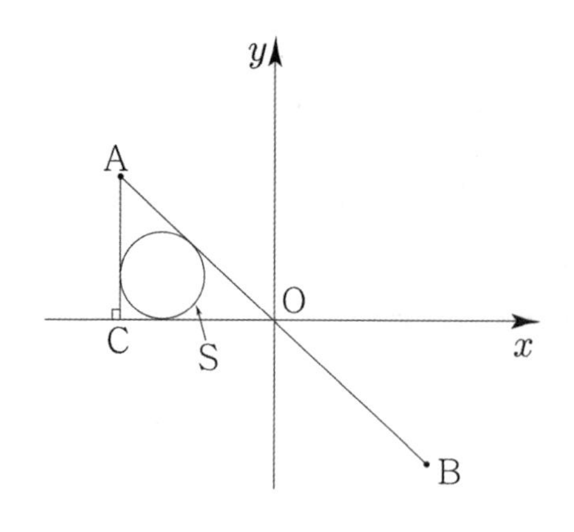

① $\frac{3}{4}$　② $\frac{4}{3}$　③ $-\frac{4}{3}$
④ $-\frac{3}{4}$　⑤ $\frac{3}{5}$

048

좌표평면 위에 중심이 원점이고 반지름의 길이가 5인 원이 있다. 각 α를 나타내는 동경과 원의 교점을 A$(a,\ b)$라 할 때, 각 $-\beta$를 나타내는 동경과 원의 교점은 B$(-b,\ a)$이다. $\sin\alpha=\frac{4}{5}$일 때, $5\sin\beta$의 값은?
(단, $a<0,\ b>0$)

① -3　② 3　③ -4　④ 4　⑤ 2

049

중심이 원점 O인 원 S_1 위에 $\angle AOB=60°$를 만족시키는 두 점 A$(a,\ b)$, B$(b,\ a)$가 있다.
선분 OA, OB와 호 AB에 내접하는 원을 S_2라 할 때, 원 S_2가 호 AB에 접하는 점을 C라 하자. 점 C에서의 접선이 x축과 만나는 점을 D라 하고, 점 C에서의 접선과 직선 OB의 교점을 E라 하자. $\overline{BE}=2\sqrt{6}-3\sqrt{2}$일 때, $\overline{OD}$의 값은? (단, $0<a<b$이다.)

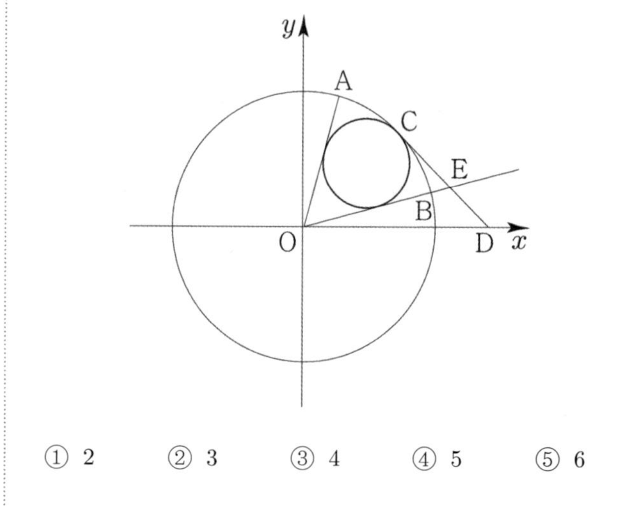

① 2　② 3　③ 4　④ 5　⑤ 6

050 • 2007년 고2 6월 교육청 가형

반지름의 길이가 2인 원 O에 내접하는 정육각형이 있다. 그림과 같이 정육각형의 각 변을 지름으로 하는 원 6개를 그릴 때, 어두운 부분의 넓이는? [4점]

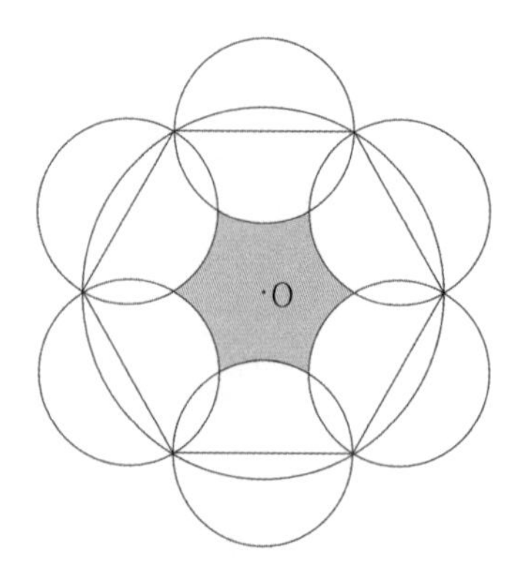

① $3\sqrt{3}-\pi$　② $3\sqrt{3}+\pi$　③ $2\sqrt{3}-\frac{\pi}{3}$
④ $2\sqrt{3}+\frac{\pi}{3}$　⑤ $\frac{\sqrt{3}}{4}+\frac{\pi}{3}$

051

아래 그림의 부채꼴 OAB는 반지름의 길이와 호의 길이가 같고, 점 C는 선분 OA를 지름으로 하는 원과 선분 OB의 교점이다. 삼각형 OAC의 넓이가 8 일 때, 선분 AB와 호 AB로 둘러싸인 영역의 넓이는?

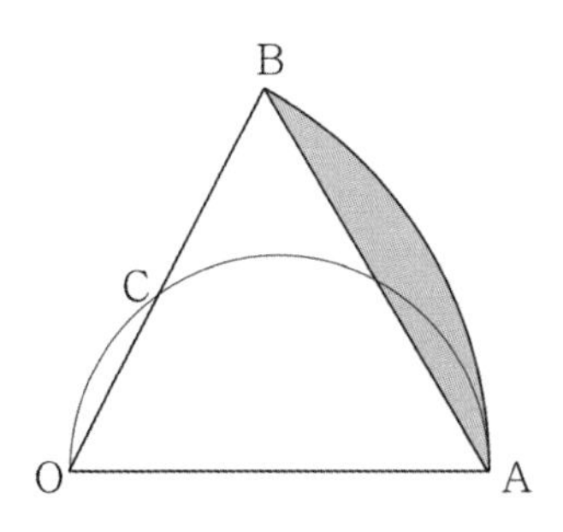

① $\frac{8(1-\sin1)}{\sin1\cos1}$ ② $\frac{16(1-\sin1)}{\sin1\cos1}$ ③ $\frac{8}{\sin1\cos1}$
④ $\frac{4(1-\sin1)}{\sin1\cos1}$ ⑤ $\frac{16}{\sin1\cos1}$

052

아래 그림과 같이 단위원의 둘레를 10등분하는 각 점을 차례대로 P_1, P_2, $\cdots$, P_{10}라 하자.
$P_1(1,\ 0)$, $\angle P_1OP_2=\theta$일 때, 집합 S는
$S=\{\sin n\theta \mid n$은 10 이하의 자연수$\}$이다.
$n(S)=a$ 라 하고 집합 S의 모든 원소의 합을 b라 할 때, $a+b$의 값은? (단, O는 원점이다.)

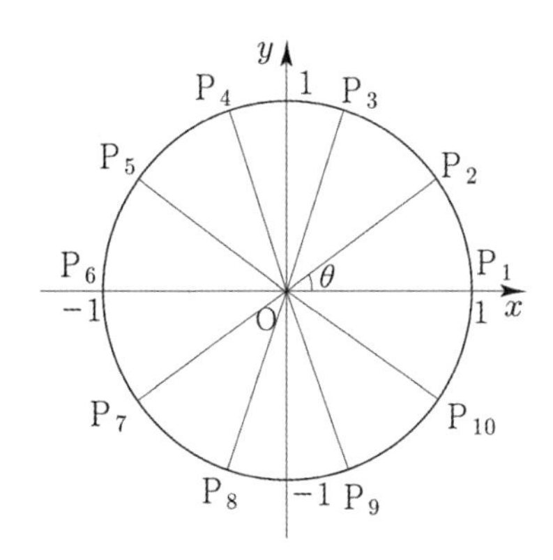

① 4 ② 5 ③ 9 ④ 10 ⑤ 12

053

단위원 위의 점 $P(x,\ y)$에 대하여 동경 OP가 x축의 양의 방향과 이루는 각의 크기가 θ이고
$\frac{y}{x}+\frac{x}{y}=-\frac{5}{2}$ 일 때, $\sin\theta-2\cos\theta$의 값은?
(단, $x<0$, $y>0$, $x+y>0$, O는 원점이다.)

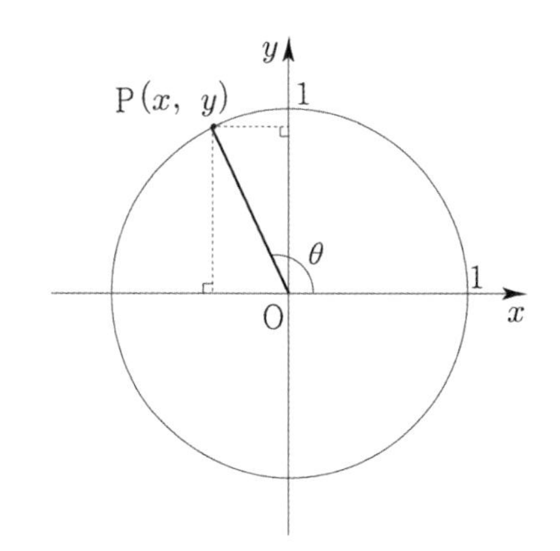

① $\frac{\sqrt{5}}{5}$ ② $\frac{2\sqrt{5}}{5}$ ③ $\frac{3\sqrt{5}}{5}$
④ $\frac{4\sqrt{5}}{5}$ ⑤ $\sqrt{5}$

054

$\overline{OP}=10$인 점 $P(a,\ b)$ (단, $a>0$, $b<0$) 에 대하여 점 $A(0,\ -5)$를 지나고 x축에 평행한 직선과 선분 OP가 만나서 생기는 교점을 B라 할 때, $\overline{OB}:\overline{BP}=5:3$ 이다.
점 O와 점 B를 지나는 동경 OB가 나타내는 각의 크기를 θ라 하고 삼각형 ABP의 넓이를 m이라 할 때, $24\tan\theta+8m$의 값은? (단, O는 원점이다.)

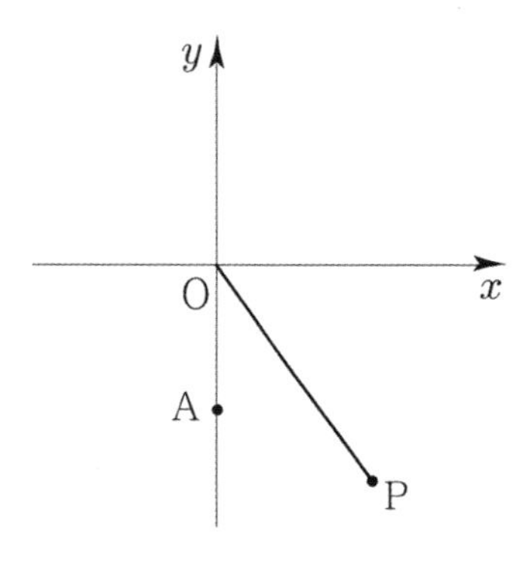

① 13 ② 14 ③ 15 ④ 16 ⑤ 17

055 • 2019년 고2 6월 교육청 가형

그림과 같이 반지름의 길이가 4이고 중심각의 크기가 $\frac{\pi}{6}$인 부채꼴 OAB가 있다. 선분 OA 위의 점 P에 대하여 선분 PA를 지름으로 하고 선분 OB에 접하는 반원을 C라 할 때, 부채꼴 OAB의 넓이를 S_1, 반원 C의 넓이를 S_2라 하자. $S_1 - S_2$의 값은? [4점]

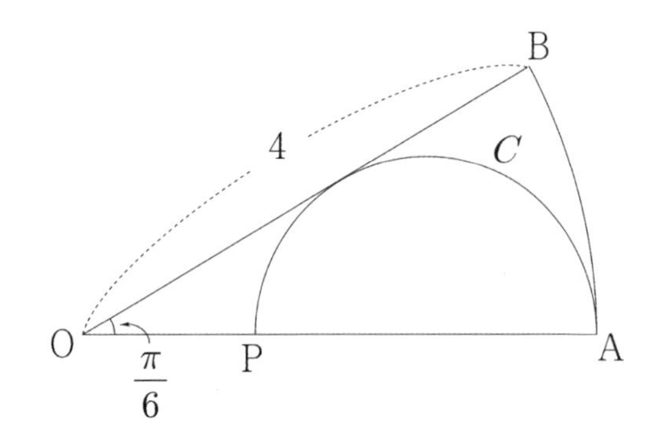

① $\frac{\pi}{9}$ ② $\frac{2}{9}\pi$ ③ $\frac{\pi}{3}$ ④ $\frac{4}{9}\pi$ ⑤ $\frac{5}{9}\pi$

056

중심이 점 B이고 선분 AD가 지름인 반원 S_1과 중심이 점 O인 원 S_2가 다음 조건을 만족시킨다.

> (가) 세 점 B, D, C는 같은 직선 위에 있다.
> (나) 원 S_2은 점 B, C를 지나고,
> 반원 S_1은 점 O를 지난다.
> (다) $\overline{AD}=4$, $\angle OAD = 15°$

선분 AD, AO와 호 OD로 둘러싸인 영역의 넓이를 a라 하고 $\overline{CD} = b$라 할 때, $6a + 3b = p\sqrt{3} + q\pi$이다. $p+q$의 값은? (단, p, q는 자연수이다.)

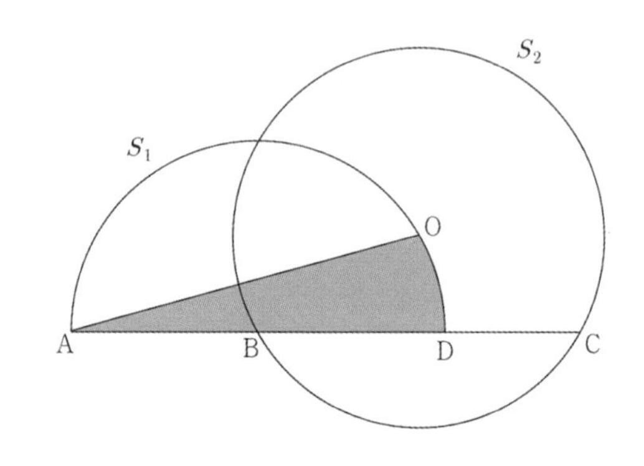

① 2 ② 4 ③ 6 ④ 8 ⑤ 10

규토 라이트 N제

삼각함수

Guide step

개념 익히기편

2. 삼각함수의 그래프

01

삼각함수

삼각함수의 그래프

성취 기준 - 사인함수, 코사인함수, 탄젠트함수의 그래프를 그릴 수 있다.

개념 파악하기 (1) 함수 $y=\sin x$ 의 그래프는 어떻게 그릴까?

함수 $y=\sin x$ 의 그래프

오른쪽 그림과 같이 좌표평면 위에서 크기가 θ인 각을 나타내는 동경과 반지름의 길이가 1인 원 O의 교점을 $P(x,\ y)$라고 하면 삼각함수의 정의에 의해서

$\sin\theta=\frac{y}{1}=y$이다.

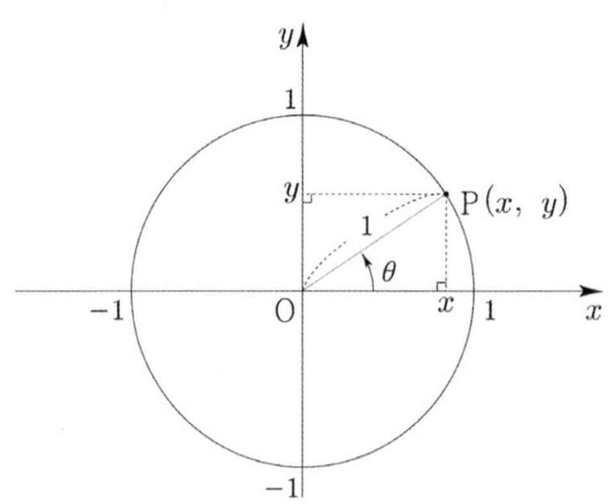

즉, θ의 값이 변할 때, $\sin\theta$의 값은 점 P의 y좌표로 정해진다.
θ의 값을 가로축에, 그에 대응하는 $\sin\theta$의 값을 세로축에 나타내면 다음 그림과 같은 함수 $y=\sin\theta$의 그래프를 얻는다.

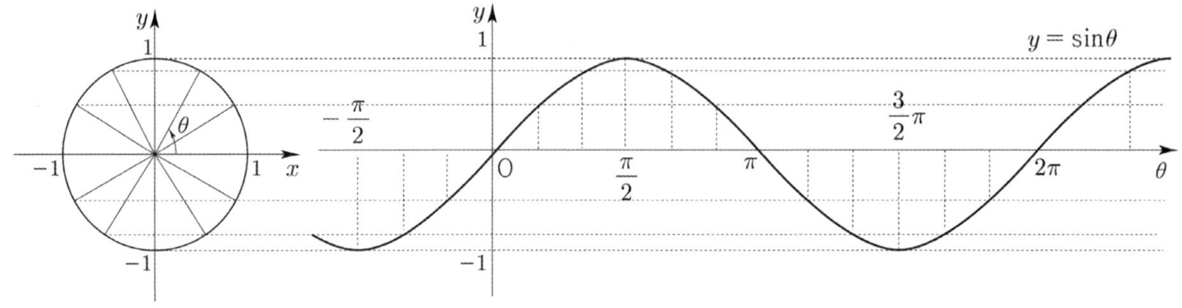

위의 함수 $y=\sin\theta$의 그래프에서 다음을 알 수 있다.

① 함수 $y=\sin\theta$의 정의역은 실수 전체의 집합이고, 치역은 $\{y\mid -1\le y\le 1\}$이다.
② 함수 $y=\sin\theta$의 그래프는 원점에 대하여 대칭이므로 $\sin(-\theta)=-\sin\theta$가 성립한다. (즉, 기함수이다.)
③ 함수 $y=\sin\theta$의 그래프는 2π 간격으로 그 모양이 반복되므로 임의의 실수 θ에 대하여 $\sin(\theta+2n\pi)=\sin\theta$ (n은 정수)가 성립한다.

함수의 정의역의 원소는 보통 x로 나타내므로 이제부터 θ를 x로 바꾸어 함수 $y=\sin\theta$를 $y=\sin x$로 나타내기로 하자.

함수 f에서 정의역에 속하는 모든 x에 대하여 $f(x+p)=f(x)$를 만족시키는 0이 아닌 상수 p가 존재할 때, 함수 f를 주기함수라 하고 p의 값 중에서 최소인 양수를 함수 f의 주기라 한다.

$\sin(x+2\pi)=\sin x,\ \sin(x+4\pi)=\sin x,\ \sin(x+6\pi)=\sin x,\ \cdots$ 이므로
$\sin(x+p)=\sin x$를 만족시키는 최소인 양수 p는 2π이다.

따라서 함수 $y=\sin x$는 주기가 2π인 주기함수이다.

함수 $y=\sin x$의 그래프의 성질

① 정의역은 실수 전체의 집합이고, 치역은 $\{y|-1\le y\le 1\}$이다.
② 그래프는 원점에 대하여 대칭이다. 즉, $\sin(-x)=-\sin x$이다. (즉, 기함수이다.)
③ 주기가 2π인 주기함수이다. 즉, $\sin(x+2n\pi)=\sin x$ (n은 정수)이다.

함수 $y=a\sin(bx+c)+d$

함수 $y=a\sin(bx+c)+d$에 대하여 최댓값, 최솟값, 주기는 다음과 같다.

최댓값 : $|a|+d$, 최솟값 : $-|a|+d$, 주기 : $\frac{2\pi}{|b|}$

ex1 $y=\sin 2x$

최댓값 : 1, 최솟값 : -1, 주기 : $\frac{2\pi}{2}=\pi$

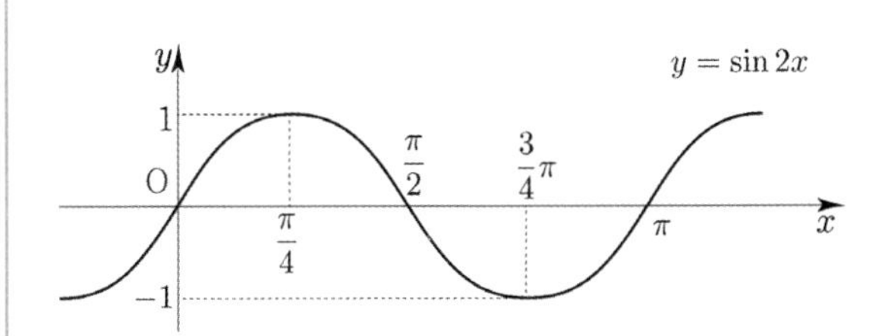

ex2 $y=2\sin 2x$

최댓값 : 2, 최솟값 : -2, 주기 : $\frac{2\pi}{2}=\pi$

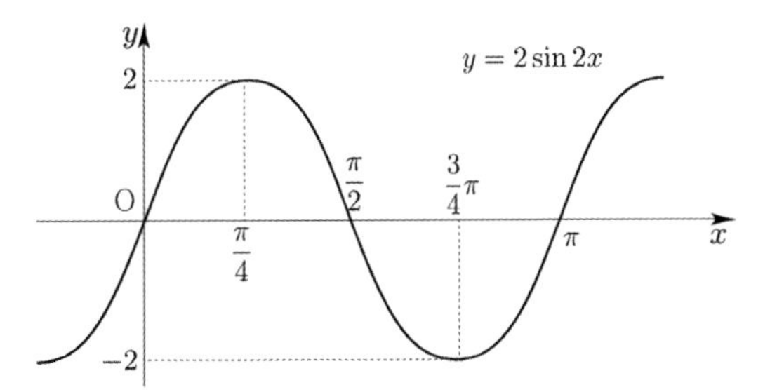

ex3 $y=-2\sin 2x$

최댓값 : 2, 최솟값 : -2, 주기 : $\frac{2\pi}{2}=\pi$

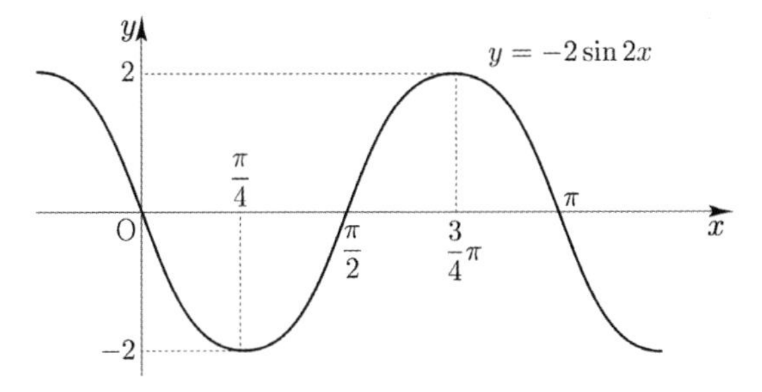

ex4 $y=2\sin\left(2x-\frac{\pi}{2}\right)=2\sin\left(2\left(x-\frac{\pi}{4}\right)\right)$

최댓값 : 2, 최솟값 : -2, 주기 : $\frac{2\pi}{2}=\pi$

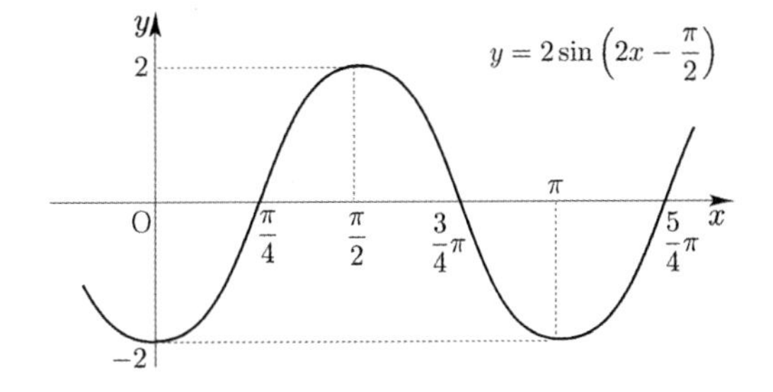

ex5 $y=2\sin\left(2x-\frac{\pi}{2}\right)+1$

최댓값 : 3, 최솟값 : -1, 주기 : $\frac{2\pi}{2}=\pi$

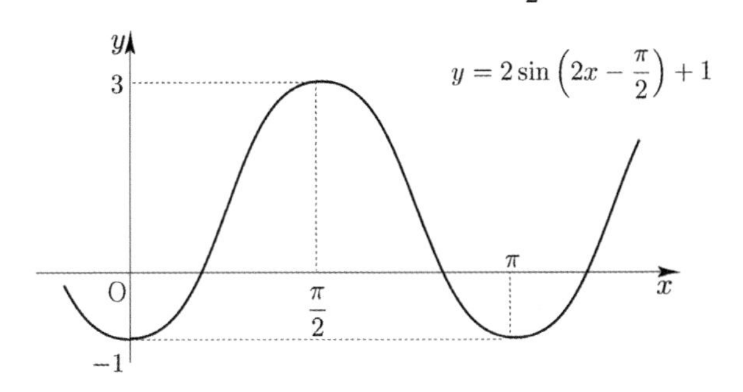

Tip 1 $y=a\sin(bx+c)+d=a\sin\left(b\left(x+\frac{c}{b}\right)\right)+d$에서

a는 확대 또는 축소($a<0$이면 x축에 대하여 대칭이동)를 담당하고

b는 주기($b<0$이면 y축에 대하여 대칭이동), c는 x축 방향의 평행이동,

d는 y축 방향의 평행이동을 담당한다.

Tip 2 만약 $b<0$이면 헷갈릴 수 있으니 기함수의 성질에 의하여 $-$를 앞으로 빼고 그래프를 판단하는 것이 좋다. $b<0$인 것보다 $a<0$인 것이 더 익숙하기 때문에 실수를 줄일 수 있다.

ex $\sin(-2x)=-\sin2x$

Tip 3 만약 $a<0$라면 최댓값은 $-a+d$이다. 관성적으로 $a+d$라고 접근하지 않도록 유의하자.

Tip 3 x가 범위로 주어진 경우에는 $\sin(bx+c)$의 최댓값과 최솟값이 달라질 수 있으니 유의하자.

ex $0\le x\le\frac{\pi}{6}$에서 $2\sin x+1$의 최댓값을 구하시오.

$0\le x\le\frac{\pi}{6}$에서 $0\le sinx\le\frac{1}{2}$이므로 $2\sin x+1$의 최댓값은 2이다.

즉, 위에 나와 있는 공식에 대입하여 관성적으로 최댓값을 $a+d=2+1=3$로 판단하지 않도록 유의하자.

예제 1

$y=\sin 4x$의 주기와 치역을 구하고, 그 그래프를 그리시오.

풀이

주기는 $\frac{2\pi}{4}=\frac{\pi}{2}$이고 치역은 $\{y\mid -1\le y\le 1\}$이다.
주기만 조심하면 다른 부분은 고1 때 배운 평행이동과 대칭이동으로 처리해 주면 된다.
따라서 함수 $y=\sin 4x$ 의 그래프는 다음과 같다.

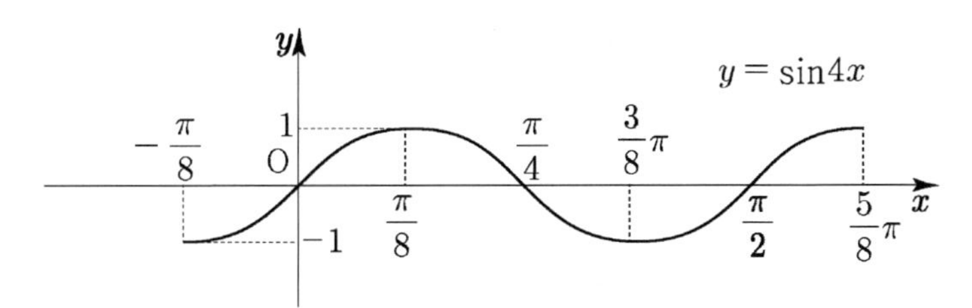

Tip $y=\sin\left(2x-\frac{\pi}{4}\right)$의 그래프를 그리려면?

$y=\sin\left(2x-\frac{\pi}{4}\right)=\sin\left(2\left(x-\frac{\pi}{8}\right)\right)$

1단계) $y=\sin 2x$의 그래프를 그린다.

2단계) $x\to x-\frac{\pi}{8}$ 이므로 x축의 방향으로 $\frac{\pi}{8}$만큼 평행이동한다.

개념 확인문제 1 다음 함수의 주기와 치역을 구하고, 그 그래프를 그리시오.

(1) $y=-\sin x+1$

(2) $y=2\sin 2x$

(3) $y=\sin\left(x-\frac{\pi}{2}\right)$

개념 파악하기 **(2) 함수 $y=\cos x$ 의 그래프는 어떻게 그릴까?**

함수 $y=\cos x$ 의 그래프

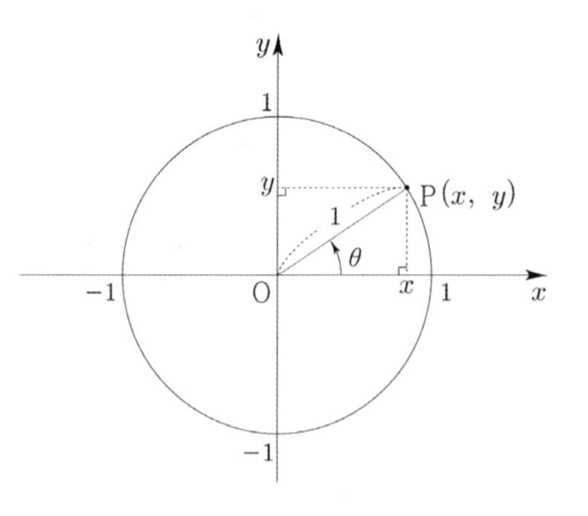

오른쪽 그림과 같이 좌표평면 위에서 크기가 θ인 각을 나타내는 동경과 반지름의 길이가 1인 원 O의 교점을 $\mathrm{P}(x,\ y)$라고 하면 삼각함수의 정의에 의해서

$\cos\theta=\dfrac{x}{1}=x$이다.

즉, θ의 값이 변할 때, $\cos\theta$의 값은 점 P의 x좌표로 정해진다.
θ의 값을 가로축에, 그에 대응하는 $\cos\theta$의 값을 세로축에 나타내면 다음 그림과 같은 함수 $y=\cos\theta$의 그래프를 얻는다.

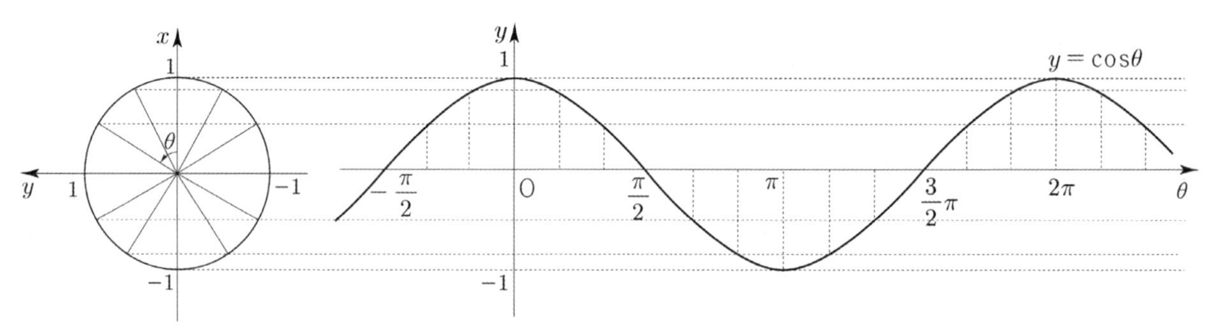

위의 함수 $y=\cos\theta$의 그래프에서 다음을 알 수 있다.

① 함수 $y=\cos\theta$의 정의역은 실수 전체의 집합이고, 치역은 $\{y\mid -1\leq y\leq 1\}$이다.
② 함수 $y=\cos\theta$의 그래프는 y축에 대하여 대칭이므로 $\cos(-\theta)=\cos\theta$가 성립한다. (즉, 우함수이다.)
③ 함수 $y=\cos\theta$의 그래프는 2π 간격으로 그 모양이 반복되므로 임의의 실수 θ에 대하여 $\cos(\theta+2n\pi)=\cos\theta$ (n은 정수)가 성립한다.
따라서 함수 $y=\cos\theta$는 주기가 2π인 주기함수이다.

함수의 정의역의 원소는 보통 x로 나타내므로 이제부터 θ를 x로 바꾸어 함수 $y=\cos\theta$를 $y=\cos x$로 나타내기로 하자.

함수 $y=\cos x$ 의 그래프의 성질

① 정의역은 실수 전체의 집합이고, 치역은 $\{y\mid -1\leq y\leq 1\}$이다.
② 그래프는 y축에 대하여 대칭이다. 즉, $\cos(-x)=\cos x$이다. (즉, 우함수이다.)
③ 주기가 2π인 주기함수이다. 즉, $\cos(x+2n\pi)=\cos x$ (n은 정수)이다.

함수 $y=a\cos(bx+c)+d$

함수 $y=a\cos(bx+c)+d$에 대하여 최댓값, 최솟값, 주기는 다음과 같다.

최댓값 : $|a|+d$, 최솟값 : $-|a|+d$, 주기 : $\frac{2\pi}{|b|}$

ex1 $y=\cos 2x$

최댓값 : 1, 최솟값 : -1, 주기 : $\frac{2\pi}{2}=\pi$

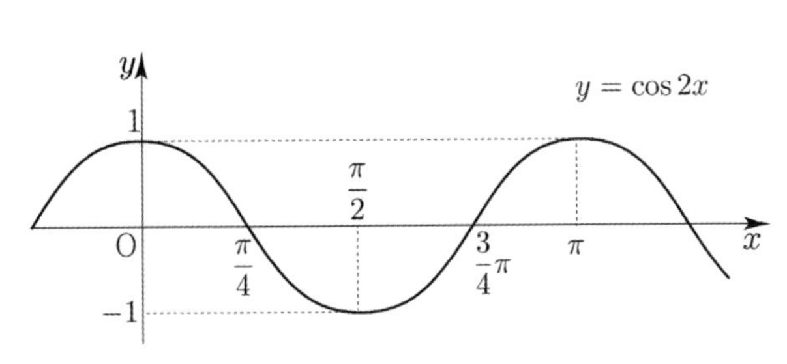

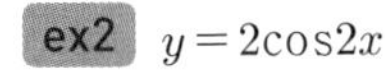

ex2 $y=2\cos 2x$

최댓값 : 2, 최솟값 : -2, 주기 : $\frac{2\pi}{2}=\pi$

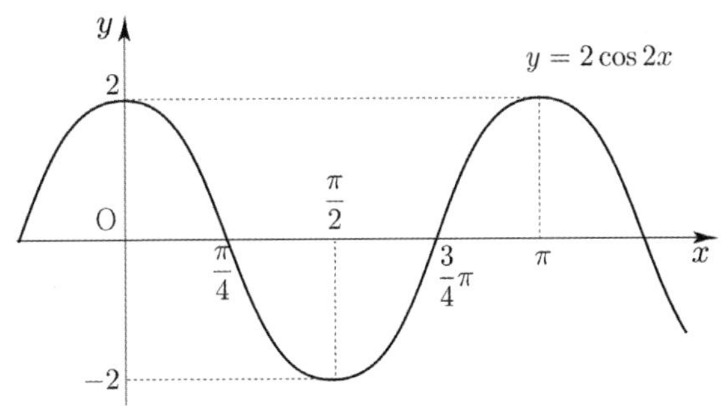

ex3 $y=-2\cos 2x$

최댓값 : 2, 최솟값 : -2, 주기 : $\frac{2\pi}{2}=\pi$

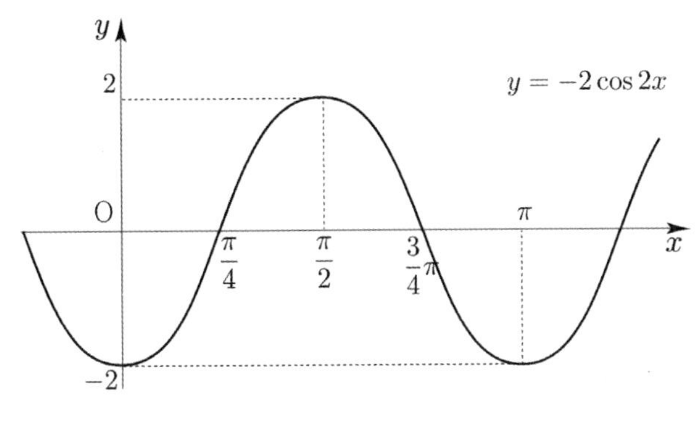

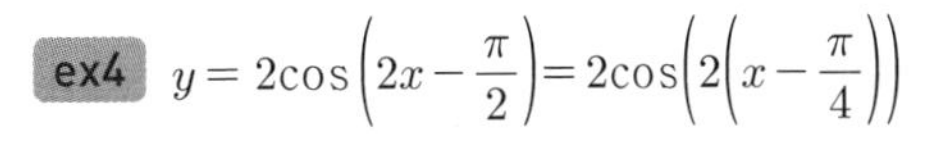

ex4 $y=2\cos\left(2x-\frac{\pi}{2}\right)=2\cos\left(2\left(x-\frac{\pi}{4}\right)\right)$

최댓값 : 2, 최솟값 : -2, 주기 : $\frac{2\pi}{2}=\pi$

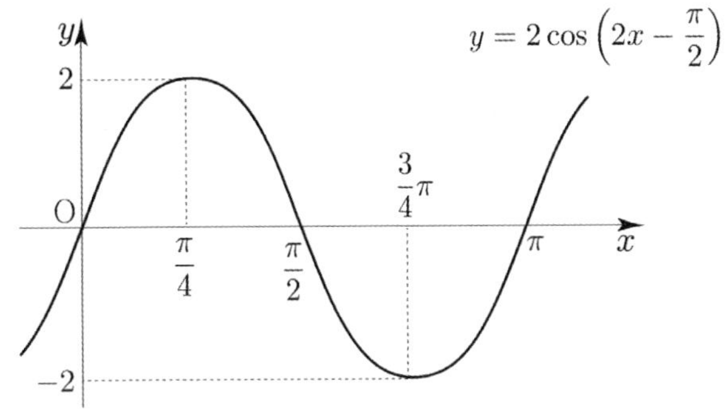

ex5 $y=2\cos\left(2x-\frac{\pi}{2}\right)-2$

최댓값 : 0, 최솟값 : -4, 주기 : $\frac{2\pi}{2}=\pi$

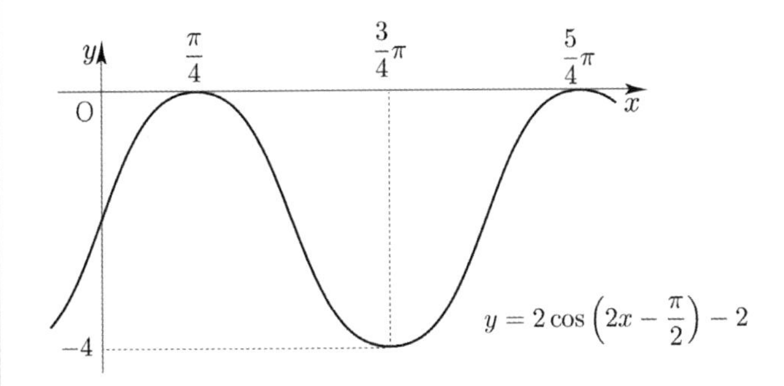

예제 2

$y=-\cos 4x$의 주기와 치역을 구하고, 그 그래프를 그리시오.

풀이

주기는 $\frac{2\pi}{4}=\frac{\pi}{2}$이고 치역은 $\{y \mid -1 \le y \le 1\}$이다.

$y=f(x) \Rightarrow y=-f(x)$이므로 $y=\cos 4x$를 그린 후 x축에 대칭시켜 주면 된다.

따라서 함수 $y=-\cos 4x$의 그래프는 다음과 같다.

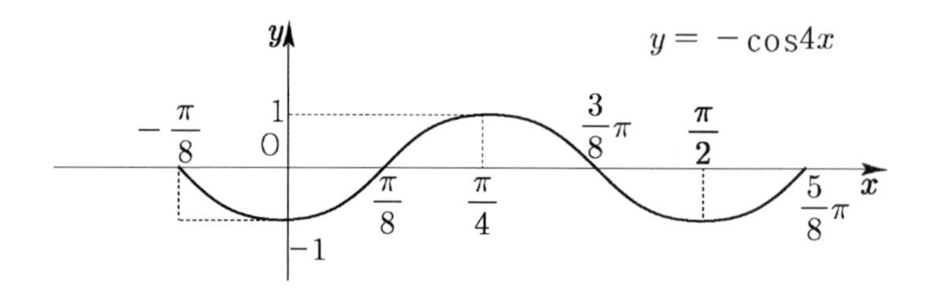

개념 확인문제 2 다음 함수의 주기와 치역을 구하고, 그 그래프를 그리시오.

(1) $y=\cos 2x$

(2) $y=-\cos(-x)$

(3) $y=\cos(2x-\pi)$

개념 파악하기 (3) 함수 $y=\tan x$ 의 그래프는 어떻게 그릴까?

함수 $y=\tan x$ 의 그래프

오른쪽 그림과 같이 좌표평면 위에서 크기가 θ인 각을 나타내는 동경과 반지름의 길이가 1인 원 O의 교점을 $\mathrm{P}(x,\ y)$라고 하고, 점 $\mathrm{A}(1,\ 0)$에서 원 O의 접선과 동경 OP의 교점을 $\mathrm{T}(1,\ t)$라고 하면 삼각함수의 정의에 의해서

$\tan\theta=\dfrac{y}{x}=\dfrac{t}{1}=t\ (x\neq 0)$이다.

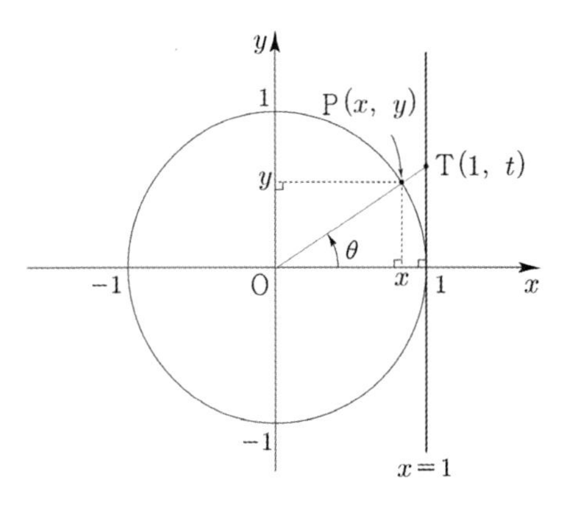

즉, θ의 값이 변할 때, $\tan\theta$의 값은 점 T의 y좌표로 정해진다.
θ의 값을 가로축에, 그에 대응하는 $\tan\theta$의 값을 세로축에 나타내면 다음 그림과 같은 함수 $y=\tan\theta$의 그래프를 얻는다.

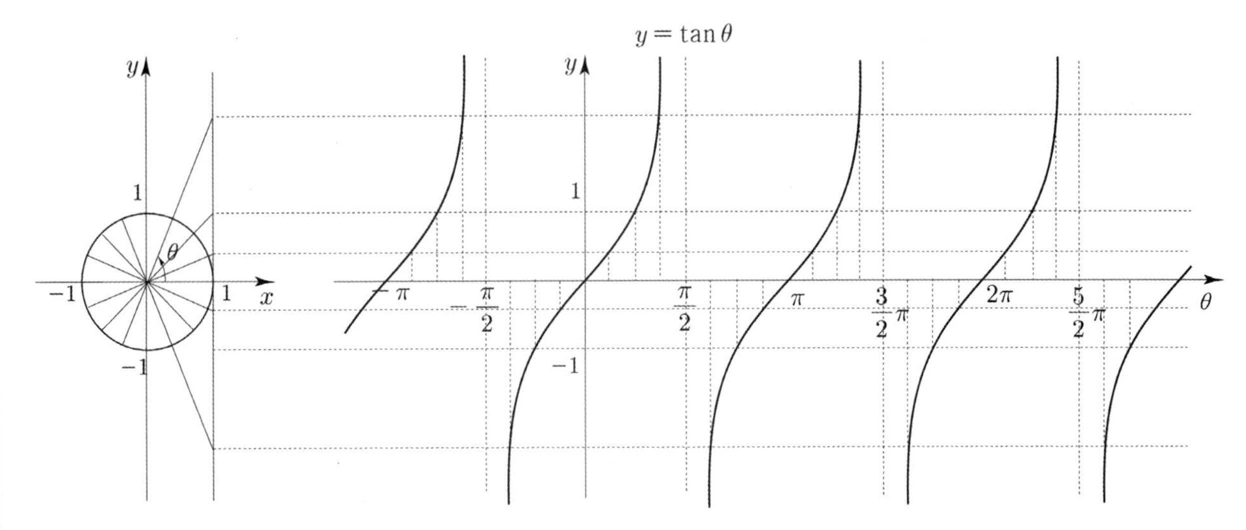

위의 함수 $y=\tan\theta$의 그래프에서 다음을 알 수 있다.

① 함수 $y=\tan\theta$의 정의역은 $n\pi+\dfrac{\pi}{2}$ (n은 정수)를 제외한 실수 전체의 집합이고, 치역은 실수 전체의 집합이다.

② 임의의 정수 n에 대하여 직선 $\theta=n\pi+\dfrac{\pi}{2}$는 함수 $y=\tan\theta$의 그래프의 점근선이다.

③ 함수 $y=\tan\theta$의 그래프는 원점에 대하여 대칭이므로 $\tan(-\theta)=-\tan\theta$가 성립한다. (즉, 기함수이다.)

④ 함수 $y=\tan\theta$의 그래프는 π 간격으로 그 모양이 반복되므로 임의의 실수 θ에 대하여
$\tan(\theta+n\pi)=\tan\theta$ (n은 정수)가 성립한다.
따라서 함수 $y=\tan\theta$는 주기가 π인 주기함수이다.

함수의 정의역의 원소는 보통 x로 나타내므로 이제부터 θ를 x로 바꾸어 함수 $y=\tan\theta$를 $y=\tan x$로 나타내기로 하자.

함수 $y=\tan x$의 성질

① 정의역은 $n\pi+\frac{\pi}{2}$ (n은 정수)를 제외한 실수 전체의 집합이고, 치역은 실수 전체의 집합이다.

② 그래프의 점근선은 직선 $x=n\pi+\frac{\pi}{2}$ (n은 정수)이다.

③ 그래프는 원점에 대하여 대칭이다. 즉, $\tan(-x)=-\tan x$가 성립한다. (즉, 기함수이다.)

④ 주기가 π인 주기함수이다. 즉, $\tan(x+n\pi)=\tan x$ (n은 정수)이다.

Tip $x>0$인 첫 번째 점근선 $x=\frac{\pi}{2}$는 주기의 반임을 기억하자.

함수 $y=a\tan(bx+c)+d$

함수 $y=a\tan(bx+c)+d$에 대하여 최댓값, 최솟값, 주기는 다음과 같다.

최댓값 : 없음, 최솟값 : 없음, 주기 : $\frac{\pi}{|b|}$

예제 3

$y=\tan 2x$의 주기와 점근선을 구하고, 그 그래프를 그리시오.

풀이

주기는 $\frac{\pi}{2}$이고 첫 번째 양수인 점근선은 주기 $\frac{\pi}{2}$의 반이므로 $x=\frac{\pi}{4}$이다.

일반화를 하면 점근선은 $x=\frac{\pi}{2}n+\frac{\pi}{4}$($n$은 정수)이다. 따라서 함수 $y=\tan 2x$의 그래프는 다음과 같다.

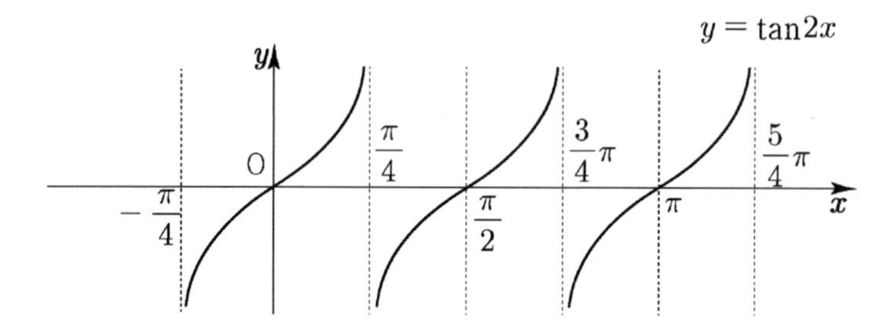

개념 확인문제 3 다음 함수의 주기와 점근선을 구하고, 그 그래프를 그리시오.

(1) $y=-\tan x$

(2) $y=\tan\left(2x-\frac{\pi}{2}\right)$

개념 파악하기

(4) 삼각함수에는 어떤 성질이 있을까?

$\pi+x$의 삼각함수

다음 그림에서 두 함수 $y=\sin x$, $y=\cos x$의 그래프를 x축의 방향으로 $-\pi$만큼 평행이동하면 각각 $y=-\sin x$, $y=-\cos x$의 그래프와 일치함을 알 수 있다.

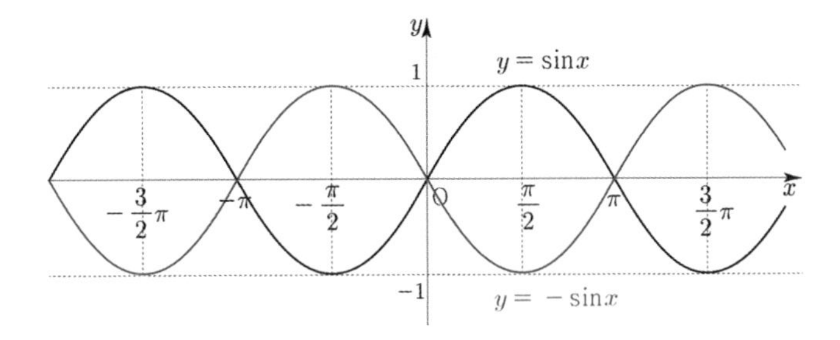

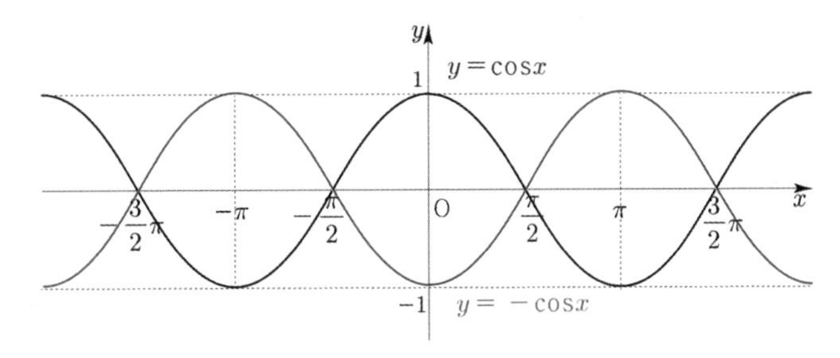

따라서 임의의 실수 x에 대하여 $\sin(\pi+x)=-\sin x$, $\cos(\pi+x)=-\cos x$이다.

한편 함수 $y=\tan x$는 주기가 π이므로 임의의 실수 x에 대하여 $\tan(\pi+x)=\tan x$이다.

Tip 함수 $y=f(x)$의 그래프를 x축의 방향으로 a만큼, y축의 방향으로 b만큼 평행이동하면 $y=f(x-a)+b$이다.

$\pi+x$의 삼각함수 요약

① $\sin(\pi+x)=-\sin x$
② $\cos(\pi+x)=-\cos x$
③ $\tan(\pi+x)=\tan x$

Tip x대신 $-x$를 대입하면
① $\sin(\pi-x)=-\sin(-x)=\sin x$
② $\cos(\pi-x)=-\cos(-x)=-\cos x$
③ $\tan(\pi-x)=\tan(-x)=-\tan x$

삼각함수

$\frac{\pi}{2}+x$의 삼각함수

다음 그림에서 함수 $y=\cos x$의 그래프를 x축의 방향으로 $\frac{\pi}{2}$만큼 평행이동하면 함수 $y=\sin x$의 그래프와 일치함을 알 수 있다.

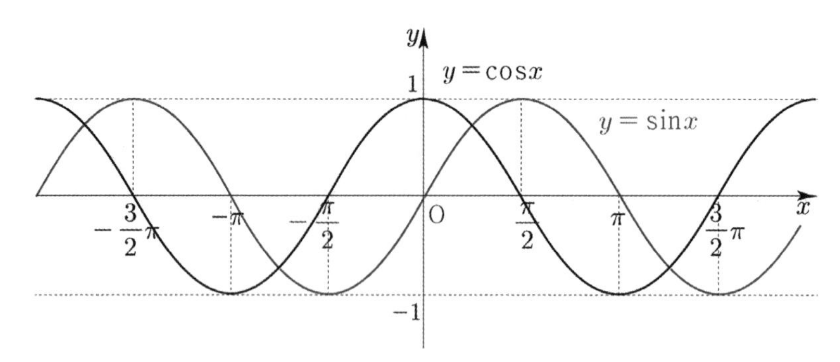

따라서 임의의 실수 x에 대하여 $\cos\left(x-\frac{\pi}{2}\right)=\sin x$ … ㉠

이다. ㉠의 양변에 x대신 $\frac{\pi}{2}+x$를 대입하면

$\cos x=\sin\left(\frac{\pi}{2}+x\right)$ … ㉡

이고, ㉡의 양변에 x대신 $\frac{\pi}{2}+x$를 대입하면

$\cos\left(\frac{\pi}{2}+x\right)=\sin(\pi+x)=-\sin x$ … ㉢

이다. 한편 $\tan x=\frac{\sin x}{\cos x}$이므로 ㉡, ㉢에서 다음이 성립함을 알 수 있다.

$$\tan\left(\frac{\pi}{2}+x\right)=\frac{\sin\left(\frac{\pi}{2}+x\right)}{\cos\left(\frac{\pi}{2}+x\right)}=\frac{\cos x}{-\sin x}=-\frac{1}{\tan x}$$

$\frac{\pi}{2}+x$의 삼각함수 요약

① $\sin\left(\frac{\pi}{2}+x\right)=\cos x$

② $\cos\left(\frac{\pi}{2}+x\right)=-\sin x$

③ $\tan\left(\frac{\pi}{2}+x\right)=-\frac{1}{\tan x}$

Tip x대신 $-x$를 대입하면

① $\sin\left(\frac{\pi}{2}-x\right)=\cos(-x)=\cos x$

② $\cos\left(\frac{\pi}{2}-x\right)=-\sin(-x)=\sin x$

③ $\tan\left(\frac{\pi}{2}-x\right)=-\frac{1}{\tan(-x)}=\frac{1}{\tan x}$

개념 파악하기 (5) 실전에서 삼각함수의 성질을 어떻게 적용할 수 있을까?

삼각함수의 각바꾸기

이전까지 삼각함수의 성질에 대해 배웠다. 이제 이를 적용하여 실전에서 각을 바꾸는 방법에 대해 알아보자.
실전에서 빠르게 각을 바꾸기 위하여 아래와 같은 규칙들을 기억하도록 하자.

① $\frac{n}{2}\pi \pm \theta$ (n은 짝수) 꼴

1단계) 함수는 바뀌지 않는다.

$$\sin\left(\frac{n}{2}\pi \pm \theta\right) \Rightarrow \sin\theta,\ \cos\left(\frac{n}{2}\pi \pm \theta\right) \Rightarrow \cos\theta,\ \tan\left(\frac{n}{2}\pi \pm \theta\right) \Rightarrow \tan\theta$$

2단계) $\frac{n}{2}\pi \pm \theta$ 가 제 몇 사분면에 위치하는지 파악한다. (단, θ는 무조건 예각으로 본다.)

Tip θ가 어떤 각이든지 공식이 성립함을 앞에서 삼각함수의 그래프로 증명하였다.
이와 별개로 암기하기 쉽도록 θ가 모두 양수인 예각으로 간주하여 접근하는 메커니즘을 서술한 것이다.

3단계) 올싸탄코를 사용하여 삼각함수 앞에 부호를 결정해준다.

ex1 $\sin(\pi+\theta)$

1단계) $\frac{2}{2}\pi = \pi$이므로 $n=2$은 짝수이다. $\Rightarrow \sin\theta$

2단계) θ는 예각이므로 $\pi+\theta$는 제 3사분면에 위치한다.

3단계) $\sin$ 입장에서 $-$ 이므로 $-\sin\theta$이다.

따라서 $\sin(\pi+\theta) = -\sin\theta$이다.

ex2 $\sin(\pi-\theta)$

1단계) $\frac{2}{2}\pi = \pi$이므로 $n=2$은 짝수이다. $\Rightarrow \sin\theta$

2단계) θ는 예각이므로 $\pi-\theta$는 제 2사분면에 위치한다.

3단계) $\sin$ 입장에서 $+$이므로 $\sin\theta$이다.

따라서 $\sin(\pi-\theta) = \sin\theta$이다.

② $\frac{n}{2}\pi \pm \theta$ (n은 홀수) 꼴

1단계) 함수가 바뀐다.

$$\sin\left(\frac{n}{2}\pi \pm \theta\right) \Rightarrow \cos\theta,\ \cos\left(\frac{n}{2}\pi \pm \theta\right) \Rightarrow \sin\theta,\ \tan\left(\frac{n}{2}\pi \pm \theta\right) \Rightarrow \frac{1}{\tan\theta}$$

2단계) $\frac{n}{2}\pi \pm \theta$ 가 제 몇 사분면에 위치하는지 파악한다. (단, θ는 무조건 예각으로 본다.)

3단계) 올싸탄코를 사용하여 삼각함수 앞에 부호를 결정해준다. (단, 바뀌기 전의 함수를 기준으로 부호를 결정한다.)

ex1 $\cos\left(\frac{\pi}{2}+\theta\right)$

1단계) $\frac{1}{2}\pi = \frac{\pi}{2}$이므로 $n=1$은 홀수이다. $\Rightarrow \sin\theta$

2단계) θ는 예각이므로 $\frac{\pi}{2}+\theta$는 제 2사분면에 위치한다.

3단계) 바뀌기 전 $\cos$ 입장에서 $-$ 이므로 $-\sin\theta$이다.

따라서 $\cos\left(\frac{\pi}{2}+\theta\right) = -\sin\theta$이다.

ex2 $\cos\left(\frac{3}{2}\pi+\theta\right)$

1단계) $\frac{3}{2}\pi$ 이므로 $n=3$은 홀수이다. $\Rightarrow \sin\theta$

2단계) θ는 예각이므로 $\frac{3}{2}\pi+\theta$는 제 4사분면에 위치한다.

3단계) 바뀌기 전 $\cos$ 입장에서 $+$이므로 $\sin\theta$이다.

따라서 $\cos\left(\frac{3}{2}\pi+\theta\right) = \sin\theta$이다.

③ $-\theta$ 꼴

사인함수는 기함수, 코사인함수는 우함수, 탄젠트함수는 기함수이므로

$\sin(-\theta) = -\sin\theta$, $\cos(-\theta) = \cos\theta$, $\tan(-\theta) = -\tan\theta$

ex1 $\cos\left(-\frac{\pi}{3}\right)$

$\cos\left(-\frac{\pi}{3}\right) = \cos\frac{\pi}{3} = \frac{1}{2}$

ex2 $-\sin\left(-\frac{\pi}{6}\right)$

$-\sin\left(-\frac{\pi}{6}\right) = -\left(-\sin\frac{\pi}{6}\right) = \sin\frac{\pi}{6} = \frac{1}{2}$

④ 주기$\times n \pm \theta$꼴 (주기제거법 or 주기추가법)

sin, cos의 주기는 2π, tan의 주기가 π인 것을 고려하면 주기$\times n$을 더하거나 빼도 상관없다.

$\sin(2\pi n \pm \theta) = \sin(\pm\theta)$, $\cos(2\pi n \pm \theta) = \cos(\pm\theta)$, $\tan(\pi n \pm \theta) = \tan(\pm\theta)$

ex1 $\cos(-690^\circ)$

$\cos(-690^\circ) = \cos(360^\circ \times 2 - 690^\circ)$

$= \cos 30^\circ = \frac{\sqrt{3}}{2}$

ex2 $\sin\left(2\pi + \frac{\pi}{6}\right)$

$\sin\left(2\pi + \frac{\pi}{6}\right) = \sin\frac{\pi}{6} = \frac{1}{2}$

물론 ① $\frac{n}{2}\pi \pm \theta$ (n은 짝수) 꼴로 처리해도 되지만 주기$\times n$을 빼주는 것이 더 편하다.

⑤ $\alpha + \beta = \pi$이면 $\sin\alpha = \sin\beta$

ex1 $\sin 120^\circ$

$\sin 120^\circ = \sin 60^\circ = \frac{\sqrt{3}}{2}$

ex2 $\sin 210^\circ$

$\sin 210^\circ = \sin(-30^\circ) = -\frac{1}{2}$

$\frac{n}{2}\pi \pm \theta$꼴로 처리해도 되지만 sin의 경우 합이 π이면 똑같다는 사실을 기억하면 더 쉽고 빠르게 구할 수 있다.

cos도 이와 비슷한 규칙이 있지만 $\frac{n}{2}\pi \pm \theta$꼴로 처리하는 것을 추천한다.

예제 4

다음 삼각함수의 값을 구하시오.

(1) $\sin\left(-\frac{4}{3}\pi\right)$ (2) $\cos 120^\circ$ (3) $\tan\frac{5}{4}\pi$

풀이

(1) 풀이1) $\sin\left(-\frac{4}{3}\pi\right) = -\sin\left(\frac{4}{3}\pi\right)$ ($\because \sin(-x) = -\sin x$)

$-\sin\left(\frac{4}{3}\pi\right) = -\sin\left(-\frac{\pi}{3}\right)$ ($\because \alpha + \beta = \pi \Rightarrow \sin\alpha = \sin\beta$)

$-\sin\left(-\frac{\pi}{3}\right) = \sin\frac{\pi}{3} = \frac{\sqrt{3}}{2}$ ($\because \sin(-x) = -\sin x$)

풀이2) $\sin\left(-\frac{4}{3}\pi\right) = -\sin\left(\frac{4}{3}\pi\right)$ ($\because \sin(-x) = -\sin x$)

$-\sin\left(\frac{4}{3}\pi\right) = -\sin\left(\pi + \frac{\pi}{3}\right)$

$\sin\left(\pi + \frac{\pi}{3}\right)$를 구하기 위해서 $\frac{n}{2}\pi \pm \theta$ (n은 짝수) 꼴을 활용하면

1단계) $\frac{2}{2}\pi = \pi$이므로 $n = 2$은 짝수이다. $\Rightarrow \sin\frac{\pi}{3}$

2단계) $\pi + \frac{\pi}{3}$는 제 3사분면에 위치한다.

3단계) sin 입장에서 $-$ 이므로 $-\sin\frac{\pi}{3}$이다.

$\sin\left(\pi + \frac{\pi}{3}\right) = -\sin\frac{\pi}{3}$이므로

$-\sin\left(\pi + \frac{\pi}{3}\right) = -\left(-\sin\frac{\pi}{3}\right) = \sin\frac{\pi}{3} = \frac{\sqrt{3}}{2}$

(2) $\cos 120^\circ = \cos\left(\frac{\pi}{2} + \frac{\pi}{6}\right)$

$\frac{n}{2}\pi \pm \theta$ (n은 홀수) 꼴을 활용하면

1단계) $\frac{1}{2}\pi = \frac{\pi}{2}$이므로 $n = 1$은 홀수이다. $\Rightarrow \sin\frac{\pi}{6}$

2단계) $\frac{\pi}{2} + \frac{\pi}{6}$는 제 2사분면에 위치한다.

3단계) 바뀌기 전 cos 입장에서 $-$ 이므로 $-\sin\frac{\pi}{6} = -\frac{1}{2}$이다.

Tip $\cos 120^\circ = \cos\frac{2}{3}\pi = -\frac{1}{2}$, $\sin 120^\circ = \sin\frac{2}{3}\pi = \frac{\sqrt{3}}{2}$은 정말 잘 나오니 기억해두는 편이 좋다.

(3) $\tan\frac{5}{4}\pi = \tan\left(\pi + \frac{\pi}{4}\right) = \tan\frac{\pi}{4} = 1$ ($\because$ 주기제거법)

개념 확인문제 4 다음 삼각함수의 값을 구하시오.

(1) $\cos\left(\frac{5}{4}\pi\right)$ (2) $\sin 240^\circ$ (3) $\tan\left(-\frac{5}{6}\pi\right)$

개념 파악하기 (6) 삼각함수가 포함된 방정식과 부등식은 어떻게 풀까?

삼각함수가 포함된 방정식과 부등식

방정식 $\sin x=\frac{1}{2}$, 부등식 $\cos x<\frac{\sqrt{3}}{2}$과 같이 삼각함수를 포함하는 방정식과 부등식은 삼각함수의 그래프를 이용하여 풀 수 있다.

Tip 삼각함수의 대칭성과 주기성을 적극 활용한다.

치환을 이용하는 방정식과 부등식

$\cos\left(2x+\frac{\pi}{3}\right)=\frac{1}{2}$ $(0<x<\pi)$와 같은 방정식이나 $\cos\left(2x+\frac{\pi}{3}\right)\leq\frac{1}{2}$ $(0<x<\pi)$와 같은 부등식을 풀 때,

$2x+\frac{\pi}{3}=t$ 로 치환해서 구한다.

치환하면 범위조심 ! $\left(0<x<\pi \Rightarrow \frac{\pi}{3}<t<2\pi+\frac{\pi}{3}\right)$

치환한 뒤 기본 꼴로 고쳐서 구하는 것이 훨씬 쉽다.

Tip t로 치환했으면 반드시 답을 x로 변환해줘야 한다.

예제 5

방정식 $\sin x = \frac{\sqrt{3}}{2}$을 푸시오. (단, $0 \le x < \pi$)

풀이

방정식 $\sin x = \frac{\sqrt{3}}{2}$의 해는 함수 $y = \sin x\ (0 \le x < \pi)$의 그래프와 $y = \frac{\sqrt{3}}{2}$의 교점의 x좌표와 같다.

$0 < x < \frac{\pi}{2}$ 범위에서 $\sin x = \frac{\sqrt{3}}{2}$을 만족시키는

$x = \frac{\pi}{3}$이다.

대칭성을 활용해서 a를 구하면 편하다.

즉, 두 점 $\left(\frac{\pi}{3}, \frac{\sqrt{3}}{2}\right)$, $\left(a, \frac{\sqrt{3}}{2}\right)$의 중점이 $\left(\frac{\pi}{2}, \frac{\sqrt{3}}{2}\right)$

이므로 $\frac{\frac{\pi}{3}+a}{2} = \frac{\pi}{2} \Rightarrow \frac{\pi}{3}+a = 2\times\frac{\pi}{2} \Rightarrow a = \frac{2}{3}\pi$

따라서 답은 $x = \frac{\pi}{3}$ 또는 $x = \frac{2\pi}{3}$이다.

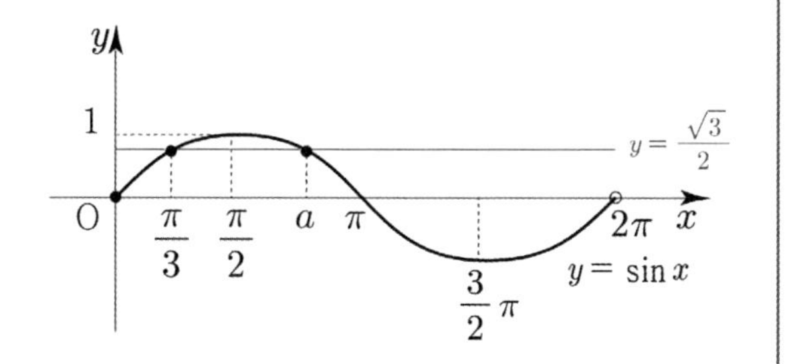

Tip $\sin x$, $\cos x$는 $0 < x < \frac{\pi}{2}$, $\tan x$는 $-\frac{\pi}{2} < x < \frac{\pi}{2}$에서 $\frac{\pi}{3}$, $\frac{\pi}{4}$, $\frac{\pi}{6}$와 같은 특수각에 대한 함숫값들은 다 외우는 편이 좋다.

개념 확인문제 5 다음 방정식을 푸시오. (단, $0 \le x < 2\pi$)

(1) $\sin x = \frac{1}{2}$

(2) $\tan x = 1$

(3) $\cos x = -\frac{1}{2}$

예제 6

부등식 $\cos 2x < \frac{1}{2}$을 푸시오. (단, $0 \le x < \pi$)

풀이

$2x = t$로 치환한다. 치환하면 범위조심! $(0 \le t < 2\pi)$

$\cos t < \frac{1}{2}$ $(0 \le t < 2\pi)$을 풀면 된다.

부등식의 해는 함수 $y = \cos t$ $(0 \le t < 2\pi)$의 그래프가 $y = \frac{1}{2}$보다 아래쪽에 있는 부분의 t의 값의 범위와 같다.

$0 < t < \frac{\pi}{2}$ 범위에서 $\cos t = \frac{1}{2}$을 만족시키는 $t = \frac{\pi}{3}$이다.

대칭성을 활용해서 a를 구하면 편하다.

즉, 두 점 $\left(\frac{\pi}{3}, \frac{1}{2}\right)$, $\left(a, \frac{1}{2}\right)$의 중점이 $\left(\pi, \frac{1}{2}\right)$

이므로 $\frac{\frac{\pi}{3}+a}{2} = \pi \Rightarrow \frac{\pi}{3}+a = 2\times\pi \Rightarrow a = \frac{5}{3}\pi$

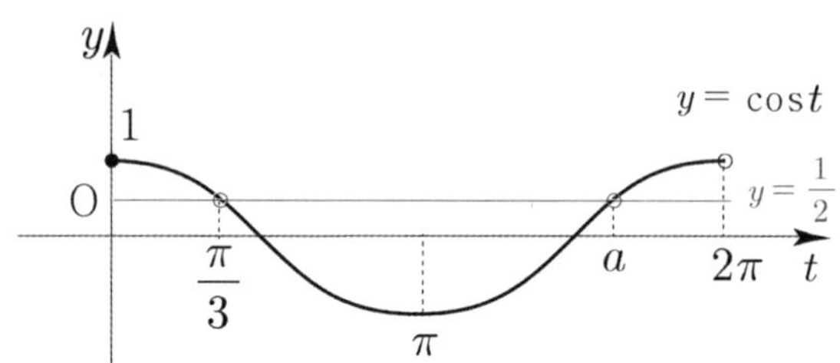

다시 x로 돌려주면

$\frac{\pi}{3} < t < \frac{5}{3}\pi \Rightarrow \frac{\pi}{3} < 2x < \frac{5}{3}\pi \Rightarrow \frac{\pi}{6} < x < \frac{5}{6}\pi$, 따라서 답은 $\frac{\pi}{6} < x < \frac{5}{6}\pi$이다.

Tip 대칭성을 활용할 때, 어차피 계산하려면 분모의 2를 우변으로 넘겨야 하기 때문에
$\frac{a+c}{2} = b$와 같은 형태보다는 $a+c = 2\times b$와 같은 형태를 기억하는 편이 좋다.
정말 잘 나오니 대칭성을 활용할 때, 곧바로 $a+c = 2\times b$라는 식을 세울 수 있도록 하자.

개념 확인문제 6 다음 부등식을 푸시오. (단, $0 \le x < 2\pi$)

(1) $\sin\frac{x}{2} > \frac{1}{2}$

(2) $\tan x < 1$

규토 라이트 N제

삼각함수

Training – 1 step

필수 유형편

2. 삼각함수의 그래프

Theme 1 삼각함수의 주기

001

함수 $f(x)$가 다음 조건을 만족시킨다.

(가) 모든 실수 x에 대하여 $f(x+2)=f(x)$이다.
(나) $0 \le x < 2$일 때, $f(x)=\sin\frac{\pi}{2}x$이다.

$f\left(\frac{16}{3}\right)$의 값은?

① $-\frac{\sqrt{3}}{2}$　② $-\frac{\sqrt{2}}{2}$　③ $-\frac{1}{2}$
④ $\frac{1}{2}$　⑤ $\frac{\sqrt{3}}{2}$

002

함수 $y=2\cos\frac{\pi}{3a}x+1$의 주기가 12이고,

함수 $y=-\tan\frac{\pi}{4}x$의 주기가 b일 때,

$a+b$의 값을 구하시오. (단, $a>0$)

003

함수 $f(x)=\cos\left(ax+\frac{\pi}{6}\right)$의 주기가 6π일 때,

$f\left(-\frac{5}{2}\pi\right)=b$이다. $30(a-b)$의 값을 구하시오. (단, $a>0$)

Theme 2 삼각함수의 대소비교

004

$A=\sin(-1)$, $B=\sin(-2)$, $C=\sin(-3)$의

대소 관계를 나타내시오.

005

$A=\sin\frac{3}{8}\pi$, $B=\cos\frac{3}{8}\pi$, $C=\tan\frac{3}{8}\pi$의

대소 관계를 나타내시오.

006

$\frac{\pi}{2}<a<b<\pi$일 때,

$A=\frac{a}{b}$, $B=\frac{\tan a}{\tan b}$의 대소 관계를 나타내시오.

Theme 3 삼각함수의 대칭이동과 평행이동

007

함수 $y=\sin x$ 의 그래프를 x축의 방향으로 π만큼 평행이동한 후, 원점에 대하여 대칭이동한 그래프를 나타내는 함수를 구하시오.

008

함수 $y=2\cos\frac{\pi}{3}x$의 그래프를 x축의 방향으로 1만큼, y축의 방향으로 -3만큼 평행이동한 그래프를 나타내는 함수를 $y=f(x)$라 하자. 함수 $f(x)$ 의 주기를 p라 할 때, $f\left(\frac{p}{2}\right)$의 값은?

① -5 ② -4 ③ -3
④ -2 ⑤ -1

009

함수 $y=\cos x$의 그래프를 x축의 방향으로 $\frac{\pi}{2}$만큼, y축의 방향으로 1만큼 평행이동한 그래프를 나타내는 함수를 $y=f(x)$라 할 때, $f(3\pi+x)+f(5\pi-x)$의 값을 구하시오.

Theme 4 삼각함수의 대칭성

010

아래 그림은 함수 $f(x)=\sin\frac{\pi}{2}x$의 그래프이다.

$f(a)=f(b)=\frac{3}{4}$, $f(c)=f(d)=-\frac{1}{3}$일 때,

$a+b+c+d$의 값을 구하시오.
(단, $0<a<b<c<d<4$)

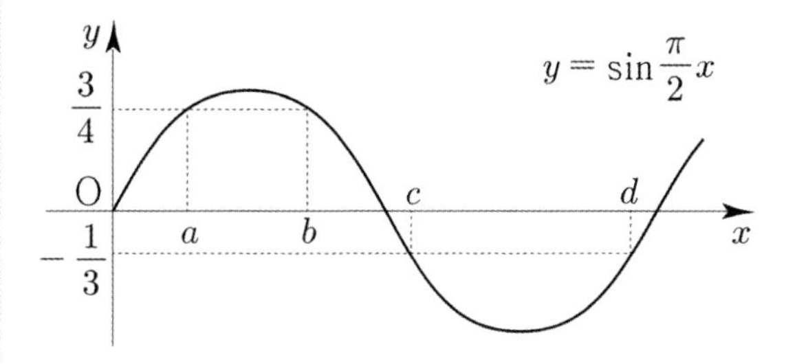

011

아래 그림과 같이 $y=\sin\pi x$의 그래프와 x축 사이에 직사각형 ABCD가 내접하고 있다. $\overline{\mathrm{AD}}=\frac{2}{3}$일 때, 직사각형 ABCD의 넓이는 S이다. $30S$의 값을 구하시오.

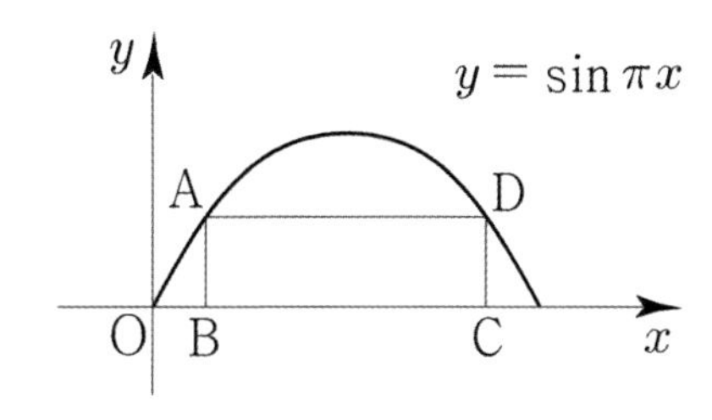

012

그림과 같이 좌표평면에 $\overline{BC}=6$, $\overline{CD}=4$인 직사각형 ABCD가 y축에 대하여 대칭이고 변 AD가 x축 위에 있도록 놓여 있다. 함수 $y=a\sin b\pi x+c$의 그래프는 두 꼭짓점 B, D를 지나며 점 D가 아닌 한 점에서 선분 AD와 접하고, 점 B가 아닌 한 점에서 선분 BC와 접한다. $a+2b-3c$의 값은? (단, $b>0$)

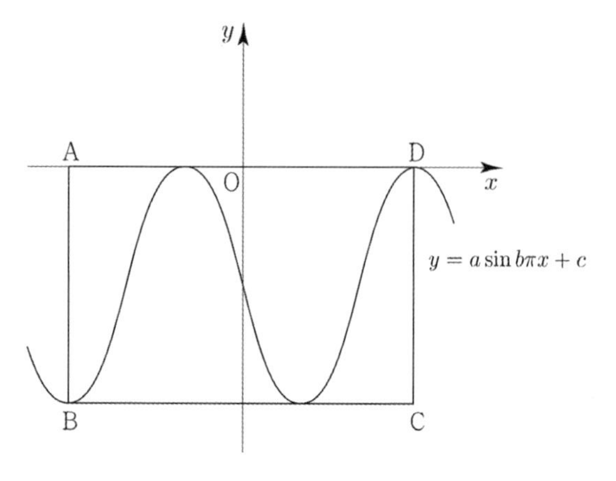

013

그림과 같이 양의 상수 a에 대하여 곡선 $y=2\cos ax\left(0\le x\le \dfrac{2\pi}{a}\right)$와 직선 $y=1$이 만나는 두 점을 각각 A, B라 하고, 직선 $y=-1$이 만나는 두 점을 각각 C, D라 하자. 사각형 ABDC의 넓이가 $\dfrac{\pi}{3}$일 때, a의 값을 구하시오.

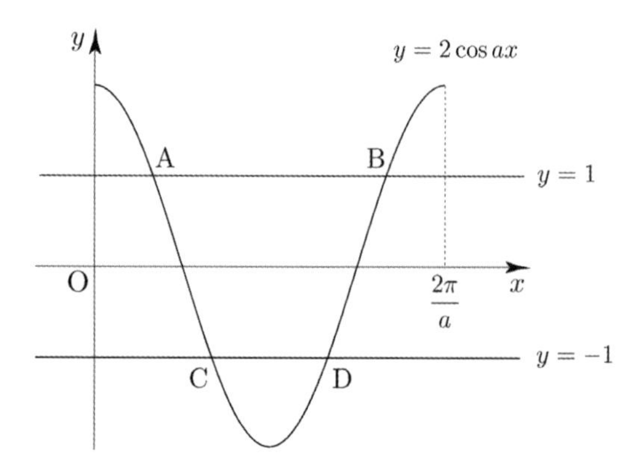

014

양수 a에 대하여 집합 $\left\{x \,\middle|\, 0\le x<\dfrac{3}{4}a,\ x\ne\dfrac{a}{4}\right\}$에서 정의된 함수 $f(x)=\dfrac{1}{2}\tan\dfrac{2\pi}{a}x$가 있다.

그림과 같이 함수 $y=f(x)$의 그래프 위의 세 점 A, $\left(\dfrac{a}{2},\ 0\right)$, B를 지나는 직선이 있다.

점 A를 지나고 x축에 평행한 직선이 함수 $y=f(x)$의 그래프와 만나는 점 중 A가 아닌 점을 C라 하자.

$\overline{BA}=\overline{BC}$이고, 삼각형 ABC의 넓이가 1일 때, a의 값을 구하시오.

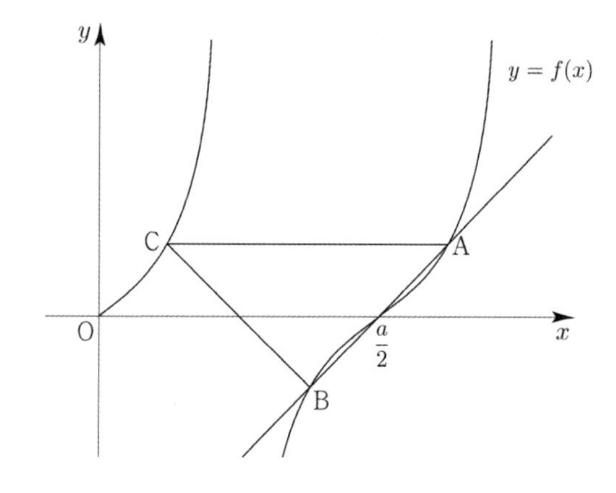

Theme 5

삼각함수의 미정계수의 결정

015

함수 $y=a\sin(bx-c)$의 그래프가 아래 그림과 같을 때, 상수 a, b, c에 대하여 $\frac{3abc}{\pi}$의 값을 구하시오.

(단, $a>0$, $b>0$, $2\pi<c<3\pi$)

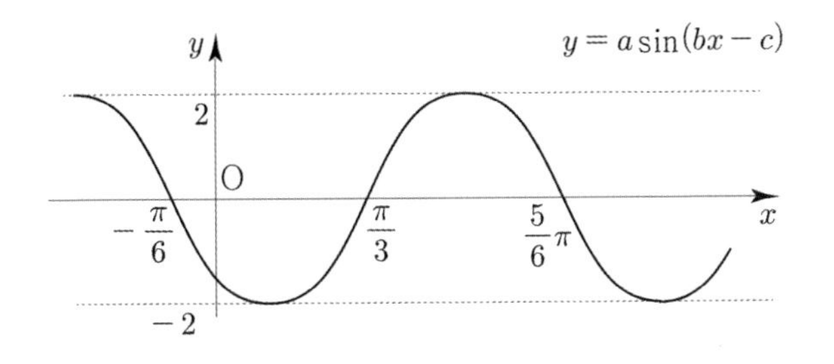

016

함수 $y=a\sin(bx-c)$의 그래프가 아래 그림과 같을 때, $\frac{-abc}{10\pi}$의 값을 구하시오.

(단, $a<0$, $b>0$, $3\pi<c<4\pi$)

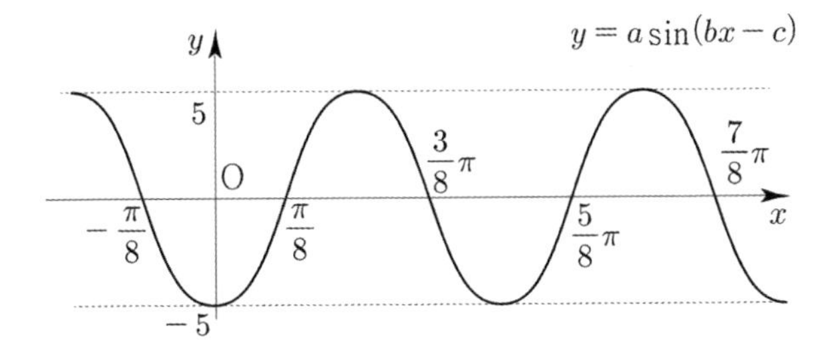

017

함수 $f(x)=a\sin(bx+c)+d$의 그래프가 그림과 같을 때, $ad+\frac{b}{c}+f(x_1)-x_2$의 값을 구하시오.

(단, $a>0$, $b>0$, $0<c<\pi$)

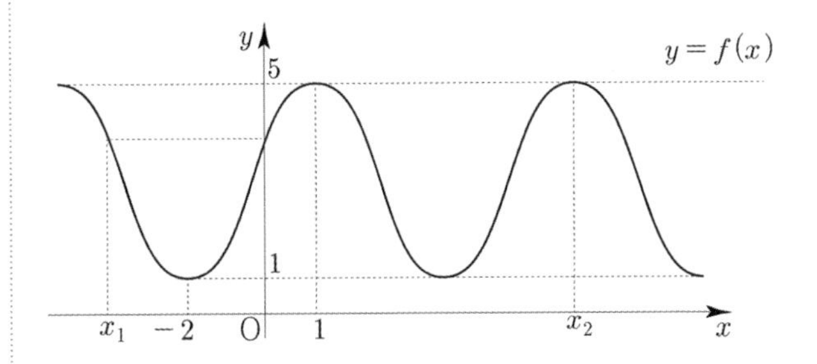

018

함수 $f(x)=a|\sin bx|+c$가 다음 조건을 만족시킬 때, $3a+b-c$의 값을 구하시오. (단, $a>0$, $b>0$)

(가) 주기가 $\frac{\pi}{5}$인 주기함수이다.

(나) 함수 $f(x)$의 최솟값은 4이다.

(다) $f\left(\frac{\pi}{10}\right)=6$

019

함수 $y=\tan(ax-b)$의 주기는 7π이고 그래프의 점근선의 방정식은 $x=7n\pi$ (n은 정수) 일 때, $\frac{\pi}{ab}$의 값을 구하시오. (단, $a>0$, $0<b<\pi$)

삼각함수

Theme 6 여러 가지 각에 대한 삼각함수

020

$\sin\frac{5}{6}\pi+\cos\left(-\frac{8}{3}\pi\right)-\dfrac{4\tan\frac{19}{3}\pi}{\tan\left(-\frac{\pi}{3}\right)}$의 값을 구하시오.

021

$\cos\theta=\frac{3}{5}$일 때,

$3\tan(\pi+\theta)\left\{\dfrac{1+\cos(\pi-\theta)}{\cos\left(\frac{\pi}{2}+\theta\right)}+\dfrac{\sin\left(\frac{3}{2}\pi+\theta\right)}{\sin(\pi+\theta)}\right\}$의 값을

구하시오.

022

$\log_2\tan\frac{\pi}{12}+\log_2\tan\frac{\pi}{4}+\log_2\tan\frac{5}{12}\pi$의 값을

구하시오.

023

$\cos^2 10^\circ+\cos^2 20^\circ+\cos^2 30^\circ+\cdots+\cos^2 80^\circ+\cos^2 90^\circ$

의 값을 구하시오.

024

$\tan 1^\circ\times\tan 2^\circ\times\tan 3^\circ\times\cdots\times\tan 88^\circ\times\tan 89^\circ=\frac{1}{3}\log_a 8$

를 만족시키는 상수 a의 값을 구하시오.

Theme 7 삼각함수를 포함한 함수의 최대와 최소

025

함수 $y=3\sin\left(x+\frac{\pi}{2}\right)-\cos x+a$의 최댓값과 최솟값의 합이 10일 때, 상수 a의 값을 구하시오.

026

함수 $y=-\left|\sin 4x-\frac{1}{2}\right|+\frac{5}{2}$의 최댓값을 M, 최솟값을 m이라 할 때, $10Mm$의 값을 구하시오.

027

$y=\frac{2\tan x-1}{\tan x+2}$이 $x=a$에서 최솟값 b를 가질 때, $\sqrt{2}\cos\frac{a}{b}$의 값을 구하시오. (단, $\frac{3}{4}\pi \le x < \frac{3}{2}\pi$)

028

함수 $f(x)=\sin^2 x-\sin\left(x-\frac{\pi}{2}\right)+2$의 최댓값을 M, 최솟값을 m이라 할 때, $4(M+m)$의 값을 구하시오.

029

함수 $y=3|\cos x|-\cos x+1$의 최댓값을 M, 최솟값을 m이라 할 때, $M+m$의 값을 구하시오.

030

함수 $y=\frac{\left|\sin\left(\frac{\pi}{2}-x\right)\right|-3}{|\cos x|+1}$의 최댓값을 M, 최솟값을 m이라 할 때, $M-m$의 값을 구하시오.

삼각함수

031

두 함수 $f(x) = -\cos^2 x - 2\sin x + 1$,

$g(x) = -x^2 + a$에 대하여 합성함수 $(g \circ f)(x)$의

최댓값과 최솟값의 합이 15일 때, a의 값을 구하시오.

032

함수 $y = \sin^2 \frac{x}{2} + 2a\cos\frac{x}{2} + 2$의 최댓값이 $\frac{7}{2}$일 때,

모든 실수 a의 값의 곱은?

① $-\frac{3\sqrt{2}}{2}$　② $-\frac{\sqrt{2}}{2}$　③ $-\frac{1}{2}$

④ $\frac{1}{2}$　⑤ $\frac{3\sqrt{2}}{2}$

Theme 8 삼각방정식과 부등식

033

$0 \le x < 8$일 때, 방정식 $\cos\frac{\pi}{2}x = \frac{2}{3}$의 모든 해의 합을

구하시오.

034

$0 \le x < \pi$일 때, 방정식 $2\sin\left(2x + \frac{\pi}{6}\right) = -1$의

모든 해의 합을 구하시오.

035

방정식 $\cos^2 x - \frac{\sin x}{2} = \frac{1}{2}$의 모든 해의 합을 구하시오.

(단, $0 \le x \le 2\pi$)

036 □□□□□

부등식 $\sin 2x - \cos 2x > 0$의 해를 구하시오.
(단, $0 \le x \le \pi$)

037 □□□□□

부등식 $2\cos^2\left(x - \frac{\pi}{3}\right) \ge 1 + \cos\left(x + \frac{\pi}{6}\right)$의 해를 구하시오. (단, $0 \le x < 2\pi$)

038 □□□□□

부등식 $1 \le 2\sin\left(\frac{1}{2}x + \frac{\pi}{3}\right) < \sqrt{3}$의 해를 구하시오.
(단, $-\pi \le x < \pi$)

039 □□□□□

모든 실수 x에 대하여 부등식
$\cos^2 x + 6\sin\left(\frac{3\pi}{2} + x\right) \ge 2 - k$이 항상 성립하도록 하는 실수 k의 최솟값을 구하시오.

040 □□□□□

함수 $f(x) = x^2 - 1$에 대하여 t에 대한 방정식
$f(2\cos 2t - 1) = 0$의 서로 다른 실근의 합을 구하시오.
(단, $0 \le t \le 2\pi$)

041 □□□□□

방정식 $\sin(\pi \cos x) = 0$의 모든 해의 합을 구하시오.
(단, $0 \le x < \pi$)

042

x에 대한 이차방정식 $x^2-2\sqrt{3}x+3\tan\theta=0$이 중근을 갖도록 하는 θ의 값을 구하시오. (단, $\pi \le \theta < \frac{3}{2}\pi$)

043

$0 \le x < 2\pi$에서 연립부등식

$$\begin{cases} \sin x \le \cos x \\ 2\sin^2 x - 5\cos x + 1 \ge 0 \end{cases}$$

의 해를 $a \le x \le b$라 할 때, $\frac{12}{\pi}(a+b)$의 값을 구하시오.

044

모든 실수 x에 대하여

$\sin^2 x + (a+3)\cos x - (3a+1) > 0$이 성립하도록 하는

정수 a의 최댓값은?

① -5　② -4　③ -3
④ -2　⑤ -1

[045~046] 함수 $f(x)=\left|4\cos\frac{\pi}{2}x+2\right|$가 있다.

45번과 46번의 두 물음에 답하시오.

045

실수 k에 대하여 방정식 $f(x)=k$ $(0 \le x \le 4)$의 서로 다른 실근의 합을 $g(k)$라 할 때,

$g(1)+g(2)+g(5)$의 값을 구하시오.

046

모든 실수 x에 대하여 $f(t) \le f(x)$를 만족시키는 실수 t $(0 \le t \le 8)$를 작은 수부터 크기순으로 나열한 것을 t_1, t_2, $\cdots$, t_m (m은 자연수)라 할 때,

$t_1+\frac{t_m}{m}$의 값을 구하시오.

Theme 9 실근 존재 및 개수

047

방정식 $\sin(\pi\cos 2x)=0$ 의 해의 개수를 구하시오.
(단, $0 \le x < 2\pi$)

048

방정식 $\cos x = \frac{1}{7}x$ 의 서로 다른 실근의 개수를 구하시오.

049

방정식 $\sin^2 x+\sin(\pi+x)=1-k$가 실근을 갖도록 하는 상수 k의 최댓값을 M, 최솟값을 m이라 할 때, $20M+m$ 의 값을 구하시오. (단, $0 \le x < 2\pi$)

050

방정식 $\sin\left(\pi \cdot 2^{-|x|+2}\right)=0$ 의 서로 다른 실근의 개수를 구하시오.

051

x에 대한 방정식 $\left|\frac{1}{4}-\sin(-x)\right|=k$가
서로 다른 3개의 실근을 갖도록 하는 실수 k의 값을 α라 할 때, 40α의 값을 구하시오. (단, $\frac{\pi}{2} \le x < \frac{5\pi}{2}$)

삼각함수

규토 라이트 N제

삼각함수

Training – 2 step

기출 적용편

2. 삼각함수의 그래프

052 • 2023년 고3 4월 교육청 공통 □□□□□

그림과 같이 함수 $y=a\tan b\pi x$의 그래프가 두 점 (2, 3), (8, 3)을 지날 때, $a^2\times b$의 값은? (단, a, b는 양수이다.) [3점]

① $\frac{1}{6}$ ② $\frac{1}{3}$ ③ $\frac{1}{2}$ ④ $\frac{2}{3}$ ⑤ $\frac{5}{6}$

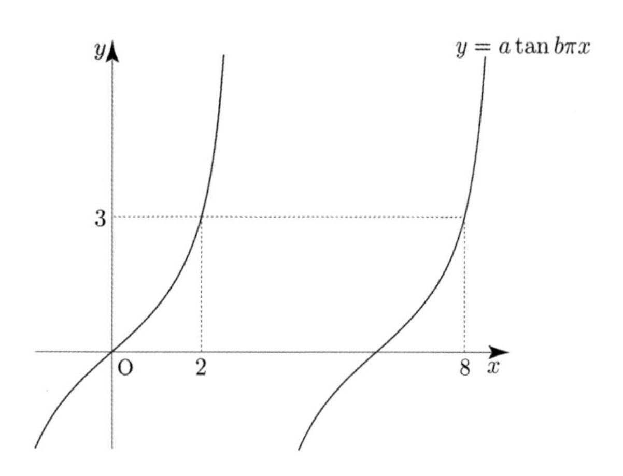

053 • 2020년 고3 10월 교육청 가형 

$\sin\left(\frac{\pi}{2}+\theta\right)\tan(\pi-\theta)=\frac{3}{5}$일 때, $30(1-\sin\theta)$의 값을 구하시오. [3점]

054 • 2023학년도 수능 공통 □□□□□

$\tan\theta<0$이고 $\cos\left(\frac{\pi}{2}+\theta\right)=\frac{\sqrt{5}}{5}$일 때, $\cos\theta$의 값은? [3점]

① $-\frac{2\sqrt{5}}{5}$ ② $-\frac{\sqrt{5}}{5}$ ③ 0 ④ $\frac{\sqrt{5}}{5}$ ⑤ $\frac{2\sqrt{5}}{5}$

055 • 2024학년도 고3 6월 평가원 공통 □□□□□

$\cos\theta<0$이고 $\sin(-\theta)=\frac{1}{7}\cos\theta$ 일 때, $\sin\theta$의 값은? [3점]

① $-\frac{3\sqrt{2}}{10}$ ② $-\frac{\sqrt{2}}{10}$ ③ 0 ④ $\frac{\sqrt{2}}{10}$ ⑤ $\frac{3\sqrt{2}}{10}$

056 • 2024학년도 수능 공통 □□□□□

$\frac{3}{2}\pi<\theta<2\pi$인 θ에 대하여 $\sin(-\theta)=\frac{1}{3}$일 때, $\tan\theta$의 값은? [3점]

① $-\frac{\sqrt{2}}{2}$ ② $-\frac{\sqrt{2}}{4}$ ③ $-\frac{1}{4}$ ④ $\frac{1}{4}$ ⑤ $\frac{\sqrt{2}}{4}$

057 • 2020년 고3 7월 교육청 가형 □□□□□

두 양수 a, b에 대하여 함수 $f(x)=a\cos bx+3$이 있다. 함수 $f(x)$는 주기가 4π이고 최솟값이 -1일 때, $a+b$의 값은? [3점]

① $\frac{9}{2}$ ② $\frac{11}{2}$ ③ $\frac{13}{2}$ ④ $\frac{15}{2}$ ⑤ $\frac{17}{2}$

058 • 2020년 고3 10월 교육청 나형 

$0 \le x < 2\pi$일 때, 두 함수 $y=\sin x$와 $y=\cos\left(x+\frac{\pi}{2}\right)+1$의 그래프가 만나는 모든 점의 x좌표의 합은? [3점]

① $\frac{\pi}{2}$ ② π ③ $\frac{3}{2}\pi$
④ 2π ⑤ $\frac{5}{2}\pi$

059 • 2018학년도 고3 9월 평가원 가형 

$0 \le x \le \pi$일 때, 방정식 $1+\sqrt{2}\sin 2x=0$의 모든 해의 합은? [3점]

① π ② $\frac{5}{4}\pi$ ③ $\frac{3}{2}\pi$
④ $\frac{7}{4}\pi$ ⑤ 2π

060 • 2018학년도 사관학교 가형 

함수 $f(x)=a\sin bx+c\,(a>0,\ b>0)$의 최댓값은 4, 최솟값은 -2이다. 모든 실수 x에 대하여 $f(x+p)=f(x)$를 만족시키는 양수 p의 최솟값이 π일 때, abc의 값은? (단, a, b, c는 상수이다.) [3점]

① 6 ② 8 ③ 10
④ 12 ⑤ 14

061 • 2020년 고3 4월 교육청 가형

$0 \le x < 2\pi$일 때, 방정식 $\sin^2 x=\cos^2 x+\cos x$와 부등식 $\sin x > \cos x$를 동시에 만족시키는 모든 x의 값의 합은? [3점]

① $\frac{4}{3}\pi$ ② $\frac{5}{3}\pi$ ③ 2π
④ $\frac{7}{3}\pi$ ⑤ $\frac{8}{3}\pi$

062 • 2022학년도 수능예비시행 

함수 $y=6\sin\frac{\pi}{12}x\ (0 \le x \le 12)$의 그래프와 직선 $y=3$이 만나는 두 점을 각각 A, B라 할 때, 선분 AB의 길이는? [3점]

① 6 ② 7 ③ 8
④ 9 ⑤ 10

063 • 2023학년도 고3 6월 평가원 공통 

닫힌구간 $[0,\ \pi]$에서 정의된 함수 $f(x)=-\sin 2x$가 $x=a$에서 최댓값을 갖고 $x=b$에서 최솟값을 갖는다. 곡선 $y=f(x)$ 위의 두 점 $(a,\ f(a))$, $(b,\ f(b))$를 지나는 직선의 기울기는? [3점]

① $\frac{1}{\pi}$ ② $\frac{2}{\pi}$ ③ $\frac{3}{\pi}$
④ $\frac{4}{\pi}$ ⑤ $\frac{5}{\pi}$

064 • 2020년 고3 4월 교육청 나형

두 함수 $f(x)=\cos ax+1$, $g(x)=|\sin 3x|$
의 주기가 서로 같을 때, 양수 a의 값은? [4점]

① 5 ② 6 ③ 7
④ 8 ⑤ 9

065 • 2021학년도 수능 나형

$0 \le x < 4\pi$일 때, 방정식
$4\sin^2 x - 4\cos\left(\frac{\pi}{2}+x\right)-3=0$의 모든 해의 합은? [4점]

① 5π ② 6π ③ 7π
④ 8π ⑤ 9π

066 • 2021학년도 사관학교 가형

$0 \le x < 2\pi$ 일 때, 방정식 $\cos^2 3x - \sin 3x + 1 = 0$의
모든 실근의 합은? [3점]

① $\frac{3}{2}\pi$ ② $\frac{7}{4}\pi$ ③ 2π
④ $\frac{9}{4}\pi$ ⑤ $\frac{5}{2}\pi$

067 • 2019학년도 수능 가형

$0 \le \theta < 2\pi$일 때, x에 대한 이차방정식
$6x^2+(4\cos\theta)x+\sin\theta=0$이 실근을 갖지 않도록 하는
모든 θ의 값의 범위는 $\alpha < \theta < \beta$이다.
$3\alpha+\beta$의 값은? [3점]

① $\frac{5}{6}\pi$ ② π ③ $\frac{7}{6}\pi$
④ $\frac{4}{3}\pi$ ⑤ $\frac{3}{2}\pi$

068 • 2020학년도 수능 가형

$0 < x < 2\pi$일 때, 방정식 $4\cos^2 x - 1 = 0$과
부등식 $\sin x \cos x < 0$을 동시에 만족시키는 모든 x의
값의 합은? [3점]

① 2π ② $\frac{7}{3}\pi$ ③ $\frac{8}{3}\pi$
④ 3π ⑤ $\frac{10}{3}\pi$

069 • 2024학년도 고3 6월 평가원 공통

두 자연수 a, b에 대하여 함수 $f(x)=a\sin bx+8-a$가
다음 조건을 만족시킬 때, $a+b$의 값을 구하시오. [3점]

(가) 모든 실수 x에 대하여 $f(x) \ge 0$이다.
(나) $0 \le x < 2\pi$일 때, x에 대한 방정식 $f(x)=0$의
서로 다른 실근의 개수는 4이다.

070 • 2024학년도 수능 공통 

함수 $f(x)=\sin\frac{\pi}{4}x$ 라 할 때, $0<x<16$에서 부등식

$f(2+x)f(2-x)<\frac{1}{4}$를 만족시키는 모든 자연수 x의 값의

합을 구하시오. [3점]

071 • 2024학년도 고3 9월 평가원 공통 ▢▢▢▢▢

$0\le x\le 2\pi$일 때, 부등식 $\cos x\le sin\frac{\pi}{7}$를 만족시키는

모든 x의 값의 범위는 $\alpha\le x\le\beta$이다. $\beta-\alpha$의 값은? [4점]

① $\frac{8}{7}\pi$　② $\frac{17}{14}\pi$　③ $\frac{9}{7}\pi$

④ $\frac{19}{14}\pi$　⑤ $\frac{10}{7}\pi$

072 • 2021학년도 고3 6월 평가원 가형 

$0\le\theta<2\pi$일 때, x에 대한 이차방정식

$x^2-(2\sin\theta)x-3\cos^2\theta-5\sin\theta+5=0$이 실근을

갖도록 하는 θ의 최솟값과 최댓값을 각각 α, β라 하자.

$4\beta-2\alpha$의 값은? [4점]

① 3π　② 4π　③ 5π

④ 6π　⑤ 7π

073 • 2021년 고3 7월 교육청 공통 ▢▢▢▢▢

$0\le x<2\pi$일 때, 방정식 $3\cos^2x+5\sin x-1=0$의

모든 해의 합은? [4점]

① π　② $\frac{3}{2}\pi$　③ 2π

④ $\frac{5}{2}\pi$　⑤ 3π

074 • 2021년 고3 4월 교육청 공통 

$0<x<2\pi$ 일 때, 방정식 $2\cos^2x-\sin(\pi+x)-2=0$의

모든 해의 합은? [4점]

① π　② $\frac{3}{2}\pi$　③ 2π

④ $\frac{5}{2}\pi$　⑤ 3π

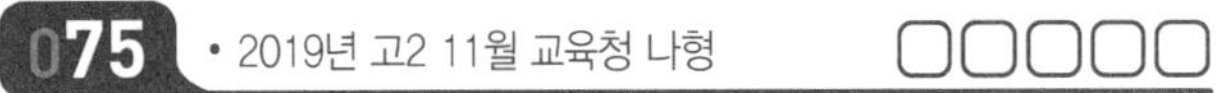

075 • 2019년 고2 11월 교육청 나형 

함수 $f(x)=3\sin\frac{\pi(x+a)}{2}+b$의 그래프가 그림과 같다.

두 양수 a, b에 대하여 $a\times b$의 최솟값을 구하시오. [4점]

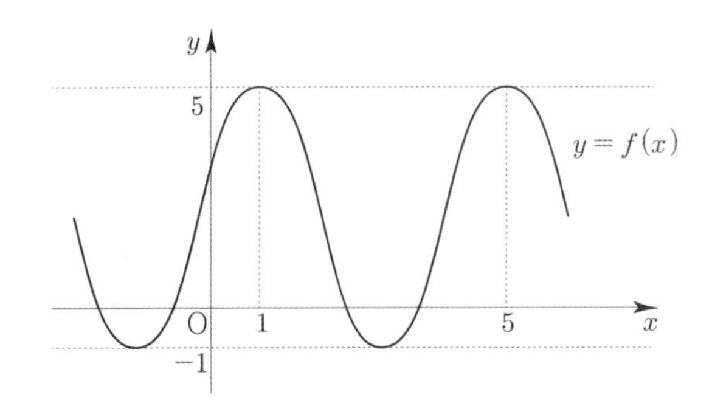

076 • 2012년 고2 3월 교육청

그림과 같이 삼각함수 $f(x)=\sin kx\left(0 \le x \le \frac{5\pi}{2k}\right)$의 그래프와 직선 $y=\frac{3}{4}$이 만나는 점의 x좌표를 각각 $\alpha,\ \beta,\ \gamma\,(\alpha<\beta<\gamma)$라 할 때, $f(\alpha+\beta+\gamma)$의 값은? (단, k는 양의 실수이다.) [4점]

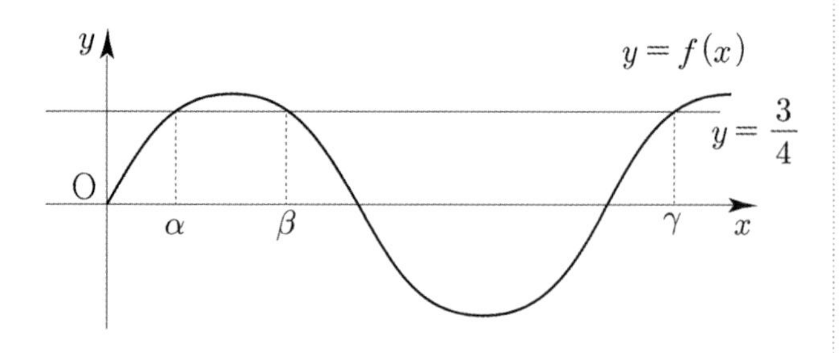

① -1　② $-\frac{7}{8}$　③ $-\frac{3}{4}$　④ 0　⑤ $\frac{3}{4}$

077 • 2011년 고2 3월 교육청

함수 $f(x)=\sin \pi x\,(x \ge 0)$의 그래프와 직선 $y=\frac{2}{3}$가 만나는 점의 x좌표를 작은 것부터 차례대로 $\alpha,\ \beta,\ \gamma$라 할 때, $f(\alpha+\beta+\gamma+1)+f\left(\alpha+\beta+\frac{1}{2}\right)$의 값은? [4점]

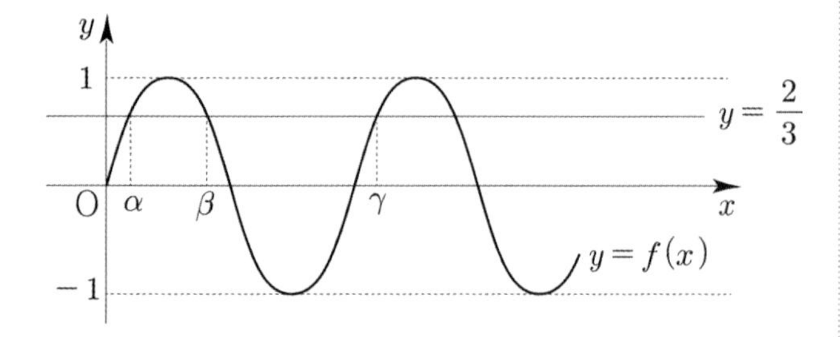

① $-\frac{2}{3}$　② $-\frac{1}{3}$　③ 0　④ $\frac{1}{3}$　⑤ $\frac{2}{3}$

078 • 2008년 고2 6월 교육청 나형

그림과 같이 $y=a\cos bx$의 그래프의 일부분과 x축에 평행한 직선 l이 만나는 점의 x좌표가 1, 5이다. 직선 l, $x=1$, $x=5$와 x축으로 둘러싸인 도형의 넓이가 20일 때, a의 값을 구하시오. [4점]

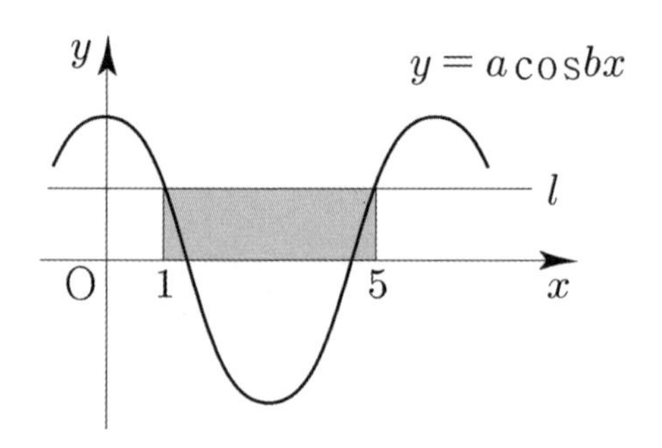

079 • 2019년 고3 3월 교육청 가형

$0 \le x \le \pi$일 때, 2 이상의 자연수 n에 대하여 두 곡선 $y=\sin x$와 $y=\sin(nx)$의 교점의 개수를 $f(n)$이라 하자. $f(3)+f(5)$의 값을 구하시오. [4점]

080 • 2009년 고2 6월 교육청 가형

그림과 같이 원 $x^2+y^2=4$와 x축에 동시에 접하고 반지름의 길이가 1인 원이 있다. 이 두 원의 접점 T와 이 두 원의 공통내접선이 y축과 만나는 점 A에 대하여 선분 AT의 길이를 l이라 할 때, l^2의 값을 구하시오. [4점]

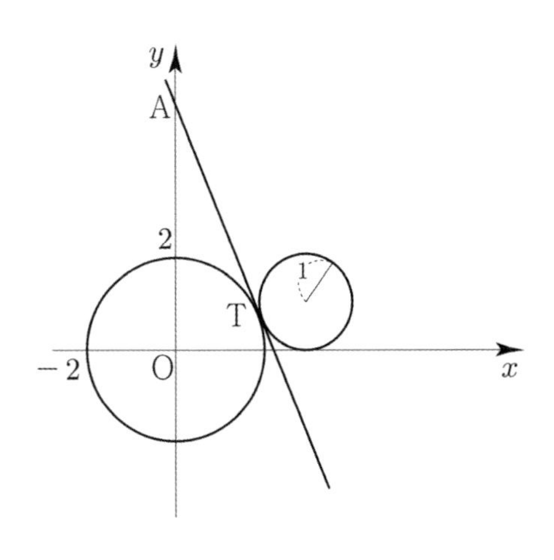

081 • 2005년 고2 3월 교육청

그림과 같이 선분 AB를 지름으로 하는 반원 위에 한 점 P가 있다. $\angle PAB=\alpha$, $\angle PBA=\beta$, $\overline{AP}=4$, $\overline{BP}=3$일 때, $\cos(2\alpha+\beta)$의 값은? [4점]

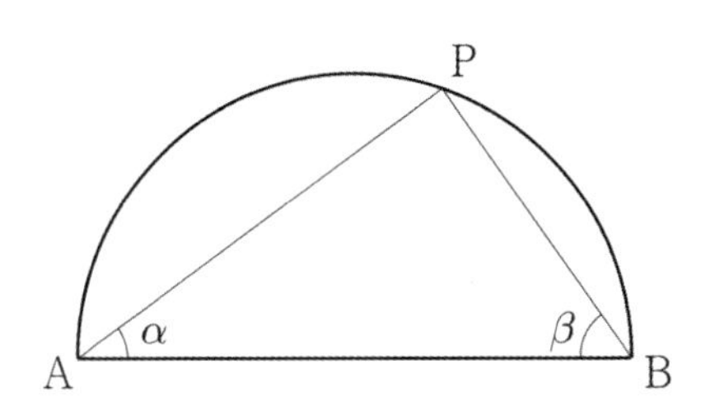

① $-\frac{4}{5}$ ② $-\frac{3}{5}$ ③ $-\frac{1}{5}$

④ $\frac{3}{5}$ ⑤ $\frac{4}{5}$

082 • 2019년 고2 9월 교육청 가형

그림과 같이 두 양수 a, b에 대하여 함수 $f(x)=a\sin bx$ $\left(0 \le x \le \frac{\pi}{b}\right)$의 그래프가 직선 $y=a$와 만나는 점을 A, x축과 만나는 점 중에서 원점이 아닌 점을 B라 하자.

$\angle OAB=\frac{\pi}{2}$인 삼각형 OAB의 넓이가 4일 때, $a+b$의 값은? (단, O는 원점이다.) [4점]

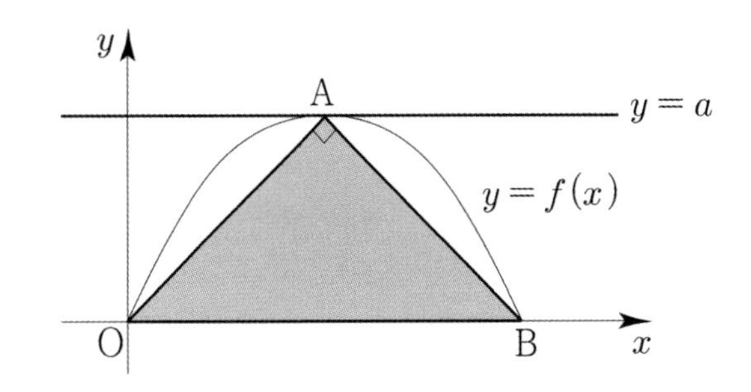

① $1+\frac{\pi}{6}$ ② $2+\frac{\pi}{6}$ ③ $2+\frac{\pi}{4}$

④ $3+\frac{\pi}{4}$ ⑤ $3+\frac{\pi}{3}$

삼각함수

083 • 2022학년도 고3 9월 평가원 공통

두 양수 a, b에 대하여 곡선 $y=a\sin b\pi x\left(0 \le x \le \frac{3}{b}\right)$이 직선 $y=a$와 만나는 서로 다른 두 점을 A, B라 하자. 삼각형 OAB의 넓이가 5이고 직선 OA의 기울기와 직선 OB의 기울기의 곱이 $\frac{5}{4}$일 때, $a+b$의 값은? (단, O는 원점이다.) [4점]

① 1 ② 2 ③ 3 ④ 4 ⑤ 5

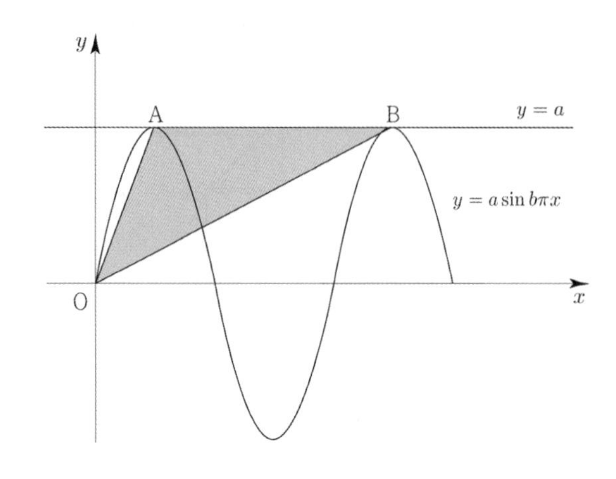

084 • 2019년 고2 9월 교육청 가형

자연수 n에 대하여 $0<x<n\pi$일 때, 방정식 $\sin x=\frac{3}{n}$의 모든 실근의 개수를 $f(n)$이라 하자. $f(1)+f(2)+f(3)+\cdots+f(7)$의 값은? [4점]

① 26 ② 27 ③ 28 ④ 29 ⑤ 30

085 • 2019년 고2 6월 교육청 나형

직선 $y=-\frac{1}{5\pi}x+1$과 함수 $y=\sin x$의 그래프의 교점의 개수는? [4점]

① 7 ② 8 ③ 9 ④ 10 ⑤ 11

086 • 2023학년도 고3 9월 평가원 공통

닫힌구간 $[0, 12]$에서 정의된 두 함수

$f(x)=\cos\frac{\pi x}{6}$, $g(x)=-3\cos\frac{\pi x}{6}-1$이 있다.

곡선 $y=f(x)$와 직선 $y=k$가 만나는 두 점의 x좌표를 α_1, α_2라 할 때, $|\alpha_1-\alpha_2|=8$이다. 곡선 $y=g(x)$와 직선 $y=k$가 만나는 두 점의 x좌표를 β_1, β_2라 할 때, $|\beta_1-\beta_2|$의 값은? (단, k는 $-1<k<1$인 상수이다.) [4점]

① 3 ② $\frac{7}{2}$ ③ 4 ④ $\frac{9}{2}$ ⑤ 5

087 • 2023학년도 수능 공통

함수 $f(x)=a-\sqrt{3}\tan 2x$가 닫힌구간 $\left[-\frac{\pi}{6}, b\right]$에서 최댓값 7, 최솟값 3을 가질 때, $a\times b$의 값은? (단, a, b는 상수이다.) [4점]

① $\frac{\pi}{2}$ ② $\frac{5\pi}{12}$ ③ $\frac{\pi}{3}$ ④ $\frac{\pi}{4}$ ⑤ $\frac{\pi}{6}$

088 • 2022년 고3 7월 교육청 공통

곡선 $y=\sin\frac{\pi}{2}x\ (0\le x\le 5)$가 직선 $y=k\ (0<k<1)$과 만나는 서로 다른 세 점을 y축에서 가까운 순서대로 A, B, C라 하자. 세 점 A, B, C의 x좌표의 합이 $\frac{25}{4}$일 때, 선분 AB의 길이는? [4점]

① $\frac{5}{4}$ ② $\frac{11}{8}$ ③ $\frac{3}{2}$
④ $\frac{13}{8}$ ⑤ $\frac{7}{4}$

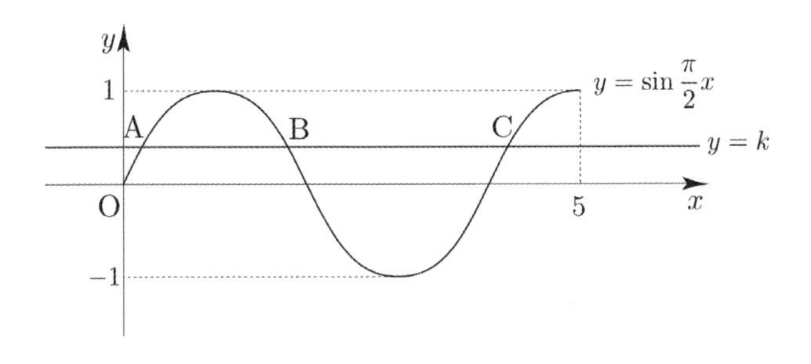

089 • 2022년 고3 4월 교육청 공통

자연수 k에 대하여 $0\le x<2\pi$일 때, x에 대한 방정식 $\sin kx=\frac{1}{3}$의 서로 다른 실근의 개수가 8이다.
$0\le x<2\pi$일 때, x에 대한 방정식 $\sin kx=\frac{1}{3}$의 모든 해의 합은? [4점]

① 5π ② 6π ③ 7π
④ 8π ⑤ 9π

090 • 2022학년도 수능 공통

양수 a에 대하여 집합 $\left\{x \mid -\frac{a}{2}<x\le a,\ x\ne\frac{a}{2}\right\}$에서 정의된 함수 $f(x)=\tan\frac{\pi x}{a}$가 있다. 그림과 같이 함수 $y=f(x)$의 그래프 위의 세 점 O, A, B를 지나는 직선이 있다. 점 A를 지나고 x축에 평행한 직선이 함수 $y=f(x)$의 그래프와 만나는 점 중 A가 아닌 점을 C라 하자.
삼각형 ABC가 정삼각형일 때, 삼각형 ABC의 넓이는?
(단, O는 원점이다.) [4점]

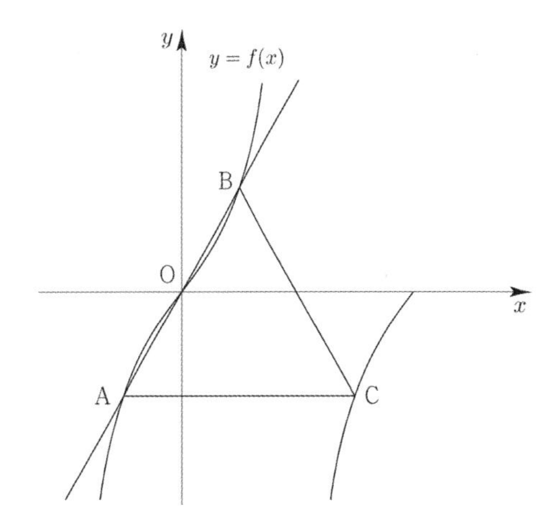

① $\frac{3\sqrt{3}}{2}$ ② $\frac{17\sqrt{3}}{12}$ ③ $\frac{4\sqrt{3}}{3}$
④ $\frac{5\sqrt{3}}{4}$ ⑤ $\frac{7\sqrt{3}}{6}$

091 • 2019년 고2 6월 교육청 나형

두 함수 $f(x)=\log_3 x+2$, $g(x)=3\tan\left(x+\frac{\pi}{6}\right)$가 있다.
$0\le x\le\frac{\pi}{6}$에서 정의된 합성함수 $(f\circ g)(x)$의 최댓값과 최솟값을 각각 M, m이라 할 때, $M+m$의 값을 구하시오. [4점]

삼각함수

092 • 2019학년도 고3 9월 평가원 가형

실수 k에 대하여 함수

$f(x)=\cos^2\left(x-\frac{3}{4}\pi\right)-\cos\left(x-\frac{\pi}{4}\right)+k$

의 최댓값은 3, 최솟값은 m이다. $k+m$의 값은? [4점]

① 2　② $\frac{9}{4}$　③ $\frac{5}{2}$　④ $\frac{11}{4}$　⑤ 3

093 • 2020년 고3 10월 교육청 나형

함수 $y=\tan\left(nx-\frac{\pi}{2}\right)$의 그래프가 직선 $y=-x$와 만나는 점의 x좌표가 구간 $(-\pi,\ \pi)$에 속하는 점의 개수를 a_n이라 할 때, a_2+a_3의 값을 구하시오. [4점]

094 • 2022년 고3 10월 교육청 공통

양수 a에 대하여 함수

$$f(x)=\left|4\sin\left(ax-\frac{\pi}{3}\right)+2\right|\ \left(0\le x<\frac{4\pi}{a}\right)$$

의 그래프가 직선 $y=2$와 만나는 서로 다른 점의 개수는 n이다. 이 n개의 점의 x좌표의 합이 39일 때, $n\times a$의 값은? [4점]

① $\frac{\pi}{2}$　② π　③ $\frac{3\pi}{2}$　④ 2π　⑤ $\frac{5\pi}{2}$

095 • 2019년 고2 11월 교육청 가형

$x\ge 0$에서 정의된 함수 $f(x)=a\cos bx+c$의 최댓값이 3, 최솟값이 -1이다. 그림과 같이 함수 $y=f(x)$의 그래프와 직선 $y=3$이 만나는 점 중에서 x좌표가 가장 작은 점과 두 번째로 작은 점을 각각 A, B라 하고, 함수 $y=f(x)$의 그래프와 x축이 만나는 점 중에서 x좌표가 가장 작은 점과 두 번째로 작은 점을 각각 C, D라 하자. 사각형 ACDB의 넓이가 6π일 때, $0\le x\le 4\pi$에서 방정식 $f(x)=2$의 모든 해의 합은? (단, a, b, c는 양수이다.) [4점]

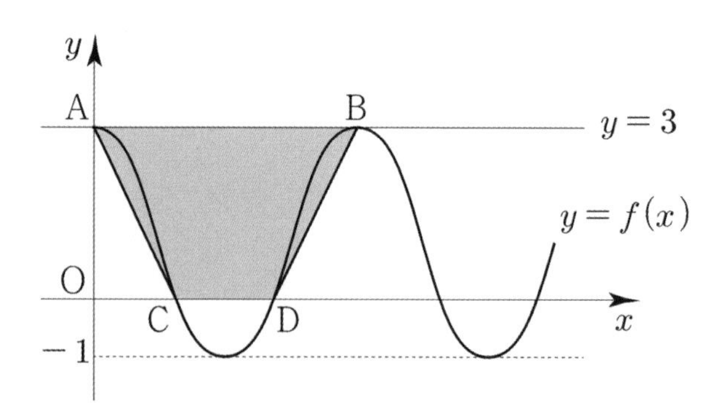

① 6π　② $\frac{13}{2}\pi$　③ 7π　④ $\frac{15}{2}\pi$　⑤ 8π

096 • 2023년 고3 10월 교육청 공통

그림과 같이 두 상수 a, b에 대하여 함수
$f(x)=a\sin\frac{\pi x}{b}+1\left(0\le x\le \frac{5}{2}b\right)$의 그래프와 직선 $y=5$가 만나는 점을 x좌표가 작은 것부터 차례로 A, B, C라 하자. $\overline{\mathrm{BC}}=\overline{\mathrm{AB}}+6$이고 삼각형 AOB의 넓이가 $\frac{15}{2}$일 때, a^2+b^2의 값은? (단, $a>4$, $b>0$이고, O는 원점이다.) [4점]

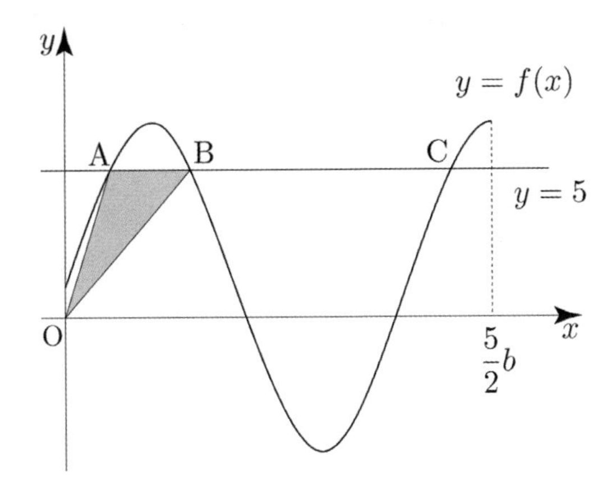

① 68 ② 70 ③ 72 ④ 74 ⑤ 76

097 • 2023년 고3 4월 교육청 공통

그림과 같이 닫힌구간 $[0,\ 2\pi]$에서 정의된 두 함수 $f(x)=k\sin x$, $g(x)=\cos x$에 대하여 곡선 $y=f(x)$와 곡선 $y=g(x)$가 만나는 서로 다른 두 점을 A, B라 하자. 선분 AB를 $3:1$로 외분하는 점을 C라 할 때, 점 C는 곡선 $y=f(x)$ 위에 있다. 점 C를 지나고 y축에 평행한 직선이 곡선 $y=g(x)$와 만나는 점을 D라 할 때, 삼각형 BCD의 넓이는? (단, k는 양수이고, 점 B의 x좌표는 점 A의 x좌표보다 크다.) [4점]

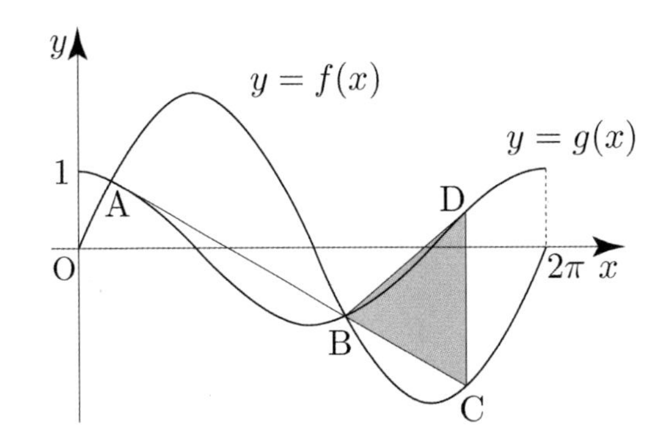

① $\frac{\sqrt{15}}{8}\pi$ ② $\frac{9\sqrt{5}}{40}\pi$ ③ $\frac{\sqrt{5}}{4}\pi$ ④ $\frac{3\sqrt{10}}{16}\pi$ ⑤ $\frac{3\sqrt{5}}{10}\pi$

규토 라이트 N제

삼각함수

Master step

심화 문제편

2. 삼각함수의 그래프

098 • 2014학년도 경찰대

함수 $y=a\cos^2x+a\sin x+b$의 최댓값이 10이고 최솟값이 1일 때, 실수 a, b의 곱 ab의 값은 p 또는 q이다. $p+q$의 값은? [4점]

① -4　　② -2　　③ 2
④ 4　　⑤ 6

099 • 2010년 고2 6월 교육청 가형

다음은 n이 자연수일 때, x에 대한 방정식 $x^n=2\cos\theta+1$의 실근의 개수에 대한 설명이다.

(가) n이 짝수이고 $\frac{2}{3}\pi<\theta<\frac{4}{3}\pi$이면 a개
(나) n이 짝수이고 $\frac{3}{2}\pi<\theta<2\pi$이면 b개
(다) n이 홀수이고 $\frac{1}{3}\pi<\theta<\frac{3}{2}\pi$이면 c개

$a+2b+3c$의 값은? [4점]

① 3　　② 4　　③ 5
④ 6　　⑤ 7

100 • 2012년 고3 4월 교육청 나형

수열 $\{a_n\}$에서 $a_n=\sin\frac{n\pi}{4}$일 때, $\sum_{n=1}^{32}n(a_n)^2$의 값을 구하시오. [4점]

101 • 2019년 고2 6월 교육청 나형

함수 $y=k\sin\left(2x+\frac{\pi}{3}\right)+k^2-6$의 그래프가 제 1사분면을 지나지 않도록 하는 모든 정수 k의 개수를 구하시오. [4점]

102

함수 $y=\dfrac{|\tan x|}{\tan x+2}$ 이 $x=a$일 때, 최댓값 M을 갖고, $x=b$일 때, 최솟값 m을 갖는다.

$\dfrac{16a}{b}+M+m$의 값을 구하시오. (단, $\dfrac{3}{4}\pi \le x < \dfrac{3}{2}\pi$)

103

• 2015년 고2 11월 교육청 가형

곡선 $y=4\sin\dfrac{1}{4}(x-\pi)$ $(0 \le x \le 10\pi)$와 직선 $y=2$가 만나는 점들 중 서로 다른 두 점 A, B와 이 곡선 위의 점 P에 대하여 삼각형 PAB의 넓이의 최댓값이 $k\pi$이다. k의 값을 구하시오. (단, 점 P는 직선 $y=2$ 위의 점이 아니다.) [4점]

104

함수 $f(x)=\sin 6x$에 대하여

$f\left(\dfrac{\pi}{2}-t\right)+f(t)=1$을 만족시키는 음수 t의 최댓값은?

① $-\dfrac{5}{36}\pi$ ② $-\dfrac{7}{36}\pi$ ③ $-\dfrac{1}{4}\pi$

④ $-\dfrac{11}{36}\pi$ ⑤ $-\dfrac{13}{36}\pi$

105

$0 \le x < 2\pi$ 일 때, 방정식 $|\cos x|=\dfrac{3}{4}+2\cos x$의 실근이 $\alpha,\ \beta\ (\alpha < \beta)$일 때, $8\sin\alpha+\tan\alpha+16\sin\beta+5\tan\beta$의 값은?

① $\sqrt{15}$ ② $2\sqrt{15}$ ③ $-\sqrt{15}$

④ $-2\sqrt{15}$ ⑤ 0

삼각함수

106

두 함수 $f(x)=\cos x\ \ (0 \le x \le \pi)$, $g(x)=\sin x$ 에 대하여 집합 S 는

$$S=\left\{x \mid g\left(f^{-1}(x)\right)=\frac{\sqrt{3}}{2}\right\}$$

이다. 집합 S 를 원소나열법으로 나타내시오.

108

x 에 대한 방정식

$2\cos^2\pi x-2\sin\pi x+2a-3=0\ \ (0 \le x < 2)$의

서로 다른 실근의 개수는 3이다. 서로 다른 세 실근의 합을 b라 할 때, $a+b$의 값을 구하시오. (단, a는 상수이다.)

107

함수 $y=\sin\frac{\pi}{2}x+\left|\sin\frac{\pi}{2}x\right|$ 의 그래프와

직선 $y=-\frac{n}{6}x+2$ 가 서로 다른 세 점에서 만나도록

하는 자연수 n 의 개수는?

① 2 ② 3 ③ 4 ④ 5 ⑤ 6

109

• 2021년 고3 10월 교육청 공통

닫힌구간 $[0,\ 2\pi]$에서 정의된 함수 $f(x)$는

$$f(x)=\begin{cases} \sin x & \left(0 \le x \le \frac{k}{6}\pi\right) \\ 2\sin\left(\frac{k}{6}\pi\right)-\sin x & \left(\frac{k}{6}\pi < x \le 2\pi\right) \end{cases}$$

이다. 곡선 $y=f(x)$와 직선 $y=\sin\left(\frac{k}{6}\pi\right)$의 교점의

개수를 a_k라 할 때, $a_1+a_2+a_3+a_4+a_5$의 값은? [4점]

① 6 ② 7 ③ 8 ④ 9 ⑤ 10

110 • 2020년 고3 7월 교육청 나형 

자연수 n에 대하여 $0 \le x < 2^{n+1}$일 때,
부등식 $\cos\left(\frac{\pi}{2^n}x\right) \le -\frac{1}{2}$을 만족시키는 서로 다른
모든 자연수 x의 개수를 a_n이라 하자.
$\sum_{n=1}^{7} a_n$의 값을 구하시오. [4점]

111 • 2019년 고2 11월 교육청 가형

$0 \le t \le 3$인 실수 t와 상수 k에 대하여 $t \le x \le t+1$
에서 방정식 $\sin\frac{\pi}{2}x = k$의 모든 해의 개수를 $f(t)$라 하자.
함수 $f(t)$가

$$f(t) = \begin{cases} 1 & (0 \le t < a \text{ 또는 } a < t \le b) \\ 2 & (t = a) \\ 0 & (b < t \le 3) \end{cases}$$

일 때, $a^2+b^2+k^2$의 값은?
(단, a, b는 $0 < a < b < 3$인 상수이다.) [4점]

① 2　② $\frac{5}{2}$　③ 3　④ $\frac{7}{2}$　⑤ 4

112

x에 대한 방정식 $\left|2^{-|x-1|} - \frac{1}{2}\right| = \sin\left(\frac{n}{36}\pi\right)$의 실근이
존재하지 않도록 하는 50 이하의 자연수 n의 개수를
구하시오.

113 • 2022학년도 고3 6월 평가원 공통 

$-1 \le t \le 1$인 실수 t에 대하여 x에 대한 방정식

$$\left(\sin\frac{\pi x}{2} - t\right)\left(\cos\frac{\pi x}{2} - t\right) = 0$$

의 실근 중에서 집합 $\{x \mid 0 \le x < 4\}$에 속하는 가장 작은
값을 $\alpha(t)$, 가장 큰 값을 $\beta(t)$라 하자. 〈보기〉에서 옳은
것만을 있는 대로 고른 것은? [4점]

〈보기〉

ㄱ. $-1 \le t < 0$인 모든 실수 t에 대하여
$\alpha(t) + \beta(t) = 5$이다.
ㄴ. $\{t \mid \beta(t) - \alpha(t) = \beta(0) - \alpha(0)\} = \left\{t \,\middle|\, 0 \le t \le \frac{\sqrt{2}}{2}\right\}$
ㄷ. $\alpha(t_1) = \alpha(t_2)$인 두 실수 t_1, t_2에 대하여
$t_2 - t_1 = \frac{1}{2}$이면 $t_1 \times t_2 = \frac{1}{3}$이다.

① ㄱ　② ㄱ, ㄴ　③ ㄱ, ㄷ　④ ㄴ, ㄷ　⑤ ㄱ, ㄴ, ㄷ

114 • 2023학년도 사관학교 공통

함수

$$f(x)=\left|2a\cos\frac{b}{2}x-(a-2)(b-2)\right|$$

가 다음 조건을 만족시키도록 하는 10 이하의 자연수 a, b의 모든 순서쌍 $(a,\ b)$의 개수는? [4점]

> (가) 함수 $f(x)$는 주기가 π인 주기함수이다.
> (나) $0\le x\le 2\pi$에서 함수 $y=f(x)$의 그래프와 직선 $y=2a-1$의 교점의 개수는 4이다.

① 11 ② 13 ③ 15 ④ 17 ⑤ 19

115 • 2021학년도 고3 9월 평가원 가형 ○○○○○

닫힌구간 $[-2\pi,\ 2\pi]$에서 정의된 두 함수
$f(x)=\sin kx+2$, $g(x)=3\cos 12x$ 에 대하여
다음 조건을 만족시키는 자연수 k의 개수는? [4점]

> 실수 a가 두 곡선 $y=f(x)$, $y=g(x)$의 교점의 y좌표이면 $\{x\,|\,f(x)=a\}\subset\{x\,|\,g(x)=a\}$이다.

① 3 ② 4 ③ 5 ④ 6 ⑤ 7

규토 라이트 N제

삼각함수

Guide step

개념 익히기편

3. 사인법칙과 코사인법칙

01

삼각함수

원 (중학교 3학년 복습)

성취 기준 - 원의 현에 관한 성질을 이해한다.

개념 파악하기 (1) 원의 중심과 현 사이에는 어떤 관계가 있을까?

원의 중심과 현의 수직이등분선

① 원의 중심에서 현에 내린 수선은 그 현을 이등분한다.

② 현의 수직이등분선은 그 원의 중심을 지난다.

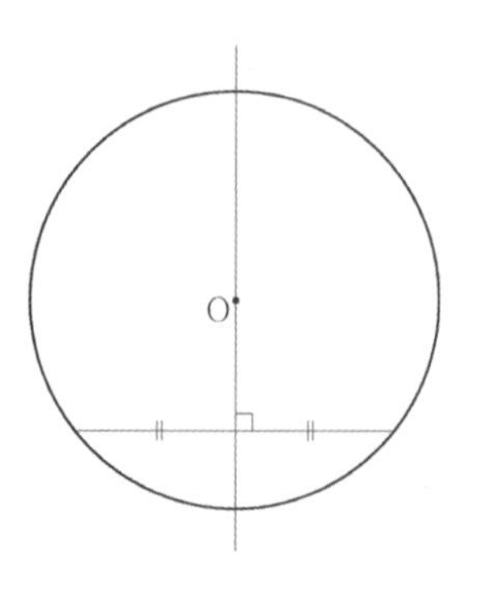

개념 확인문제 1

다음 그림에서 x의 값을 구하시오.

(1)

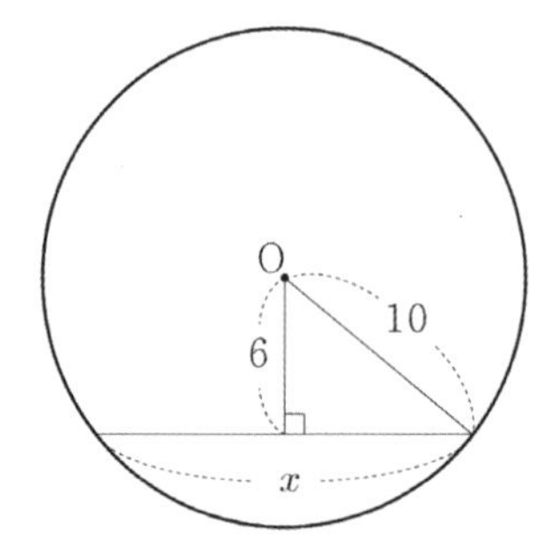

(2)

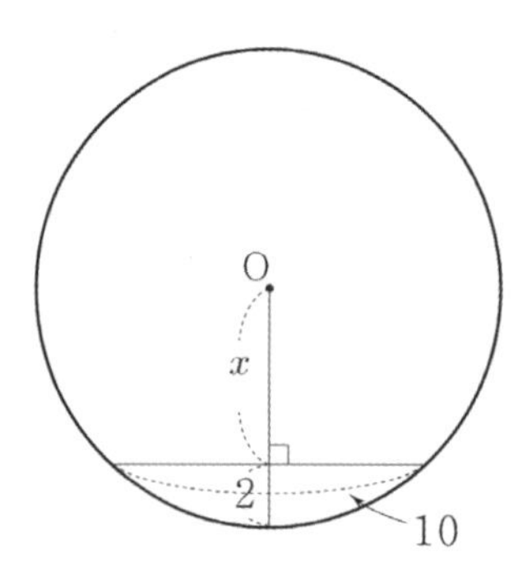

개념 파악하기 **(2) 원의 중심에서 서로 같은 거리에 있는 두 현 사이에는 어떤 관계가 있을까?**

원의 중심과 현의 길이

① 한 원에서 원의 중심으로부터 서로 같은 거리에 있는 두 현의 길이는 서로 같다.

② 한 원에서 길이가 서로 같은 두 현은 원의 중심으로부터 서로 같은 거리에 있다.

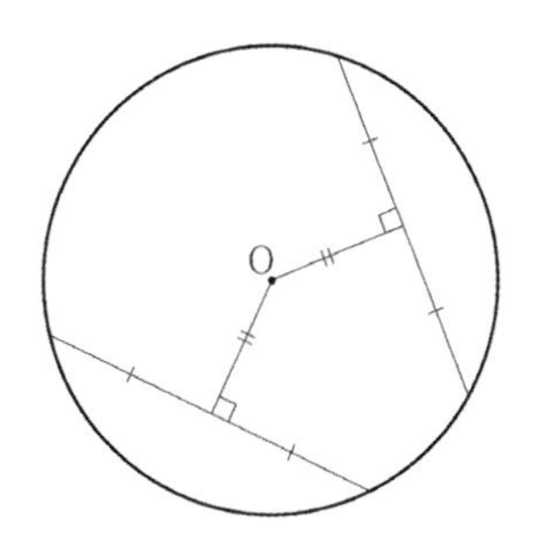

개념 확인문제 **2** 다음 그림에서 x의 값을 구하시오.

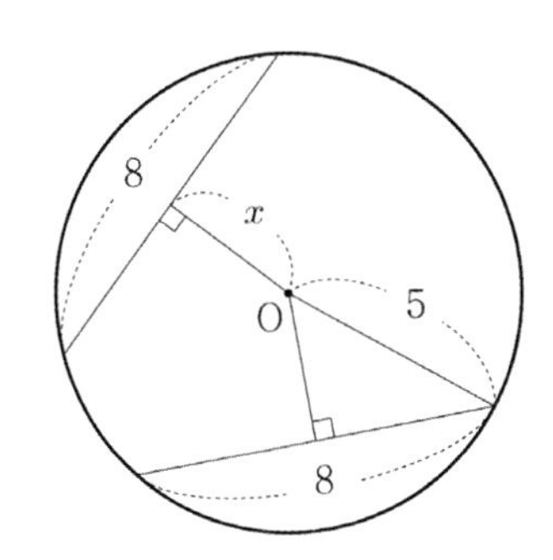

삼각함수

02 원의 접선 (중학교 3학년 복습)

성취 기준 - 원의 접선에 관한 성질을 이해한다.

개념 파악하기 (3) 원의 접선에는 어떤 성질이 있을까?

원의 접선

① 접점과 중심을 이은 직선은 접선과 수직이다.
즉, $\angle OAP = \angle OBP = 90°$

② 원의 외부에 있는 한 점에서 그 원에 그을 수 있는 접선은 2개이며 두 접선의 길이는 서로 같다.
즉, $\overline{PA} = \overline{PB}$

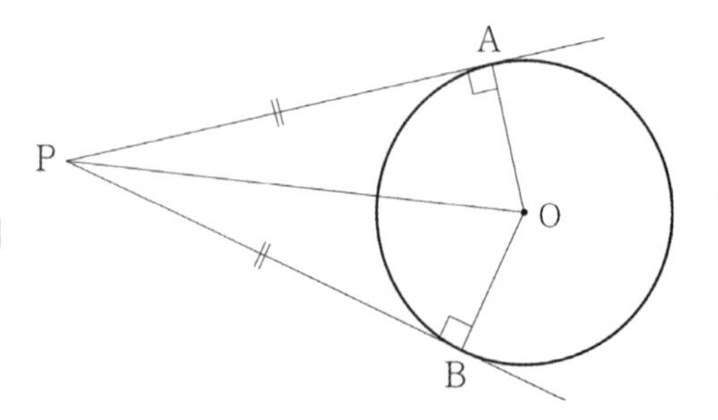

Tip 접점 수직 보조선은 정말 잘 나오니 꼭 기억하자. (보조선 우선순위 0순위)

개념 확인문제 3

다음 그림에서 두 점 A, B는 중심이 O인 원 S의 외부의 한 점 P에서 원 S에 그은 두 접선의 접점이다. $\overline{PA}=12$, $\overline{OB}=5$일 때, 사각형 APBO의 넓이와 x의 값을 구하시오.

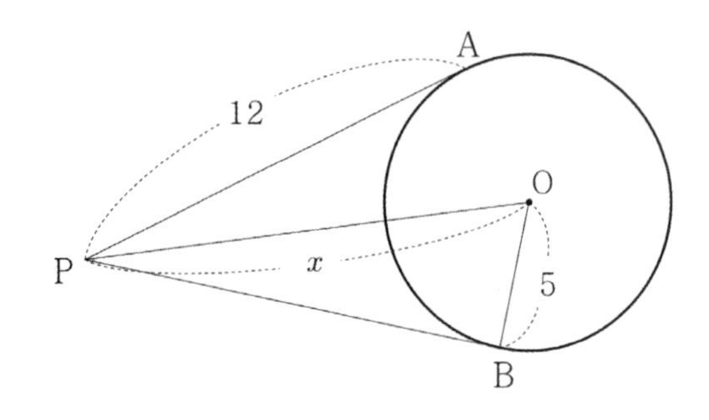

삼각함수

03 원주각 (중학교 3학년 복습)

성취 기준 - 원주각의 성질을 이해한다.

개념 파악하기 (4) 중심각과 원주각 사이에는 어떤 관계가 있을까?

원주각의 정의

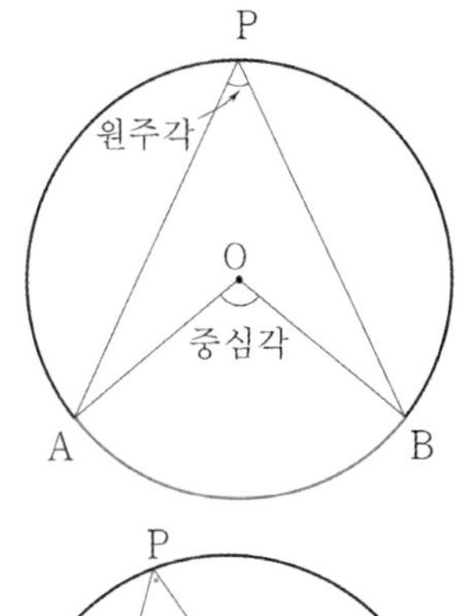

오른쪽 그림과 같이 원 O에서 호 AB 위에 있지 않은 원 위의 한 점 P에 대하여 $\angle APB$를 호 AB에 대한 원주각이라고 한다. 또, 호 AB를 원주각 $\angle APB$에 대한 호라고 한다.

원주각과 중심각의 크기

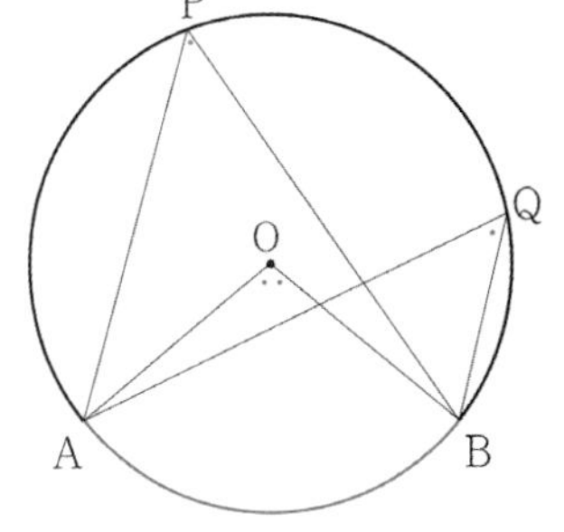

① 원에서 한 호에 대한 원주각의 크기는 그 호에 대한 중심각의 크기의 $\frac{1}{2}$과 같다. 즉, $\angle APB=\frac{1}{2}\angle AOB$

② 원에서 한 호에 대한 원주각의 크기는 모두 같다. 즉, $\angle APB=\angle AQB$

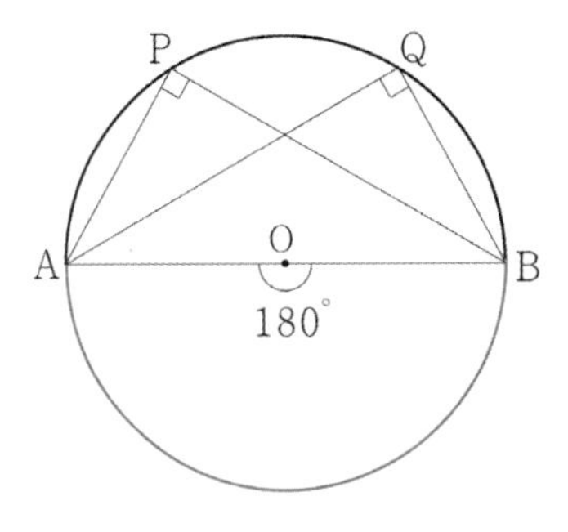

③ 선분 AB가 원 O의 지름일 때, 호 AB에 대한 중심각의 크기는 $180°$이므로 반원에 대한 원주각의 크기는 $90°$임을 알 수 있다.
즉, 오른쪽 그림에서 $\angle APB=\angle AQB=\frac{1}{2}\angle AOB=90°$

Tip 1 원주각과 중심각의 크기에 관한 성질은 사인법칙과 코사인법칙을 물어보는 문제에서 자주 출제되므로 반드시 숙지하도록 하자.

Tip 2 ③에서 $\angle APB=90°$라는 조건을 주고 역으로 선분 AB가 원 O의 지름임을 파악해야 하는 문제가 출제될 수도 있다.

개념 확인문제 4 다음 그림에서 물음에 답하시오.

(1) x, y의 값을 구하시오.

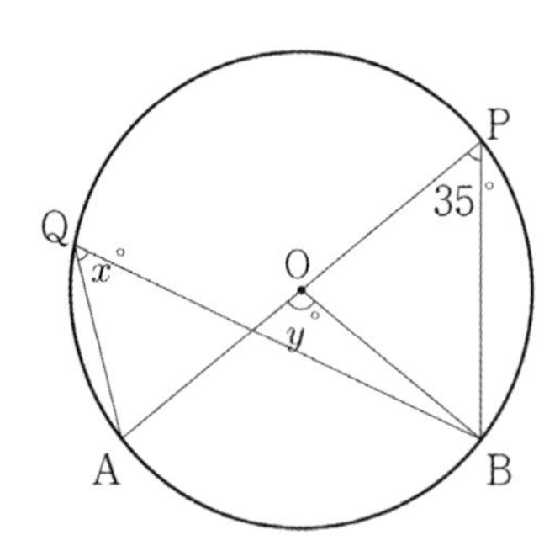

(2) x의 값을 구하시오.

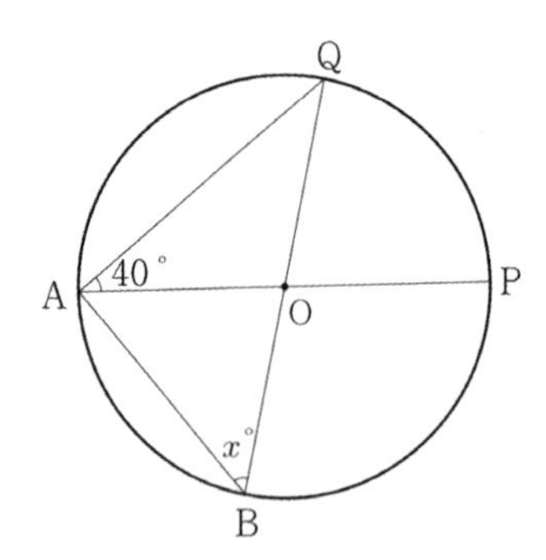

개념 파악하기 (5) 호의 길이와 원주각의 크기 사이에는 어떤 관계가 있을까?

호의 길이와 원주각의 크기

① 한 원에서 같은 길이의 호에 대한 원주각의 크기는 서로 같다.

② 한 원에서 같은 크기의 원주각에 대한 호의 길이는 서로 같다.

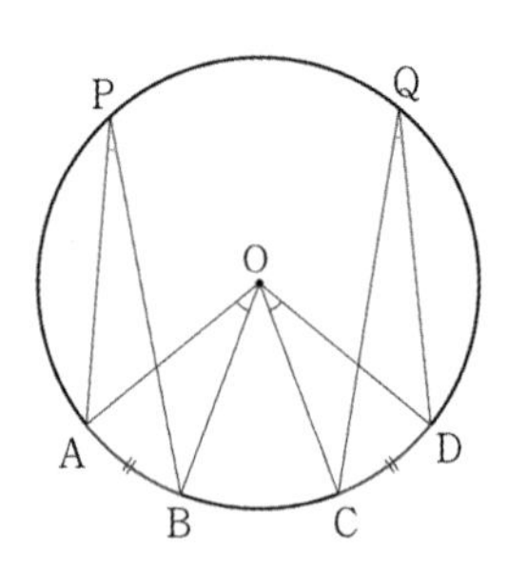

Tip 호 AB와 호 CD의 길이가 서로 같다면 한 원에서 길이가 서로 같은 호에 대한 중심각의 크기도 서로 같으므로 $\angle AOB = \angle COD$이다. 따라서 중심각의 크기가 서로 같으므로 원주각의 크기는 서로 같다.

개념 확인문제 5 다음 그림에서 x의 값을 구하시오. (단, $\widehat{AB}=\widehat{CD}$)

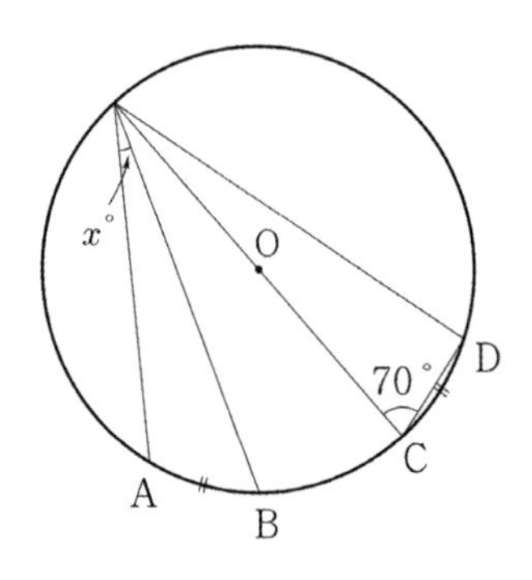

개념 파악하기 (6) 원에 내접하는 사각형에는 어떤 성질이 있을까?

원에 내접하는 사각형의 성질

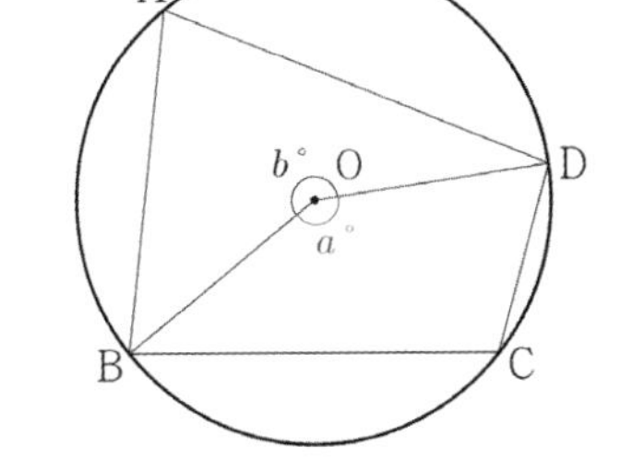

오른쪽 그림과 같이 원 O에 내접하는 사각형 ABCD에서 호 BCD와 호 BAD에 대한 중심각의 크기를 각각 $a°$, $b°$라 하면 원주각의 크기는 중심각의 크기의 $\frac{1}{2}$이므로

$\angle A + \angle C = \frac{1}{2}a° + \frac{1}{2}b° = \frac{1}{2}(a° + b°)$이다.

$a° + b° = 360°$이므로 $\angle A + \angle C = 180°$임을 알 수 있다.
마찬가지로 $\angle B + \angle D = 180°$이다.

따라서 원에 내접하는 사각형의 한 쌍의 대각의 크기의 합은 $180°$이다.

개념 확인문제 6 다음 그림에서 x의 값을 구하시오.

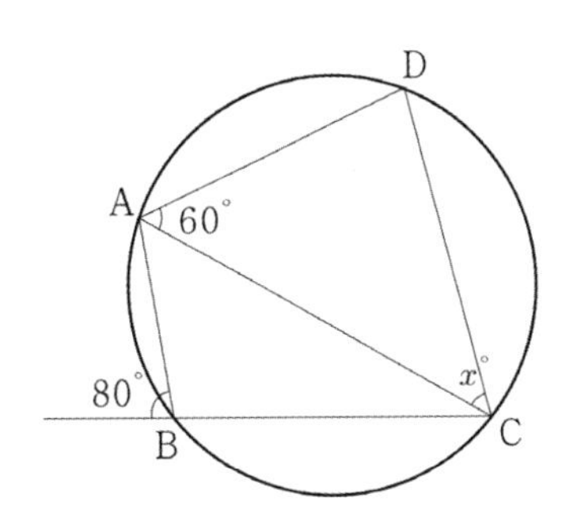

삼각함수

04 사인법칙과 코사인법칙

성취 기준 - 사인법칙과 코사인법칙을 이해하고, 이를 활용할 수 있다.

개념 파악하기 (7) 사인법칙이란 무엇일까?

사인법칙

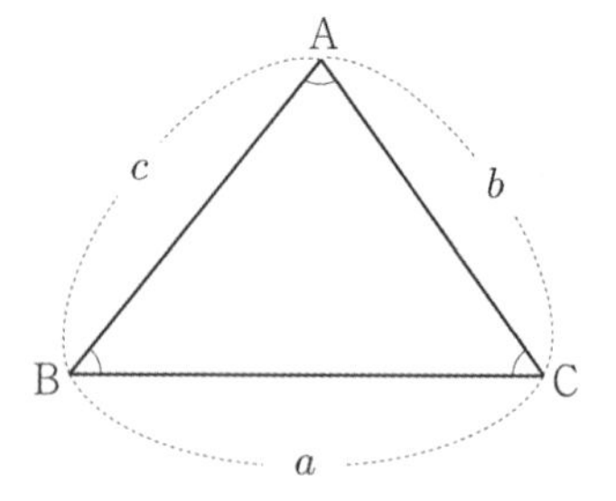

오른쪽 그림과 같은 삼각형 ABC에서 세 내각 ∠A, ∠B, ∠C의 크기를 각각 A, B, C로 나타내고 이들의 대변의 길이를 각각 a, b, c로 나타내기로 하자.

사인함수를 이용하여 삼각형의 세 변의 길이와 세 각의 크기 사이에 어떤 관계가 있는지 알아보자.

삼각형 ABC의 외접원의 중심을 O, 반지름의 길이를 R라 할 때, ∠A의 크기에 따라 case분류할 수 있다.

① $A<90°$ 일 때

점 B를 지나는 지름의 다른 끝점을 A′이라고 하면

$A=A'$이고 $\angle \mathrm{A'CB}=90°$ 이므로

$\sin A=\sin A'=\dfrac{\overline{\mathrm{BC}}}{\overline{\mathrm{BA'}}}=\dfrac{a}{2R}$

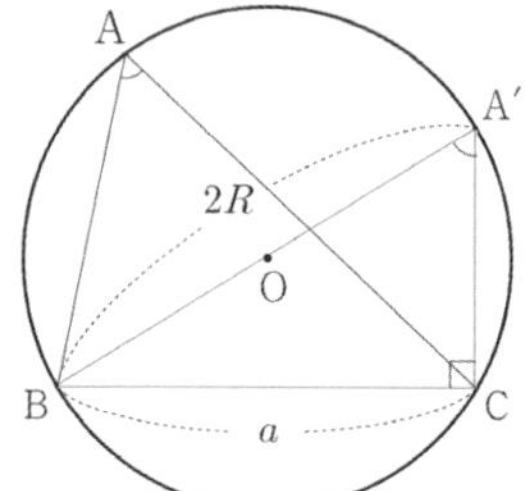

② $A=90°$ 일 때

$\sin A=1$, $a=2R$이므로

$\sin A=1=\dfrac{a}{2R}$

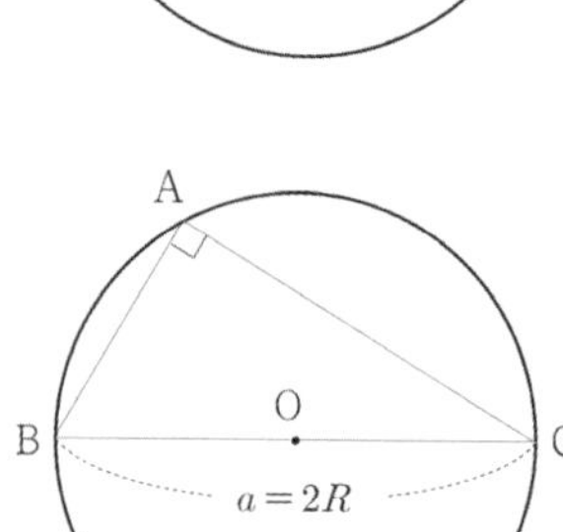

③ $A>90°$ 일 때

점 B를 지나는 지름의 다른 끝점을 A′이라고 하면

사각형 ABA′C에서 $A=180°-A'$이고 $\angle \mathrm{A'CB}=90°$ 이므로

$\sin A=\sin(180°-A')=\sin A'=\dfrac{\overline{\mathrm{BC}}}{\overline{\mathrm{BA'}}}=\dfrac{a}{2R}$

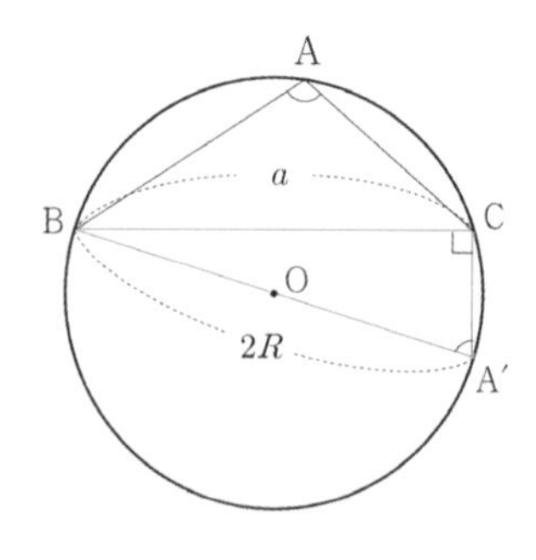

따라서 ∠A의 크기에 관계없이

$\sin A=\dfrac{a}{2R} \Rightarrow \dfrac{a}{\sin A}=2R$ 가 성립한다.

같은 방법으로 $\dfrac{b}{\sin B}=2R$, $\dfrac{c}{\sin C}=2R$도 성립한다.

따라서 삼각형 ABC에서 $\dfrac{a}{\sin A}=\dfrac{b}{\sin B}=\dfrac{c}{\sin C}=2R$이다.

위와 같은 삼각형의 세 변의 길이와 세 각의 크기에 대한 사인함숫값 사이의 관계를 사인법칙이라 한다.

사인법칙 요약

삼각형 ABC의 외접원의 반지름의 길이를 R라 하면

$\frac{a}{\sin A}=\frac{b}{\sin B}=\frac{c}{\sin C}=2R$

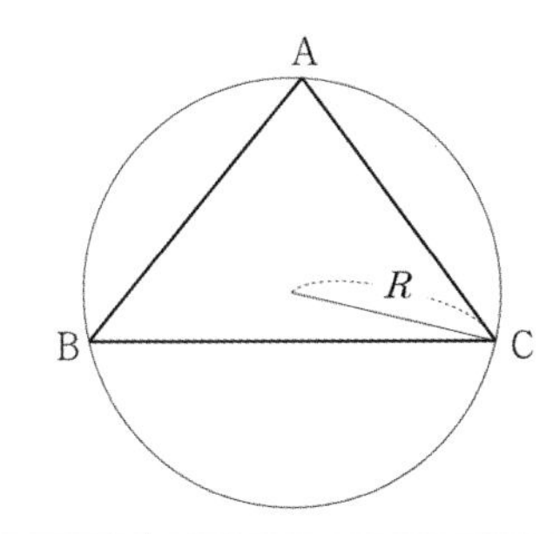

Tip 1 $\frac{a}{\sin A}=\frac{b}{\sin B}=\frac{c}{\sin C}$ 뿐만 아니라 $=2R$ 도 꼭 기억하자.

Tip 2 $\angle$A가 직각, 둔각이어도 $\frac{a}{\sin A}=2R$ 가 성립한다.

Tip 3 $a:b:c=\sin A:\sin B:\sin C$ (변의 비는 무슨 비? 사인 비!)

삼각함수

예제 1

삼각형 ABC에서 $b=2$, $A=75°$, $B=45°$ 일 때, c의 값을 구하시오.

풀이

삼각형의 내각의 크기의 합은 $180°$ 이므로 $C=60°$ 이다.

사인법칙에 따라 $\frac{2}{\sin 45°}=\frac{c}{\sin 60°} \Rightarrow 2\sqrt{2}\sin 60°=c \Rightarrow c=\sqrt{6}$

따라서 답은 $\sqrt{6}$ 이다.

개념 확인문제 7

삼각형 ABC에서 $A=60°$, $B=75°$, $c=2\sqrt{2}$ 일 때, a의 값과 외접원의 넓이를 구하시오.

예제 2

삼각형 ABC에서 $\sin^2 B=\sin^2 A+\sin^2 C$ 이면 이 삼각형은 어떤 삼각형인지 구하시오.

풀이

사인법칙에 의해서 $\sin B=\frac{b}{2R}$, $\sin A=\frac{a}{2R}$, $\sin C=\frac{c}{2R}$ 이므로 식에 대입하면

$\left(\frac{b}{2R}\right)^2=\left(\frac{a}{2R}\right)^2+\left(\frac{c}{2R}\right)^2 \Rightarrow b^2=a^2+c^2$

따라서 $B=90°$ 인 직각삼각형이다.

개념 확인문제 8

삼각형 ABC에서 $a\sin^2 B=b\sin^2 A$이면 이 삼각형은 어떤 삼각형인지 구하시오.

개념 파악하기 (8) 코사인법칙이란 무엇일까?

코사인법칙

코사인함수를 이용하여 삼각형의 세 변의 길이와 한 각의 크기 사이에 어떤 관계가 있는지 알아보자.

삼각형 ABC에서 꼭짓점 A에서 변 BC 또는 그 연장선에 내린 수선의 발을 H라고 할 때, $\angle$C의 크기에 따라 case분류할 수 있다.

① $C<90^\circ$ 일 때

$\overline{\mathrm{AH}}=b\sin C$, $\overline{\mathrm{CH}}=b\cos C$, $\overline{\mathrm{BH}}=\overline{\mathrm{BC}}-\overline{\mathrm{CH}}=a-b\cos C$

직각삼각형 ABH에서

$c^2=\overline{\mathrm{AH}}^2+\overline{\mathrm{BH}}^2=(b\sin C)^2+(a-b\cos C)^2$

$=b^2\sin^2 C+a^2-2ab\cos C+b^2\cos^2 C$

$=a^2+b^2(\sin^2 C+\cos^2 C)-2ab\cos C$

$=a^2+b^2-2ab\cos C$

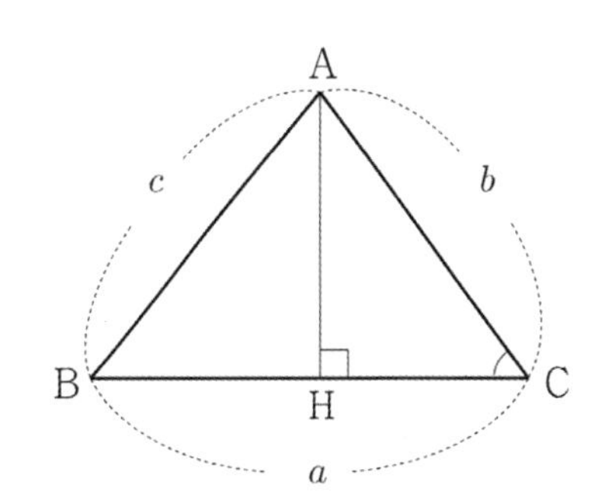

② $C=90^\circ$ 일 때

$\cos C=\cos 90^\circ=0$이므로

$c^2=a^2+b^2=a^2+b^2-2ab\cos C$

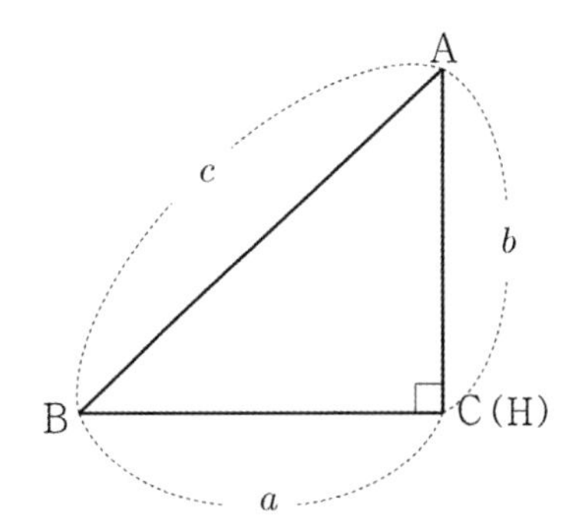

③ $C>90^\circ$ 일 때

$\overline{\mathrm{AH}}=b\sin(180^\circ-C)=b\sin C$, $\overline{\mathrm{CH}}=b\cos(180^\circ-C)=-b\cos C$

$\overline{\mathrm{BH}}=\overline{\mathrm{BC}}+\overline{\mathrm{CH}}=a+(-b\cos C)=a-b\cos C$

직각삼각형 ABH에서

$c^2=\overline{\mathrm{AH}}^2+\overline{\mathrm{BH}}^2=(b\sin C)^2+(a-b\cos C)^2$

$=b^2\sin^2 C+a^2-2ab\cos C+b^2\cos^2 C$

$=a^2+b^2(\sin^2 C+\cos^2 C)-2ab\cos C$

$=a^2+b^2-2ab\cos C$

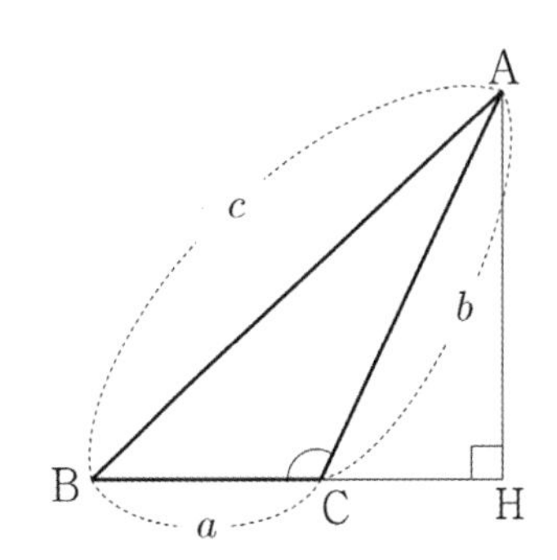

따라서 $\angle$C의 크기에 관계없이

$c^2=a^2+b^2-2ab\cos C \Rightarrow \cos C=\dfrac{a^2+b^2-c^2}{2ab}$ 가 성립한다.

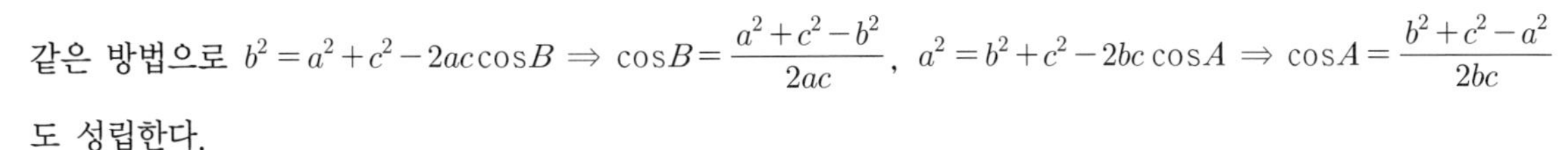

같은 방법으로 $b^2=a^2+c^2-2ac\cos B \Rightarrow \cos B=\dfrac{a^2+c^2-b^2}{2ac}$, $a^2=b^2+c^2-2bc\cos A \Rightarrow \cos A=\dfrac{b^2+c^2-a^2}{2bc}$

도 성립한다.

위와 같은 삼각형의 세 변의 길이와 세 각의 크기에 대한 코사인함숫값 사이의 관계를 코사인법칙이라 한다.

코사인법칙 요약

삼각형 ABC 에서

$\cos A = \dfrac{b^2+c^2-a^2}{2bc}$, $\cos B = \dfrac{a^2+c^2-b^2}{2ac}$, $\cos C = \dfrac{a^2+b^2-c^2}{2ab}$

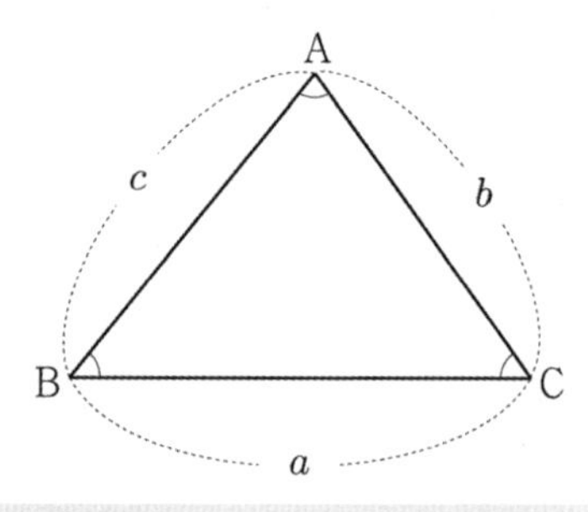

Tip 1 $\angle$A가 직각, 둔각이어도 $\cos A = \dfrac{b^2+c^2-a^2}{2bc}$ 가 성립한다.

특히, $A=90°$ 일 때는 피타고라스의 정리가 나온다.
$\cos A$ 의 부호를 바탕으로 $\angle A$ 가 예각인지, 직각인지, 둔각인지 파악할 수 있다.
$\cos A > 0 \Rightarrow A < 90°$, $\cos A = 0 \Rightarrow A = 90°$, $\cos A < 0 \Rightarrow A > 90°$

Tip 2 코사인법칙을 이용하여 $\cos\theta$을 구하고 $\sin^2\theta + \cos^2\theta = 1$ 의 관계(또는 core해석법)를 이용하여 $\sin\theta$를 구할 수 있다.

예제 3

삼각형 ABC에서 $a=2,\ b=3,\ C=60^{\circ}$ 일 때, c의 값을 구하시오.

풀이

코사인법칙에 의해서 $\cos 60^{\circ}=\dfrac{2^2+3^2-c^2}{2\times2\times3} \Rightarrow 6=4+9-c^2 \Rightarrow c=\sqrt{7}$

따라서 답은 $\sqrt{7}$이다.

개념 확인문제 9

삼각형 ABC에서 $b=1,\ c=4,\ A=120^{\circ}$ 일 때, a의 값을 구하시오.

예제 4

삼각형 ABC에서 $a=\sqrt{3},\ b=1,\ c=1$일 때, 각 A의 크기를 구하시오.

풀이

코사인법칙에 의해서 $\cos A=\dfrac{1+1-3}{2\times1\times1}=\dfrac{-1}{2} \Rightarrow A=120^{\circ}$

따라서 답은 120° 이다.

개념 확인문제 10

삼각형 ABC에서 $a:b:c=6:7:8$ 일 때, $\cos C$의 값을 구하시오.

개념 파악하기 (9) 삼각함수를 이용하여 삼각형의 넓이는 어떻게 구할까?

삼각형의 넓이

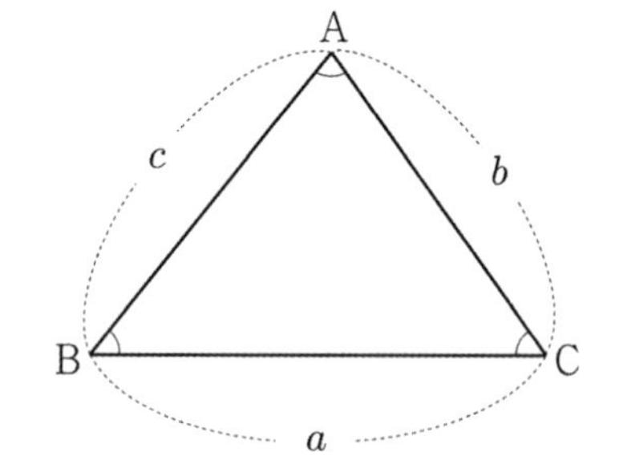

오른쪽 그림과 같은 삼각형 ABC에서 세 내각 ∠A, ∠B, ∠C의 크기를 각각 A, B, C로 나타내고 이들의 대변의 길이를 각각 a, b, c로 나타내고 삼각형 ABC의 넓이를 S로 나타내기로 하자.

① **기본꼴**

$$S=\frac{1}{2}\times\text{밑변}\times\text{높이}$$

② **두 변의 길이와 그 끼인각의 크기를 알 때**

삼각형 ABC의 꼭짓점 A에서 밑변 BC 또는 그 연장선 위에 내린 수선의 발을 H라 하면 선분 AH의 길이를 ∠C의 크기에 따라 case분류할 수 있다.

i) $C<90°$

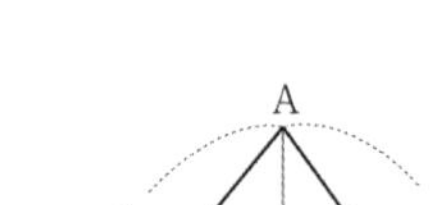

$\overline{\text{AH}}=b\sin C$

ii) $C=90°$

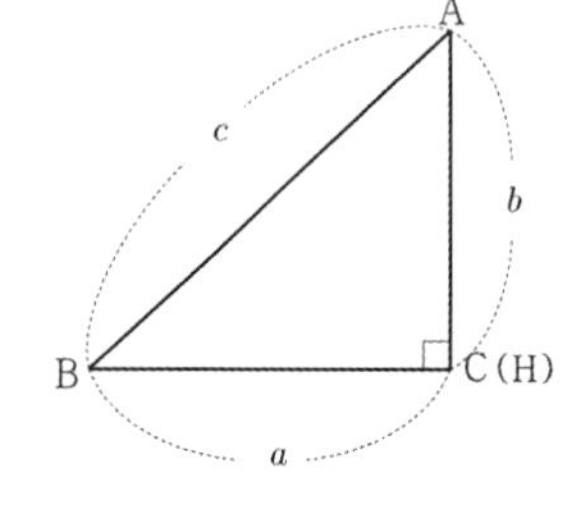

$\overline{\text{AH}}=b\sin C$

iii) $C>90°$

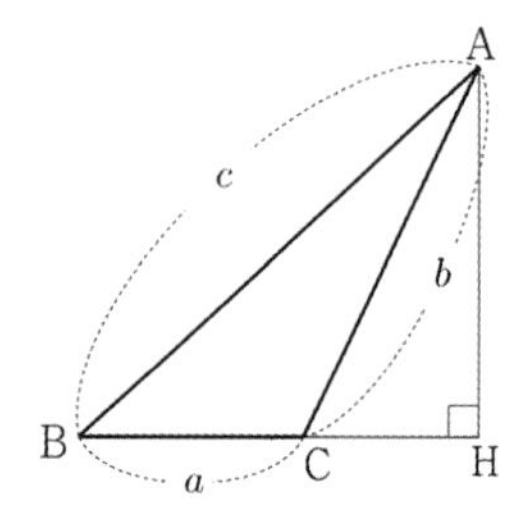

$\overline{\text{AH}}=b\sin(\pi-C)=b\sin C$

따라서 ∠C의 크기와 관계없이 $\overline{\text{AH}}=b\sin C$이므로 삼각형 ABC의 넓이를 S라 하면

$S=\frac{1}{2}\times\overline{\text{BC}}\times\overline{\text{AH}}=\frac{1}{2}ab\sin C$ 이다.

같은 방법으로 변 AC, 변 AB를 각각 밑변으로 생각하면

$S=\frac{1}{2}bc\sin A=\frac{1}{2}ac\sin B$도 성립한다.

따라서 $S=\frac{1}{2}bc\sin A=\frac{1}{2}ac\sin B=\frac{1}{2}ab\sin C$

③ **세 변의 길이를 알 때**

(1) 헤론의 공식 : $S=\sqrt{s(s-a)(s-b)(s-c)}$ (단, $s=\frac{a+b+c}{2}$)

(2) 코사인법칙$\left(\cos A=\frac{b^2+c^2-a^2}{2bc}\right)$을 통해 $\sin A$를 구한 후 $S=\frac{1}{2}bc\sin A$ 에 대입한다.

Tip 1 삼각형의 한 내각의 크기는 $0°<A<180°$ 이므로 항상 $\sin A>0$이다.

Tip 2 헤론의 공식은 굳이 암기하지 않아도 되고 세 변의 길이를 알 때는 코사인법칙으로 처리하면 그만이다.

④ **한 변의 길이가 a인 정삼각형**

(1) 정삼각형의 높이 $= \frac{\sqrt{3}}{2}a$

$\overline{AH} = a\sin 60^\circ = \frac{\sqrt{3}}{2}a$

(2) 정삼각형의 넓이 $= \frac{\sqrt{3}}{4}a^2$

$\frac{1}{2} \times \overline{AH} \times \overline{BC} = \frac{1}{2} \times \frac{\sqrt{3}}{2}a \times a = \frac{\sqrt{3}}{4}a^2$

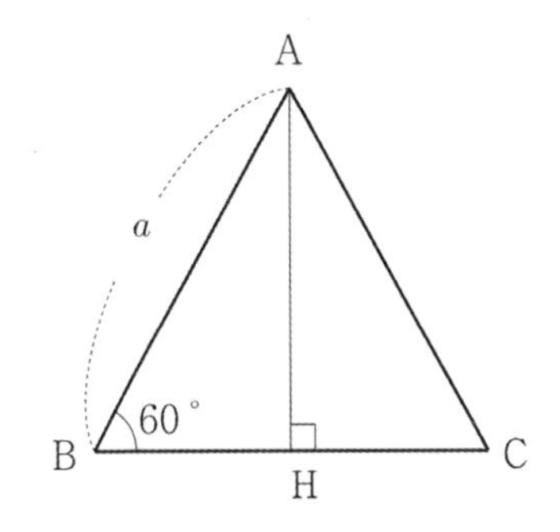

⑤ **외접원과 삼각형의 넓이**

외접원의 반지름의 길이를 R이라 하고

사인법칙에 의해서 $\frac{a}{\sin A} = 2R \Rightarrow \sin A = \frac{a}{2R}$이므로

$S = \frac{1}{2}bc\sin A = \frac{1}{2}bc\frac{a}{2R} = \frac{abc}{4R}$

따라서 $S = \frac{abc}{4R}$

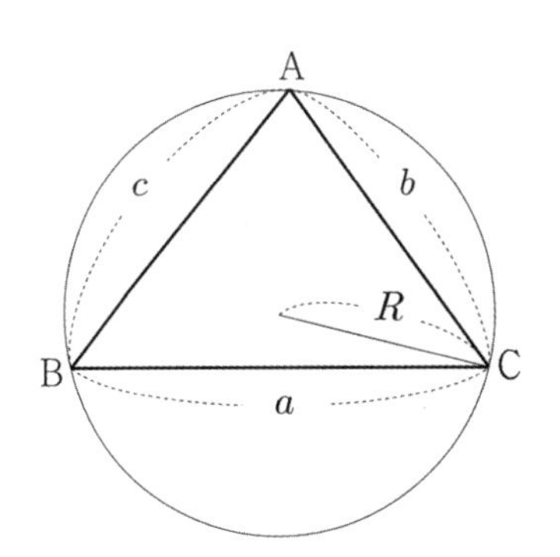

⑥ **내접원과 삼각형의 넓이**

내접원의 반지름을 r이라 하고

$\triangle ABC = \triangle AOB + \triangle AOC + \triangle BOC$이므로

$S = \frac{1}{2}cr + \frac{1}{2}br + \frac{1}{2}ar = \left(\frac{a+b+c}{2}\right) \times r$

따라서 $S = \left(\frac{a+b+c}{2}\right) \times r$

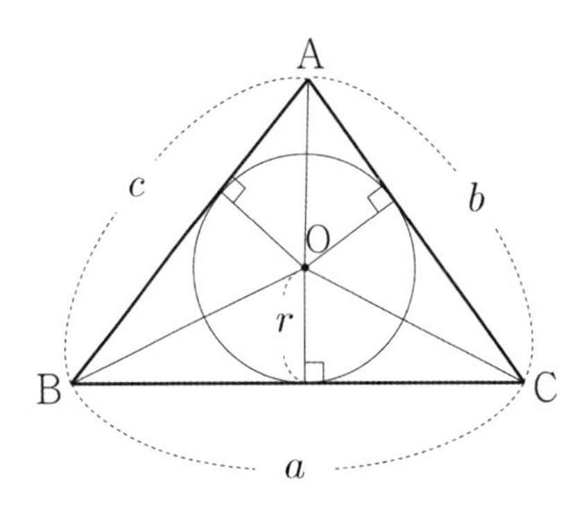

⑦ **삼각형의 각의 이등분선과 닮음 (자주 나오니 기억하자!)**

직선 AD와 평행하고 점 C를 지나는 직선과
직선 AB이 만나는 교점을 E라 하자.

$\angle DAC = \angle ACE$ (엇각)

$\angle BAD = \angle AEC$ (동위각)

$\overline{BA} : \overline{AE} = \overline{BD} : \overline{DC}$

$\angle ACE = \angle AEC \Rightarrow \overline{AC} = \overline{AE}$

따라서 $\overline{AB} : \overline{AC} = \overline{BD} : \overline{DC}$

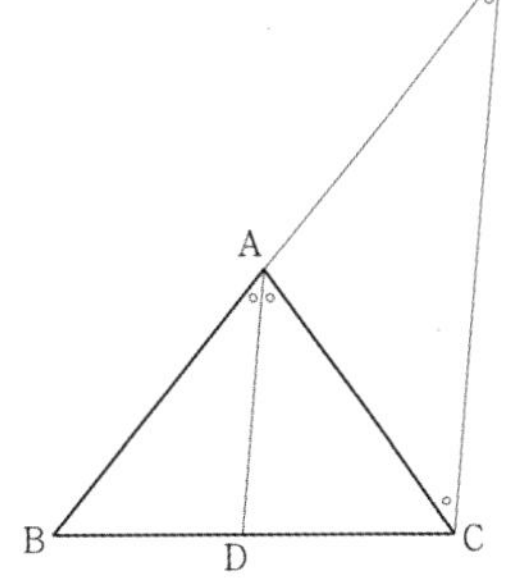

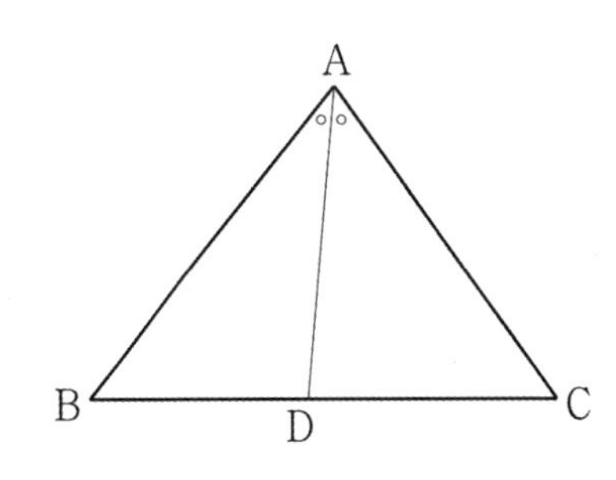

예제 5

삼각형 ABC에서 $A=120^\circ$, $c=4$, $b=3$일 때, 삼각형 ABC의 넓이를 구하시오.

풀이

$S=\frac{1}{2}\times b\times c\times \sin A=\frac{1}{2}\times 4\times 3\times \sin 120^\circ=6\times\frac{\sqrt{3}}{2}=3\sqrt{3}$

따라서 답은 $3\sqrt{3}$이다.

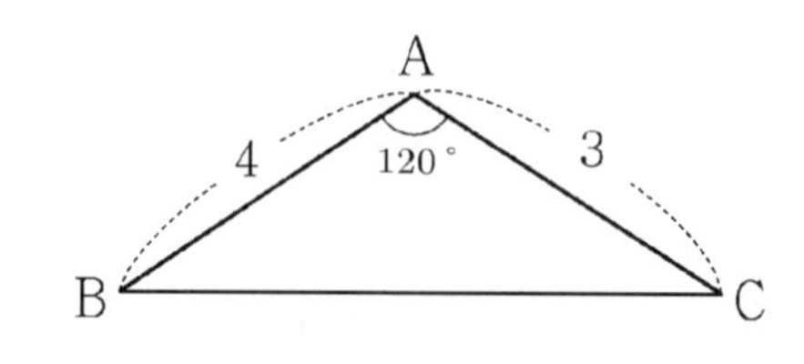

개념 확인문제 11

삼각형 ABC에서 $B=135^\circ$, $a=2$, $c=\sqrt{2}$일 때, 삼각형 ABC의 넓이를 구하시오.

예제 6

삼각형 ABC에서 $a=7$, $b=3$, $c=6$일 때, 삼각형 ABC의 넓이를 구하시오.

풀이

풀이1) 코사인법칙에 의해서 $\cos A=\frac{b^2+c^2-a^2}{2bc}=\frac{9+36-49}{2\times 3\times 6}=-\frac{1}{9}\Rightarrow \sin A=\frac{4\sqrt{5}}{9}$

$S=\frac{1}{2}bc\sin A=\frac{1}{2}\times 3\times 6\times\frac{4\sqrt{5}}{9}=4\sqrt{5}$

풀이2) 헤론의 공식을 사용하면 $s=\frac{a+b+c}{2}=\frac{6+3+7}{2}=8$

$S=\sqrt{s(s-a)(s-b)(s-c)}=\sqrt{8(8-7)(8-3)(8-6)}=4\sqrt{5}$

따라서 답은 $4\sqrt{5}$이다.

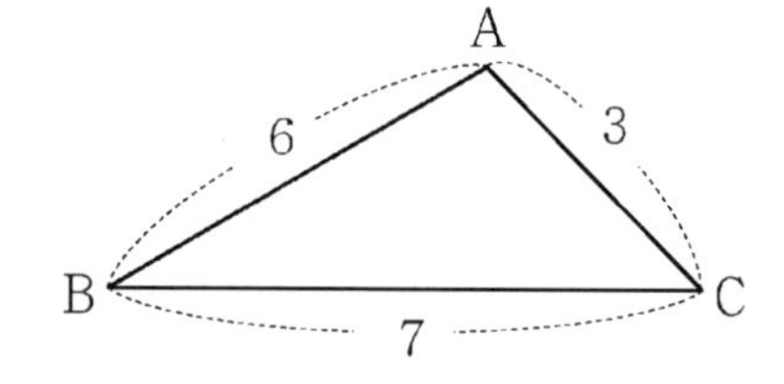

개념 확인문제 12

삼각형 ABC에서 $a=8$, $b=4$, $c=6$일 때, 삼각형 ABC의 넓이를 구하시오.

개념 파악하기 (10) 삼각함수를 이용하여 사각형의 넓이는 어떻게 구할까?

사각형의 넓이

① 평행사변형의 넓이

이웃하는 두 변의 길이가 a, b이고 끼인각의 크기가 θ인 평행사변형의 넓이 S는

$S=ab\sin\theta$

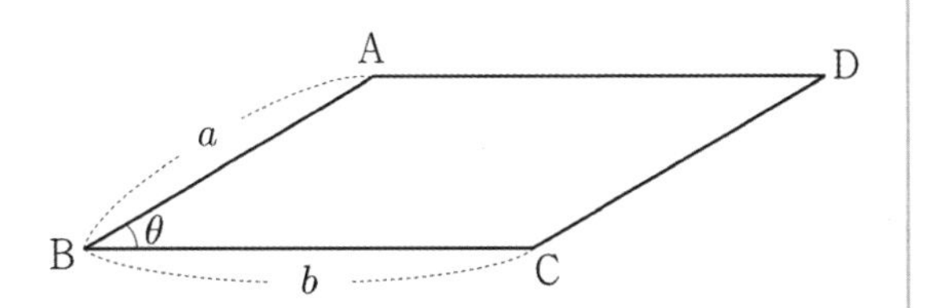

Tip 삼각형 ABC와 CDA는 합동이므로 평행사변형의 넓이는 삼각형 ABC의 넓이의 2배로 구해주면 된다.

② 사각형의 넓이

오른쪽 그림에서 $\overline{AO}=p$, $\overline{OC}=q$, $\overline{BO}=r$, $\overline{OD}=s$라 하면

$r+s=a$, $p+q=b$

사각형 ABCD의 넓이 S는

$S=\triangle OAB+\triangle OBC+\triangle OCD+\triangle ODA$

$=\frac{1}{2}pr\sin\theta+\frac{1}{2}rq\sin(\pi-\theta)+\frac{1}{2}qs\sin\theta+\frac{1}{2}ps\sin(\pi-\theta)$

$=\frac{1}{2}(pr+rq+qs+ps)\sin\theta=\frac{1}{2}(r+s)(p+q)\sin\theta=\frac{1}{2}ab\sin\theta$

따라서 두 대각선의 길이가 a, b이고 두 대각선이 이루는 각의 크기가 θ인 사각형의 넓이 S는

$S=\frac{1}{2}ab\sin\theta$

평행사변형의 넓이 공식과 헷갈릴 수 있는데 마름모 넓이공식을 생각해보자!

마름모는 $\theta=90^\circ$이므로 $S=\frac{1}{2}ab\sin 90^\circ=\frac{1}{2}ab$이다. 그러니 $\frac{1}{2}$를 앞에 붙이는 것이 맞다.

예제 7

아래 그림과 같은 평행사변형 ABCD의 넓이를 구하시오.

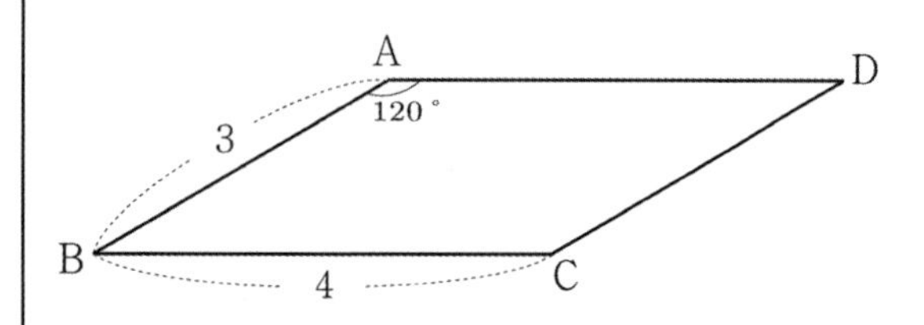

풀이

$S = ab\sin\theta = 3 \times 4 \times \sin 120° = 6\sqrt{3}$

따라서 답은 $6\sqrt{3}$ 이다.

개념 확인문제 13

아래 그림과 같은 사각형 ABCD의 넓이를 구하시오.

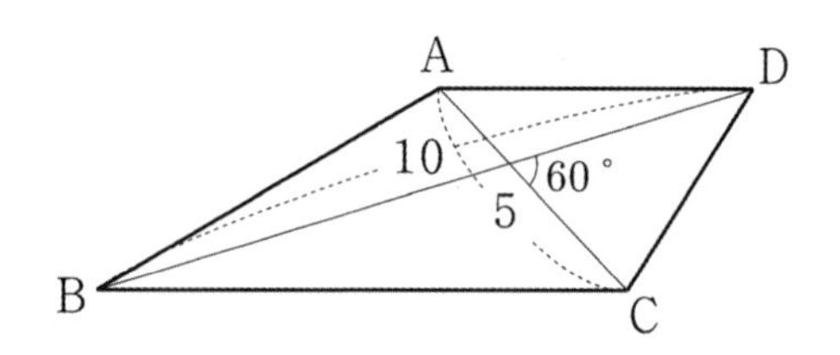

규토 라이트 N제

삼각함수

Training – 1 step

필수 유형편

3. 사인법칙과 코사인법칙

001

삼각형 ABC 에서 $A=30^\circ$, $\overline{AC}=8$, $\overline{BC}=4\sqrt{2}$ 일 때, $\sin B$의 값은?

① $\frac{1}{2}$ ② $\frac{\sqrt{2}}{2}$ ③ $\frac{\sqrt{3}}{2}$
④ $\frac{\sqrt{2}}{4}$ ⑤ $\frac{\sqrt{3}}{4}$

002

아래 그림과 같이 평면 ABC에 수직인 선분 CD의 길이를 구하기 위해서 10만큼 떨어진 두 지점 A, B 에서 각의 크기를 측정하였더니
$\angle DAC=30^\circ$, $\angle CAB=75^\circ$, $\angle CBA=60^\circ$ 이었다.
선분 CD의 길이는?

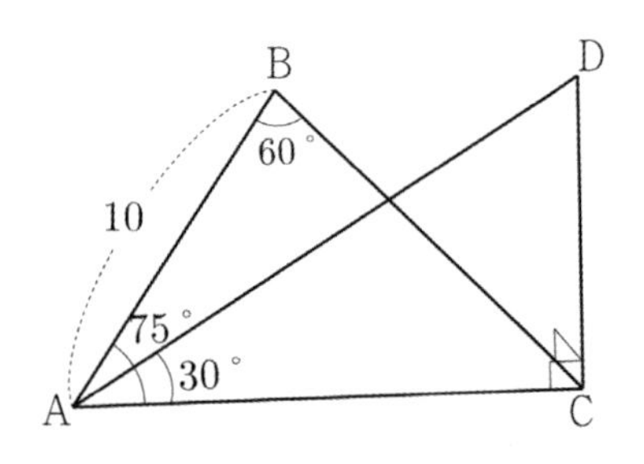

① $\sqrt{2}$ ② $2\sqrt{2}$ ③ $3\sqrt{2}$
④ $4\sqrt{2}$ ⑤ $5\sqrt{2}$

003

삼각형 ABC의 세 변의 길이 a, b, c 사이에

$$(a+b):(b+c):(c+a)=7:6:5$$

이 성립할 때, $\sin A:\sin B:\sin C$를 구하시오.

004

삼각형 ABC 에서 $A=40^\circ$, $B=80^\circ$, $\overline{AB}=\sqrt{3}$ 일 때, 삼각형 ABC의 외접원의 반지름의 길이를 구하시오.

005

삼각형 ABC에서

$$6\sin A=2\sqrt{3}\sin B=3\sin C$$

일 때, $\angle B$의 크기를 구하시오.

006

아래 그림과 같이 원에 내접하는 사각형 ABCD에서 지름 AC의 길이는 $2\sqrt{2}$ 이고, $\angle BAD=135^\circ$ 일 때, 선분 BD의 길이를 구하시오.

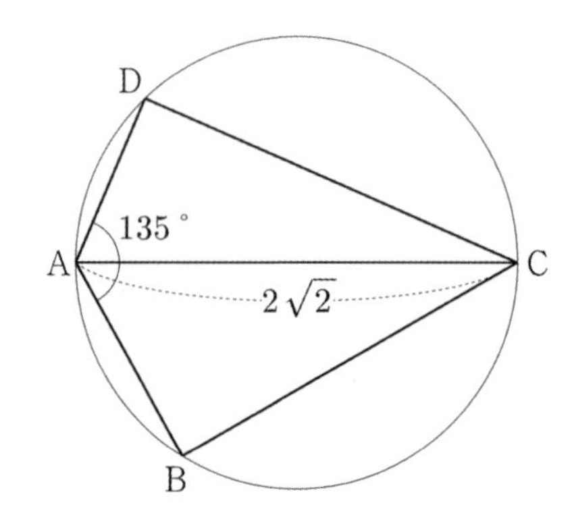

007

그림과 같이 $\overline{BC}=2$인 삼각형 ABC의 내부에 점 P가 있다. 두 선분 AB, AC의 중점을 각각 M, N이라 할 때, 삼각형 PMN의 외접원은 점 A를 지난다.
삼각형 PMN의 외접원의 넓이를 S_1, 삼각형 ABC의 외접원의 넓이를 S_2라 하자. $\cos(\angle MPN)=-\frac{3}{5}$일 때, $\frac{64}{\pi}(S_1+S_2)$의 값을 구하시오.

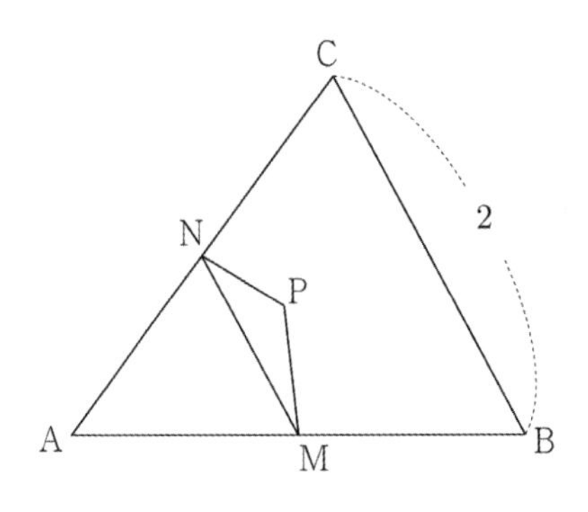

008

그림과 같이 $\overline{AB}=6$, $\angle ACB=\frac{\pi}{6}$인 삼각형 ABC의 내부에 점 D가 있다. 선분 BC 위의 점 E에 대하여 $\angle BDE=\frac{\pi}{2}$, $\overline{DE}=\frac{3\sqrt{2}}{2}$이고 삼각형 ABD가 정삼각형일 때, $(\overline{EC})^2=\frac{q}{p}$이다. $p+q$의 값을 구하시오.
(단, p, q는 서로소인 자연수이다.)

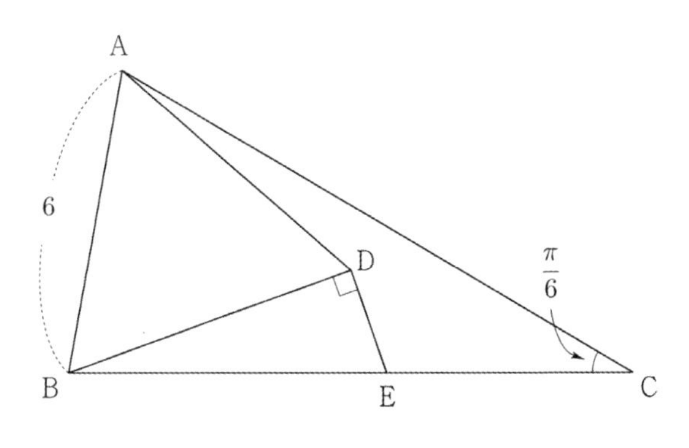

009

삼각형 ABC에서 $\overline{AC}=2\sqrt{2}$, $\angle A=75°$, $\angle C=45°$이다. $\overline{BC}$ 위를 움직이는 점 D에 대하여 삼각형 ABD의 외접원의 넓이의 최솟값은?

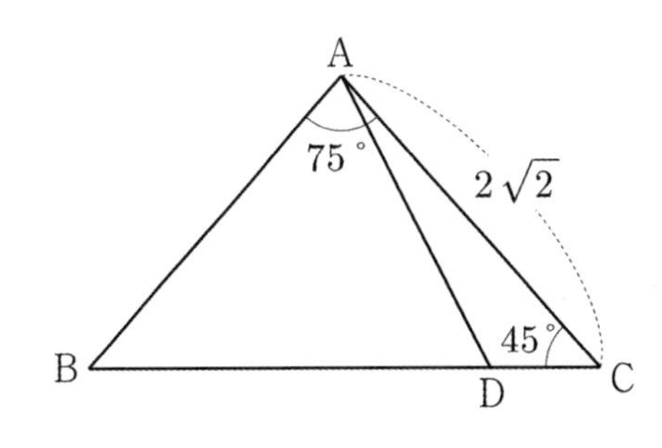

① $\frac{5}{6}\pi$ ② π ③ $\frac{7}{6}\pi$
④ $\frac{4}{3}\pi$ ⑤ $\frac{3}{2}\pi$

010

삼각형 ABC에서 $\overline{AB}=5$, $\overline{AC}=3$, $\overline{BD}=2$, $\overline{CD}=1$일 때, $\frac{10\sin\alpha}{\sin\beta}$의 값을 구하시오.

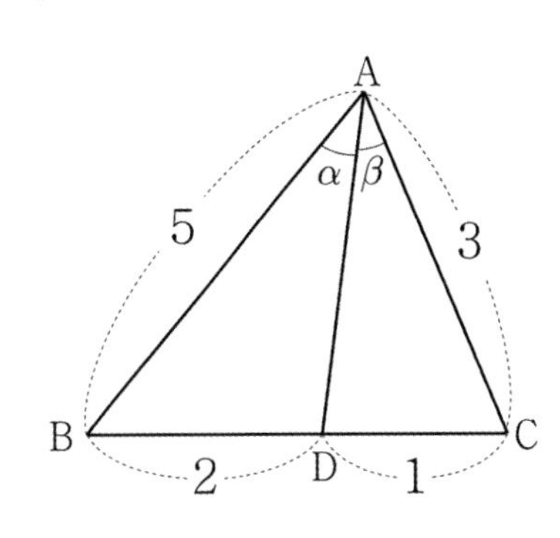

Theme 2

코사인법칙

011

삼각형 ABC에서 $\overline{AB}=7$, $\overline{BC}=4$, $\overline{AC}=9$이다.
점 A에서 직선 BC에 내린 수선의 발을 D라 할 때,
삼각형 ABD의 넓이는?

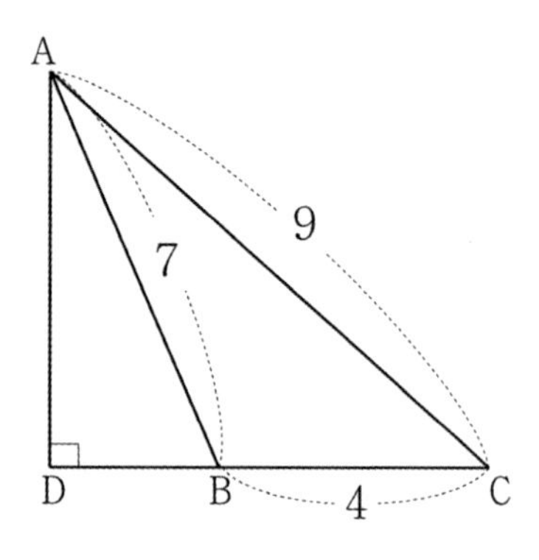

① $\sqrt{5}$ ② $2\sqrt{5}$ ③ $3\sqrt{5}$
④ $4\sqrt{5}$ ⑤ $5\sqrt{5}$

012

아래 그림과 같이 원에 내접하는 사각형 ABCD에서
$\overline{BC}=8$, $\overline{CD}=5$이고 $\cos A=-\frac{1}{4}$일 때,
$(\overline{BD})^2$의 값을 구하시오.

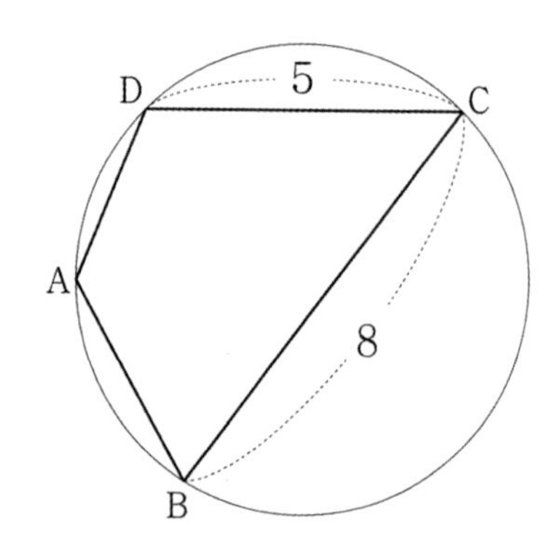

013

아래 그림과 같이 $\overline{AB}=3$, $\overline{BC}=4$, $\overline{AC}=2$인
삼각형 ABC에서 변 BC 위에 $\overline{AC}=\overline{AD}$인 점 D를
잡을 때, $\overline{BD}$의 길이는?

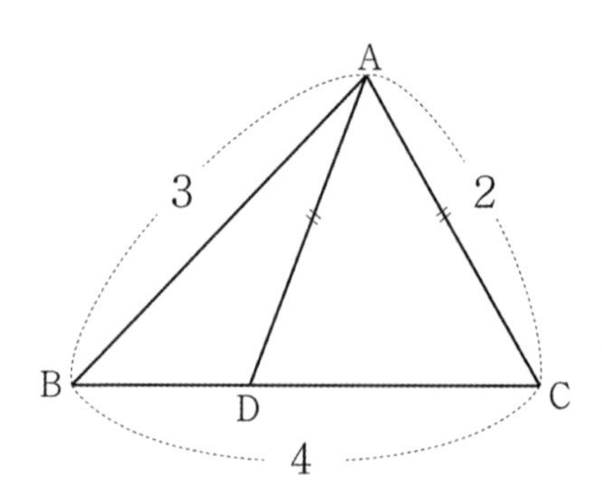

① $\frac{1}{4}$ ② $\frac{1}{2}$ ③ $\frac{3}{4}$
④ 1 ⑤ $\frac{5}{4}$

014

아래 그림은 밑면이 반지름의 길이가 1인 원이고, 모선의
길이가 3인 원뿔이다. $\overline{AB}$가 밑면의 원의 지름이고,
점 C는 모선 OB 위에 존재한다. $\overline{OC}=1$일 때,
점 A에서 출발하여 원뿔의 옆면을 따라 점 C에 이르는
최단 거리는?

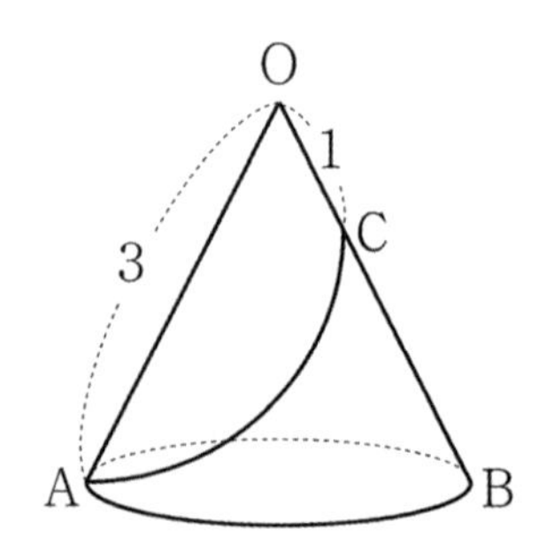

① $\sqrt{7}$ ② $2\sqrt{2}$ ③ 3
④ $\sqrt{10}$ ⑤ $\sqrt{11}$

015

그림과 같이 $\overline{AB}=1$, $\overline{AC}=4$인 삼각형 ABC가 있다.
선분 BC를 $1:2$로 내분하는 점을 D라 하자.
$\overline{AD}=\overline{BD}$일 때, $(\overline{BC})^2$의 값을 구하시오.

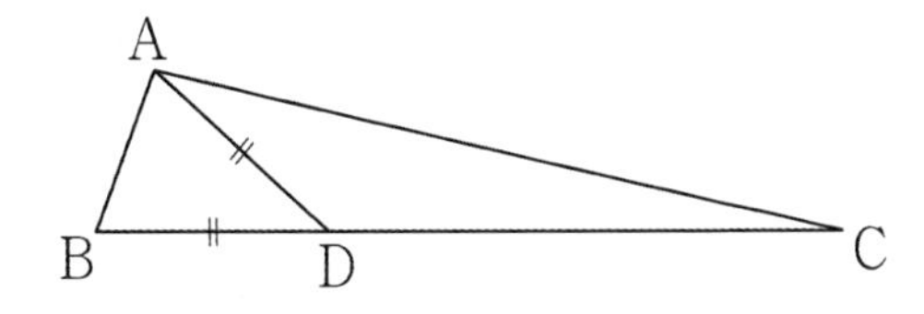

016

그림과 같이 길이가 5인 선분 AB와 길이가 6인 선분 BC가 있다. 점 A를 중심으로 하는 원이 선분 BC와 접하는 점을 D라 할 때, $\overline{BD}=2\overline{DC}$이다.
선분 AB와 원이 만나는 점을 E라 할 때, $(\overline{CE})^2=\frac{q}{p}$이다.
$p+q$의 값을 구하시오. (단, p, q는 서로소인 자연수이다.)

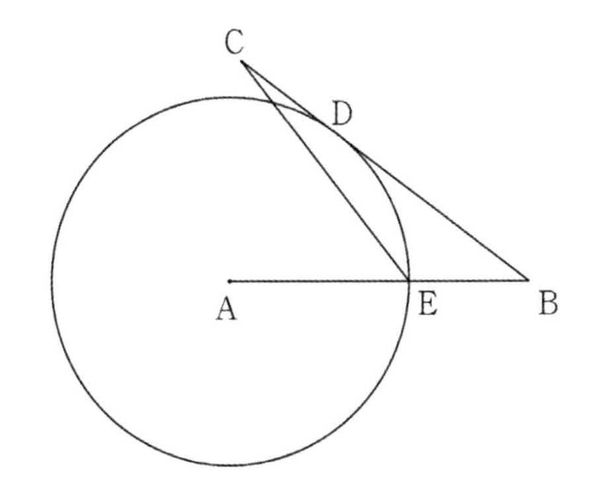

Theme 3 사인법칙과 코사인법칙

017

아래 그림과 같이 반지름의 길이가 R인 원 O에 내접하는 삼각형 ABC가 있다. $\overline{AB}=5$, $\overline{AC}=6$, $\cos A=\frac{1}{5}$일 때, $4\sqrt{6}R$의 값을 구하시오.

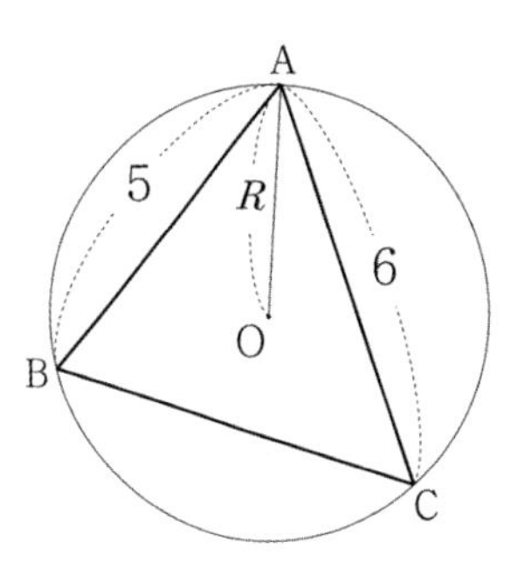

018

넓이가 13π인 원에 내접하는 사각형 ABCD가 있다.
$3\overline{AB}=\overline{BC}$, $\angle ABC=120°$일 때, $(\overline{AB})^2$의 값을 구하시오.

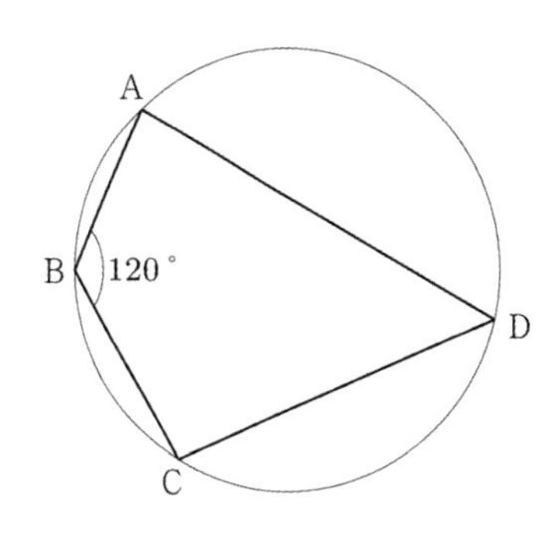

019

삼각형 ABC에서 $B=60°$, $C=45°$이고 외접원의 반지름의 길이가 1일 때, $(\overline{BC})^2=a+\sqrt{b}$이다. $a+b$의 값을 구하시오. (단, a와 b는 자연수이다.)

020

$\overline{AB}:\overline{BC}:\overline{CA}=3:\sqrt{7}:1$인 삼각형 ABC가 있다. 삼각형 ABC의 외접원의 넓이가 49π일 때, $(\overline{CA})^2$의 값을 구하시오.

021

그림과 같이 $\overline{AB}=5$, $\overline{AC}=4$, $\cos(\angle BAC)=\frac{1}{8}$인 삼각형 ABC의 외접원 위의 한 점 D에 대하여 $\angle BAD=\angle CAD$이다. 외접원의 넓이를 S라 할 때, $\frac{S}{\pi\times\overline{CD}}=\frac{q}{p}$이다. $p+q$의 값을 구하시오. (단, p, q는 서로소인 자연수이다.)

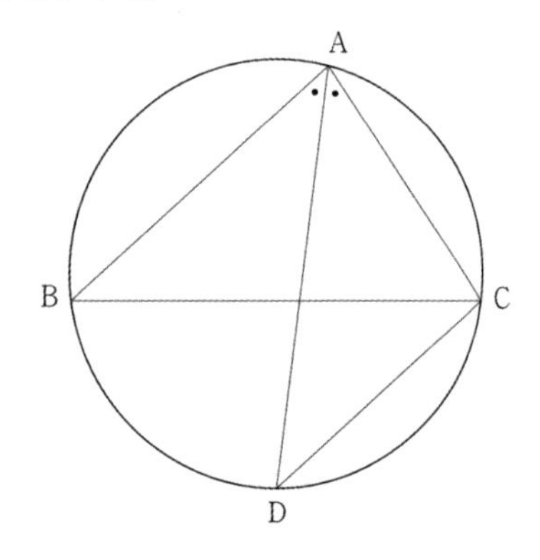

Theme 4 삼각형의 모양 결정

022

삼각형 ABC에서

$$\sin A=\cos\left(\frac{\pi}{2}-B\right)\sin\left(\frac{\pi}{2}+C\right)$$

가 성립할 때, 삼각형 ABC는 어떤 삼각형인지 구하시오.

023

삼각형 ABC에서

$$\sin A=2\sin\frac{A-B+C}{2}\cos\left(C-\frac{\pi}{2}\right)$$

가 성립할 때, 삼각형 ABC는 어떤 삼각형인지 구하시오.

Theme 5 삼각형과 사각형의 넓이

024

$\overline{AB}=6$, $\overline{BC}=5$, $\overline{AC}=3$인 삼각형 ABC의 외접원의 반지름의 길이는 R이고, 내접원의 반지름의 길이는 r이다. $\frac{16R}{9r}$의 값을 구하시오.

025

반지름의 길이가 R인 원에 내접하는 삼각형 ABC가 있다. $\overline{AC}=6$, $\overline{BC}=10$이고 삼각형의 넓이가 $15\sqrt{3}$일 때, $3R^2$의 값을 구하시오. (단, $90° < C < 180°$)

026

아래 그림과 같이 $\overline{AB}=12$, $\overline{AC}=8$, $A=60°$인 삼각형 ABC에서 $\angle A$의 이등분선이 선분 BC와 만나는 점을 D라 할 때, $\overline{AD}=\frac{p}{q}\sqrt{3}$이다. $p+q$의 값을 구하시오. (단, p와 q는 서로소인 자연수이다.)

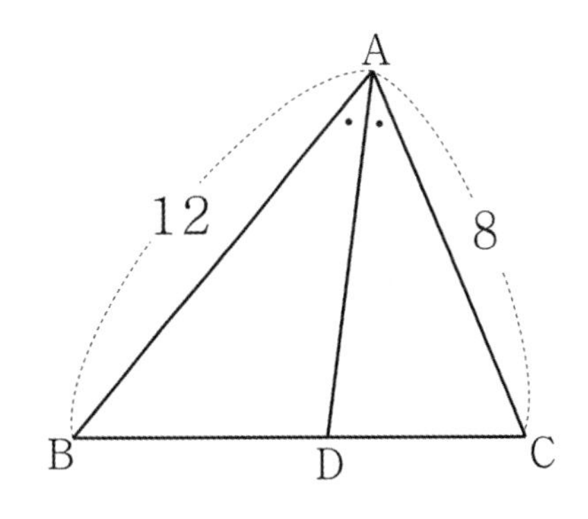

027

삼각형 ABC에서 $2\overline{CD}=3\overline{AD}$, $4\overline{CE}=\overline{BE}$이다. 삼각형 ABC의 넓이가 100일 때, 삼각형 CDE의 넓이를 구하시오.

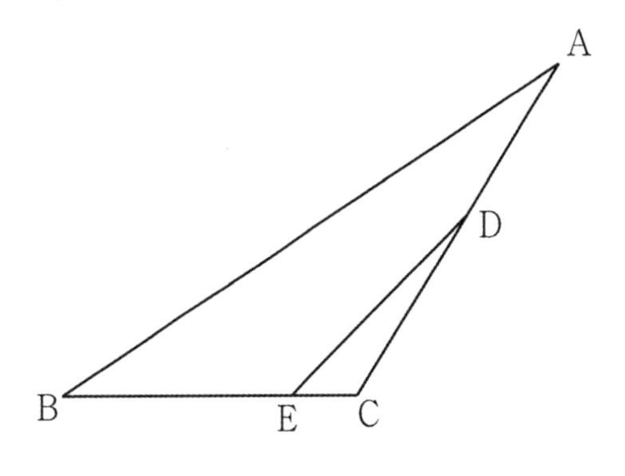

028

그림과 같이 $\overline{BC}=11$, $A=120°$ 인
삼각형 ABC 에서 $\overline{AB}+\overline{AC}=12$ 일 때,
삼각형 ABC 의 넓이는 $\frac{q}{p}\sqrt{3}$ 이다. $p+q$의 값을
구하시오. (단, p와 q는 서로소인 자연수이다.)

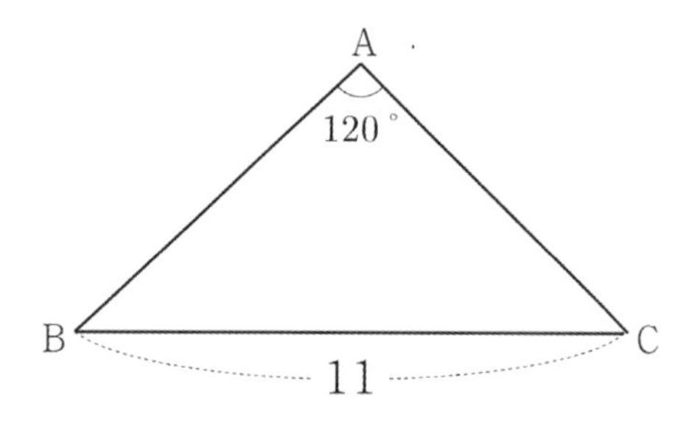

029

삼각형 ABC에서 $\overline{AB}=2\sqrt{2}$, $\overline{BC}=2$, $B=135°$
이다. 점 B 에서 선분 AC에 내린 수선의 발을 D라 할 때,
$\overline{BD}=\frac{q}{p}\sqrt{5}$ 이다. $p+q$ 의 값을 구하시오. (단, p 와 q 는 서로소인 자연수이다.)

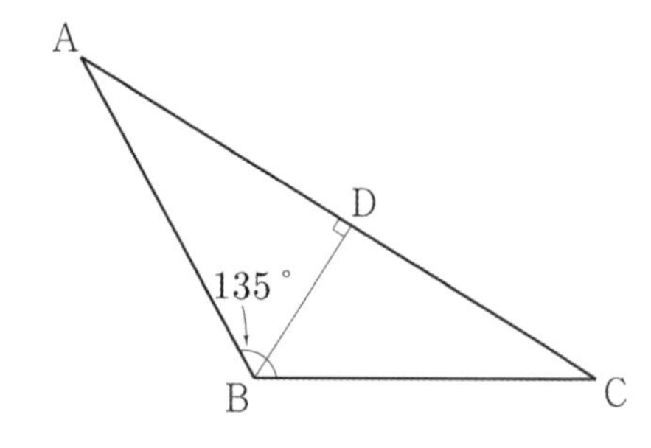

030

원에 내접하는 사각형 ABCD 에서
$\overline{AB}=5$, $\overline{AD}=\overline{CD}=3$, $\angle A=60°$ 일 때,
사각형 ABCD의 넓이는 $\frac{q}{p}\sqrt{3}$ 이다. $p+q$의 값을
구하시오. (단, p와 q는 서로소인 자연수이다.)

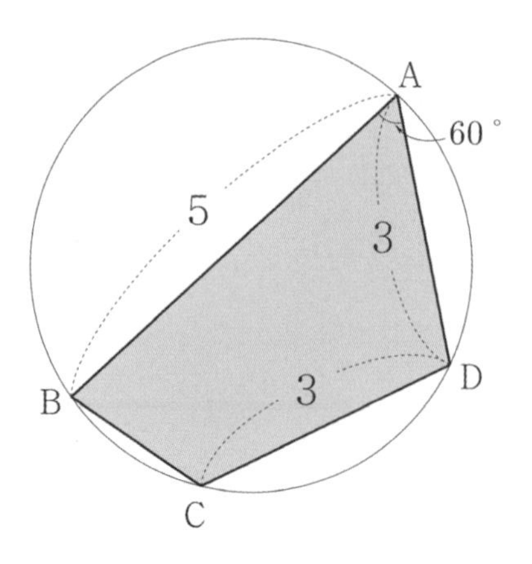

031

두 대각선의 길이가 a, b이고, 두 대각선이 이루는 각의
크기가 $60°$ 인 사각형이 있다. 이 사각형의 넓이가 $\sqrt{3}$
이고 $a-b=4$일 때, a^3-b^3 의 값을 구하시오.

032

그림과 같이 $\overline{AB}=2$, $\overline{BC}=3$인 평행사변형 ABCD의 두 대각선이 이루는 각의 크기가 $60°$일 때, 평행사변형 ABCD의 넓이는 $\frac{q}{p}\sqrt{3}$이다. $p+q$의 값을 구하시오. (단, p와 q는 서로소인 자연수이다.)

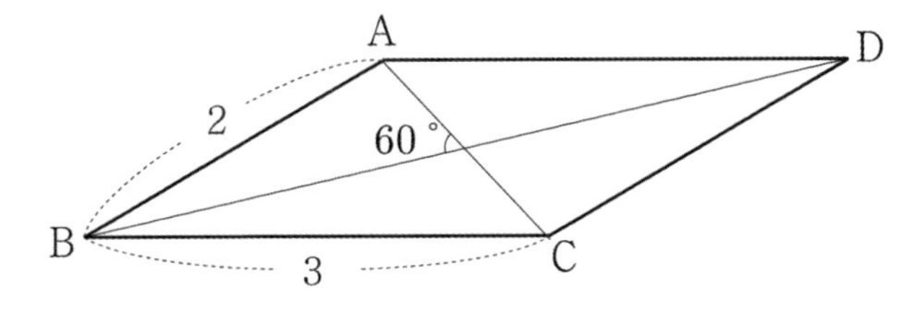

033

그림과 같이 사각형 ABCD에서 $\overline{BD}=2\sqrt{7}$, $\overline{AD}//\overline{BC}$이고, $\overline{AB}=\overline{BC}=\overline{AC}=2$이다. 두 대각선 AC, BD가 만나는 점을 E라 할 때, 삼각형 BCE의 넓이는?

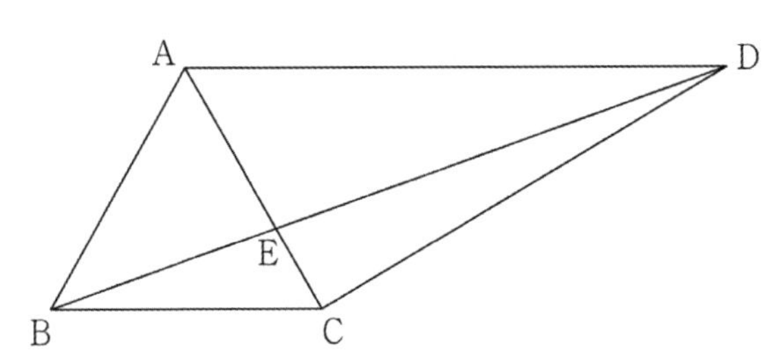

① $\frac{\sqrt{3}}{6}$ ② $\frac{\sqrt{3}}{3}$ ③ $\frac{\sqrt{3}}{2}$
④ $\frac{2\sqrt{3}}{3}$ ⑤ $\frac{5\sqrt{3}}{6}$

034

그림과 같이 $\overline{AB}=8$, $\overline{AC}=6$, $\overline{BC}=4$인 삼각형 ABC의 내부의 한 점 P에서 세 변 BC, CA, AB에 내린 수선의 발을 각각 D, E, F라 하자. $\overline{PD}=\frac{\sqrt{15}}{2}$, $\overline{PE}=\frac{\sqrt{15}}{3}$일 때, 삼각형 EFP의 넓이는 $\frac{q}{p}\sqrt{15}$이다. $p+q$의 값을 구하시오. (단, p와 q는 서로소인 자연수이다.)

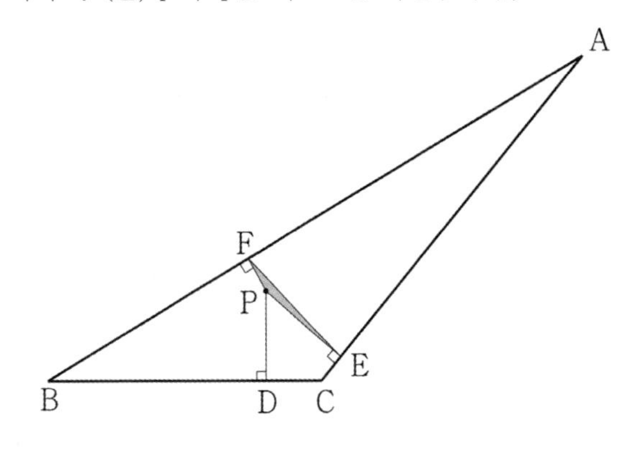

삼각함수

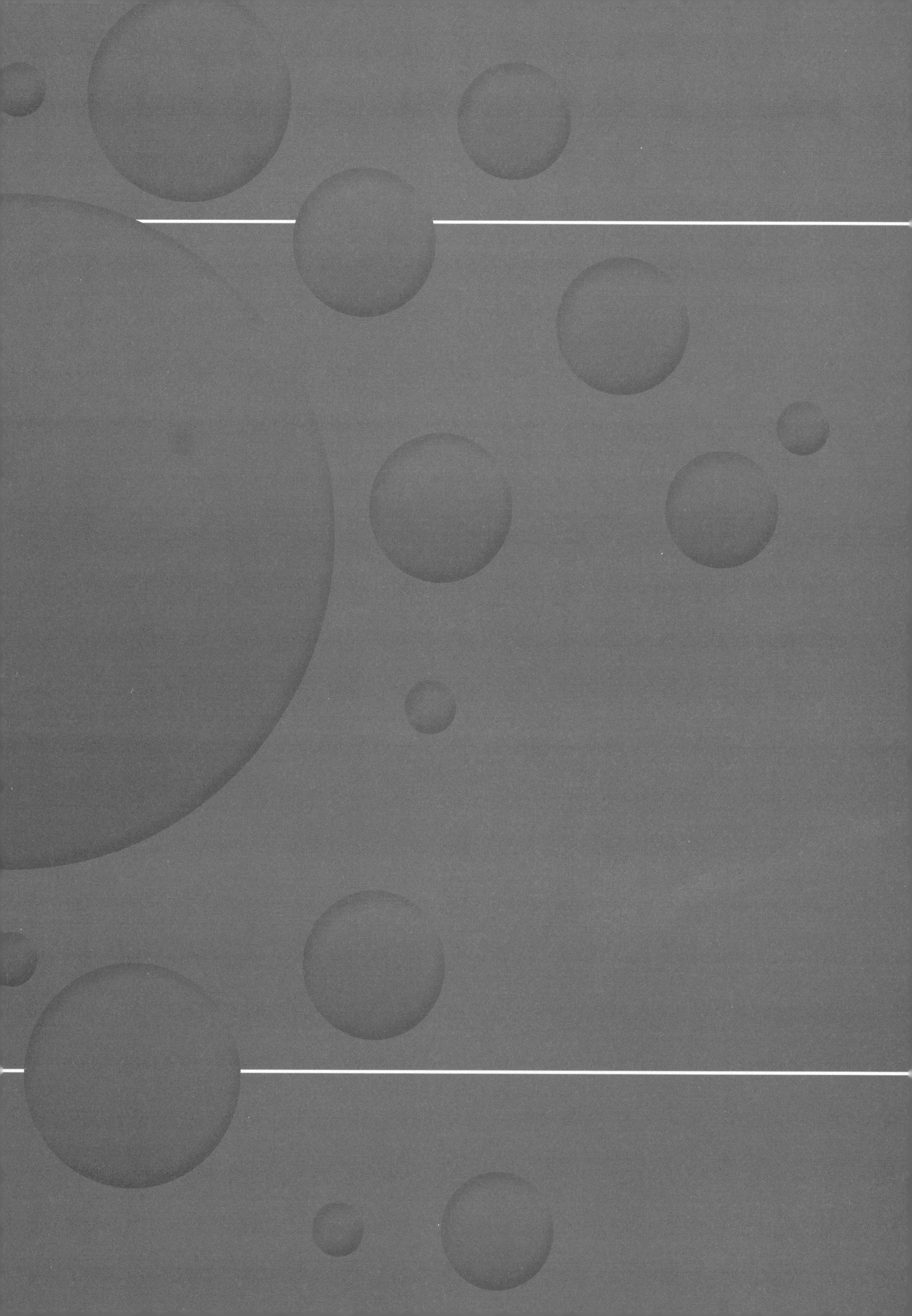

규토 라이트 N제

삼각함수

Training – 2 step

기출 적용편

3. 사인법칙과 코사인법칙

035 • 2020년 고3 7월 교육청 가형

$\overline{AB}=2$, $\overline{AC}=\sqrt{7}$인 예각삼각형 ABC의 넓이가 $\sqrt{6}$이다. $\angle A=\theta$일 때, $\sin\left(\frac{\pi}{2}+\theta\right)$의 값은? [3점]

① $\frac{\sqrt{3}}{7}$ ② $\frac{2}{7}$ ③ $\frac{\sqrt{5}}{7}$

④ $\frac{\sqrt{6}}{7}$ ⑤ $\frac{\sqrt{7}}{7}$

036 • 2021학년도 고3 6월 평가원 가형

반지름의 길이가 15인 원에 내접하는 삼각형 ABC에서 $\sin B=\frac{7}{10}$일 때, 선분 AC의 길이를 구하시오. [3점]

037 • 2021학년도 고3 9월 평가원 나형

$\overline{AB}=8$이고 $\angle A=45°$, $\angle B=15°$인 삼각형 ABC에서 선분 BC의 길이는? [3점]

① $2\sqrt{6}$ ② $\frac{7}{3}\sqrt{6}$ ③ $\frac{8\sqrt{6}}{3}$

④ $3\sqrt{6}$ ⑤ $\frac{10}{3}\sqrt{6}$

038 • 2019년 고2 11월 교육청 나형

$\overline{AB}=15$이고 넓이가 50인 삼각형 ABC에 대하여 $\angle ABC=\theta$라 할 때, $\cos\theta=\frac{\sqrt{5}}{3}$이다. 선분 BC의 길이를 구하시오. [3점]

039 • 2004학년도 수능 인문계

두 직선 $y=2x$와 $y=\frac{1}{2}x$가 이루는 예각의 크기를 θ라 할 때, 아래 그림을 이용하여 $\cos\theta$의 값을 구하면? [3점]

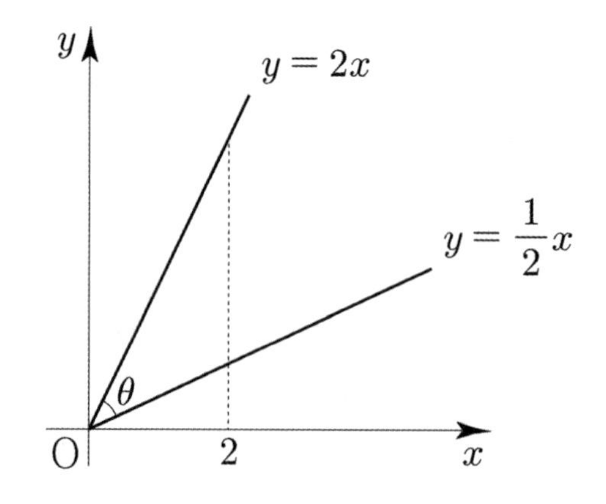

① $\frac{4}{5}$ ② $\frac{3}{5}$ ③ $\frac{\sqrt{5}}{5}$

④ $\frac{2}{5}$ ⑤ $\frac{1}{5}$

040 • 2020년 고3 4월 교육청 가형

그림과 같이 중심각의 크기가 $\frac{\pi}{3}$인 부채꼴 OAB에서 선분 OA를 3:1로 내분하는 점을 P, 선분 OB를 1:2로 내분하는 점을 Q라 하자. 삼각형 OPQ의 넓이가 $4\sqrt{3}$일 때, 호 AB의 길이는? [3점]

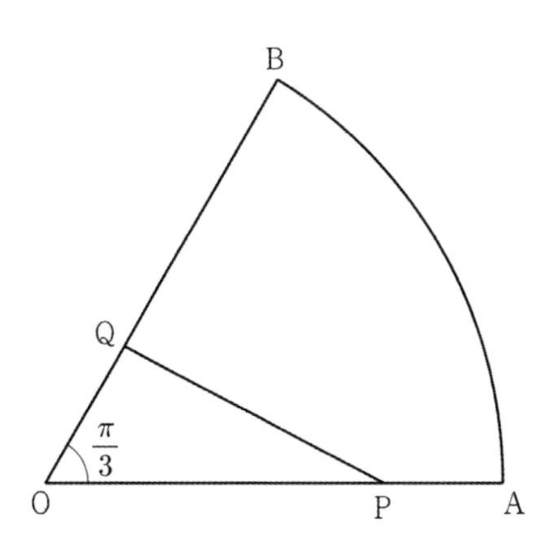

① $\frac{5}{3}\pi$　② 2π　③ $\frac{7}{3}\pi$　④ $\frac{8}{3}\pi$　⑤ 3π

041 • 2011년 고2 3월 교육청

그림과 같이 한 원에 내접하는 두 삼각형 ABC, ABD에서 $\overline{AB}=16\sqrt{2}$, $\angle ABD=45°$, $\angle BCA=30°$ 일 때, 선분 AD의 길이를 구하시오. [3점]

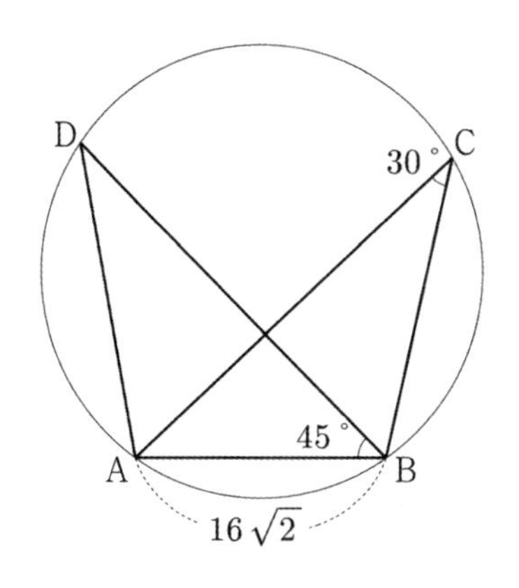

042 • 2005년 고2 6월 교육청 나형

그림과 같이 한 변의 길이가 3인 정육각형 F_1의 각 변을 2:1로 내분하는 점들을 이어 정육각형 F_2를 만들었다. F_1, F_2의 넓이를 각각 S_1, S_2라 할 때, $\frac{S_2}{S_1}$의 값은? [3점]

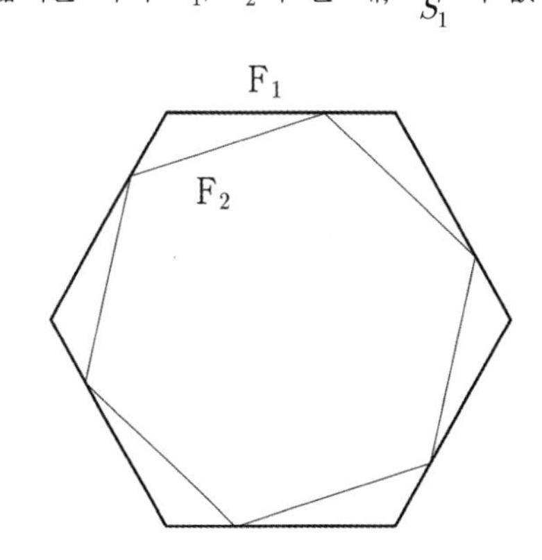

① $\frac{1}{3}$　② $\frac{4}{9}$　③ $\frac{5}{9}$
④ $\frac{2}{3}$　⑤ $\frac{7}{9}$

043 • 2021학년도 고3 9월 평가원 나형

$\overline{AB}=6$, $\overline{AC}=10$인 삼각형 ABC가 있다. 선분 AC 위에 점 D를 $\overline{AB}=\overline{AD}$가 되도록 잡는다. $\overline{BD}=\sqrt{15}$일 때, 선분 BC의 길이를 k라 하자. k^2의 값을 구하시오. [3점]

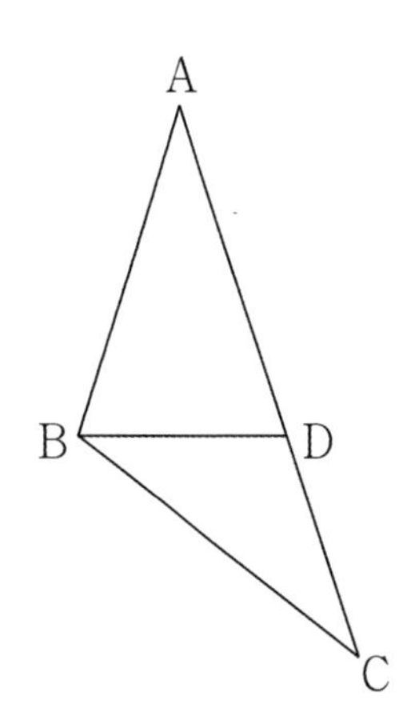

044 • 2020년 고3 7월 교육청 나형

그림과 같이 평면 위에 한 변의 길이가 3인 정사각형 ABCD와 한 변의 길이가 4인 정사각형 CEFG가 있다. $\angle DCG = \theta$ $(0 < \theta < \pi)$라 할 때, $\sin\theta = \frac{\sqrt{11}}{6}$이다. $\overline{DG} \times \overline{BE}$의 값은? [4점]

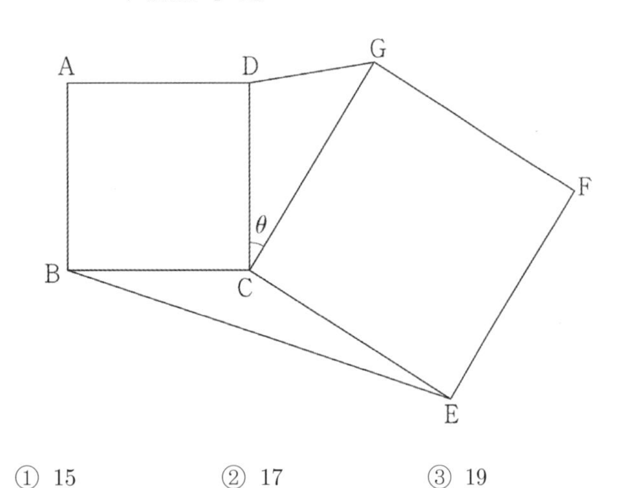

① 15 ② 17 ③ 19
④ 21 ⑤ 23

045 • 2019년 고2 9월 교육청 나형

그림과 같이 $\overline{AB}=3$, $\overline{BC}=6$인 직사각형 ABCD에서 선분 BC를 1 : 5로 내분하는 점을 E라 하자. $\angle EAC = \theta$라 할 때, $50\sin\theta\cos\theta$의 값을 구하시오. [4점]

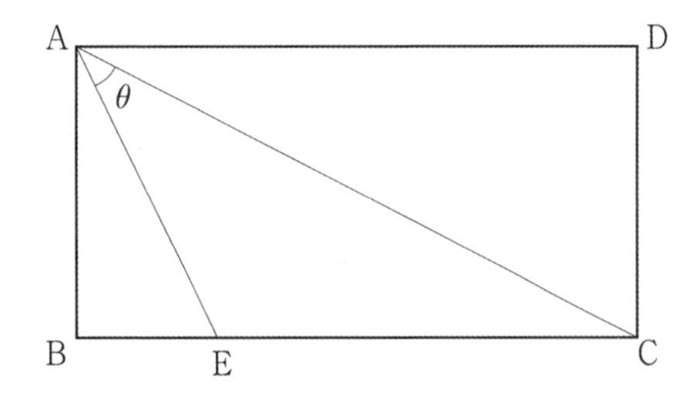

046 • 2019년 고2 9월 교육청 나형

그림과 같이 길이가 2인 선분 AB를 지름으로 하고 중심이 O인 반원이 있다.

호 AB 위에 점 P를 $\cos(\angle BAP) = \frac{4}{5}$가 되도록 잡는다.

부채꼴 OBP에 내접하는 원의 반지름의 길이가 r_1, 호 AP를 이등분하는 점과 선분 AP의 중점을 지름의 양 끝점으로 하는 원의 반지름의 길이가 r_2일 때, $r_1 r_2$의 값은? [4점]

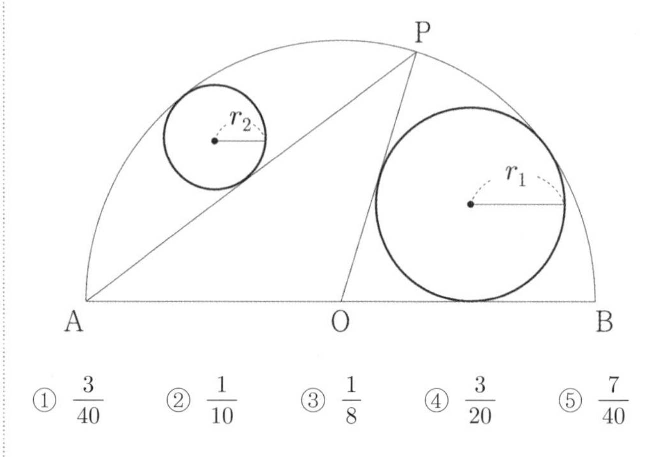

① $\frac{3}{40}$ ② $\frac{1}{10}$ ③ $\frac{1}{8}$ ④ $\frac{3}{20}$ ⑤ $\frac{7}{40}$

047 • 2019년 고2 9월 교육청 가형

반지름의 길이가 3인 원의 둘레를 6등분하는 점 중에서 연속된 세 개의 점을 각각 A, B, C라 하자.
점 B를 포함하지 않는 호 AC 위의 점 P에 대하여 $\overline{AP} + \overline{CP} = 8$이다. 사각형 ABCP의 넓이는? [4점]

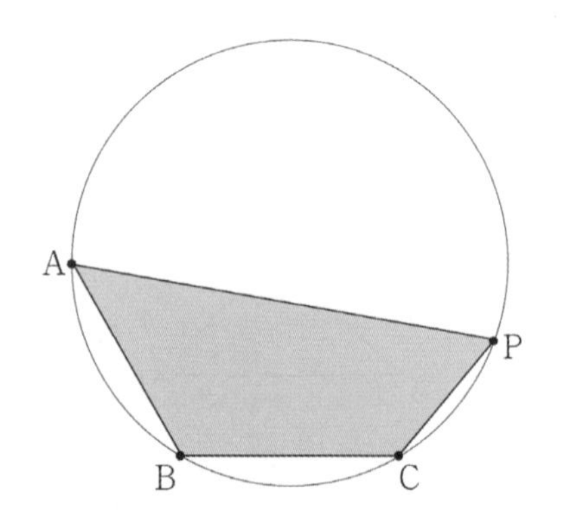

① $\frac{13\sqrt{3}}{3}$ ② $\frac{16\sqrt{3}}{3}$ ③ $\frac{19\sqrt{3}}{3}$
④ $\frac{22\sqrt{3}}{3}$ ⑤ $\frac{25\sqrt{3}}{3}$

048 • 2014년 고2 3월 교육청 A형

그림과 같이 원에 내접하는 사각형 ABCD가

$\overline{AB}=10$, $\overline{AD}=2$, $\cos(\angle BCD)=\frac{3}{5}$을 만족시킨다.

이 원의 넓이가 $a\pi$일 때, a의 값을 구하시오. [4점]

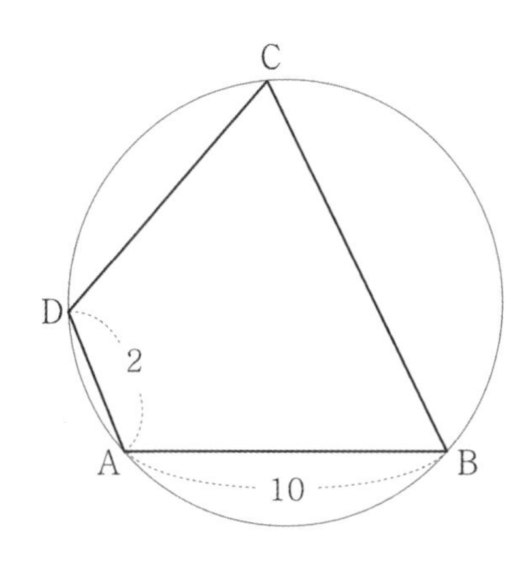

049 • 2006년 고2 6월 교육청 나형

사각형 ABCD에서 변 AB와 변 CD는 평행이고

$\overline{BC}=2$, $\overline{AB}=\overline{AC}=\overline{AD}=3$일 때, 대각선 BD의

길이는? [4점]

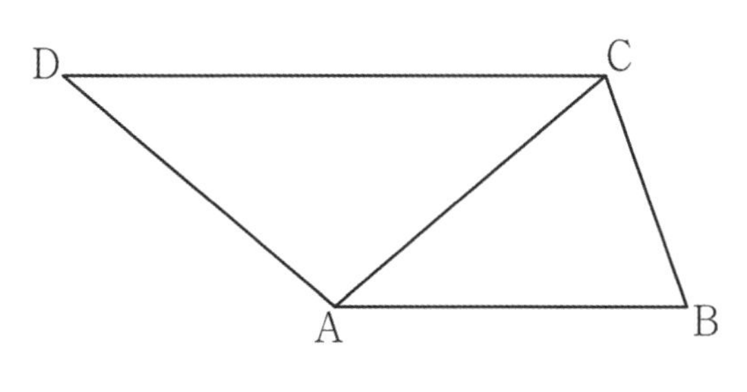

① 5 ② $4\sqrt{2}$ ③ 6

④ $5\sqrt{2}$ ⑤ 8

050 • 2005년 고1 6월 교육청

그림과 같이 넓이가 18인 삼각형 ABC가 있다.

각 변 위의 점 L, M, N은

$\overline{AL}=2\overline{BL}$, $\overline{BM}=\overline{CM}$, $\overline{CN}=2\overline{AN}$을 만족할 때,

삼각형 LMN의 넓이를 구하시오. [4점]

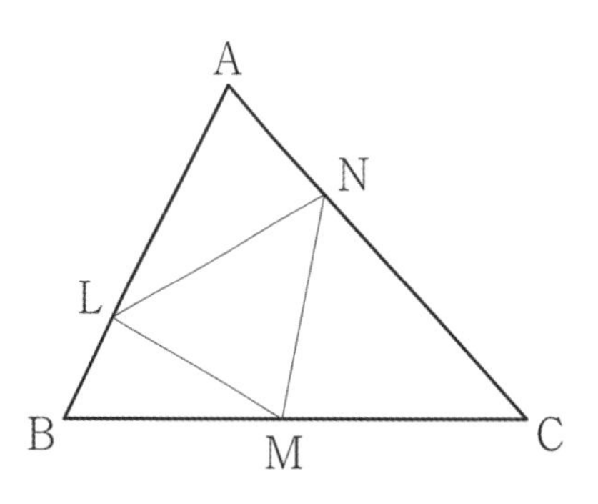

051 • 2021학년도 사관학교 가형

그림과 같이 반지름의 길이가 4이고 중심이 O인 원 위의

세 점 A, B, C에 대하여 $\angle ABC=120°$, $\overline{AB}+\overline{BC}=2\sqrt{15}$

일 때, 사각형 OABC의 넓이는? [4점]

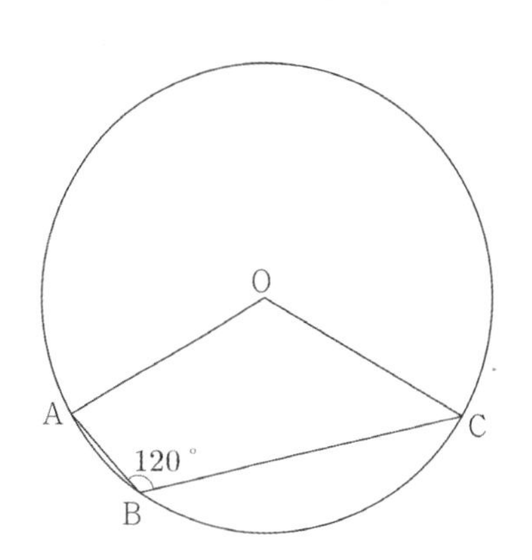

① $5\sqrt{3}$ ② $\frac{11\sqrt{3}}{2}$ ③ $6\sqrt{3}$

④ $\frac{13\sqrt{3}}{2}$ ⑤ $7\sqrt{3}$

052 • 2020년 고3 10월 교육청 나형

정삼각형 ABC가 반지름의 길이가 r인 원에 내접하고 있다. 선분 AC와 선분 BD가 만나고 $\overline{\mathrm{BD}}=\sqrt{2}$가 되도록 원 위에서 점 D를 잡는다. $\angle \mathrm{DBC}=\theta$라 할 때, $\sin\theta=\dfrac{\sqrt{3}}{3}$이다. 반지름의 길이 r의 값은? [4점]

① $\dfrac{6-\sqrt{6}}{5}$　② $\dfrac{6-\sqrt{5}}{5}$　③ $\dfrac{4}{5}$

④ $\dfrac{6-\sqrt{3}}{5}$　⑤ $\dfrac{6-\sqrt{2}}{5}$

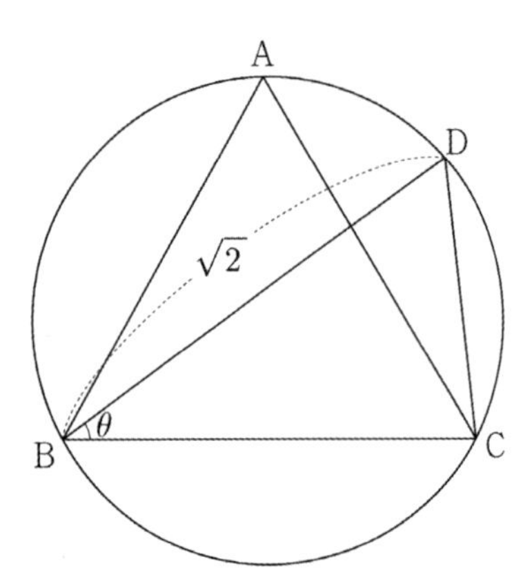

053 • 2021학년도 수능 나형

$\angle \mathrm{A}=\dfrac{\pi}{3}$이고 $\overline{\mathrm{AB}}:\overline{\mathrm{AC}}=3:1$인 삼각형 ABC가 있다. 삼각형 ABC의 외접원의 반지름의 길이가 7일 때, 선분 AC의 길이를 k라 하자. k^2의 값을 구하시오. [4점]

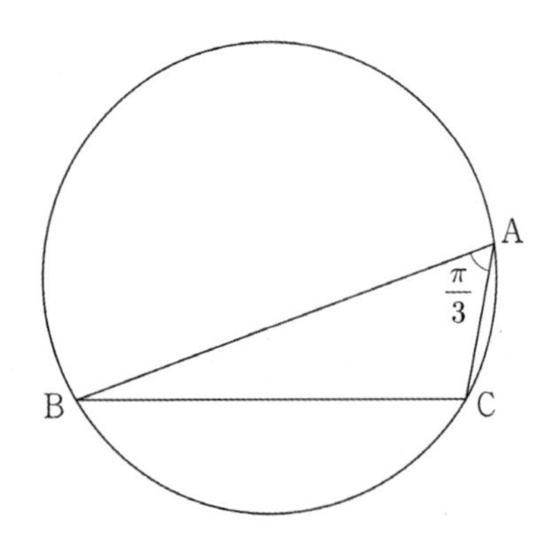

054 • 2024학년도 고3 9월 평가원 공통

그림과 같이

$$\overline{\mathrm{AB}}=2,\ \overline{\mathrm{AD}}=1,\ \angle \mathrm{DAB}=\frac{2}{3}\pi,\ \angle \mathrm{BCD}=\frac{3}{4}\pi$$

인 사각형 ABCD가 있다. 삼각형 BCD의 외접원의 반지름의 길이를 R_1, 삼각형 ABD의 외접원의 반지름의 길이를 R_2라 하자.

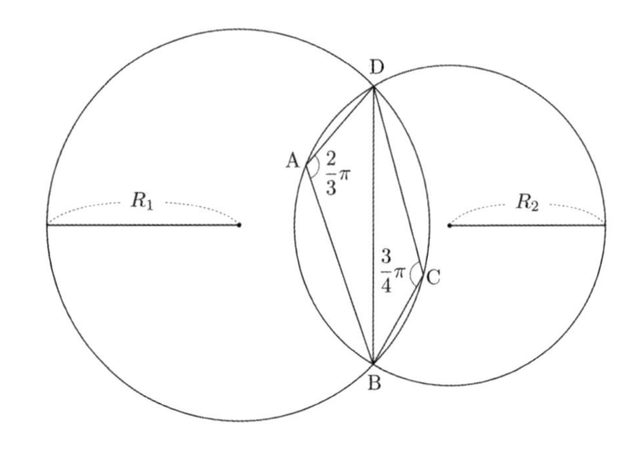

다음은 $R_1\times R_2$의 값을 구하는 과정이다.

> 삼각형 BCD에서 사인법칙에 의하여
>
> $$R_1=\frac{\sqrt{2}}{2}\times\overline{\mathrm{BD}}$$
>
> 이고, 삼각형 ABD에서 사인법칙에 의하여
>
> $$R_2=\boxed{(가)}\times\overline{\mathrm{BD}}$$
>
> 이다. 삼각형 ABD에서 코사인법칙에 의하여
>
> $$\overline{\mathrm{BD}}^2=2^2+1^2-(\boxed{(나)})$$
>
> 이므로
>
> $$R_1\times R_2=\boxed{(다)}$$
>
> 이다.

위의 (가), (나), (다)에 알맞은 수를 각각 p, q, r이라 할 때, $9\times(p\times q\times r)^2$의 값을 구하시오. [4점]

055 • 2008년 고1 3월 교육청

그림은 선분 AB를 지름으로 하는 원 O에 내접하는 사각형 APBQ를 나타낸 것이다. $\overline{AP}=4$, $\overline{BP}=2$이고 $\overline{QA}=\overline{QB}$일 때, 선분 PQ의 길이는? [4점]

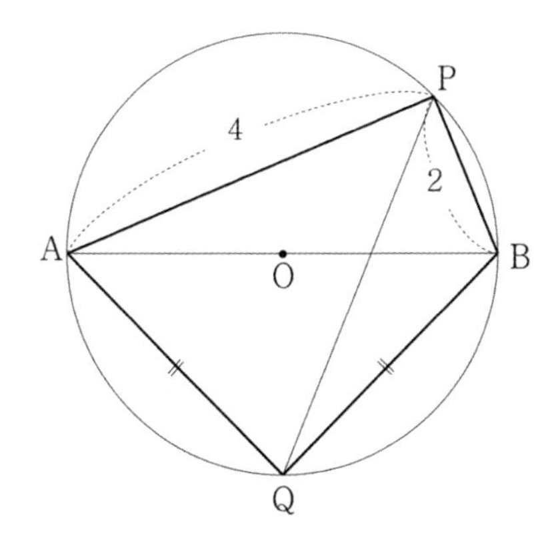

① $3\sqrt{2}$　② $\frac{10\sqrt{2}}{3}$　③ $\sqrt{14}$
④ $\frac{4\sqrt{10}}{3}$　⑤ 4

056 • 2020년 고3 3월 교육청 나형

길이가 각각 10, a, b인 세 선분 AB, BC, CA를 각 변으로 하는 예각삼각형 ABC가 있다. 삼각형 ABC의 세 꼭짓점을 지나는 원의 반지름의 길이가 $3\sqrt{5}$이고 $\frac{a^2+b^2-ab\cos C}{ab}=\frac{4}{3}$일 때, ab의 값은? [4점]

① 140　② 150　③ 160
④ 170　⑤ 180

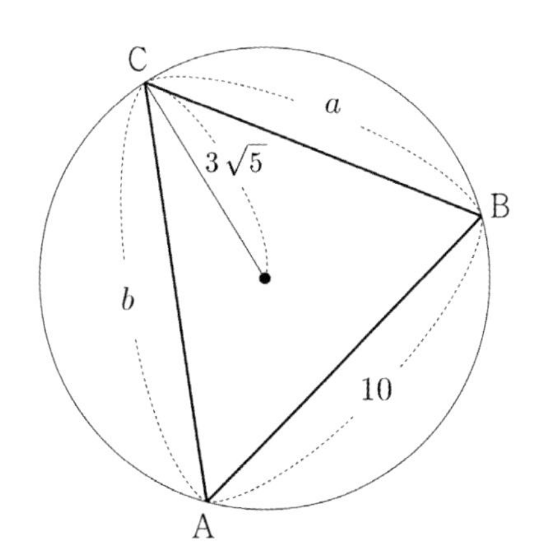

057 • 2021년 고3 7월 교육청 공통

그림과 같이 선분 AB를 지름으로 하는 원 위의 점 C에 대하여 $\overline{BC}=12\sqrt{2}$, $\cos(\angle CAB)=\frac{1}{3}$이다.

선분 AB를 5:4로 내분하는 점을 D라 할 때, 삼각형 CAD의 외접원의 넓이는 S이다.

$\frac{S}{\pi}$의 값을 구하시오. [4점]

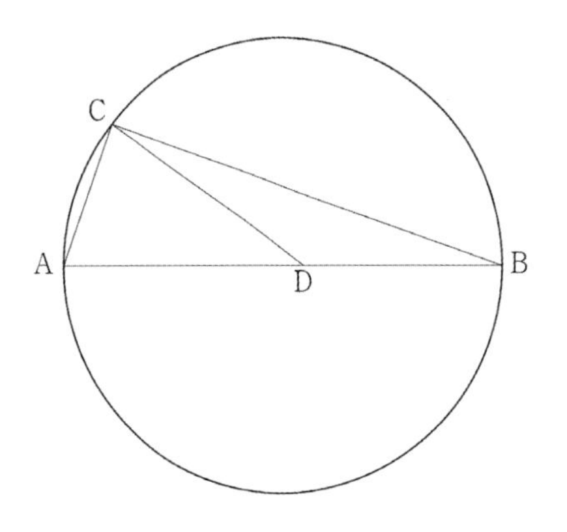

058 • 2023학년도 고3 6월 평가원 공통

그림과 같이 $\overline{AB}=3$, $\overline{BC}=2$, $\overline{AC}>3$이고 $\cos(\angle BAC)=\frac{7}{8}$인 삼각형 ABC가 있다.

선분 AC의 중점을 M, 삼각형 ABC의 외접원이 직선 BM과 만나는 점 중 B가 아닌 점을 D라 할 때, 선분 MD의 길이는? [4점]

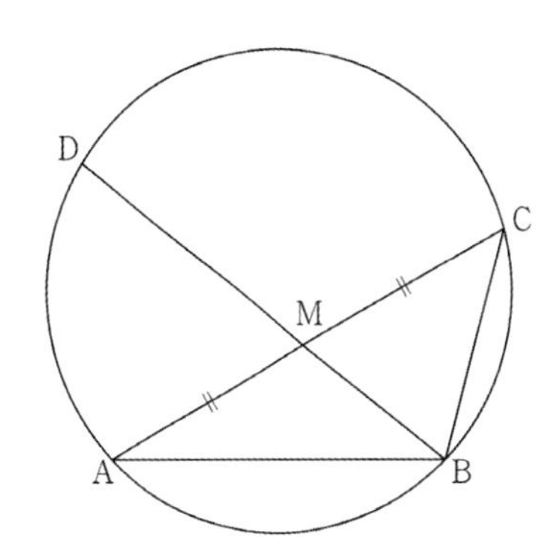

① $\frac{3\sqrt{10}}{5}$　② $\frac{7\sqrt{10}}{10}$　③ $\frac{4\sqrt{10}}{5}$
④ $\frac{9\sqrt{10}}{10}$　⑤ $\sqrt{10}$

삼각함수

059 • 2023학년도 수능 공통

그림과 같이 사각형 ABCD가 한 원에 내접하고

$$\overline{AB}=5,\ \overline{AC}=3\sqrt{5},\ \overline{AD}=7,\ \angle BAC=\angle CAD$$

일 때, 이 원의 반지름의 길이는? [4점]

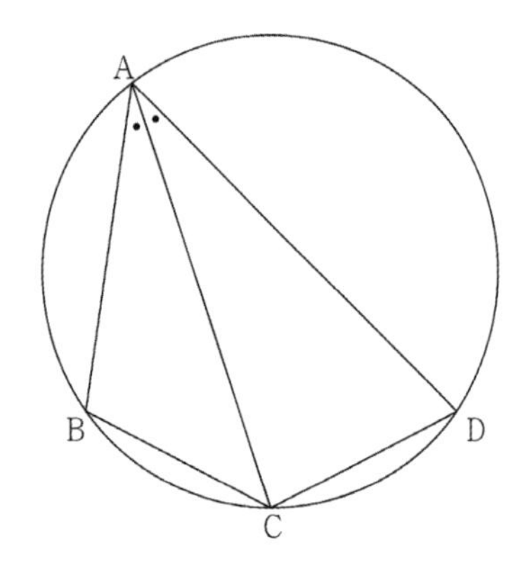

① $\frac{5\sqrt{2}}{2}$ ② $\frac{8\sqrt{5}}{5}$ ③ $\frac{5\sqrt{5}}{3}$

④ $\frac{8\sqrt{2}}{3}$ ⑤ $\frac{9\sqrt{3}}{4}$

060 • 2022학년도 고3 9월 평가원 공통

반지름의 길이가 $2\sqrt{7}$인 원에 내접하고 $\angle A=\frac{\pi}{3}$인 삼각형 ABC가 있다. 점 A를 포함하지 않는 호 BC 위의 점 D에 대하여 $\sin(\angle BCD)=\frac{2\sqrt{7}}{7}$일 때, $\overline{BD}+\overline{CD}$의 값은? [4점]

① $\frac{19}{2}$ ② 10 ③ $\frac{21}{2}$

④ 11 ⑤ $\frac{23}{2}$

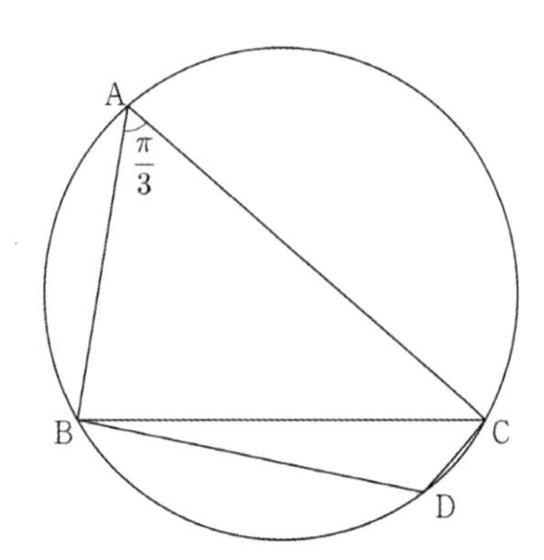

061 • 2021년 고3 10월 교육청 공통

$\overline{AB}=6$, $\overline{AC}=8$인 예각삼각형 ABC에서 $\angle A$의 이등분선과 삼각형 ABC의 외접원이 만나는 점을 D, 점 D에서 선분 AC에 내린 수선의 발을 E라 하자. 선분 AE의 길이를 k라 할 때, $12k$의 값을 구하시오. [4점]

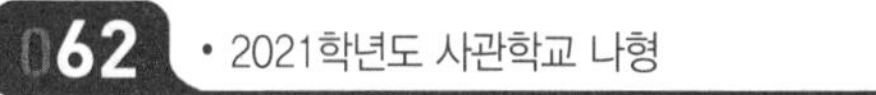

062 • 2021학년도 사관학교 나형

그림과 같이 $\overline{AB}=\overline{AC}$인 이등변삼각형 ABC에서 선분 AC를 5 : 3으로 내분하는 점을 D라 하자.

$2\sin(\angle ABD)=5\sin(\angle DBC)$일 때, $\frac{\sin C}{\sin A}$의 값은? [4점]

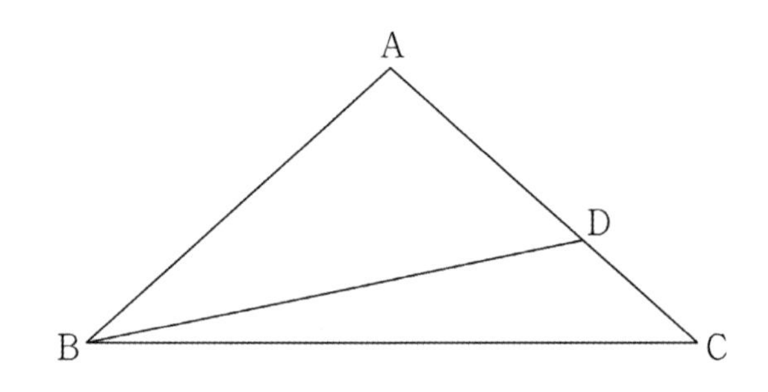

① $\frac{3}{5}$ ② $\frac{7}{11}$ ③ $\frac{2}{3}$

④ $\frac{9}{13}$ ⑤ $\frac{5}{7}$

063 • 2019년 고2 9월 교육청 나형

그림과 같이 반지름의 길이가 6인 원 O_1이 있다. 원 O_1 위에 서로 다른 두 점 A, B를 $\overline{AB}=6\sqrt{2}$가 되도록 잡고, 원 O_1의 내부에 점 C를 삼각형 ACB가 정삼각형이 되도록 잡는다. 정삼각형 ACB의 외접원을 O_2라 할 때, 원 O_1과 원 O_2의 공통부분의 넓이는 $p+q\sqrt{3}+r\pi$이다. $p+q+r$의 값을 구하시오.
(단, p, q, r은 유리수이다.) [4점]

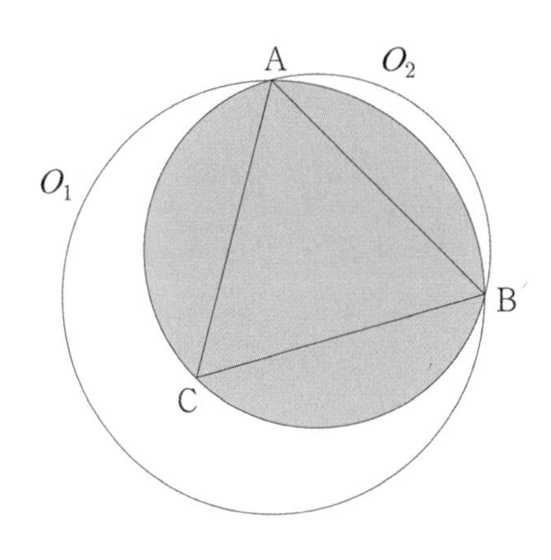

064 • 2022학년도 고3 6월 평가원 공통

그림과 같이 $\overline{AB}=4$, $\overline{AC}=5$이고 $\cos(\angle BAC)=\frac{1}{8}$인 삼각형 ABC가 있다. 선분 AC 위의 점 D와 선분 BC 위의 점 E에 대하여

$$\angle BAC = \angle BDA = \angle BED$$

일 때, 선분 DE의 길이는? [4점]

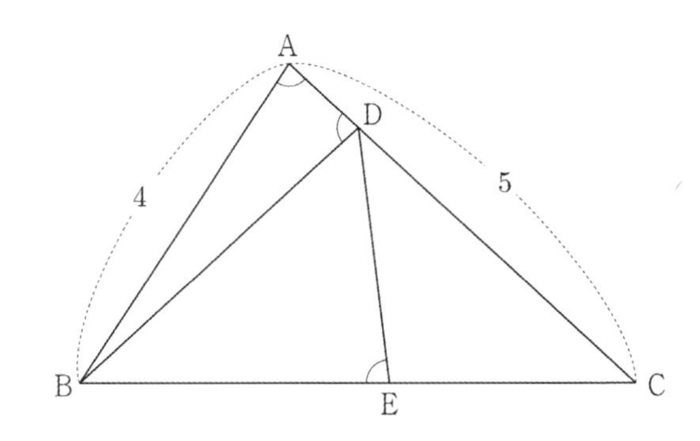

① $\frac{7}{3}$　② $\frac{5}{2}$　③ $\frac{8}{3}$　④ $\frac{17}{6}$　⑤ 3

065 • 2023학년도 고3 9월 평가원 공통

그림과 같이 선분 AB를 지름으로 하는 반원의 호 AB 위에 두 점 C, D가 있다. 선분 AB의 중점 O에 대하여 두 선분 AD, CO가 점 E에서 만나고,

$$\overline{CE}=4,\quad \overline{ED}=3\sqrt{2},\quad \angle CEA=\frac{3}{4}\pi$$

이다. $\overline{AC}\times\overline{CD}$의 값은? [4점]

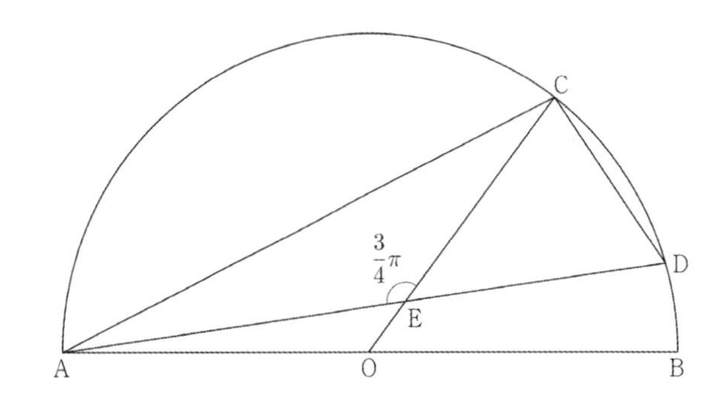

① $6\sqrt{10}$　② $10\sqrt{5}$　③ $16\sqrt{2}$　④ $12\sqrt{5}$　⑤ $20\sqrt{2}$

066 • 2023년 고3 10월 교육청 공통

그림과 같이 선분 BC를 지름으로 하는 원에 두 삼각형 ABC와 ADE가 모두 내접한다. 두 선분 AD와 BC가 점 F에서 만나고

$$\overline{BC}=\overline{DE}=4,\ \overline{BF}=\overline{CE},\ \sin(\angle CAE)=\frac{1}{4}$$

이다. $\overline{AF}=k$일 때, k^2의 값을 구하시오. [4점]

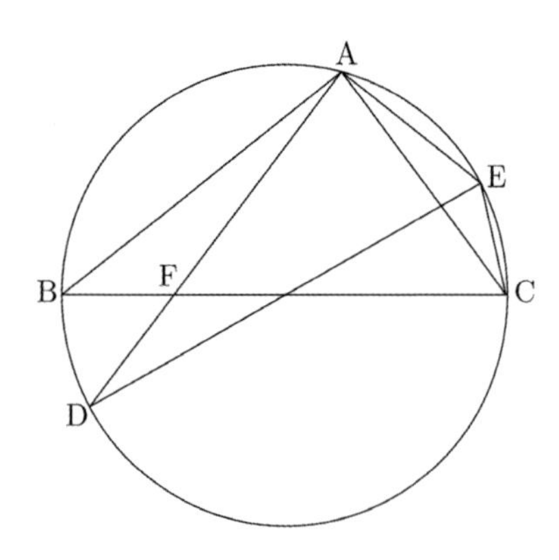

067 • 2024학년도 고3 6월 평가원 공통

그림과 같이

$$\overline{BC}=3,\ \overline{CD}=2,\ \cos(\angle BCD)=-\frac{1}{3},\ \angle DAB>\frac{\pi}{2}$$

인 사각형 ABCD에서 두 삼각형 ABC와 ACD는 모두 예각삼각형이다. 선분 AC를 1 : 2로 내분하는 점 E에 대하여 선분 AE를 지름으로 하는 원이 두 선분 AB, AD와 만나는 점 중 A가 아닌 점을 각각 P_1, P_2라 하고, 선분 CE를 지름으로 하는 원이 두 선분 BC, CD와 만나는 점 중 C가 아닌 점을 각각 Q_1, Q_2라 하자. $\overline{P_1P_2}:\overline{Q_1Q_2}=3:5\sqrt{2}$이고 삼각형 ABD의 넓이가 2일 때, $\overline{AB}+\overline{AD}$의 값은? (단, $\overline{AB}>\overline{AD}$) [4점]

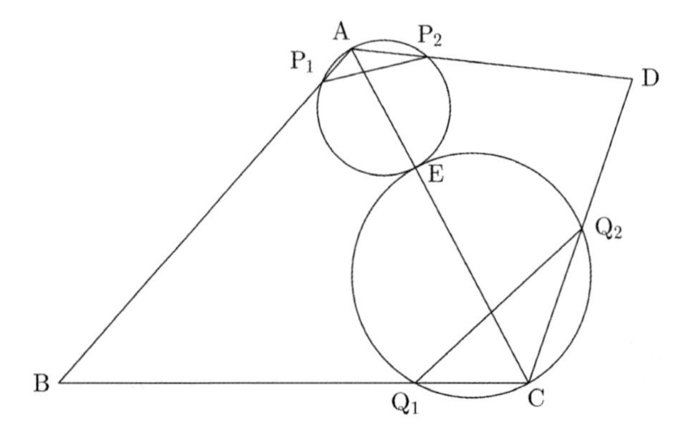

① $\sqrt{21}$ ② $\sqrt{22}$ ③ $\sqrt{23}$
④ $2\sqrt{6}$ ⑤ 5

068 • 2024학년도 수능 공통

그림과 같이

$$\overline{AB}=3,\ \overline{BC}=\sqrt{13},\ \overline{AD}\times\overline{CD}=9,\ \angle BAC=\frac{\pi}{3}$$

인 사각형 ABCD가 있다. 삼각형 ABC의 넓이를 S_1, 삼각형 ACD의 넓이를 S_2라 하고, 삼각형 ACD의 외접원의 반지름의 길이를 R이라 하자.

$S_2=\frac{5}{6}S_1$일 때, $\frac{R}{\sin(\angle ADC)}$의 값은? [4점]

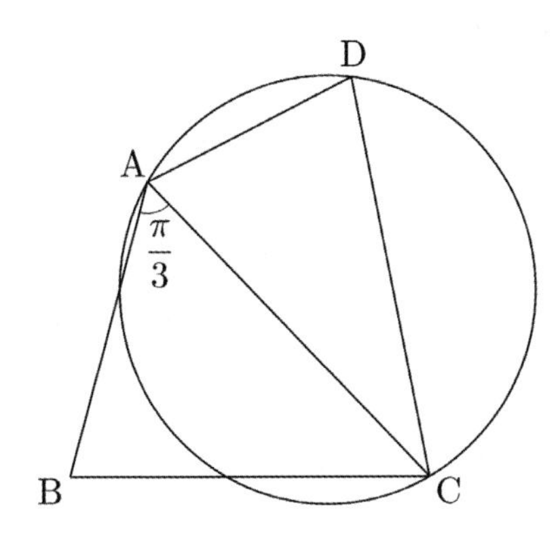

① $\frac{54}{25}$ ② $\frac{117}{50}$ ③ $\frac{63}{25}$

④ $\frac{27}{10}$ ⑤ $\frac{72}{25}$

069 • 2023년 고3 7월 교육청 공통

그림과 같이 평행사변형 ABCD가 있다. 점 A에서 선분 BD에 내린 수선의 발을 E라 하고, 직선 CE가 선분 AB와 만나는 점을 F라 하자.

$\cos(\angle AFC)=\frac{\sqrt{10}}{10}$, $\overline{EC}=10$이고 삼각형 CDE의 외접원의 반지름의 길이가 $5\sqrt{2}$일 때, 삼각형 AFE의 넓이는? [4점]

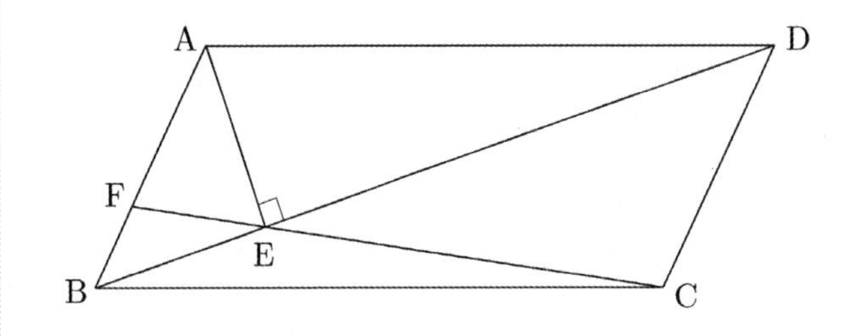

① $\frac{20}{3}$ ② 7 ③ $\frac{22}{3}$

④ $\frac{23}{3}$ ⑤ 8

규토 라이트 N제

삼각함수

Master step

심화 문제편

3. 사인법칙과 코사인법칙

070

$\overline{AB}=6$, $\angle B=90°$인 직각삼각형 ABC에 외접하는 원의 넓이가 25π이고 선분 BC위의 점 D에서 선분 AC에 내린 수선의 발을 점 E라 하자. $\overline{EC}=4$일 때, 삼각형 ADE에 내접하는 원의 반지름은 $\frac{a-b\sqrt{5}}{2}$이다. $a+b$의 값을 구하시오. (단, a, b는 자연수이다.)

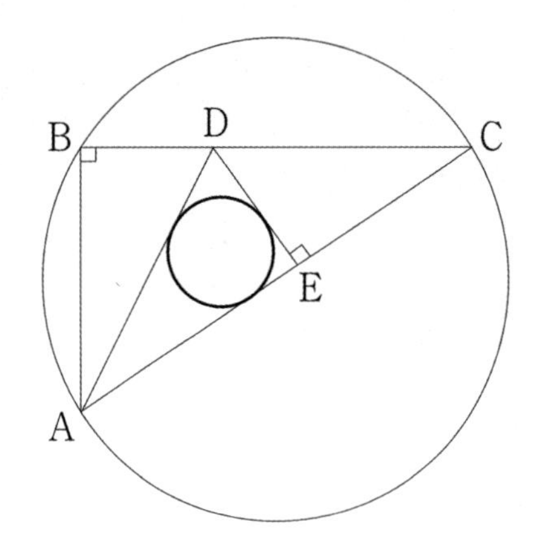

071

• 2014년 고2 3월 교육청 B형

그림과 같이 $A>90°$인 삼각형 ABC의 세 꼭짓점 A, B, C에서 세 직선 BC, CA, AB에 내린 수선의 발을 각각 D, E, F라 하자. $\overline{AD}:\overline{BE}:\overline{CF}=2:3:4$일 때, 삼각형 ABC에서 $\cos C$의 값은? [4점]

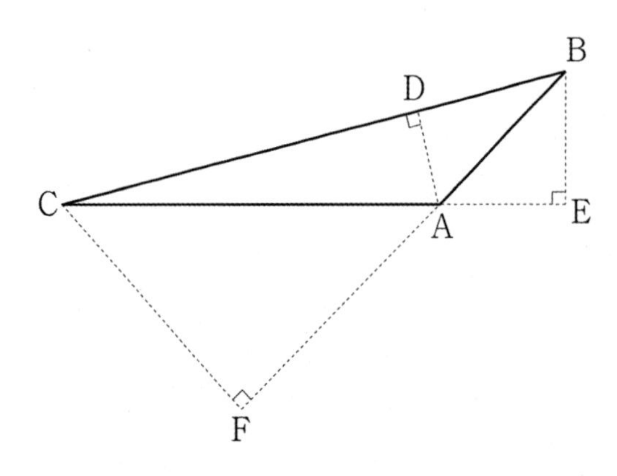

① $\frac{5}{6}$ ② $\frac{41}{48}$ ③ $\frac{7}{8}$

④ $\frac{43}{48}$ ⑤ $\frac{11}{12}$

072

$\angle B=90°$이고 $\overline{AB}=6$인 직각삼각형 ABC의 외접원의 둘레 위에 점 D가 있다. 원 S는 직각삼각형 ABC와 점 B, E에서 접하고 직선 BC는 원 S를 이등분한다.

$\cos(\angle ADB)=-\frac{4}{5}$ 일 때,

원 S의 내부와 직각삼각형 ABC의 내부의 공통부분의 넓이는?

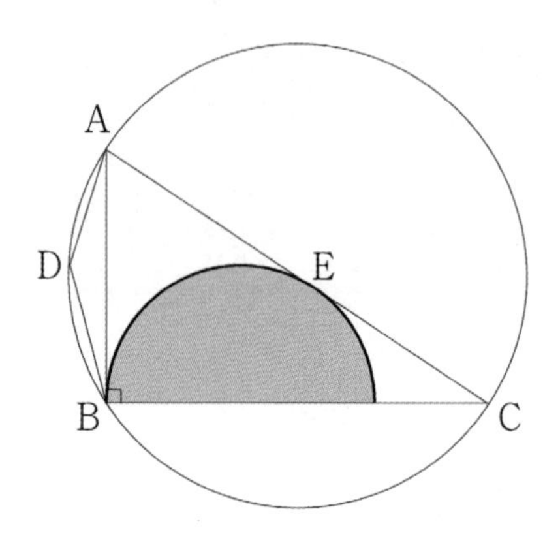

① $\frac{9}{2}\pi$ ② 4π ③ 8π ④ 9π ⑤ 16π

073

$\angle C=90°$인 직각삼각형 ABC의 외접원 S의 넓이는 25π이다. 점 D가 외접원 S의 둘레 위에 있고, $\cos(\angle BDC)=\frac{3}{5}$ 일 때, 직각삼각형 ABC의 내접원의 반지름의 길이는?

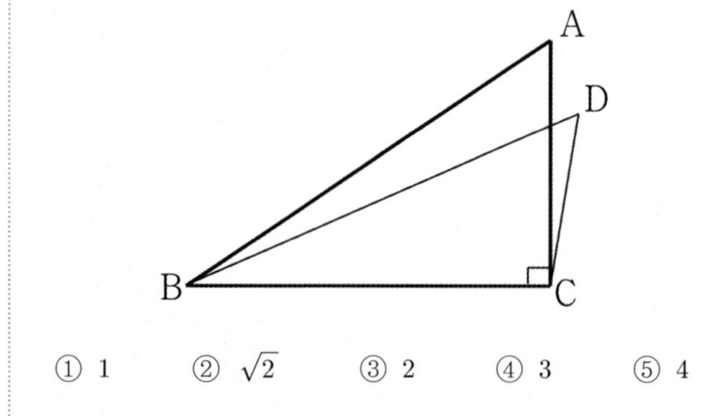

① 1 ② $\sqrt{2}$ ③ 2 ④ 3 ⑤ 4

074 • 2006년 고2 3월 교육청

그림과 같이 $\overline{AB}=3$, $\overline{BC}=a$, $\overline{AC}=4$인 삼각형 ABC가 원에 내접하고 있다. 이 원의 반지름의 길이를 R라 할 때, 옳은 내용을 [보기]에서 모두 고른 것은? [4점]

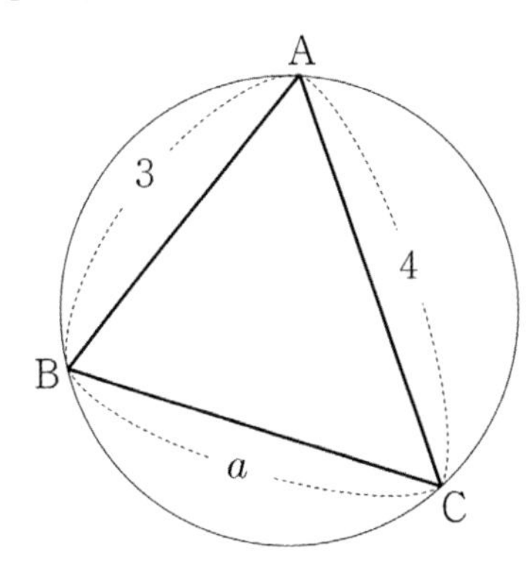

〈보기〉

ㄱ. $a=5$이면 $R=\frac{5}{2}$이다.

ㄴ. $R=4$이면 $a=8\sin A$이다.

ㄷ. $1<a^2\le 13$일 때, $\angle A$의 최댓값은 60°이다.

① ㄱ ② ㄷ ③ ㄱ, ㄴ
④ ㄴ, ㄷ ⑤ ㄱ, ㄴ, ㄷ

075

$\overline{AB}$ // $\overline{CD}$ 인 사각형 ABCD 에서
$\overline{AB}=\overline{BC}=2$, $\overline{CD}=4$, $\overline{AD}=3$일 때,

사각형 ABCD 의 넓이는 $\frac{q}{p}\sqrt{7}$이다. $p+q$의 값을 구하시오. (단, p와 q는 서로소인 자연수이다.)

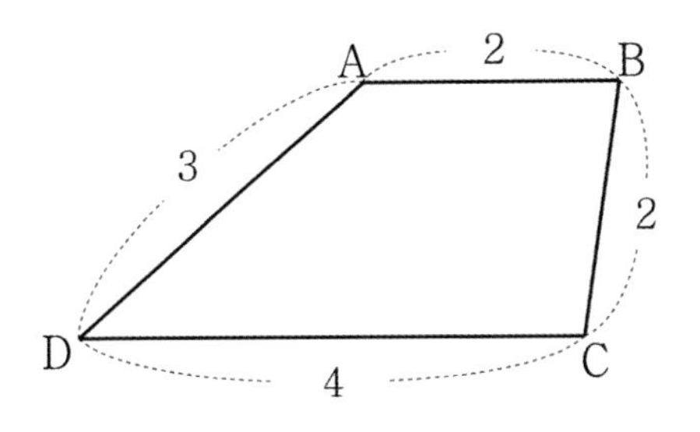

076 • 2010년 고2 3월 교육청

그림과 같이 한 변의 길이가 $2\sqrt{3}$이고 $\angle B=120^\circ$인 마름모 ABCD의 내부에 $\overline{EF}=\overline{EG}=2$ 이고 $\angle EFG=30^\circ$인 이등변삼각형 EFG가 있다. 점 F는 선분 AB위에, 점 G는 선분 BC 위에 있도록 삼각형 EFG를 움직일 때, $\angle BGF=\theta$라 하자. [보기]에서 항상 옳은 것만을 있는 대로 고른 것은?
(단, $0^\circ<\theta<60^\circ$) [4점]

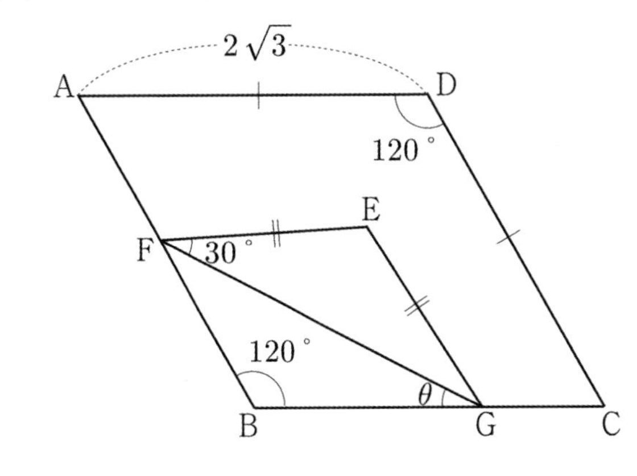

〈보기〉

ㄱ. $\angle BFE=90^\circ-\theta$

ㄴ. $\overline{BF}=4\sin\theta$

ㄷ. 선분 BE의 길이는 항상 일정하다.

① ㄱ ② ㄱ, ㄴ ③ ㄱ, ㄷ
④ ㄴ, ㄷ ⑤ ㄱ, ㄴ, ㄷ

077 • 2022학년도 수능예비시행

그림과 같이 한 평면 위에 있는 두 삼각형 ABC, ACD의 외심을 각각 O, O′이라 하고 $\angle ABC=\alpha$, $\angle ADC=\beta$라 할 때, $\dfrac{\sin\beta}{\sin\alpha}=\dfrac{3}{2}$, $\cos(\alpha+\beta)=\dfrac{1}{3}$, $\overline{OO'}=1$이 성립한다. 삼각형 ABC의 외접원의 넓이가 $\dfrac{q}{p}\pi$일 때, $p+q$의 값을 구하시오. (단, p와 q는 서로소인 자연수이다.) [4점]

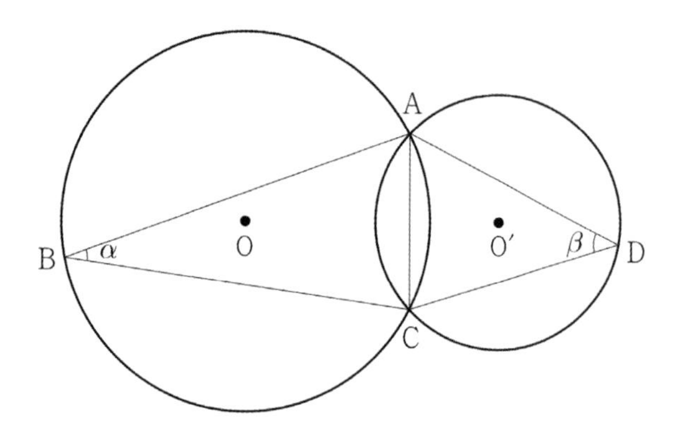

078 • 2021년 고3 3월 교육청 공통

그림과 같이 $\overline{AB}=2$, $\overline{AC}//\overline{BD}$, $\overline{AC}:\overline{BD}=1:2$인 두 삼각형 ABC, ABD가 있다. 점 C에서 선분 AB에 내린 수선의 발 H는 선분 AB를 $1:3$으로 내분한다.

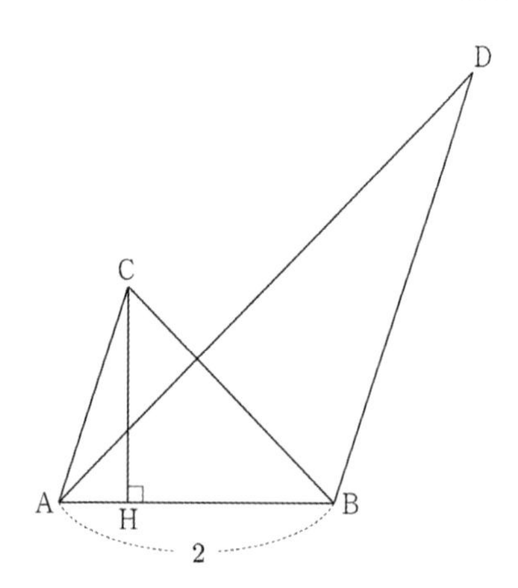

두 삼각형 ABC, ABD의 외접원의 반지름의 길이를 각각 r, R라 할 때, $4(R^2-r^2)\times\sin^2(\angle CAB)=51$이다. $\overline{AC}^2$의 값을 구하시오. (단, $\angle CAB<\dfrac{\pi}{2}$) [4점]

079 • 2022학년도 수능 공통

두 점 O_1, O_2를 각각 중심으로 하고 반지름의 길이가 $\overline{O_1O_2}$인 두 원 C_1, C_2가 있다. 그림과 같이 원 C_1 위의 서로 다른 세 점 A, B, C와 원 C_2 위의 점 D가 주어져 있고, 세 점 A, O_1, O_2와 세 점 C, O_2, D가 각각 한 직선 위에 있다. 이때 $\angle BO_1A=\theta_1$, $\angle O_2O_1C=\theta_2$, $\angle O_1O_2D=\theta_3$이라 하자.

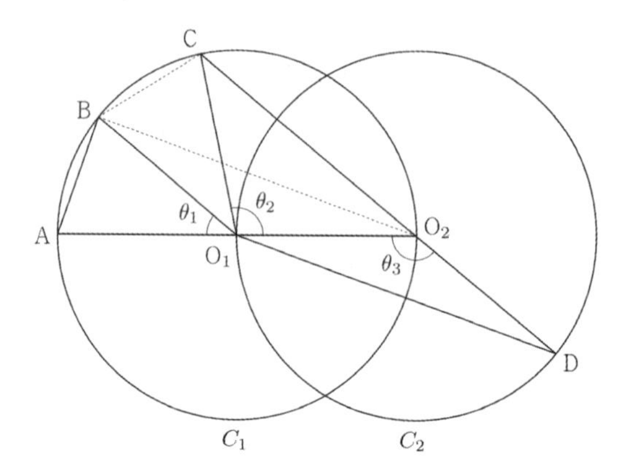

다음은 $\overline{AB}:\overline{O_1D}=1:2\sqrt{2}$이고 $\theta_3=\theta_1+\theta_2$일 때, 선분 AB와 선분 CD의 길이의 비를 구하는 과정이다.

> $\angle CO_2O_1+\angle O_1O_2D=\pi$이므로 $\theta_3=\dfrac{\pi}{2}+\dfrac{\theta_2}{2}$이고
> $\theta_3=\theta_1+\theta_2$에서 $2\theta_1+\theta_2=\pi$이므로 $\angle CO_1B=\theta_1$이다.
> 이때 $\angle O_2O_1B=\theta_1+\theta_2=\theta_3$이므로 삼각형 O_1O_2B와 삼각형 O_2O_1D는 합동이다.
> $\overline{AB}=k$라 할 때
> $\overline{BO_2}=\overline{O_1D}=2\sqrt{2}k$이므로 $\overline{AO_2}=$ (가) 이고,
> $\angle BO_2A=\dfrac{\theta_1}{2}$이므로 $\cos\dfrac{\theta_1}{2}=$ (나) 이다.
> 삼각형 O_2BC에서
> $\overline{BC}=k$, $\overline{BO_2}=2\sqrt{2}k$, $\angle CO_2B=\dfrac{\theta_1}{2}$이므로
> 코사인법칙에 의하여 $\overline{O_2C}=$ (다) 이다.
> $\overline{CD}=\overline{O_2D}+\overline{O_2C}=\overline{O_1O_2}+\overline{O_2C}$이므로
> $\overline{AB}:\overline{CD}=k:\left(\dfrac{\text{(가)}}{2}+\text{(다)}\right)$이다.

위의 (가), (다)에 알맞은 식을 각각 $f(k)$, $g(k)$라 하고, (나)에 알맞은 수를 p라 할 때, $f(p)\times g(p)$의 값은? [4점]

① $\dfrac{169}{27}$　② $\dfrac{56}{9}$　③ $\dfrac{167}{27}$　④ $\dfrac{166}{27}$　⑤ $\dfrac{55}{9}$

080 • 2022년 고3 7월 교육청 공통

길이가 14인 선분 AB를 지름으로 하는 반원의 호 AB 위에 점 C를 $\overline{BC}=6$이 되도록 잡는다. 점 D가 호 AC 위의 점일 때, 〈보기〉에서 옳은 것만을 있는 대로 고른 것은? (단, 점 D는 점 A와 점 C가 아닌 점이다.) [4점]

〈보기〉

ㄱ. $\sin(\angle CBA)=\dfrac{2\sqrt{10}}{7}$

ㄴ. $\overline{CD}=7$일 때, $\overline{AD}=-3+2\sqrt{30}$

ㄷ. 사각형 ABCD의 넓이의 최댓값은 $20\sqrt{10}$이다.

① ㄱ ② ㄱ, ㄴ ③ ㄱ, ㄷ

④ ㄴ, ㄷ ⑤ ㄱ, ㄴ, ㄷ

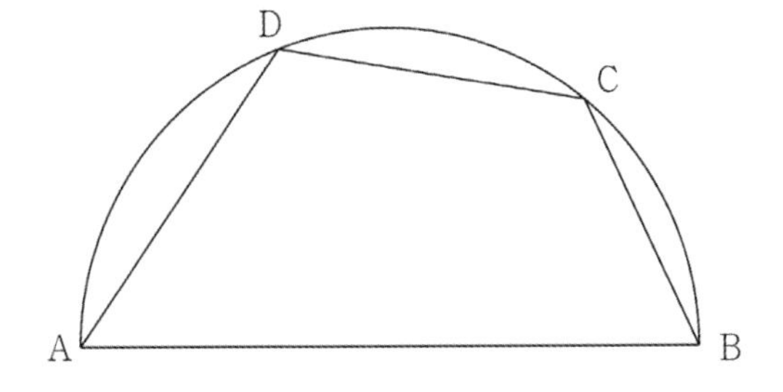

081 • 2020년 고3 3월 교육청 나형

그림과 같이 예각삼각형 ABC가 한 원에 내접하고 있다. $\overline{AB}=6$이고, $\angle ABC=\alpha$라 할 때, $\cos\alpha=\dfrac{3}{4}$이다.

점 A를 지나지 않는 호 BC 위의 점 D에 대하여 $\overline{CD}=4$이다. 두 삼각형 ABD, CBD의 넓이를 각각 S_1, S_2라 할 때, $S_1 : S_2=9 : 5$이다. 삼각형 ADC의 넓이를 S라 할 때, S^2의 값을 구하시오. [4점]

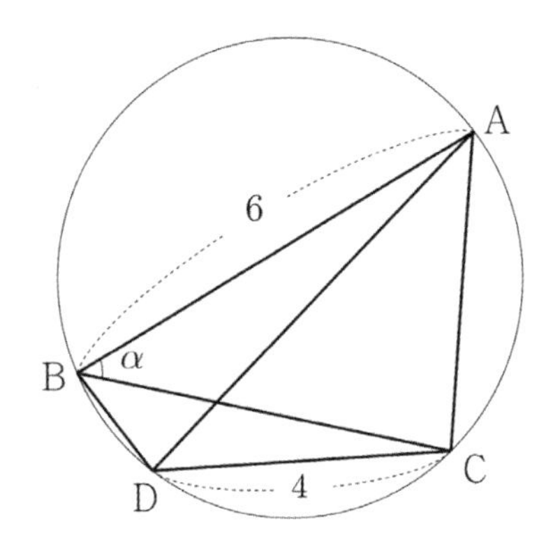

082

세 점 A(0, 4), B(2, 0), O(0, 0)를 지나는 원을 S라 하자. 점 C(−2, 0)에 대하여 선분 AC가 원 S와 만나는 두 점 중 A가 아닌 점을 D라 하자. 삼각형 OCD에 외접하는 원의 넓이가 $k\pi$일 때, $120k$의 값을 구하시오.

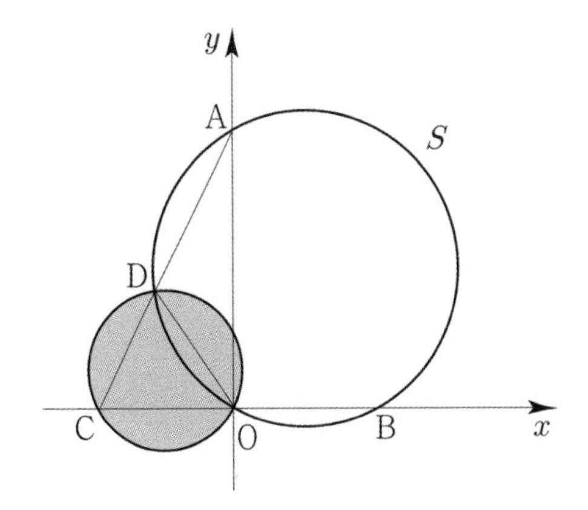

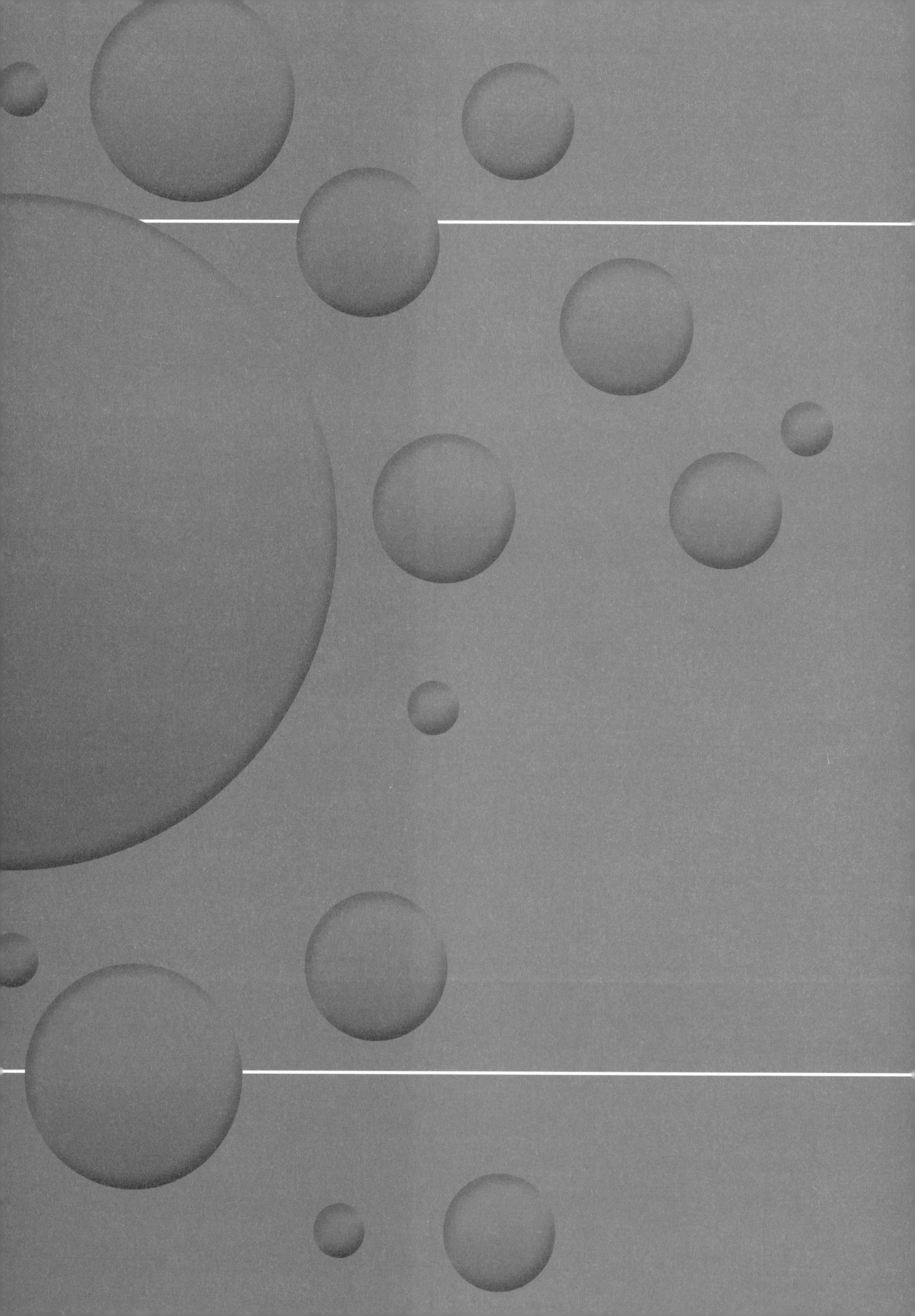

규토 라이트 N제

수열

규토 라이트 N제

수열

Guide step

개념 익히기편

1. 등차수열과 등비수열

01 수열

수열의 뜻

성취 기준 - 수열의 뜻을 안다.

개념 파악하기 (1) 수열이란 무엇일까?

수열의 뜻

자연수를 차례대로 나열하면 1, 2, 3, 4, 5, $\cdots$ 이다.
이와 같이 차례로 나열된 수의 열을 수열이라 하고, 수열을 이루고 있는 각각의 수를 그 수열의 항이라 한다.
이때 앞에서부터 첫째항, 둘째항, 셋째항, $\cdots$, n째항, $\cdots$ 또는 제 1항, 제 2항, $\cdots$, 제 n항, $\cdots$ 이라 한다.

수열의 일반항

일반적으로 수열을 나타낼 때는 각 항에 번호를 붙여 a_1, a_2, a_3, $\cdots$, a_n, $\cdots$과 같이 나타낸다.
이때 수열의 각 항은 그 항의 번호에 대응하여 정해지므로, 수열은 정의역이 자연수 전체의 집합 N이고
공역이 실수 전체의 집합 R인 함수 $f: N \to R$, $f(n)=a_n$으로 볼 수 있다.

수열 a_1, a_2, a_3, $\cdots$, a_n, $\cdots$에서 제 n항 a_n이 n에 대한 식 $f(n)$으로 주어지면
$n=1$, 2, 3, $\cdots$를 차례로 대입하여 그 수열의 모든 항을 구할 수 있다.
이때 제 n항 a_n이 수열의 각 항을 일반적으로 나타내고 있다는 뜻에서
제 n항 a_n을 이 수열의 일반항이라 하고, 일반항이 a_n인 수열을 간단히 기호로 $\{a_n\}$과 같이 나타낸다.

ex 수열 $\{a_n\}$의 일반항이 $a_n=n^2$일 때, 제 10항은 $a_{10}=100$이다.

Tip 소수를 차례로 나열한 수열 2, 3, 5, 7, 11, 13, 17, $\cdots$ 처럼 일반항을 n에 대한 식으로 나타낼 수 없는 수열도 존재한다.

개념 확인문제 1 다음 수열의 제 2항과 제 4항을 구하시오.

1, 4, 5, 6, 8, $\cdots$

개념 확인문제 2 $\{2n-1\}$의 첫째항부터 제 4항까지 나열하시오.

수열

02 등차수열

성취 기준 - 등차수열의 뜻을 알고, 일반항, 첫째항부터 제 n항까지의 합을 구할 수 있다.

개념 파악하기 (2) 등차수열이란 무엇일까?

등차수열의 뜻

수열 8, 12, 16, 20, $\cdots$ 은 첫째항 8에 차례로 4를 더하여 만든 수열이다.
이처럼 첫째항에 차례로 일정한 수를 더하여 만든 수열을 등차수열이라 하고,
더하는 일정한 수를 공차라 한다.
공차가 d인 등차수열 $\{a_n\}$에서 제 n항에 공차 d를 더하면 제 $(n+1)$항이 되므로 모든 자연수 n에 대하여
$a_{n+1}=a_n+d$ 이 성립한다.

ex 등차수열 1, 4, 7, 10, $\cdots$는 첫째항이 1이고, 공차가 3이다.

Tip 공차는 영어로 'common difference'라 하고, 보통 d로 나타낸다.

수열

개념 확인문제 3

다음 수열이 등차수열을 이룰 때, 공차와 x를 구하시오.

(1) 3, 5, x, 9, $\cdots$

(2) 10, 7, x, 1, $\cdots$

등차수열의 일반항

첫째항이 a, 공차가 d인 등차수열 $\{a_n\}$에서

$a_1 = a$
$a_2 = a_1 + d = a + d$
$a_3 = a_2 + d = (a+d) + d = a + 2d$
$a_4 = a_3 + d = (a+2d) + d = a + 3d$

$\vdots$

이므로 일반항 a_n은 다음과 같다.

$a_n = a + (n-1)d \quad (n = 1,\ 2,\ 3,\ \cdots)$

등차수열의 일반항 요약

첫째항이 a, 공차가 d인 등차수열 $\{a_n\}$의 일반항은

$a_n = a + (n-1)d \quad (n = 1,\ 2,\ 3,\ \cdots)$

$a_n = a + (n-1)d = dn - d + a$ 에서 $d = A$, $-d + a = B$ 라 보면 $a_n = An + B$와 같다.
즉, n의 계수인 A가 공차(d)가 된다. 이를 바탕으로 등차수열의 일반항을 손쉽게 구할 수 있다.

ex 첫째항이 6, 공차가 -3인 등차수열 $\{a_n\}$의 일반항을 구하시오.

$a_n = -3n + B$이고 $a_1 = 6$이므로 $a_1 = -3 + B = 6 \Rightarrow B = 9$
따라서 $a_n = -3n + 9$이다. (일차방정식이므로 암산으로 빠르게 계산할 수 있다.)

예제 1

첫째항이 2, 공차가 5인 등차수열 $\{a_n\}$의 일반항을 구하시오.

풀이

풀이1) $a=2$, $d=5$ 이므로 $a_n=2+(n-1)5=5n-3$ 이다.

풀이2) $a_n=5n+B$이고 $a_1=2$ 이므로 $a_1=5+B=2 \Rightarrow B=-3$
따라서 $a_n=5n-3$이다.

개념 확인문제 4 다음 등차수열 $\{a_n\}$의 일반항을 구하시오.

(1) 1, 4, 7, 10, $\cdots$

(2) -1, 1, 3, 5, $\cdots$

수열

예제 2

제 3항이 7, 제 11항이 23인 등차수열 $\{a_n\}$의 일반항을 구하시오.

풀이

$a_3=a+2d=7$, $a_{11}=a+10d=23$를 연립하여 풀면 $a=3$, $d=2$이다.
따라서 $a_n=3+(n-1)2=2n+1$ 이다.

개념 확인문제 5 다음 등차수열 $\{a_n\}$의 일반항을 구하시오.

(1) 제 4항이 -1, 제 10항이 -25

(2) $a_2=-9$, $a_{12}=21$

등차중항

세 수 a, b, c가 이 순서대로 등차수열을 이룰 때, b를 a와 c의 등차중항이라 한다.

$b-a=c-b$이므로 $b=\frac{a+c}{2} \Rightarrow 2b=a+c$ 가 성립한다.

역으로 $b=\frac{a+c}{2}$이면 $b-a=c-b$가 성립하므로 세 수 a, b, c는 이 순서대로 등차수열을 이룬다.

연속한 수가 등차수열일 때 미지수 놓기

① 연속한 세 수가 등차수열을 이룰 때, $a-d$, a, $a+d$ 라고 두고 풀면 계산이 간단해진다. (합이 $3a$)

② 연속한 네 수가 등차수열을 이룰 때, $a-3d$, $a-d$, $a+d$, $a+3d$ 라고 두고 풀면 계산이 간단해진다. (합이 $4a$)

Tip ①번과는 다르게 ②번에서는 공차가 $2d$임을 조심해야한다.

ex 등차수열을 이루는 세 수의 합이 3이고, 세 수의 곱이 -8일 때, 세 수 중에서 가장 큰 수를 구하시오.

세 수를 $a-d$, a, $a+d$라 두면 $a-d+a+a+d=3a=3 \Rightarrow a=1$
$(1-d)\times1\times(1+d)=-8 \Rightarrow 9=d^2 \Rightarrow d=\pm3$ 이므로 가장 큰 수는 4이다.

예제 3

세 수 2, x, 10이 순서대로 등차수열을 이룰 때, x의 값을 구하시오.

풀이

$2+10=2x \Rightarrow x=6$
따라서 $x=6$이다.

개념 확인문제 6 네 수 x, -3, y, 1이 순서대로 등차수열을 이룰 때, x, y의 값을 구하시오.

개념 파악하기 (3) 등차수열의 합은 어떻게 구할까?

등차수열의 합

등차수열에서 첫째항부터 제 n항까지의 합을 구해 보자.
첫째항이 a, 공차가 d인 등차수열의 제 n항이 l일 때, 첫째항부터 제 n항까지의 합을 S_n이라 하면

$S_n = a+(a+d)+(a+2d)+ \cdots +(l-2d)+(l-d)+l \quad \cdots ㉠$

㉠에서 우변의 항의 순서를 거꾸로 놓으면

$S_n = l+(l-d)+(l-2d)+ \cdots +(a+2d)+(a+d)+a \quad \cdots ㉡$

㉠과 ㉡을 같은 변끼리 더하면

$2S_n = (a+l)+(a+l)+(a+l)+ \cdots +(a+l)+(a+l)+(a+l) = n(a+l)$

이므로 $S_n = \dfrac{n(a+l)}{2} \quad \cdots ㉢$

$l = a_n = a+(n-1)d$를 ㉢에 대입하면 $S_n = \dfrac{n\{a+a+(n-1)d\}}{2} = \dfrac{n\{2a+(n-1)d\}}{2}$이다.

등차수열의 합 요약

등차수열의 첫째항부터 제 n항까지의 합을 S_n이라고 하면

① 첫째항이 a, 제 n항이 l일 때, $S_n = \dfrac{n(a+l)}{2}$

② 첫째항이 a, 공차가 d일 때, $S_n = \dfrac{n\{2a+(n-1)d\}}{2}$

Tip 1 둘 다 자주 나오므로 ①, ② 모두 암기가 되어 있어야 한다.

Tip 2 여기서 n은 더하고자하는 항의 총 개수임을 유의해야하고 l은 마지막 항이라는 것에 유의해야한다.

ex 수열 $\{a_n\}$이 등차수열일 때, $S = a_2+a_3+a_4+ \cdots +a_8$의 값을 구하시오.

항의 총 개수는 $8-2+1=7$개이므로 $n=7$이고 $l=a_8=a+7d$이다.

$\therefore S = \dfrac{7(a_2+a_8)}{2} = \dfrac{7(a+d+a+7d)}{2} = \dfrac{7(2a+8d)}{2} = 7(a+4d)$

Tip 3 a, b, x가 정수이고 $a<b$일 때, $a \le x \le b$를 만족시키는 x의 개수는 $b-a+1$이다.

예제 4

다음 물음에 답하시오.

(1) 첫째항이 1, 공차가 2인 등차수열의 첫째항부터 제 10항까지의 합을 구하시오.

(2) 두 자리의 자연수 중에서 8의 배수의 합을 구하시오.

풀이

(1) $a=1$, $d=2$ 이므로 $S_{10}=\dfrac{10(2+(10-1)2)}{2}=100$ 이다.

(2) 두 자리 자연수 중에서 8의 배수를 작은 수부터 차례로 나열하면 16, 24, 32, $\cdots$, 88, 96 이다.
이는 첫째항이 16이고, 공차가 8인 등차수열이므로 96을 제 n항이라 하면
$96=16+(n-1)8 \Rightarrow n=11$

따라서 구하는 합은 $\dfrac{11(16+96)}{2}=616$이다.

개념 확인문제 7 다음 물음에 답하시오.

(1) 첫째항이 -4, 공차가 5인 등차수열의 첫째항부터 제 10항까지의 합을 구하시오.

(2) 2와 20 사이에 k개의 수를 넣어 만든 수열 $2, a_1, a_2, a_3, \cdots, a_k, 20$ 가 이 순서대로 등차수열을 이루고 모든 수의 합이 110일 때, $k+a_1$의 값을 구하시오.

수열의 합과 일반항 사이의 관계

수열 $\{a_n\}$의 첫째항부터 제 n항까지의 합을 S_n이라 하면

$S_1 = a_1$
$S_2 = a_1 + a_2 = S_1 + a_2$
$S_3 = a_1 + a_2 + a_3 = S_2 + a_3$

$\vdots$

$S_n = a_1 + a_2 + a_3 + \cdots a_{n-1} + a_n = S_{n-1} + a_n$
이므로 $a_1 = S_1$, $a_n = S_n - S_{n-1}$ $(n \geq 2)$이다.

Tip 1 수열의 합과 일반항 사이의 관계는 등차수열뿐만 아니라 일반적인 수열에도 적용된다.

Tip 2 $n \geq 2$인 것을 조심해야 한다.

Tip 3 S_n이라고 해서 무조건 '수열 $\{a_n\}$의 첫째항부터 제 n항까지의 합'이라고 생각해서는 안 된다.
즉, S_n은 문제에서 정의하기 나름이다.
만약 수열 $\{a_n - 3n\}$의 첫째항부터 제 n항까지의 합을 S_n이라 하면
$S_n - S_{n-1} = a_n - 3n$ $(n \geq 2)$이다.

수열

$S_n = An^2 + Bn + C$

$a_n = a + (n-1)d$ 인 등차수열을 생각하면 $S_n = \dfrac{n\{2a + (n-1)d\}}{2} = \dfrac{dn^2 - dn + 2an}{2} = \dfrac{d}{2}n^2 + \left(a - \dfrac{d}{2}\right)n$

즉, 크게 보면 꼴이 $S_n = An^2 + Bn$이라고 볼 수 있다.
기억하자! 저 꼴이 나오면 무조건 등차수열이다. S_n에서 a_n으로 가기 위해서 S_n을 n에 대해서 미분한 뒤
최고차항의 계수 $\dfrac{d}{2}$를 빼면 $dn + \left(a - \dfrac{d}{2}\right) - \dfrac{d}{2} = dn + a - d = a + (n-1)d$
$a_n = a + (n-1)d$이 나온다.
*** 참고로 미분이랑 아무 관련 없고 단지 꼴을 외우기 편해서 사용하는 것일 뿐이다. (암기법)**

만약 아직 미분을 배우지 않았다면 아래와 같은 규칙만 기억하면 된다.
ax^m을 미분하면 max^{m-1}이 되고 상수항일 경우 미분하면 0이 된다. 즉, $3x^2 + 2x + 1$을 미분하면 $6x + 2$가 된다.
따라서 $S_n = An^2 + Bn \Rightarrow a_n = 2An + B - A$ 이다.

ex $S_n = n^2 + 3n \Rightarrow a_n = 2n + 3 - 1 = 2n + 2$

그런데 여기서 변수가 존재한다. 바로 $S_n = An^2 + Bn + C$ $(C \neq 0)$일 때이다.
$S_n - S_{n-1}$하면 C가 있으나 없으나 똑같은 등차수열이 나온다. (빼면서 C가 제거되기 때문)
즉, $S_n = n^2 + n + 1$이어도 $a_n = 2n$이 나온다는 것이다.
사실 $S_n - S_{n-1} = a_n$ $(n \geq 2)$ 이기 때문에 $a_1 = S_1 = 3$이 된다.

결론) 등차수열 합의 꼴은 크게 2가지가 있다.

미분하고 최고차항의 계수를 빼서 빠르게 일반항을 구하자.

① $S_n = An^2 + Bn$

a_1 부터 등차수열이고 $a_n = 2An + B - A$ 이다. (미분하고 최고차항의 계수를 뺀다.)

② $S_n = An^2 + Bn + C \, (C \neq 0)$

a_2 부터 등차수열이고 $a_n = 2An + B - A \, (n \geq 2)$, $a_1 = S_1 = A + B + C$ 이다.

Tip 모든 수열의 합에서 미분하고 최고차항의 계수를 빼서 일반항을 구할 수 있는 것이 아니다. (조심)
즉, 등차수열의 합 꼴 $S_n = An^2 + Bn + C$ 만 가능하다. 따라서 등차수열의 합 꼴이 아닌 수열의 합에서 일반항을 구하기 위해서는 $a_1 = S_1$, $a_n = S_n - S_{n-1} \, (n \geq 2)$을 사용해서 구하면 된다.

예제 5

수열 $\{a_n\}$의 첫째항부터 제 n항까지의 합 S_n이 $S_n = n^2$일 때, 이 수열의 일반항을 구하시오.

풀이

풀이1) $n \geq 2$일 때, $a_n = S_n - S_{n-1} = n^2 - (n-1)^2 = 2n - 1$

$n = 1$ 일 때, $a_1 = S_1 = 1^2 = 1$

그런데 $a_n = 2n - 1 \, (n \geq 2)$에 $n = 1$을 대입하면 $a_1 = 2 \times 1 - 1 = 1$이므로 S_1과 같다.

따라서 $a_n = 2n - 1$이다.

풀이2) $S_n = n^2$은 첫째항부터 등차수열임을 알 수 있다. n에 대하여 미분하고 최고차항 계수 1을 빼주면 $a_n = 2n - 1$이다.

Tip $a_n = 2n - 1$은 홀수를 나타낸다. $S_n = n^2$이므로 홀수들의 합은 n^2임을 알 수 있다.
(단, 1부터 시작하는 홀수)
$1 + 3 + 5 + 7 + 9 = 25$ 임을 손쉽게 알 수 있다. 잘 나오니 기억하자.

개념 확인문제 8 수열 $\{a_n\}$의 첫째항부터 제 n항까지의 합 S_n이 $S_n = 2n^2 - n$일 때, 이 수열의 일반항을 구하시오.

등비수열

성취 기준 - 등비수열의 뜻을 알고, 일반항, 첫째항부터 제 n항까지의 합을 구할 수 있다.

개념 파악하기 (4) 등비수열이란 무엇일까?

등비수열의 뜻

수열 1, 3, 9, 27, ⋯ 은 첫째항 1에 차례로 3을 곱하여 만든 수열이다.
이처럼 첫째항에 차례로 일정한 수를 곱하여 만든 수열을 등비수열이라 하고,
곱하는 일정한 수를 공비라 한다.

공비가 r인 등비수열 $\{a_n\}$에서 제 n항에 공비 r을 곱하면 제 $(n+1)$항이 되므로 모든 자연수 n에 대하여
$a_{n+1}=ra_n$이 성립한다.

ex 등비수열 1, 3, 9, 27, ⋯는 첫째항이 1이고, 공비가 3이다.

Tip 공비는 영어로 'common ratio'라 하고, 보통 r로 나타낸다.

개념 확인문제 9

다음 수열이 등비수열을 이룰 때, 공비와 x를 구하시오.

(1) $1,\ 4,\ x,\ 64,\ \cdots$

(3) $-2,\ 4,\ x,\ 16,\ \cdots$

등비수열의 일반항

첫째항이 a, 공비가 $r(r\neq 0)$인 등비수열 $\{a_n\}$에서

$a_1=a$
$a_2=a_1r=ar$
$a_3=a_2r=(ar)r=ar^2$
$a_4=a_3r=(ar^2)r=ar^3$
⋮

이므로 일반항 a_n은 다음과 같다.

$a_n=ar^{n-1}\ (n=1,\ 2,\ 3,\ \cdots)$

등비수열의 일반항 요약

첫째항이 a, 공비가 $r\,(r\neq 0)$인 등비수열 $\{a_n\}$의 일반항은

$a_n=ar^{n-1}\ (n=1,\ 2,\ 3,\ \cdots)$

예제 6

첫째항이 3, 공비가 -2인 등비수열 $\{a_n\}$의 일반항을 구하시오.

풀이

$a=3$, $r=-2$이므로 $a_n=3(-2)^{n-1}$이다.

개념 확인문제 10 다음 등비수열 $\{a_n\}$의 일반항을 구하시오.

(1) $3,\ 1,\ \frac{1}{3},\ \frac{1}{9},\ \cdots$

(2) 첫째항이 -2, 공비가 4

예제 7

제 2항이 2, 제 5항이 -128인 등비수열 $\{a_n\}$의 일반항을 구하시오.

풀이

첫째항을 a, 공비를 r라 하면 $a_2=ar$, $a_5=ar^4$ 이다. $\frac{a_5}{a_2}=\frac{ar^4}{ar}=r^3=-64 \Rightarrow r=-4$

$ar=a(-4)=2 \Rightarrow a=-\frac{1}{2}$ 이므로 $a_n=-\frac{1}{2}(-4)^{n-1}$

Tip 가감법을 통해 풀었던 등차수열과 달리 등비수열은 나눠서 구한다.

개념 확인문제 11 제 3항이 4, 제 6항이 108인 등비수열 $\{a_n\}$의 일반항을 구하시오.

등비중항

0이 아닌 세 수 a, b, c가 이 순서대로 등비수열을 이룰 때, b를 a와 c의 **등비중항**이라 한다.

$\frac{b}{a}=\frac{c}{b}$ 이므로 $b^2=ac$가 성립한다.

역으로 $b^2=ac$이면 $\frac{b}{a}=\frac{c}{b}$가 성립하므로 세 수 a, b, c는 이 순서대로 등비수열을 이룬다.

예제 8

세 수 2, x, 8이 순서대로 등비수열을 이룰 때, x의 값을 구하시오.

풀이

$2\times8=x^2 \Rightarrow x=-4$ or $x=4$

Tip x가 -4도 될 수 있음을 유의하자.

개념 확인문제 12 네 수 3, x, 12, y이 순서대로 등비수열을 이룰 때, x, y의 값을 구하시오.

개념 파악하기 **(5) 등비수열의 합은 어떻게 구할까?**

등비수열의 합

첫째항이 a, 공비가 $r(r \neq 0)$인 등비수열의 첫째항부터 제 n항까지의 합을 S_n이라 하면

$S_n = a + ar + ar^2 + \cdots + ar^{n-2} + ar^{n-1}$ ……㉠

양변에 공비 r을 곱하면

$rS_n = ar + ar^2 + ar^3 + \cdots + ar^{n-1} + ar^n$ ……㉡

㉠에서 ㉡을 같은 변끼리 빼면

$$\begin{array}{rl} & S_n = a + ar + \cdots + ar^{n-2} + ar^{n-1} \\ - & rS_n = \quad ar + \cdots + ar^{n-2} + ar^{n-1} + ar^n \\ \hline \end{array}$$

$(1-r)S_n = a - ar^n = a(1-r^n)$ 이므로

① $r \neq 1$일 때, $S_n = \dfrac{a(r^n-1)}{r-1} = \dfrac{a(1-r^n)}{1-r}$

② $r = 1$일 때, $S_n = na$

Tip 1 등비수열의 합은 $r \neq 1$일 때와 $r = 1$일 때로 case분류할 수 있다.

Tip 2 ① 는 $r \neq 1$이기만 하면 쓸 수 있다. 즉, r이 음수여도 쓸 수 있다.

Tip 3 보통 $r > 1$이면 $S_n = \dfrac{a(r^n-1)}{r-1}$을 쓰고 $r < 1$이면 $S_n = \dfrac{a(1-r^n)}{1-r}$를 쓴다.

예를 들어 $r = 2$일 때, $\dfrac{a(2^n-1)}{2-1} = \dfrac{a(1-2^n)}{1-2}$ 의 경우 서로 같지만 좌변이 더 예쁘다.

Tip 4 여기서 n은 더하고자하는 항의 총 개수임을 유의해야한다.

ex 수열 $\{a_n\}$이 등비수열일 때, $S = a_2 + a_3 + a_4 + \cdots + a_m$의 값을 구하시오.

항의 총 개수는 $m-2+1 = m-1$개 일 때 이므로 $n = m-1$이고 첫째항은 $a = a_2$이다.

$\therefore S = \dfrac{a_2(r^{m-1}-1)}{r-1}$

Tip 5 등비수열의 합 $S_n = \dfrac{a(r^n-1)}{r-1} = \dfrac{a}{r-1} \times r^n - \dfrac{a}{r-1}$ 에서

크게 보면 꼴이 $S_n = A \times r^n + B \ (r \neq 0, r \neq 1)$이라고 볼 수 있다.

① $A + B = 0$이면 수열 $\{a_n\}$은 a_1부터 등비수열을 이룬다.

② $A + B \neq 0$이면 수열 $\{a_n\}$은 a_2부터 등비수열을 이룬다.

등차수열과 마찬가지로 외워두면 편하지만 빈도수가 그렇게 높지 않으므로 등차수열 합의 꼴만 기억해도 좋다.

예제 9

다음 물음에 답하시오.

(1) 첫째항이 3, 공비가 2인 등비수열의 첫째항부터 제 10항까지의 합을 구하시오.

(2) 첫째항부터 제 3항까지의 합이 2, 첫째항부터 제 6항까지의 합이 18인 등비수열의 첫째항부터 제 5항까지의 합을 구하시오.

풀이

(1) $a=3,\ r=2$ 이므로 $S_{10}=\dfrac{3(2^{10}-1)}{2-1}=3\times2^{10}-3$

(2) 첫째항을 a, 공비를 r라 하면 $S_3=\dfrac{a(r^3-1)}{r-1}=2,\ S_6=\dfrac{a(r^6-1)}{r-1}=\dfrac{a(r^3-1)(r^3+1)}{r-1}=S_3(r^3+1)=18$

$2(r^3+1)=18 \Rightarrow r^3=8 \Rightarrow r=2,\quad a=\dfrac{2}{7}$

$S_5=\dfrac{\frac{2}{7}(2^5-1)}{2-1}=\dfrac{2\times31}{7}=\dfrac{62}{7}$

개념 확인문제 13

공비가 실수인 등비수열 $\{a_n\}$의 첫째항부터 제 n항까지의 합을 S_n이라 하자.

$S_5=12,\ S_{10}=120$일 때, $\dfrac{S_{15}}{3}$의 값을 구하시오.

수열

규토 라이트 N제

수열

Training – 1 step

필수 유형편

1. 등차수열과 등비수열

Theme 1 등차수열의 일반항

001

등차수열 $\{a_n\}$에 대하여 $a_2=2$, $a_5-a_3=8$일 때, a_{10}의 값을 구하시오.

002

두 수열 $\{a_n\}$, $\{b_n\}$은 각각 공차가 4, -2인 등차수열이다. 이때 수열 $\{a_n-b_n\}$의 공차를 구하시오.

003

공차가 -3인 등차수열 $\{a_n\}$에 대하여 $a_{20}=-20$일 때, $|a_n|$의 값이 최소가 되는 자연수 n을 구하시오.

004

등차수열 $\{a_n\}$의 제 3항과 제 7항은 절댓값이 같고 부호가 반대이다. 제 11항이 12일 때, a_{20}의 값을 구하시오.

005

수열 $\left\{\frac{1}{a_n}\right\}$은 공차가 $\frac{1}{8}$인 등차수열이다. $a_2=2a_4$일 때, a_1+a_8의 값을 구하시오.

Theme 2 등차중항

006

세 수 8, x^2+2x, $6x+4$가 이 순서대로 등차수열을 이룰 때, 모든 실수 x의 값의 합을 구하시오.

007

이차방정식 $x^2-x-3=0$의 서로 다른 두 실근 α, β에 대하여 세 수 α^3, k, β^3이 이 순서대로 등차수열을 이룰 때, k의 값을 구하시오.

008

등차수열 $\{a_n\}$에 대하여 세 수 a_1, a_1+a_3, a_3+a_4가 이 순서대로 등차수열을 이룰 때, $\frac{a_9}{a_3}$의 값을 구하시오. (단, $a_3 \neq 0$이다.)

Theme 3 등차수열의 합

009

첫째항이 4이고 공차가 2인 등차수열의 제 3항부터 제 n항까지의 합이 120일 때, n의 값을 구하시오.

010

등차수열 $\{a_n\}$에서 첫째항부터 제 n항까지의 합을 S_n이라 할 때, $S_{10}=50$, $S_{15}=150$이다. a_{50}의 값을 구하시오.

011

$a_5=35$, $a_{10}=20$인 등차수열 $\{a_n\}$의 첫째항부터 제 n항까지의 합을 S_n이라 할 때, S_n의 최댓값을 구하시오.

012

등차수열 $\{a_n\}$에 대하여 $a_3=-2$, $a_9=46$일 때,

$\dfrac{|a_1|+|a_2|+|a_3|+\cdots+|a_{20}|}{10}$의 값을 구하시오.

013

두 집합

$A=\{5n-1 \mid n$은 자연수$\}$, $B=\{3n \mid n$은 자연수$\}$

에 대하여 집합 $C=\{x-1 \mid x\in(A\cap B),\ 1\le x\le 100\}$

의 모든 원소의 합을 구하시오.

Theme 4 등차수열의 합과 일반항 사이의 관계

014

수열 $\{a_n\}$의 첫째항부터 제 n항까지의 합 S_n이

$S_n=2n^2-n+1$일 때, a_1+a_{10}의 값을 구하시오.

015

수열 $\{a_n\}$의 첫째항부터 제 n항까지의 합 S_n이

$S_n=n^2-20n$일 때, $a_n<0$을 만족시키는 자연수 n의

개수를 구하시오.

016

수열 $\{a_n-3n\}$의 첫째항부터 제 n항까지의 합 S_n이

$S_n=n^2+4n$일 때, $a_1+a_3+a_5+\cdots+a_{2k-1}=140$

을 만족시키는 자연수 k의 값을 구하시오..

Theme 5 등비수열의 일반항

017 ☐☐☐☐☐

$a_1=32$인 등비수열 $\{a_n\}$에 대하여

$\dfrac{a_3}{a_2}-\dfrac{a_6}{a_4}=\dfrac{1}{4}$일 때, a_4의 값을 구하시오.

018 ☐☐☐☐☐

모든 항이 양수인 등비수열 $\{a_n\}$에 대하여

$a_1=\dfrac{1}{18}$, $\dfrac{a_4a_5}{a_2a_3}=81$일 때, a_6+a_7의 값을 구하시오.

019 ☐☐☐☐☐

모든 항이 실수인 등비수열 $\{a_n\}$에 대하여

$a_1+a_2=2$, $a_5-a_3=8$일 때, $a_k=\dfrac{256}{3}$를 만족시키는

자연수 k의 값을 구하시오.

020 ☐☐☐☐☐

$a_2=3$, $a_6=8a_3$인 등비수열 $\{a_n\}$에 대하여

$m=a_1\times a_2\times a_3\times a_4\times a_5$이라 할 때,

$\log_6 m$의 값을 구하시오.

Theme 6 등비중항

021 ☐☐☐☐☐

이차방정식 $x^2-kx+45=0$의 두 근 α, $\beta\,(\alpha<\beta)$에

대하여 α, $\beta-\alpha$, β가 이 순서대로 등비수열을 이룰 때,

양수 k의 값을 구하시오.

022 ☐☐☐☐☐

세 수 $\cos\theta$, $\dfrac{1}{4}$, $\sin\theta$가 이 순서대로 등비수열을 이룰

때, $\tan\theta+\dfrac{1}{\tan\theta}$의 값을 구하시오.

023

함수 $f(x)=\frac{k}{x}$ 와 $4<a<b<16$인 두 자연수 a, b에 대하여 $f(a)$, $f(b)$, $f(16)$가 이 순서대로 등비수열을 이루고 $f(a+b)=2$일 때, k의 값을 구하시오.
(단, $k \neq 0$이다.)

Theme 7 등비수열의 합

024

수열 $\{a_n\}$에 대하여 $a_n=2^{3n-1}$일 때,

$a_1+a_2+a_3+\cdots+a_{20}=\frac{2^m-4}{7}$을 만족시키는

자연수 m의 값을 구하시오.

025

등비수열 $\{a_n\}$의 첫째항부터 제 n항까지의 합 S_n에 대하여 $S_n=15$, $S_{2n}=45$일 때, S_{3n}의 값을 구하시오.

026

첫째항이 2인 등비수열 $\{a_n\}$에 대하여

$$a_2+a_4+a_6+\cdots+a_{2k}=340,$$
$$a_1+a_3+a_5+\cdots+a_{2k-1}=170$$

를 만족시키는 자연수 k의 값을 구하시오.

027

등비수열 $\{a_n\}$의 첫째항부터 제 20항까지의 합이 4, 제 21항부터 제 40항까지의 합이 20일 때, 제 41항부터 제 80항까지의 합을 구하시오.

028

등비수열 $\{a_n\}$ 에 대하여

$$a_1+a_2+a_3+\cdots+a_{10}=32$$
$$\frac{1}{a_1}+\frac{1}{a_2}+\frac{1}{a_3}+\cdots+\frac{1}{a_{10}}=4$$

일 때, $\log_2 a_1+\log_2 a_2+\log_2 a_3+\cdots+\log_2 a_{10}$의 값을 구하시오.

Theme 8 등비수열의 합과 일반항 사이의 관계

029 □□□□□

수열 $\{a_n\}$의 첫째항부터 제 n항까지의 합 S_n이
$S_n=2^{n-1}+3$일 때, $a_1 \times a_6$의 값을 구하시오.

030 □□□□□

수열 $\{a_n\}$의 첫째항부터 제 n항까지의 합 S_n이
$S_n=3^{n+2}-9$일 때, 수열 $\{a_{2n}a_{3n}\}$의 일반항이
$a_{2n}a_{3n}=p\times q^n$이다. $p+q$의 값을 구하시오.
(단, p, q는 자연수이다.)

031 □□□□□

$a_2=2$, $a_5=16$인 등비수열 $\{a_n\}$에 대하여
$b_n=(a_{n+1})^2-(a_n)^2$일 때,
$\log_2(a_1+b_1+b_2+b_3+b_4+b_5+b_6)$의 값을 구하시오.

수열

규토 라이트 N제

수열

Training – 2 step

기출 적용편

1. 등차수열과 등비수열

032 • 2023학년도 수능 공통

공비가 양수인 등비수열 $\{a_n\}$이 $a_2+a_4=30$, $a_4+a_6=\frac{15}{2}$를 만족시킬 때, a_1의 값은? [3점]

① 48 ② 56 ③ 64
④ 72 ⑤ 80

033 • 2020년 고3 10월 교육청 나형

등차수열 $\{a_n\}$에 대하여 $a_1+a_2+a_3=15$, $a_3+a_4+a_5=39$일 때, 수열 $\{a_n\}$의 공차는? [3점]

① 1 ② 2 ③ 3
④ 4 ⑤ 5

034 • 2021학년도 고3 9월 평가원 나형

공차가 -3인 등차수열 $\{a_n\}$에 대하여
$a_3a_7=64$, $a_8>0$일 때, a_2의 값은? [3점]

① 17 ② 18 ③ 19
④ 20 ⑤ 21

035 • 2019학년도 수능 나형

첫째항이 7인 등비수열 $\{a_n\}$의 첫째항부터 제 n항까지의 합을 S_n이라 하자. $\frac{S_9-S_5}{S_6-S_2}=3$일 때, a_7의 값을 구하시오. [3점]

036 • 2020학년도 수능 나형

모든 항이 양수인 등비수열 $\{a_n\}$에 대하여
$\frac{a_{16}}{a_{14}}+\frac{a_8}{a_7}=12$일 때, $\frac{a_3}{a_1}+\frac{a_6}{a_3}$의 값을 구하시오. [3점]

037 • 2020년 고3 4월 교육청 나형

첫째항이 6인 등차수열 $\{a_n\}$에 대하여
$2a_4=a_{10}$일 때, a_9의 값을 구하시오. [3점]

038 • 2022학년도 고3 6월 평가원 공통

모든 항이 양수인 등비수열 $\{a_n\}$에 대하여
$a_2=36$, $a_7=\frac{1}{3}a_5$일 때, a_6의 값을 구하시오. [3점]

039 • 2020년 고3 3월 교육청 나형

등차수열 $\{a_n\}$, 등비수열 $\{b_n\}$에 대하여
$a_1=b_1=3$이고 $b_3=-a_2$, $a_2+b_2=a_3+b_3$
일 때, a_3의 값은? [3점]

① -9 ② -3 ③ 0
④ 3 ⑤ 9

040 • 2020학년도 고3 9월 평가원 나형 

등차수열 $\{a_n\}$에 대하여 $a_1 = a_3 + 8$, $2a_4 - 3a_6 = 3$ 일 때, $a_k < 0$을 만족시키는 자연수 k의 최솟값은? [3점]

① 8 ② 10 ③ 12 ④ 14 ⑤ 16

041 • 2019학년도 고3 9월 평가원 나형 

등차수열 $\{a_n\}$에 대하여 $a_1 = -15$, $|a_3| - a_4 = 0$ 일 때, a_7의 값은? [3점]

① 21 ② 23 ③ 25 ④ 27 ⑤ 29

042 • 2020년 고3 10월 교육청 나형 

함수 $f(x) = (1+x^4+x^8+x^{12})(1+x+x^2+x^3)$ 일 때, $\dfrac{f(2)}{\{f(1)-1\}\{f(1)+1\}}$ 의 값을 구하시오. [3점]

043 • 2021학년도 고3 6월 평가원 나형 □□□□□

등비수열 $\{a_n\}$의 첫째항부터 제 n항까지의 합을 S_n이라 하자. $a_1 = 1$, $\dfrac{S_6}{S_3} = 2a_4 - 7$ 일 때, a_7의 값을 구하시오. [3점]

044 • 2024학년도 고3 9월 평가원 공통 □□□□□

모든 항이 양수인 등비수열 $\{a_n\}$에 대하여 $\dfrac{a_3a_8}{a_6} = 12$, $a_5 + a_7 = 36$ 일 때, a_{11}의 값은? [3점]

① 72 ② 78 ③ 84 ④ 90 ⑤ 96

045 • 2024학년도 수능 공통 

등비수열 $\{a_n\}$의 첫째항부터 제n항까지의 합을 S_n이라 하자. $S_4 - S_2 = 3a_4$, $a_5 = \dfrac{3}{4}$ 일 때, $a_1 + a_2$의 값은? [3점]

① 27 ② 24 ③ 21 ④ 18 ⑤ 15

046 • 2020학년도 고3 6월 평가원 나형 

자연수 n에 대하여 x에 대한 이차방정식 $x^2 - nx + 4(n-4) = 0$이 서로 다른 두 실근 α, $\beta\,(\alpha < \beta)$를 갖고, 세 수 1, α, β가 이 순서대로 등차수열을 이룰 때, n의 값은? [3점]

① 5 ② 8 ③ 11 ④ 14 ⑤ 17

047 • 2009년 고3 4월 교육청 나형 

등차수열 $\{a_n\}$에서 $a_3 = 40$, $a_8 = 30$일 때, $|a_2 + a_4 + \cdots + a_{2n}|$이 최소가 되는 자연수 n의 값을 구하시오. [3점]

수열

048 • 2020년 고3 3월 교육청 가형

공비가 1보다 큰 등비수열 $\{a_n\}$이 다음 조건을 만족시킨다.

> (가) $a_3 \times a_5 \times a_7 = 125$
> (나) $\dfrac{a_4 + a_8}{a_6} = \dfrac{13}{6}$

a_9의 값은? [3점]

① 10　② $\dfrac{45}{4}$　③ $\dfrac{25}{2}$　④ $\dfrac{55}{4}$　⑤ 15

049 • 2021년 고3 7월 교육청 공통

첫째항이 2인 등차수열 $\{a_n\}$의 첫째항부터 제 n항까지의 합을 S_n이라 하자. $a_6 = 2(S_3 - S_2)$일 때, S_{10}의 값은? [3점]

① 100　② 110　③ 120　④ 130　⑤ 140

050 • 2021년 고3 7월 교육청 공통

첫째항이 $a\,(a>0)$이고, 공비가 r인 등비수열 $\{a_n\}$의 첫째항부터 제 n항까지의 합을 S_n이라 하자.
$2a = S_2 + S_3$, $r^2 = 64a^2$일 때, a_5의 값은? [3점]

① 2　② 4　③ 6　④ 8　⑤ 10

051 • 2021년 고3 4월 교육청 공통

첫째항이 $\dfrac{1}{4}$이고 공비가 양수인 등비수열 $\{a_n\}$에 대하여 $a_3 + a_5 = \dfrac{1}{a_3} + \dfrac{1}{a_5}$일 때, a_{10}의 값을 구하시오. [3점]

052 • 2007년 고3 3월 교육청 나형

그림과 같이 두 직선 $y=x$, $y=a(x-1)$ $(a>1)$의 교점에서 오른쪽 방향으로 y축에 평행한 14개의 선분을 같은 간격으로 그었다.

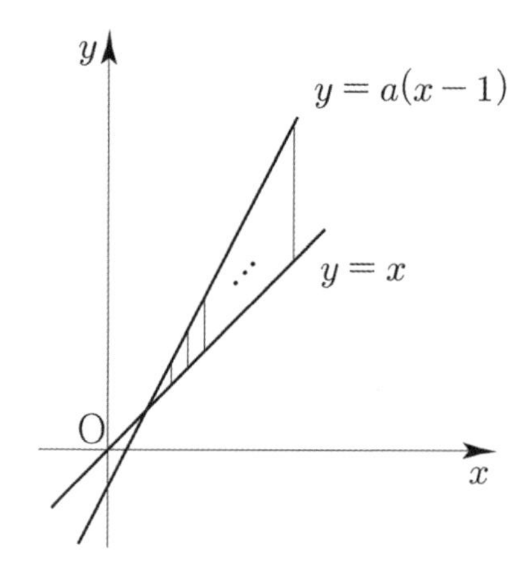

이들 중 가장 짧은 선분의 길이는 3이고, 가장 긴 선분의 길이는 42일 때, 14개의 선분의 길이의 합을 구하시오.
(단, 각 선분의 양 끝점은 두 직선 위에 있다.) [3점]

053 • 2013년 고3 4월 교육청 A형

그림과 같이 두 함수 $y=3\sqrt{x}$, $y=\sqrt{x}$의 그래프와 직선 $x=k$가 만나는 점을 각각 A, B라 하고, 직선 $x=k$가 x축과 만나는 점을 C라 하자. 다음 물음에 답하시오. (단, $k>0$이고, O는 원점이다.)

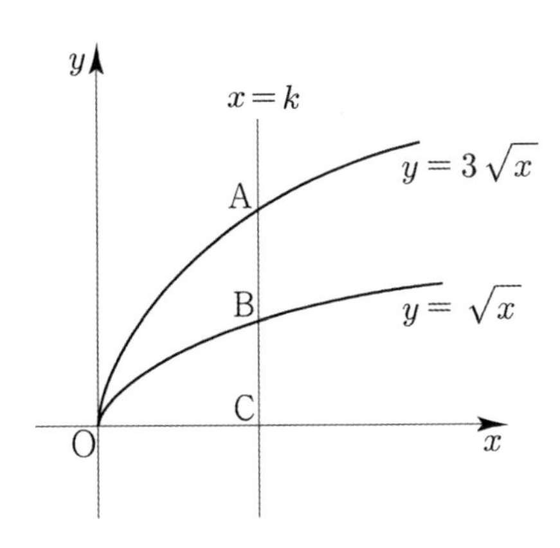

$\overline{BC}$, $\overline{OC}$, $\overline{AC}$가 이 순서대로 등비수열을 이룰 때, 양수 k의 값은? [3점]

① 1 ② $\sqrt{3}$ ③ 3
④ $3\sqrt{3}$ ⑤ 9

054 • 2019년 고2 11월 교육청 나형 

서로 다른 두 실수 a, b에 대하여 세 수 a, b, 6이 이 순서대로 등차수열을 이루고, 세 수 a, 6, b가 이 순서대로 등비수열을 이룬다. $a+b$의 값은? [4점]

① -15 ② -8 ③ -1 ④ 6 ⑤ 13

055 • 2019년 고2 11월 교육청 나형 

첫째항이 양수이고 공비가 음수인 등비수열 $\{a_n\}$의 첫째항부터 제 n항까지의 합 S_n에 대하여 $a_2a_6=1$, $S_3=3a_3$일 때, a_7의 값은? [4점]

① $\frac{1}{32}$ ② $\frac{1}{16}$ ③ $\frac{1}{8}$ ④ $\frac{1}{4}$ ⑤ $\frac{1}{2}$

056 • 2016학년도 고3 6월 평가원 A형 

공차가 6인 등차수열 $\{a_n\}$에 대하여 세 항 a_2, a_k, a_8은 이 순서대로 등차수열을 이루고, 세 항 a_1, a_2, a_k는 이 순서대로 등비수열을 이룬다. $k+a_1$의 값은? [4점]

① 7 ② 8 ③ 9
④ 10 ⑤ 11

057 • 2017학년도 수능 나형

공차가 양수인 등차수열 $\{a_n\}$이 다음 조건을 만족시킬 때, a_2의 값은? [4점]

> (가) $a_6+a_8=0$
> (나) $|a_6|=|a_7|+3$

① -15　② -13　③ -11　④ -9　⑤ -7

058 • 2019학년도 고3 9월 평가원 나형 

모든 항이 양수인 등비수열 $\{a_n\}$의 첫째항부터 제 n항까지의 합을 S_n이라 하자.
$S_4-S_3=2$, $S_6-S_5=50$일 때, a_5의 값을 구하시오. [4점]

059 • 2019년 고2 11월 교육청 가형 

$\frac{1}{4}$과 16 사이에 n개의 수를 넣어 만든 공비가 양수 r인 등비수열 $\frac{1}{4}$, a_1, a_2, a_3, $\cdots$, a_n, 16의 모든 항의 곱이 1024일 때, r^9의 값을 구하시오. [4점]

060 • 2010학년도 수능 나형

수열 $\{a_n\}$에 대하여 첫째항부터 제 n항까지의 합을 S_n이라 하자. 수열 $\{S_{2n-1}\}$은 공차가 -3인 등차수열이고, 수열 $\{S_{2n}\}$은 공차가 2인 등차수열이다. $a_2=1$일 때, a_8의 값을 구하시오. [4점]

061 • 2020년 고3 3월 교육청 나형 

등차수열 $\{a_n\}$의 첫째항부터 제 n항까지의 합을 S_n이라 하자. $a_3=42$일 때, 다음 조건을 만족시키는 4 이상의 자연수 k의 값은? [4점]

> (가) $a_{k-3}+a_{k-1}=-24$
> (나) $S_k=k^2$

① 13　② 14　③ 15　④ 16　⑤ 17

062 • 2019년 고3 7월 교육청 나형

공차가 자연수인 등차수열 $\{a_n\}$과 공비가 자연수인 등비수열 $\{b_n\}$이 $a_6=b_6=9$이고, 다음 조건을 만족시킨다.

> (가) $a_7=b_7$
> (나) $94<a_{11}<109$

a_7+b_8의 값은? [4점]

① 96 ② 99 ③ 102 ④ 105 ⑤ 108

063 • 2014년 고3 4월 교육청 A형

그림과 같이 함수 $y=|x^2-9|$의 그래프가 직선 $y=k$와 서로 다른 네 점에서 만날 때, 네 점의 x좌표를 각각 a_1, a_2, a_3, a_4라 하자. 네 수 a_1, a_2, a_3, a_4가 이 순서대로 등차수열을 이룰 때, 상수 k의 값은? (단, $a_1<a_2<a_3<a_4$) [4점]

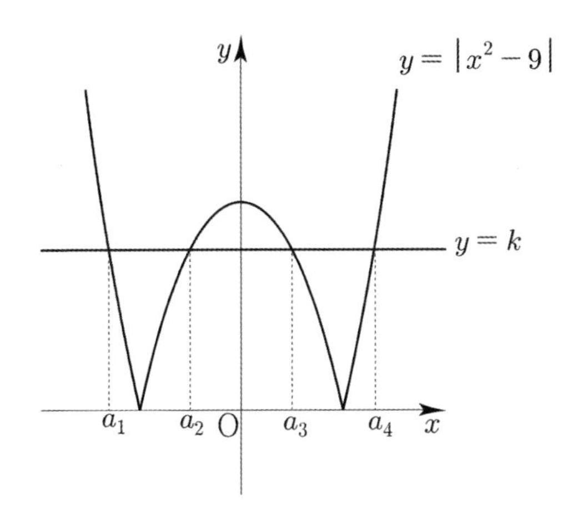

① $\frac{34}{5}$ ② 7 ③ $\frac{36}{5}$ ④ $\frac{37}{5}$ ⑤ $\frac{38}{5}$

064 • 2021학년도 사관학교 나형

두 실수 a, b와 수열 $\{c_n\}$이 다음 조건을 만족시킨다.

> (가) $(m+2)$개의 수
> a, $\log_2 c_1$, $\log_2 c_2$, $\log_2 c_3$, $\cdots$, $\log_2 c_m$, b
> 가 이 순서대로 등차수열을 이룬다.
> (나) 수열 $\{c_n\}$의 첫째항부터 제 m항까지의 항을 모두 곱한 값은 32이다.

$a+b=1$일 때, 자연수 m의 값은? [4점]

① 6 ② 8 ③ 10 ④ 12 ⑤ 14

065 • 2010학년도 고3 9월 평가원 나형

두 수열 $\{a_n\}$, $\{b_n\}$이 모든 자연수 k에 대하여

$$b_{2k-1}=\left(\frac{1}{2}\right)^{a_1+a_3+\cdots+a_{2k-1}}$$

$$b_{2k}=2^{a_2+a_4+\cdots+a_{2k}}$$

을 만족시킨다. $\{a_n\}$은 등차수열이고, $b_1\times b_2\times b_3\times\cdots\times b_{10}=8$일 때, $\{a_n\}$의 공차는? [4점]

① $\frac{1}{15}$ ② $\frac{2}{15}$ ③ $\frac{1}{5}$ ④ $\frac{4}{15}$ ⑤ $\frac{1}{3}$

수열

066 • 2021학년도 고3 6월 평가원 가형

공차가 2인 등차수열 $\{a_n\}$의 첫째항부터 제 n항까지의 합을 S_n이라 하자. $S_k = -16$, $S_{k+2} = -12$를 만족시키는 자연수 k에 대하여 a_{2k}의 값을 구하시오. [4점]

067 • 2021학년도 고3 9월 평가원 가형

등비수열 $\{a_n\}$의 첫째항부터 제 n항까지의 합을 S_n이라 하자. 모든 자연수 n에 대하여 $S_{n+3} - S_n = 13 \times 3^{n-1}$일 때, a_4의 값을 구하시오. [4점]

068 • 2016년 고3 10월 교육청 나형

등차수열 $\{a_n\}$과 공비가 1보다 작은 등비수열 $\{b_n\}$이 $a_1 + a_8 = 8$, $b_2 b_7 = 12$, $a_4 = b_4$, $a_5 = b_5$를 모두 만족시킬 때, a_1의 값을 구하시오. [4점]

069 • 2009학년도 고3 6월 평가원 나형

공차가 d_1, d_2인 두 등차수열 $\{a_n\}$, $\{b_n\}$의 첫째항부터 제 n항까지의 합을 각각 S_n, T_n이라 하자. $S_n T_n = n^2(n^2 - 1)$일 때, 〈보기〉에서 항상 옳은 것을 모두 고른 것은? [4점]

〈보기〉

ㄱ. $a_n = n$이면 $b_n = 4n - 4$이다.
ㄴ. $d_1 d_2 = 4$
ㄷ. $a_1 \neq 0$이면 $a_n = n$이다.

① ㄱ ② ㄴ ③ ㄱ, ㄴ
④ ㄱ, ㄷ ⑤ ㄱ, ㄴ, ㄷ

규토 라이트 N제

수열

Master step

심화 문제편

1. 등차수열과 등비수열

070

방정식 $(x^2-4x+m)(x^2-4x+n)=0$의 서로 다른 네 실근이 첫째항이 $\frac{1}{2}$인 등차수열을 이룰 때, $2(m+n)$의 값을 구하시오. (단, m, n은 상수이다.)

071

그림과 같이 $\angle B=90°$이고 선분 BC의 길이가 $3\sqrt{5}$인 직각삼각형 ABC의 꼭짓점 B에서 빗변 AC에 내린 수선의 발을 D라 하자. 세 선분 AD, CD, AB의 길이가 이 순서대로 등차수열을 이룰 때, 선분 AC의 길이를 구하시오.

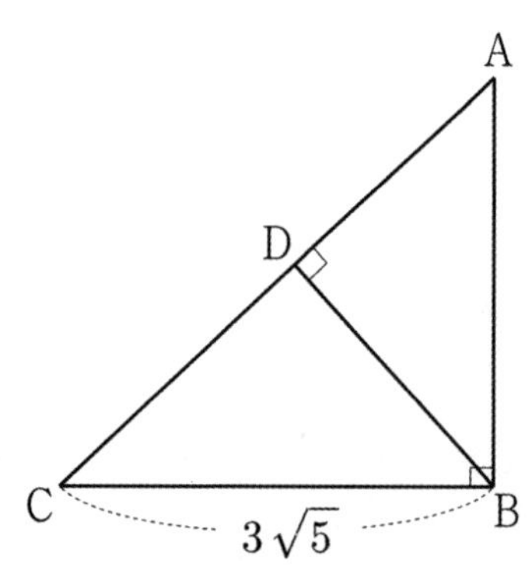

072

첫째항과 공차가 같은 등차수열 $\{a_n\}$에 대하여
$a_1+a_3+a_5+\cdots+a_{2n-1}=2ka_n$을 만족시키는 k가 두 자리 자연수가 되도록 하는 n의 최댓값을 M, 최솟값을 m이라 할 때, $M-m$의 값을 구하시오.
(단, $a_1 \neq 0$)

073

집합 $A=\{x \mid \sin\frac{\pi}{2}x=\cos\frac{\pi}{2}x,\ 0<x<40\}$의 모든 원소의 합을 구하시오.

074 • 2021년 고3 7월 교육청 공통 

공차가 d이고 모든 항이 자연수인 등차수열 $\{a_n\}$이 다음 조건을 만족시킨다.

> (가) $a_1 \leq d$
> (나) 어떤 자연수 $k(k \geq 3)$에 대하여
> 세 항 a_2, a_k, a_{3k-1}이 이 순서대로 등비수열을 이룬다.

$90 \leq a_{16} \leq 100$일 때, a_{20}의 값을 구하시오. [4점]

075 • 2019년 고2 9월 교육청 가형 ○○○○○

두 수 2와 4 사이에 n개의 수 a_1, a_2, a_3, $\cdots$, a_n을 넣어 만든 $(n+2)$개의 수 2, a_1, a_2, a_3, $\cdots$, a_n, 4가 이 순서대로 등차수열을 이룬다.
집합 $A_n = \{2, a_1, a_2, a_3, \cdots, a_n, 4\}$ 에 대하여 〈보기〉에서 옳은 것만을 있는 대로 고른 것은?
(단, n은 자연수이다.) [4점]

〈보기〉

> ㄱ. n이 홀수이면 $3 \in A_n$
> ㄴ. 모든 자연수 n에 대하여 $A_n \subset A_{2n+1}$
> ㄷ. 집합 $A_{2n+1} - A_n$의 모든 원소의 합을 S_n이라 할 때, $S_6 + S_{13} = 63$이다.

① ㄱ ② ㄷ ③ ㄱ, ㄴ
④ ㄴ, ㄷ ⑤ ㄱ, ㄴ, ㄷ

076 • 2011년 고3 7월 교육청 나형 ○○○○○

그림과 같이 점 A는 두 직선 $y=1$과 $y=\sqrt{3}x$의 교점이다. 자연수 n에 대하여 $y=1$ 위에 $\overline{\mathrm{AB}_n}=n$인 점을 B_n, $y=\sqrt{3}x$ 위에 $\overline{\mathrm{AC}_n}=n$인 점을 C_n이라 하자.
삼각형 $\mathrm{AB}_n\mathrm{C}_n$의 무게중심의 y좌표를 a_n이라 할 때, $a_n > 6$을 만족하는 n의 최솟값을 구하시오.
(단, B_n, C_n은 제 1사분면 위의 점이다.) [4점]

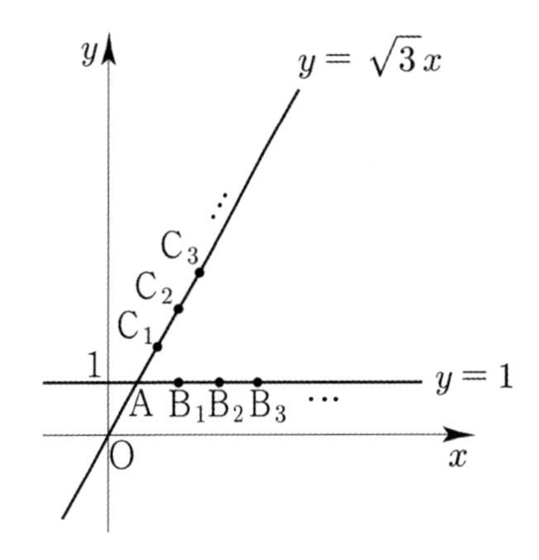

077 • 2007학년도 고3 9월 평가원 나형 ○○○○○

자연수 n에 대하여 P_n을 다음 규칙에 따라 정한다.

> (가) 점 P_1의 좌표는 $(1, 1)$이다.
> (나) 점 P_n의 좌표가 (a, b)일 때,
> $b < 2^a$이면 점 P_{n+1}의 좌표는 $(a, b+1)$이고
> $b = 2^a$이면 점 P_{n+1}의 좌표는 $(a+1, 1)$이다.

점 P_n의 좌표가 $(10, 2^{10})$일 때, n의 값은? [4점]

① $2^{10}-2$ ② $2^{10}+2$ ③ $2^{11}-2$
④ 2^{11} ⑤ $2^{11}+2$

078 • 2019년 고3 7월 교육청 나형

첫째항이 0이 아닌 등차수열 $\{a_n\}$의 첫째항부터 제 n항까지의 합 S_n에 대하여 $S_9=S_{18}$이다. 집합 T_n을
$T_n=\{S_k \mid k=1,\ 2,\ 3,\ \cdots,\ n\}$이라 하자.
집합 T_n의 원소의 개수가 13이 되도록 하는 모든 자연수 n의 값의 합을 구하시오. [4점]

079 • 2023년 고3 4월 교육청 공통

등차수열 $\{a_n\}$의 첫째항부터 제 n항까지의 합을 S_n이라 하자. S_n이 다음 조건을 만족시킬 때,
a_{13}의 값을 구하시오. [4점]

> (가) S_n은 $n=7$, $n=8$에서 최솟값을 갖는다.
> (나) $|S_m|=|S_{2m}|=162$인 자연수 $m\ (m>8)$이 존재한다.

080 • 2024학년도 고3 6월 평가원 공통

$a_2=-4$이고 공차가 0이 아닌 등차수열 $\{a_n\}$에 대하여 수열 $\{b_n\}$을 $b_n=a_n+a_{n+1}\ (n\geq 1)$이라 하고, 두 집합 A, B를

$$A=\{a_1,\ a_2,\ a_3,\ a_4,\ a_5\},\ B=\{b_1,\ b_2,\ b_3,\ b_4,\ b_5\}$$

라 하자. $n(A\cap B)=3$이 되도록 하는 모든 수열 $\{a_n\}$에 대하여 a_{20}의 값의 합은? [4점]

① 30 ② 34 ③ 38
④ 42 ⑤ 46

081 • 2022년 고3 3월 교육청 공통 

첫째항이 양수인 등차수열 $\{a_n\}$의 첫째항부터 제 n항까지의 합을 S_n이라 하자. $|S_3|=|S_6|=|S_{11}|-3$을 만족시키는 모든 수열 $\{a_n\}$의 첫째항의 합은? [4점]

① $\frac{31}{5}$ ② $\frac{33}{5}$ ③ 7
④ $\frac{37}{5}$ ⑤ $\frac{39}{5}$

082 • 2023학년도 사관학교 공통

등차수열 $\{a_n\}$이 다음 조건을 만족시킨다.

> (가) $a_6+a_7=-\frac{1}{2}$
> (나) $a_l+a_m=1$이 되도록 하는 두 자연수 l, m $(l<m)$의 모든 순서쌍 (l, m)의 개수는 6이다.

등차수열 $\{a_n\}$의 첫째항부터 제 14항까지의 합을 S라 할 때, $2S$의 값을 구하시오. [4점]

083 • 2022년 고3 10월 교육청 공통

수열 $\{a_n\}$의 첫째항부터 제 n항까지의 합을 S_n이라 하자. 두 자연수 p, q에 대하여 $S_n=pn^2-36n+q$일 때, S_n이 다음 조건을 만족시키도록 하는 p의 최솟값을 p_1이라 하자.

> 임의의 두 자연수 i, j에 대하여 $i\neq j$이면 $S_i\neq S_j$이다.

$p=p_1$일 때, $|a_k|<a_1$을 만족시키는 자연수 k의 개수가 3이 되도록 하는 모든 q의 값의 합은? [4점]

① 372 ② 377 ③ 382
④ 387 ⑤ 392

수열

규토 라이트 N제

수열

Guide step

개념 익히기편

2. 수열의 합

01 수열

수열의 합

성취 기준 - $\sum$의 뜻을 알고, 그 성질을 이해하고, 이를 활용할 수 있다.
- 여러 가지 수열의 첫째항부터 제 n항까지의 합을 구할 수 있다.

개념 파악하기 (1) 기호 $\sum$란 무엇일까?

합의 기호 $\sum$의 뜻

수열 $\{a_n\}$의 첫째항부터 제 n항까지의 합을 합의 기호 $\sum$(시그마)를 사용하여

$a_1+a_2+a_3+\cdots+a_n=\sum_{k=1}^{n}a_k$ 와 같이 나타낸다.

즉, $\sum_{k=1}^{n}a_k$는 수열의 일반항 a_k의 k에 1, 2, 3, $\cdots$, n을 차례로 대입하여 얻은 a_1, a_2, a_3, $\cdots$, a_n 의 합을 뜻한다.

$$\sum_{k=1}^{n} a_k$$
(n ← 제 n 항까지, $k=1$ ← 첫째항부터)

Tip 1 k대신 다른 문자를 사용해도 된다.

ex $\sum_{k=1}^{n}a_k=\sum_{i=1}^{n}a_i=a_1+a_2+a_3+\cdots+a_n$

Tip 2 $\sum_{k=2}^{n}a_k$와 같이 아래의 첨자는 $k=1$이 아닐 수도 있다.

Tip 3 $\sum_{k=1}^{2n+3}a_k$와 같이 위의 첨자는 n이 아닐 수도 있다.

Tip 4 $m\le n$일 때 제 m항부터 제 n항까지의 합은 $\sum_{k=m}^{n}a_k$ 로 나타낸다.

Tip 5 $\sum_{k=1}^{n}k$는 $\sum_{k=0}^{n-1}(k+1)$ 또는 $\sum_{k=2}^{n+1}(k-1)$과 같이 나타낼 수도 있다.

예제 1

$1+3+5+7+9+\cdots+39$ 를 기호 $\sum$를 사용하여 나타내시오.

풀이

$a_1=1,\ a_2=3,\ a_3=5,\ \cdots$로 보면 a_k는 첫째항이 1이고 공차가 2인 등차수열이다.
k번째항은 $a_k=1+(k-1)2=2k-1$ 이고 $39=2k-1 \Rightarrow k=20$ 이므로 $a_{20}=39$이다.
즉, $a_k=2k-1$의 k에 1, 2, 3, $\cdots$, 20을 차례로 대입하여 얻은 $a_1,\ a_2,\ a_3,\ \cdots,\ a_{20}$의 합과 같다.
따라서 $\sum_{k=1}^{20}(2k-1)$로 나타낼 수 있다.

개념 확인문제 1 다음을 합의 기호 $\sum$를 사용하여 나타내시오.

(1) $2+4+6+8+\cdots+20$

(2) $1+2+2^2+2^3+\cdots+2^n$

개념 확인문제 2 다음을 합의 기호 $\sum$를 사용하지 않은 합의 꼴로 나타내시오.

(1) $\sum_{k=1}^{5}(5k+1)$

(2) $\sum_{i=1}^{4}\left(\frac{1}{2}\right)^{i-1}$

수열

합의 기호 $\sum$의 성질

두 수열 $\{a_n\}$, $\{b_n\}$과 상수 c에 대하여 다음이 성립한다.

① $\sum_{k=1}^{n}(a_k+b_k)=\sum_{k=1}^{n}a_k+\sum_{k=1}^{n}b_k$

$$\begin{aligned}\sum_{k=1}^{n}(a_k+b_k)&=(a_1+b_1)+(a_2+b_2)+\cdots+(a_n+b_n)\\&=(a_1+a_2+a_3+\cdots+a_n)+(b_1+b_2+b_3+\cdots+b_n)\\&=\sum_{k=1}^{n}a_k+\sum_{k=1}^{n}b_k\end{aligned}$$

② $\sum_{k=1}^{n}(a_k-b_k)=\sum_{k=1}^{n}a_k-\sum_{k=1}^{n}b_k$

$$\begin{aligned}\sum_{k=1}^{n}(a_k-b_k)&=(a_1-b_1)+(a_2-b_2)+\cdots+(a_n-b_n)\\&=(a_1+a_2+a_3+\cdots+a_n)-(b_1+b_2+b_3+\cdots+b_n)\\&=\sum_{k=1}^{n}a_k-\sum_{k=1}^{n}b_k\end{aligned}$$

③ $\sum_{k=1}^{n}ca_k=c\sum_{k=1}^{n}a_k$

$$\begin{aligned}\sum_{k=1}^{n}ca_k&=ca_1+ca_2+ca_3+\cdots+ca_n\\&=c(a_1+a_2+a_3+\cdots+a_n)\\&=c\sum_{k=1}^{n}a_k\end{aligned}$$

④ $\sum_{k=1}^{n}c=nc$

$$\sum_{k=1}^{n}c=\underbrace{c+c+c+\cdots+c}_{n\text{개}}=nc$$

Tip 1

④에서 c는 k의 영향을 받지 않기 때문에 c가 n개 있으므로 $\sum_{k=1}^{n}c=nc$라 써야 한다.

$\sum_{k=1}^{n}a_n$의 경우 특히 조심해야 하는데 ④의 c와 마찬가지로 a_n은 k의 영향을 받지 않기 때문에 a_n이 n개 있으므로 $\sum_{k=1}^{n}a_n=na_n$라 써야 한다. 즉, 변수를 조심하자!

Tip 2

합의 기호 $\sum$의 기본 성질은 덧셈과 뺄셈에 대해서는 성립하지만
다음과 같이 곱셈과 나눗셈에 대해서는 성립하지 않으므로 유의하도록 하자.

① $\sum_{k=1}^{n}a_kb_k\neq\sum_{k=1}^{n}a_k\sum_{k=1}^{n}b_k$ ② $\sum_{k=1}^{n}{a_k}^2\neq\left(\sum_{k=1}^{n}a_k\right)^2$ ③ $\sum_{k=1}^{n}\frac{a_k}{b_k}\neq\frac{\sum_{k=1}^{n}a_k}{\sum_{k=1}^{n}b_k}$

왜 등식이 성립하지 않을까? 이는 직접 계산해보면 자명하다.

$\sum_{k=1}^{n}a_kb_k=a_1b_1+a_2b_2+\cdots+a_nb_n$

$\sum_{k=1}^{n}a_k\sum_{k=1}^{n}b_k=(a_1+a_2+\cdots+a_n)(b_1+b_2+\cdots+b_n)$

$\sum_{k=1}^{n}{a_k}^2={a_1}^2+{a_2}^2+\cdots+{a_n}^2$

$\left(\sum_{k=1}^{n}a_k\right)^2=(a_1+a_2+\cdots+a_n)^2$

$\sum_{k=1}^{n}\frac{a_k}{b_k}=\frac{a_1}{b_1}+\frac{a_2}{b_2}+\cdots+\frac{a_n}{b_n}$

$\frac{\sum_{k=1}^{n}a_k}{\sum_{k=1}^{n}b_k}=\frac{a_1+a_2+\cdots+a_n}{b_1+b_2+\cdots+b_n}$

예제 2

$\sum_{k=1}^{20} a_k = 5$, $\sum_{k=1}^{20} b_k = 15$일 때, $\sum_{k=1}^{20}(5a_k - 2b_k + 3)$의 값을 구하시오.

풀이

$$\sum_{k=1}^{20}(5a_k - 2b_k + 3) = \sum_{k=1}^{20} 5a_k - \sum_{k=1}^{20} 2b_k + \sum_{k=1}^{20} 3 = 5\sum_{k=1}^{20} a_k - 2\sum_{k=1}^{20} b_k + 3 \times 20 = 25 - 30 + 60 = 55$$

따라서 답은 55이다.

Tip 여기서 실수하는 포인트는 $\sum_{k=1}^{20}(5a_k - 2b_k + 3) = 5\sum_{k=1}^{20} a_k - 2\sum_{k=1}^{20} b_k + 3$이다.

$\sum_{k=1}^{20} 3 = 3$이 아니라 $\sum_{k=1}^{20} 3 = 3 \times 20 = 60$임을 조심해야 한다.

개념 확인문제 3 $\sum_{k=1}^{10} a_k = 2$, $\sum_{k=1}^{10} b_k = 3$일 때, 다음 식의 값을 구하시오.

(1) $\sum_{k=1}^{10}(a_k + 7b_k)$

(2) $\sum_{k=1}^{10}(10a_k - 3b_k + 5)$

수열

개념 파악하기 (2) 여러 가지 수열의 합은 어떻게 구할까?

자연수의 거듭제곱의 합

① $1+2+3+\cdots+n=\sum_{k=1}^{n}k=\frac{n(n+1)}{2}$

첫째항이 1, 공차가 1인 등차수열의 첫째항부터 제 n항까지의 합과 같으므로 $\sum_{k=1}^{n}k=\frac{n(n+1)}{2}$

② $1^2+2^2+3^2+\cdots+n^2=\sum_{k=1}^{n}k^2=\frac{n(n+1)(2n+1)}{6}$

항등식 $(k+1)^3-k^3=3k^2+3k+1$에 $k=1,\ 2,\ 3,\ \cdots,\ n$을 차례로 대입한 후 각 변끼리 더하면 다음과 같다.

$$\begin{aligned}
2^3-1^3 &= 3\times1^2+3\times1+1 \quad (k=1)\\
3^3-2^3 &= 3\times2^2+3\times2+1 \quad (k=2)\\
4^3-3^3 &= 3\times3^2+3\times3+1 \quad (k=3)\\
&\vdots\\
+\ (n+1)^3-n^3 &= 3\times n^2+3\times n+1 \quad (k=n)\\
\hline
(n+1)^3-1^3 &= 3\sum_{k=1}^{n}k^2+3\sum_{k=1}^{n}k+n
\end{aligned}$$

정리하면

$$3\sum_{k=1}^{n}k^2=(n+1)^3-1^3-3\sum_{k=1}^{n}k-n=(n+1)^3-3\times\frac{n(n+1)}{2}-(n+1)=(n+1)\left\{(n+1)^2-\frac{3}{2}n-1\right\}$$
$$=\frac{n(n+1)(2n+1)}{2}$$

양변에 $\frac{1}{3}$을 곱하면 $\sum_{k=1}^{n}k^2=\frac{n(n+1)(2n+1)}{6}$이 성립한다.

Tip 공식이 헷갈리는 경우 $n=1$을 넣어서 $1^2=\frac{1\times(1+1)\times(2\times1+1)}{6}=1$이 나오는지 체크해본다.

③ $1^3+2^3+3^3+\cdots+n^3=\sum_{k=1}^{n}k^3=\left\{\frac{n(n+1)}{2}\right\}^2$

항등식 $(k+1)^4-k^4=4k^3+6k^2+4k+1$을 이용하여 ②과 같은 방법으로 구하면

$(n+1)^4-1^4=4\sum_{k=1}^{n}k^3+6\sum_{k=1}^{n}k^2+4\sum_{k=1}^{n}k+n$이므로 $\sum_{k=1}^{n}k^3=\left\{\frac{n(n+1)}{2}\right\}^2$

Tip 외울 때 $\sum_{k=1}^{n}k^3=\left(\sum_{k=1}^{n}k\right)^2$라고 외우면 좋다.

④ $\sum_{k=1}^{n}k(k+1)=\frac{n(n+1)(n+2)}{3}$

$\sum_{k=1}^{n}(k^2+k)=\sum_{k=1}^{n}k^2+\sum_{k=1}^{n}k=\frac{n(n+1)(2n+1)}{6}+\frac{n(n+1)}{2}=\frac{n(n+1)}{6}\{(2n+1)+3\}=\frac{n(n+1)(n+2)}{3}$

Tip ④번은 외워도 되고 안 외워도 그만이다. 나름 잘 나오는 편이니 외워두면 편하다.

개념 확인문제 4 다음 합을 구하시오.

(1) $1^2+2^2+3^2+\cdots+8^2$

(2) $1^3+2^3+3^3+\cdots+8^3$

예제 3

$\sum_{k=1}^{n}(6k^2-2k)$ 의 값을 구하시오.

풀이

$\sum_{k=1}^{n}(6k^2-2k)=6\sum_{k=1}^{n}k^2-2\sum_{k=1}^{n}k=n(n+1)(2n+1)-n(n+1)=n(n+1)(2n+1-1)=2n^2(n+1)$

따라서 답은 $2n^2(n+1)$ 이다.

개념 확인문제 5 다음 식의 값을 구하시오.

(1) $\sum_{k=1}^{n}6(k+1)(k-1)$

(2) $\sum_{k=1}^{n}3(k^2+k)$

수열

분수 꼴로 된 수열의 합

$\frac{1}{AB}=\frac{1}{B-A}\left(\frac{1}{A}-\frac{1}{B}\right)$ (단, $A\neq B$)

Tip 위의 공식을 무턱대고 외우는 것보다 아래와 같은 사고과정으로 기억하는 것을 추천하다.

예를 들어 $\frac{1}{(2k-1)(2k+1)}$ 를 분리할 때, $\frac{1}{\triangle}\left(\frac{1}{2k-1}-\frac{1}{2k+1}\right)$ 라고 쓰고

(기왕이면 양수가 편하니 $\frac{1}{\triangle}$의 오른쪽 괄호 부분이 양수가 되도록 분모가 작은 것부터 먼저 쓴다.)

오른쪽 괄호를 통분하면 $\frac{1}{\triangle}\left(\frac{2}{(2k-1)(2k+1)}\right)$ 가 되니 없던 2가 분자에 생겼다.

분자의 2를 없애주려면 $\triangle=2$가 되어야 한다. 따라서 $\frac{1}{(2k-1)(2k+1)}=\frac{1}{2}\left(\frac{1}{2k-1}-\frac{1}{2k+1}\right)$ 이다.

부분 분수의 합에는 크게 ① 초말 유형과 ② 초초말말 유형이 있다.

① 초말 유형

명명하기를 $\frac{1}{p_nq_n}$ 꼴일 때, 왼쪽의 p_n에 n 대신 $n+1$을 대입하여 오른쪽의 q_n이 나온다면

한 끗차라고 정의한다. ex) $\frac{1}{a_na_{n+1}}$, $\frac{1}{n(n+1)}$

조심해야 할 점은 $n+1-n$이 1이 돼서 한 끗차가 아니라는 점이다. 즉, $\frac{1}{(2n-1)(2n+1)}$ 도 한 끗차이다.

한 끗차에 시그마를 취하면 첫째항의 초항과 마지막항의 말항만 남는다.

ex $\sum_{k=1}^{n}\frac{1}{k(k+1)}=\sum_{k=1}^{n}\left(\frac{1}{k}-\frac{1}{k+1}\right)=\frac{1}{1}-\frac{1}{n+1}$

첫째항 $\left(\frac{1}{1}-\frac{1}{2}\right)$ 중 초항 $\frac{1}{1}$

마지막항 $\left(\frac{1}{n}-\frac{1}{n+1}\right)$ 중 말항 $\frac{1}{n+1}$

따라서 한 끗차의 경우는 초말이 된다.

ex $\sum_{k=1}^{10}\frac{1}{(k+1)(k+2)}=\sum_{k=1}^{10}\left(\frac{1}{k+1}-\frac{1}{k+2}\right)$ 의 경우도 한 끗차이니까 초말이 된다.

$\therefore \frac{1}{2}-\frac{1}{12}=\frac{5}{12}$

② 초초말말 유형

명명하기를 $\frac{1}{p_nq_n}$ 꼴일 때, 왼쪽의 p_n에 n 대신 $n+2$를 대입하여 오른쪽의 q_n이 나온다면

두 끗차라고 정의한다. ex) $\frac{1}{a_na_{n+2}}$, $\frac{1}{n(n+2)}$

두 끗차에 시그마를 취하면 첫째항의 초항, 둘째항의 초항, 마지막 바로 전의 항의 말항, 마지막항의 말항만 남는다.

ex $\sum_{k=1}^{n}\frac{1}{k(k+2)}=\sum_{k=1}^{n}\frac{1}{2}\left(\frac{1}{k}-\frac{1}{k+2}\right)=\frac{1}{2}\left(\frac{1}{1}+\frac{1}{2}-\frac{1}{n+1}-\frac{1}{n+2}\right)$

첫째항 $\left(\frac{1}{1}-\frac{1}{3}\right)$ 중 초항 $\frac{1}{1}$

둘째항 $\left(\frac{1}{2}-\frac{1}{4}\right)$ 중 초항 $\frac{1}{2}$

마지막 바로 전의 항 $\left(\frac{1}{n-1}-\frac{1}{n+1}\right)$ 중 말항 $\frac{1}{n+1}$

마지막항 $\left(\frac{1}{n}-\frac{1}{n+2}\right)$ 중 말항 $\frac{1}{n+2}$

따라서 두 끗차의 경우는 초초말말이 된다.

ex $\sum_{k=1}^{10}\frac{1}{(k+1)(k+3)}=\sum_{k=1}^{10}\frac{1}{2}\left(\frac{1}{k+1}-\frac{1}{k+3}\right)$ 의 경우도 두 끗차이니까 초초말말이 된다.

$\therefore \frac{1}{2}\left(\frac{1}{2}+\frac{1}{3}-\frac{1}{12}-\frac{1}{13}\right)$

Tip 일일이 나열한 뒤, 항을 연쇄적으로 소거하면서 풀 수도 있지만 시간단축을 위해 알아두는 것을 추천한다.

예제 4

$\frac{1}{1\times2}+\frac{1}{2\times3}+\frac{1}{3\times4}+\cdots+\frac{1}{10\times11}$ 의 값을 구하시오.

풀이

$\frac{1}{1\times2}+\frac{1}{2\times3}+\frac{1}{3\times4}+\cdots+\frac{1}{10\times11}=\sum_{k=1}^{10}\frac{1}{k(k+1)}$ 이다. 이는 한 끗차이므로 초말유형인 것을 바로 알 수 있다.

$\sum_{k=1}^{10}\frac{1}{k(k+1)}=\sum_{k=1}^{10}\left(\frac{1}{k}-\frac{1}{k+1}\right)=\left(\frac{1}{1}-\frac{1}{11}\right)=\frac{10}{11}$ 이다.

개념 확인문제 6

다음 물음에 답하시오.

(1) $\frac{1}{1\times3}+\frac{1}{3\times5}+\frac{1}{5\times7}+\cdots+\frac{1}{15\times17}$ 의 값을 구하시오.

(2) $\sum_{k=1}^{n}\frac{2}{k^2+3k+2}$ 의 값을 구하시오.

규토 라이트 N제

수열

Training – 1 step

필수 유형편

2. 수열의 합

Theme 1 $\sum$의 뜻과 성질

001 □□□□□

$\sum_{k=1}^{15} a_k = \alpha$, $\sum_{k=1}^{15} b_k = \beta$ 일 때, 다음 〈보기〉 중에서 항상 옳은 것만을 있는 대로 고른 것은?

〈보기〉

ㄱ. $\sum_{k=1}^{15}(2a_k - 5b_k + 1) = 2\alpha - 5\beta + 1$

ㄴ. $\sum_{k=1}^{15} 3(a_k + b_k) = 3\alpha + 3\beta$

ㄷ. $\sum_{k=1}^{15}(b_k)^2 = \beta^2$

① ㄱ　② ㄴ　③ ㄷ　④ ㄱ, ㄴ　⑤ ㄴ, ㄷ

002 □□□□□

$\sum_{k=1}^{10} \frac{2k}{k+1} + \sum_{k=1}^{10} \frac{2}{k+1}$ 의 값을 구하시오.

003 □□□□□

$\sum_{k=1}^{n}(a_{2k-1} + a_{2k}) = 2n - 1$ 일 때, $\sum_{k=1}^{10} a_k$ 의 값을 구하시오.

004 □□□□□

수열 $\{a_n\}$에 대하여

$$\sum_{n=1}^{10}(a_n + 1)^2 = 100, \quad \sum_{n=1}^{10} a_n(2a_n + 1) = 60$$

일 때, $\sum_{n=1}^{10}(a_n - 1)(a_n + 2)$ 의 값을 구하시오.

005 □□□□□

다음 〈보기〉 중에서 항상 옳은 것만을 있는 대로 고르시오.

〈보기〉

ㄱ. $\sum_{k=1}^{10}(3k-1) = \sum_{i=2}^{11}(3i-4)$

ㄴ. $\sum_{k=1}^{n}(a_k)^2 = \left(\sum_{k=1}^{n} a_k\right)^2$

ㄷ. $\sum_{k=1}^{n} a_{2k} = \sum_{k=1}^{2n} a_k$

ㄹ. $\sum_{k=1}^{n} a_k - \sum_{k=n-10}^{n} a_k = \sum_{k=1}^{n-10} a_k$ (단, $n \geq 11$)

ㅁ. $\sum_{k=1}^{n} k a_n = \sum_{k=1}^{n} n a_k$

ㅂ. $\sum_{k=1}^{n} 3^{-k} = \sum_{k=0}^{n-1} 3^{-k-1}$

006 □□□□□

$\sum_{k=1}^{n} a_k = 2n^2$, $\sum_{k=1}^{n} b_k = n$ 일 때, $\sum_{k=6}^{10}(a_k - 4b_k)$ 의 값을 구하시오.

007

수열 $\{a_n\}$이 $\sum_{k=1}^{33}(a_k-k)=\sum_{k=1}^{32}(a_k+k-33)$을 만족시킬 때, a_{33}의 값을 구하시오.

008

함수 $f(x)$가 $f(20)=10$, $f(2)=2$를 만족시킬 때, $\sum_{k=0}^{17}f(k+3)-\sum_{k=4}^{21}f(k-2)$의 값을 구하시오.

009

모든 실수 x에 대하여 함수 $f(x)$가 $f(x)+f(4-x)=6$를 만족시킬 때, $\sum_{k=1}^{15}f\left(\frac{k}{4}\right)$의 값을 구하시오.

010

$\sum_{n=1}^{4}\left\{\sum_{k=1}^{n}(2kn)\right\}$의 값을 구하시오.

011

$\sum_{n=1}^{5}\left\{\sum_{k=1}^{n}2^{n-k}\right\}$의 값을 구하시오.

012

$\sum_{n=1}^{m+20}\left\{\sum_{i=1}^{n}\frac{i\cdot 2^n}{n(n+1)}\right\}=4^{m+5}-1$을 만족시키는 자연수 m의 값을 구하시오.

Theme 2

자연수의 거듭제곱의 합

013

$\sum_{k=1}^{10} \frac{k^3}{k+1} + \sum_{k=1}^{10} \frac{1}{k+1}$ 의 값을 구하시오.

014

$\sum_{k=1}^{n} (k^2+k+2) - \sum_{k=1}^{n-1} (k^2+k-3) = 69$을

만족시키는 자연수 n의 값을 구하시오.

015

$\sum_{k=1}^{4} (k+p)^2$의 값이 최소가 되도록 하는

상수 p의 값을 a, 최솟값을 b이라 할 때,

$10(b+a)$ 의 값을 구하시오.

016

$\sum_{k=1}^{6} k^2 + \sum_{k=2}^{6} k^2 + \sum_{k=3}^{6} k^2 + \cdots + \sum_{k=6}^{6} k^2$의 값을 구하시오.

017

이차방정식 $x^2-3x-1=0$의 두 근을 α, β라 할 때,

$\sum_{k=1}^{5} (k+\alpha)(k+\beta)$의 값을 구하시오.

018

수열 $\{a_n\}$에 대하여 $\sum_{n=1}^{10} a_n = m$라 할 때,

등식 $3a_n + n^2 = m$가 성립한다. a_5의 값을 구하시오.

(단, m은 상수이다.)

Theme 3 $\sum$ 와 등차, 등비수열

019

등차수열 $\{a_n\}$에 대하여 $\sum_{k=1}^{10} a_k = \sum_{k=1}^{7} (a_k + 3k)$ 일 때, a_9의 값을 구하시오.

020

등차수열 $\{a_n\}$에 대하여 $a_1 + a_6 = 0$, $a_3 = 1$일 때, $\sum_{k=1}^{10} |a_k + a_{k+1}|$의 값을 구하시오.

021

공차가 양수인 등차수열 $\{a_n\}$에 대하여 $a_1 + a_2 + a_3 = 3$, $|a_1| + |a_2| + |a_3| = 5$일 때, $\sum_{k=1}^{10} (a_{2k} + 3)$의 값을 구하시오.

022

$\sum_{k=1}^{5} 2^{-k-1}(2^{2k-1}+1) = 2^p - 2^{-q}$이다.

$p+q$의 값을 구하시오. (단, p, q는 자연수이다.)

023

등비수열 $\{a_n\}$에 대하여 $a_2 = 10$, $a_8 = 8a_5$일 때, $\sum_{k=1}^{n} a_k \geq 500$을 만족시키는 n의 최솟값을 구하시오.

024

첫째항과 공비가 모두 4인 등비수열 $\{a_n\}$에 대하여 $\sum_{n=1}^{24} \log_{64} a_n$ 의 값을 구하시오.

Theme 4 $\sum$로 표현된 S_n과 a_n사이의 관계

025

$\sum_{k=1}^{n} a_k = 2n^2 - n$ 일 때, $\sum_{n=1}^{100} (-1)^n a_n$의 값을 구하시오.

026

$\sum_{k=1}^{n} a_k = n^2 + 1$ 일 때, $\sum_{k=1}^{30} a_{2k-1}$의 값을 구하시오.

027

수열 $\{a_n\}$이 $\sum_{k=1}^{n} ka_k = n(n+1)(n+2)$를 만족시킬 때, $\sum_{k=1}^{20} a_k$ 의 값을 구하시오.

028

모든 항이 양수인 수열 $\{a_n\}$의 첫째항부터 제 n항까지의 합을 S_n이라 하자. $\sum_{k=1}^{25} \frac{S_{k+1}}{S_k} = 40$일 때, $\sum_{k=1}^{25} \frac{a_{k+1}}{S_k}$의 값을 구하시오.

029

수열 $\{a_n\}$에 대하여 $\sum_{k=1}^{n} a_k = 3^{n+1} - 3$ 일 때, $\sum_{k=1}^{m} (a_k)^2 = \frac{3^{42} - 9}{2}$를 만족시키는 자연수 m의 값을 구하시오.

030

두 수열 $\{a_n\}$, $\{b_n\}$에 대하여

$\sum_{k=1}^{n} a_k = \frac{3n^2 + n}{2}$, $\sum_{k=1}^{n} a_k b_k = 2n^3 - n^2 - n$

일 때, b_{10}의 값을 구하시오.

Theme 5 분수 꼴인 수열의 합

031 □□□□□

$\displaystyle\sum_{k=1}^{10} \frac{1}{(2k+1)(2k+3)} = \frac{q}{p}$ 일 때,

$p+q$ 의 값을 구하시오. (단, p, q는 서로소인 자연수이다.)

032 □□□□□

$\displaystyle\sum_{k=4}^{18} \frac{1}{k^2+6k+8} = \frac{q}{p}$ 일 때,

$p+q$ 의 값을 구하시오. (단, p, q는 서로소인 자연수이다.)

033 

수열 $\{a_n\}$ 에 대하여 $\displaystyle\sum_{k=1}^{n} a_k = 3n^2+7n$,

$\displaystyle\sum_{k=1}^{15} \frac{12}{a_k a_{k+1}} = \frac{1}{m}$ 일 때, $9m$ 의 값을 구하시오.

034 

수열 $\{a_n\}$ 이 자연수 n에 대하여 $\displaystyle\sum_{k=1}^{n} \frac{a_k}{k+1} = n^2+n$ 을

만족시킬 때, $\displaystyle\sum_{n=1}^{11} \frac{24}{a_n}$ 의 값을 구하시오.

035 

첫째항이 4이고 공차가 1인 등차수열 $\{a_n\}$에 대하여

$\displaystyle\sum_{k=1}^{60} \frac{1}{\sqrt{a_{k+1}} + \sqrt{a_k}}$ 의 값을 구하시오.

036 

$\displaystyle\sum_{k=1}^{11} \frac{a}{4k^2-1}$ 의 값이 자연수가 되도록 하는 100 이하의

자연수 a 의 최댓값과 최솟값의 합을 구하시오.

규토 라이트 N제

수열

Training – 2 step

기출 적용편

2. 수열의 합

037 • 2020년 고3 4월 교육청 가형 

수열 $\{a_n\}$에 대하여

$$\sum_{k=1}^{10} a_k = 4, \ \sum_{k=1}^{10} (a_k+2)^2 = 67 \text{일 때,}$$

$\sum_{k=1}^{10} (a_k)^2$의 값은? [3점]

① 7　　② 8　　③ 9
④ 10　　⑤ 11

038 • 2024학년도 수능 공통 

두 수열 $\{a_n\}$, $\{b_n\}$에 대하여

$$\sum_{k=1}^{10} a_k = \sum_{k=1}^{10} (2b_k - 1), \quad \sum_{k=1}^{10} (3a_k + b_k) = 33$$

일 때, $\sum_{k=1}^{10} b_k$의 값을 구하시오. [3점]

039 • 2019학년도 사관학교 나형

수열 $\{a_n\}$에 대하여

$$\sum_{k=1}^{10} (2k+1)^2 a_k = 100, \ \sum_{k=1}^{10} k(k+1)a_k = 23$$

일 때, $\sum_{k=1}^{10} a_k$의 값을 구하시오. [3점]

040 • 2015학년도 고3 9월 평가원 A형

등차수열 $\{a_n\}$에 대하여 $a_1 + a_{10} = 22$일 때,

$\sum_{k=2}^{9} a_k$의 값을 구하시오. [3점]

041 • 2022학년도 고3 9월 평가원 공통 

두 수열 $\{a_n\}$, $\{b_n\}$에 대하여

$$\sum_{k=1}^{10} (a_k + 2b_k) = 45, \ \sum_{k=1}^{10} (a_k - b_k) = 3$$

일 때, $\sum_{k=1}^{10} \left(b_k - \frac{1}{2}\right)$의 값을 구하시오. [3점]

042 • 2022학년도 수능 공통

수열 $\{a_n\}$에 대하여

$$\sum_{k=1}^{10} a_k - \sum_{k=1}^{7} \frac{a_k}{2} = 56, \ \sum_{k=1}^{10} 2a_k - \sum_{k=1}^{8} a_k = 100$$

일 때, a_8의 값을 구하시오. [3점]

043 • 2023학년도 고3 9월 평가원 공통 

수열 $\{a_n\}$의 첫째항부터 제 n항까지의 합을 S_n이라 하자.

$S_n=\dfrac{1}{n(n+1)}$일 때, $\displaystyle\sum_{k=1}^{10}(S_k-a_k)$의 값은? [3점]

① $\dfrac{1}{2}$ ② $\dfrac{3}{5}$ ③ $\dfrac{7}{10}$

④ $\dfrac{4}{5}$ ⑤ $\dfrac{9}{10}$

044 • 2023학년도 수능 공통

모든 항이 양수이고 첫째항과 공차가 같은 등차수열 $\{a_n\}$이

$\displaystyle\sum_{k=1}^{15}\frac{1}{\sqrt{a_k}+\sqrt{a_{k+1}}}=2$를 만족시킬 때, a_4의 값은? [3점]

① 6 ② 7 ③ 8

④ 9 ⑤ 10

045 • 2022년 고3 4월 교육청 공통

공비가 $\sqrt{3}$인 등비수열 $\{a_n\}$과 공비가 $-\sqrt{3}$인 등비수열 $\{b_n\}$에 대하여

$$a_1=b_1,\quad \sum_{n=1}^{8}a_n+\sum_{n=1}^{8}b_n=160$$

일 때, a_3+b_3의 값은? [3점]

① 9 ② 12 ③ 15

④ 18 ⑤ 21

046 • 2023학년도 고3 9월 평가원 공통

수열 $\{a_n\}$에 대하여 $\displaystyle\sum_{k=1}^{5}a_k=10$일 때,

$$\sum_{k=1}^{5}ca_k=65+\sum_{k=1}^{5}c$$

를 만족시키는 상수 c의 값을 구하시오. [3점]

047 • 2023학년도 수능 공통 

두 수열 $\{a_n\}$, $\{b_n\}$에 대하여

$$\sum_{k=1}^{5}(3a_k+5)=55,\quad \sum_{k=1}^{5}(a_k+b_k)=32$$

일 때, $\displaystyle\sum_{k=1}^{5}b_k$의 값을 구하시오. [3점]

048 • 2018학년도 고3 9월 평가원 나형 

두 수열 $\{a_n\}$, $\{b_n\}$이 모든 자연수 n에 대하여

$a_n+b_n=10$을 만족시킨다. $\displaystyle\sum_{k=1}^{10}(a_k+2b_k)=160$일 때,

$\displaystyle\sum_{k=1}^{10}b_k$의 값은? [3점]

① 60 ② 70 ③ 80

④ 90 ⑤ 100

049 • 2020년 고3 7월 교육청 가형

수열 $\{a_n\}$의 일반항이 $a_n = 2n+1$일 때,

$\displaystyle\sum_{n=1}^{12} \frac{1}{a_n a_{n+1}}$ 의 값은? [3점]

① $\frac{1}{9}$ ② $\frac{4}{27}$ ③ $\frac{5}{27}$

④ $\frac{2}{9}$ ⑤ $\frac{7}{27}$

050 • 2021학년도 고3 9월 평가원 나형

n이 자연수일 때, x에 대한 이차방정식

$(n^2+6n+5)x^2-(n+5)x-1=0$의 두 근의 합을 a_n이라

하자. $\displaystyle\sum_{k=1}^{10} \frac{1}{a_k}$의 값은? [3점]

① 65 ② 70 ③ 75

④ 80 ⑤ 85

051 • 2021학년도 수능 가형

첫째항이 3인 등차수열 $\{a_n\}$에 대하여 $\displaystyle\sum_{k=1}^{5} a_k = 55$일 때,

$\displaystyle\sum_{k=1}^{5} k(a_k-3)$의 값을 구하시오. [3점]

052 • 2022학년도 고3 9월 평가원 공통

수열 $\{a_n\}$은 $a_1 = -4$이고, 모든 자연수 n에 대하여

$$\sum_{k=1}^{n} \frac{a_{k+1}-a_k}{a_k a_{k+1}} = \frac{1}{n}$$

을 만족시킨다. a_{13}의 값은? [3점]

① -9 ② -7 ③ -5

④ -3 ⑤ -1

053 • 2020년 고3 4월 교육청 가형

$\displaystyle\sum_{n=1}^{20} (-1)^n n^2$의 값은? [3점]

① 195 ② 200 ③ 205

④ 210 ⑤ 215

054 • 2020학년도 수능 나형

자연수 n에 대하여 다항식 $2x^2-3x+1$을 $x-n$으로

나누었을 때의 나머지를 a_n이라 할 때,

$\displaystyle\sum_{n=1}^{7} (a_n - n^2 + n)$의 값을 구하시오. [3점]

055 • 2015학년도 고3 6월 평가원 B형 

수열 $\{a_n\}$에 대하여 $\sum_{k=1}^{n} a_k = n^2 - n \quad (n \geq 1)$ 일 때, $\sum_{k=1}^{10} k a_{4k+1}$ 의 값은? [3점]

① 2960 ② 3000 ③ 3040
④ 3080 ⑤ 3120

056 • 2017년 고3 10월 교육청 나형 

수열 $\{a_n\}$에 대하여 $\sum_{k=1}^{n} a_k = \log_2(n^2+n)$일 때, $\sum_{n=1}^{15} a_{2n+1}$의 값을 구하시오. [3점]

057 • 2015년 고3 3월 교육청 A형 

자연수 n에 대하여 2^{n-1}의 모든 양의 약수의 합을 a_n이라 할 때, $\sum_{n=1}^{8} a_n$의 값을 구하시오. [3점]

058 • 2015학년도 사관학교 A형 

그림과 같이 좌표평면에서 직선 $x=k$가 곡선 $y=2^x+4$와 만나는 점을 A_k라 하고, 직선 $x=k+1$이 직선 $y=x$와 만나는 점을 B_{k+1}이라 하자. 선분 $\mathrm{A}_k\mathrm{B}_{k+1}$을 대각선으로 하고 각 변은 x축 또는 y축에 평행한 직사각형의 넓이를 S_k라 할 때, $\sum_{k=1}^{8} S_k$의 값은? [3점]

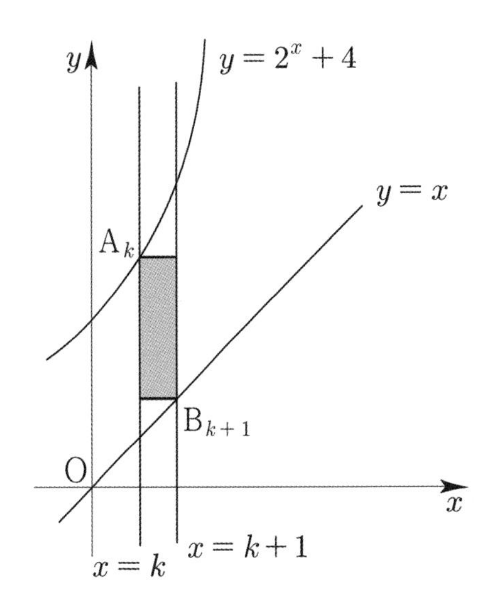

① 494 ② 496 ③ 498
④ 500 ⑤ 502

059 • 2021년 고3 10월 교육청 공통 

수열 $\{a_n\}$이 다음 조건을 만족시킨다.

> (가) $a_{n+2} = \begin{cases} a_n - 3 & (n=1,\ 3) \\ a_n + 3 & (n=2,\ 4) \end{cases}$
>
> (나) 모든 자연수 n에 대하여 $a_n = a_{n+6}$이 성립한다.

$\sum_{k=1}^{32} a_k = 112$일 때, $a_1 + a_2$의 값을 구하시오. [3점]

060 • 2018학년도 고3 6월 평가원 나형

공차가 양수인 등차수열 $\{a_n\}$에 대하여 이차방정식 $x^2-14x+24=0$의 두 근이 a_3, a_8이다.

$\sum_{n=3}^{8} a_n$의 값은? [4점]

① 40 ② 42 ③ 44 ④ 46 ⑤ 48

061 • 2019학년도 고3 6월 평가원 나형

등비수열 $\{a_n\}$에 대하여 $a_3=4(a_2-a_1)$, $\sum_{k=1}^{6} a_k=15$ 일 때, $a_1+a_3+a_5$의 값은? [4점]

① 3 ② 4 ③ 5 ④ 6 ⑤ 7

062 • 2022학년도 사관학교 공통

첫째항이 1인 등차수열 $\{a_n\}$이 있다. 모든 자연수 n에 대하여

$$S_n=\sum_{k=1}^{n} a_k,\quad T_n=\sum_{k=1}^{n} (-1)^k a_k$$

라 하자. $\frac{S_{10}}{T_{10}}=6$일 때, T_{37}의 값은? [4점]

① 7 ② 9 ③ 11 ④ 13 ⑤ 15

063 • 2020년 고3 10월 교육청 나형

공차가 양수인 등차수열 $\{a_n\}$에 대하여

$a_5=5$이고 $\sum_{k=3}^{7} |2a_k-10|=20$이다. a_6의 값은? [4점]

① 6 ② $\frac{20}{3}$ ③ $\frac{22}{3}$ ④ 8 ⑤ $\frac{26}{3}$

064 • 2015학년도 고3 6월 평가원 A형

수열 $\{a_n\}$은 $a_1=15$이고,

$\sum_{k=1}^{n} (a_{k+1}-a_k)=2n+1\ (n \geq 1)$을 만족시킨다.

a_{10}의 값을 구하시오. [4점]

065 • 2017년 고3 3월 교육청 나형

함수 $f(x)=x^2+x-\frac{1}{3}$에 대하여 부등식

$$f(n)<k<f(n)+1 \quad (n=1,\ 2,\ 3,\ \cdots)$$

을 만족시키는 정수 k의 값을 a_n이라 하자.

$\sum_{n=1}^{100} \frac{1}{a_n}=\frac{q}{p}$일 때, $p+q$의 값을 구하시오.

(단, p와 q는 서로소인 자연수이다.) [4점]

066 • 2018년 고3 3월 교육청 나형

좌표평면에 그림과 같이 직선 l이 있다. 자연수 n에 대하여 점 $(n,\ 0)$을 지나고 x축에 수직인 직선이 직선 l과 만나는 점의 y좌표를 a_n이라 하자. $a_4=\frac{7}{2}$, $a_7=5$일 때, $\sum_{k=1}^{25}a_k$의 값을 구하시오. [4점]

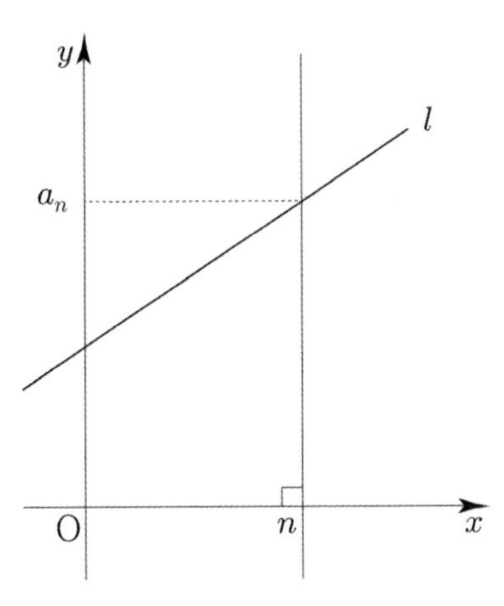

067 • 2021학년도 고3 6월 평가원 나형

수열 $\{a_n\}$이 모든 자연수 n에 대하여

$$\sum_{k=1}^{n}\frac{4k-3}{a_k}=2n^2+7n$$

을 만족시킨다. $a_5\times a_7\times a_9=\frac{q}{p}$일 때, $p+q$의 값을 구하시오. (단, p와 q는 서로소인 자연수이다.) [4점]

068 • 2022학년도 수능예비시행

공차가 정수인 등차수열 $\{a_n\}$에 대하여

$$a_3+a_5=0,\quad \sum_{k=1}^{6}(|a_k|+a_k)=30$$

일 때, a_9의 값을 구하시오. [4점]

069 • 2016년 고3 3월 교육청 나형

자연수 n에 대하여 $\left|\left(n+\frac{1}{2}\right)^2-m\right|<\frac{1}{2}$을 만족시키는 자연수 m을 a_n이라 하자. $\sum_{k=1}^{5}a_k$의 값은? [4점]

① 65 ② 70 ③ 75 ④ 80 ⑤ 85

수열

070 • 2019년 고3 3월 교육청 나형

첫째항이 양수이고 공비가 -2인 등비수열 $\{a_n\}$에 대하여 $\sum_{k=1}^{9}(|a_k|+a_k)=66$일 때, a_1의 값은? [4점]

① $\frac{3}{31}$ ② $\frac{5}{31}$ ③ $\frac{7}{31}$
④ $\frac{9}{31}$ ⑤ $\frac{11}{31}$

071 • 2012년 고3 4월 교육청 나형

첫째항이 1, 공차가 3인 등차수열 $\{a_n\}$에 대하여 부등식
$|x-a_n| \geq |x-a_{n+1}|$ $(n \geq 1)$ 을 만족시키는
x의 최솟값을 b_n이라 할 때, 옳은 것만을 〈보기〉에서 있는 대로 고른 것은? [4점]

〈보기〉

ㄱ. $b_1 = \frac{a_1+a_2}{2}$

ㄴ. 수열 $\{b_n\}$은 공차가 $\frac{3}{2}$인 등차수열이다.

ㄷ. $\sum_{n=1}^{10} b_n = 160$

① ㄱ ② ㄴ ③ ㄱ, ㄷ
④ ㄴ, ㄷ ⑤ ㄱ, ㄴ, ㄷ

072 • 2015년 고3 4월 교육청 A형

좌표평면에서 자연수 n에 대하여 그림과 같이 곡선 $y=x^2$과 직선 $y=\sqrt{n}x$가 제 1사분면에서 만나는 점을 P_n이라 하자. 점 P_n을 지나고 직선 $y=\sqrt{n}x$와 수직인 직선이 x축, y축과 만나는 점을 각각 Q_n, R_n이라 하자.
삼각형 $\mathrm{OQ}_n\mathrm{R}_n$의 넓이를 S_n이라 할 때,
$\sum_{n=1}^{5}\frac{2S_n}{\sqrt{n}}$의 값은? (단, O는 원점이다.) [4점]

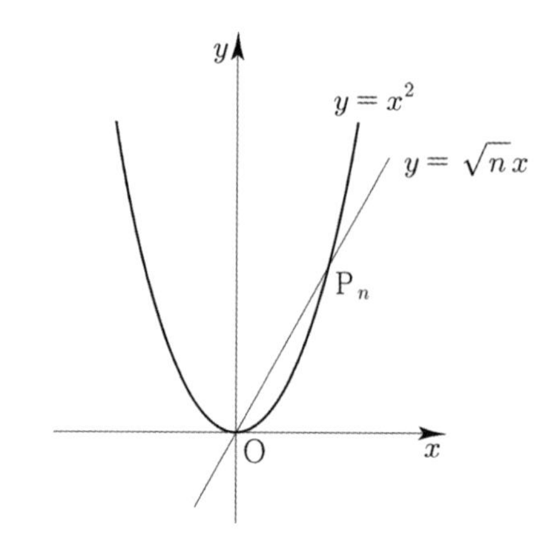

① 80 ② 85 ③ 90
④ 95 ⑤ 100

073 • 2020학년도 고3 9월 평가원 나형

n이 자연수일 때, x에 대한 이차방정식
$x^2-(2n-1)x+n(n-1)=0$의 두 근을 α_n, β_n이라 하자. $\sum_{n=1}^{81}\frac{1}{\sqrt{\alpha_n}+\sqrt{\beta_n}}$의 값을 구하시오. [4점]

074 • 2019년 고2 9월 교육청 가형

그림과 같이 자연수 n에 대하여 중심이 직선 $y=\frac{n}{n+1}x$ 위에 있는 원이 원점을 지난다. 이 원이 x축과 만나는 점 중에서 x좌표가 양수인 점을 A, y축과 만나는 점 중에서 y좌표가 양수인 점을 B라 하자.
$\overline{\mathrm{OB}}=2n$이고 삼각형 OAB의 넓이를 S_n이라 할 때, $\sum_{n=1}^{10}\frac{1}{S_n}$의 값은? (단, O는 원점이다.) [4점]

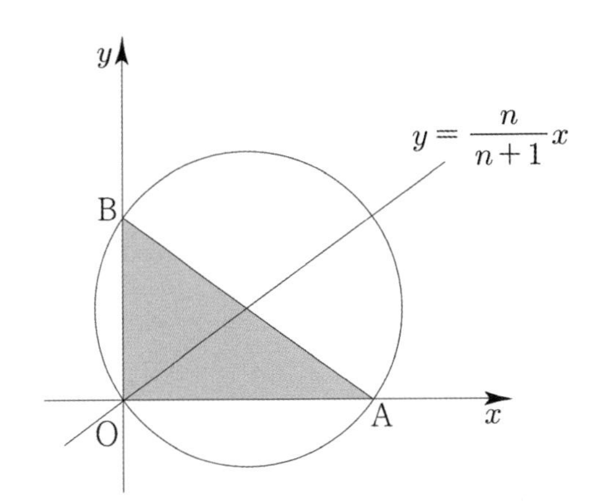

① $\frac{5}{11}$ ② $\frac{6}{11}$ ③ $\frac{7}{11}$ ④ $\frac{8}{11}$ ⑤ $\frac{9}{11}$

075 • 2020년 고3 4월 교육청 가형

모든 항이 양수인 등비수열 $\{a_n\}$이 다음 조건을 만족시킬 때, a_3의 값은? [4점]

(가) $\sum_{k=1}^{4}a_k=45$

(나) $\sum_{k=1}^{6}\frac{a_2\times a_5}{a_k}=189$

① 12 ② 15 ③ 18 ④ 21 ⑤ 24

076 • 2023학년도 사관학교 공통

자연수 n에 대하여 직선 $x=n$이 직선 $y=x$와 만나는 점을 P_n, 곡선 $y=\frac{1}{20}x\left(x+\frac{1}{3}\right)$과 만나는 점을 Q_n, x축과 만나는 점을 R_n이라 하자. 두 선분 $\mathrm{P}_n\mathrm{Q}_n$, $\mathrm{Q}_n\mathrm{R}_n$의 길이 중 작은 값을 a_n이라 할 때, $\sum_{n=1}^{10}a_n$의 값은? [4점]

① $\frac{115}{6}$ ② $\frac{58}{3}$ ③ $\frac{39}{2}$ ④ $\frac{59}{3}$ ⑤ $\frac{119}{6}$

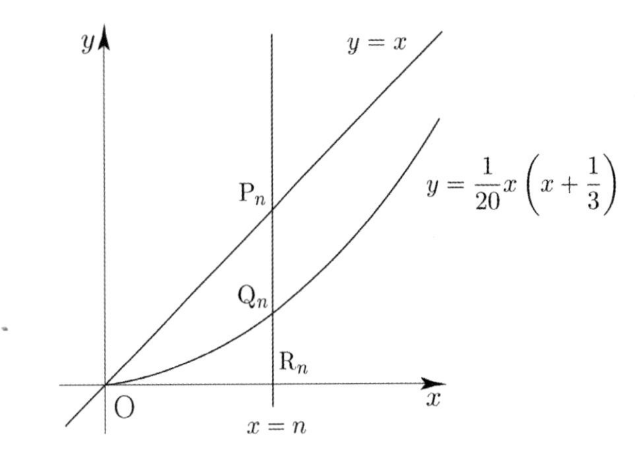

077 • 2023학년도 고3 6월 평가원 공통

공차가 3인 등차수열 $\{a_n\}$이 다음 조건을 만족시킬 때, a_{10}의 값은? [4점]

(가) $a_5\times a_7<0$

(나) $\sum_{k=1}^{6}|a_{k+6}|=6+\sum_{k=1}^{6}|a_{2k}|$

① $\frac{21}{2}$ ② 11 ③ $\frac{23}{2}$ ④ 12 ⑤ $\frac{25}{2}$

078 • 2024학년도 고3 6월 평가원 공통

수열 $\{a_n\}$이 모든 자연수 n에 대하여

$$\sum_{k=1}^{n}\frac{1}{(2k-1)a_k}=n^2+2n$$

를 만족시킬 때, $\sum_{n=1}^{10}a_n$의 값은? [4점]

① $\frac{10}{21}$ ② $\frac{4}{7}$ ③ $\frac{2}{3}$

④ $\frac{16}{21}$ ⑤ $\frac{6}{7}$

079 • 2024학년도 수능 공통

공차가 0이 아닌 등차수열 $\{a_n\}$에 대하여

$$|a_6|=a_8,\quad \sum_{k=1}^{5}\frac{1}{a_k a_{k+1}}=\frac{5}{96}$$

일 때, $\sum_{k=1}^{15}a_k$의 값은? [4점]

① 60 ② 65 ③ 70

④ 75 ⑤ 80

080 • 2022학년도 고3 6월 평가원 공통

실수 전체의 집합에서 정의된 함수 $f(x)$가 구간 $(0,\ 1]$에서

$$f(x)=\begin{cases}3 & (0<x<1)\\ 1 & (x=1)\end{cases}$$

이고, 모든 실수 x에 대하여 $f(x+1)=f(x)$를 만족시킨다.
$\sum_{k=1}^{20}\frac{k\times f(\sqrt{k})}{3}$의 값은? [4점]

① 150 ② 160 ③ 170

④ 180 ⑤ 190

081 • 2023학년도 수능 공통

자연수 $m\ (m\geq 2)$에 대하여 m^{12}의 n제곱근 중에서 정수가 존재하도록 하는 2 이상의 자연수 n의 개수를 $f(m)$이라 할 때, $\sum_{m=2}^{9}f(m)$의 값은? [4점]

① 37 ② 42 ③ 47

④ 52 ⑤ 57

082 • 2020년 고3 7월 교육청 나형

등차수열 $\{a_n\}$에 대하여

$$S_n=\sum_{k=1}^{n} a_k,\quad T_n=\sum_{k=1}^{n} |a_k|$$

라 할 때, 수열 $\{a_n\}$이 다음 조건을 만족시킨다.

> (가) $a_7=a_6+a_8$
> (나) 6 이상의 모든 자연수 n에 대하여
> $S_n+T_n=84$이다.

T_{15}의 값은? [4점]

① 96 ② 102 ③ 108
④ 114 ⑤ 120

083 • 2022학년도 고3 9월 평가원 공통 

첫째항이 -45이고 공차가 d인 등차수열 $\{a_n\}$이 다음 조건을 만족시키도록 하는 모든 자연수 d의 값의 합은? [4점]

> (가) $|a_m|=|a_{m+3}|$인 자연수 m이 존재한다.
> (나) 모든 자연수 n에 대하여 $\sum_{k=1}^{n} a_k > -100$이다.

① 44 ② 48 ③ 52
④ 56 ⑤ 60

084 • 2024학년도 고3 9월 평가원 공통 

모든 항이 자연수인 등차수열 $\{a_n\}$의 첫째항부터 제 n항까지의 합을 S_n이라 하자. a_7이 13의 배수이고 $\sum_{k=1}^{7} S_k=644$일 때, a_2의 값을 구하시오. [4점]

085 • 2023년 고3 7월 교육청 공통 

모든 항이 정수이고 공차가 5인 등차수열 $\{a_n\}$과 자연수 m이 다음 조건을 만족시킨다.

> (가) $\sum_{k=1}^{2m+1} a_k<0$
> (나) $|a_m|+|a_{m+1}|+|a_{m+2}|<13$

$24<a_{21}<29$일 때, m의 값은? [4점]

① 10 ② 12 ③ 14
④ 16 ⑤ 18

규토 라이트 N제

수열

Master step

심화 문제편

2. 수열의 합

086

수열 $\{a_n\}$의 일반항이 $a_n = 2^{n+1}$일 때,

$\sum_{k=1}^{10} \frac{1}{\log_{16} a_k \times \log_8 a_{k+1}}$ 의 값을 구하시오.

087

두 자연수 a, b에 대하여 $\sum_{k=1}^{30} \frac{4^{k+1}+8}{2^{k-1}} = 2^a - 2^{-b}$

일 때, $2a+b$의 값은?

① 94 ② 96 ③ 98 ④ 100 ⑤ 102

088

수열 $\{a_n\}$에 대하여 $\log_3 a_n = \frac{1}{\sqrt{n}+\sqrt{n+1}}$일 때,

$2^{\sum_{k=1}^{35} \log_2 a_k}$ 의 값을 구하시오.

089

• 2020학년도 고3 6월 평가원 나형

첫째항이 2이고 공비가 정수인 등비수열 $\{a_n\}$과 자연수 m이 다음 조건을 만족시킬 때, a_m의 값을 구하시오. [4점]

(가) $4 < a_2 + a_3 \le 12$

(나) $\sum_{k=1}^{m} a_k = 122$

090

• 2019년 고3 10월 교육청 나형

수열 $\{a_n\}$의 첫째항부터 제 n항까지의 합 S_n이 다음 조건을 만족시킨다.

(가) S_n은 n에 대한 이차식이다.

(나) $S_{10} = S_{50} = 10$

(다) S_n은 $n=30$에서 최댓값 410을 갖는다.

50보다 작은 자연수 m에 대하여 $S_m > S_{50}$을 만족시키는 m의 최솟값을 p, 최댓값을 q라 할 때,

$\sum_{k=p}^{q} a_k$의 값은? [4점]

① 39 ② 40 ③ 41

④ 42 ⑤ 43

091 • 2020학년도 수능 나형

첫째항이 50이고 공차가 -4인 등차수열의 첫째항부터 제 n항까지의 합을 S_n이라 할 때, $\sum_{k=m}^{m+4} S_k$의 값이 최대가 되도록 하는 자연수 m의 값은? [4점]

① 8　② 9　③ 10　④ 11　⑤ 12

092 • 2009학년도 수능 나형

자연수 $n(n \geq 2)$으로 나누었을 때, 몫과 나머지가 같아지는 자연수를 모두 더한 값을 a_n이라 하자. 예를 들어 4로 나누었을 때, 몫과 나머지가 같아지는 자연수는 5, 10, 15이므로 $a_4 = 5+10+15 = 30$이다. $a_n > 500$을 만족시키는 자연수 n의 최솟값을 구하시오. [4점]

093 • 2019학년도 고3 9월 평가원 나형

좌표평면에서 그림과 같이 길이가 1인 선분이 수직으로 만나도록 연결된 경로가 있다. 이 경로를 따라 원점에서 멀어지도록 움직이는 점 P의 위치를 나타내는 점 A_n을 다음과 같은 규칙으로 정한다.

> (i) A_0은 원점이다.
> (ii) n이 자연수일 때, A_n은 점 A_{n-1}에서 점 P가 경로를 따라 $\frac{2n-1}{25}$만큼 이동한 위치에 있는 점이다.

예를 들어, 점 A_2와 A_6의 좌표는 각각 $\left(\frac{4}{25}, 0\right)$, $\left(1, \frac{11}{25}\right)$이다. 자연수 n에 대하여 점 A_n 중 직선 $y=x$ 위에 있는 점을 원점에서 가까운 순서대로 나열할 때, 두 번째 점의 x좌표를 a라 하자. a의 값을 구하시오. [4점]

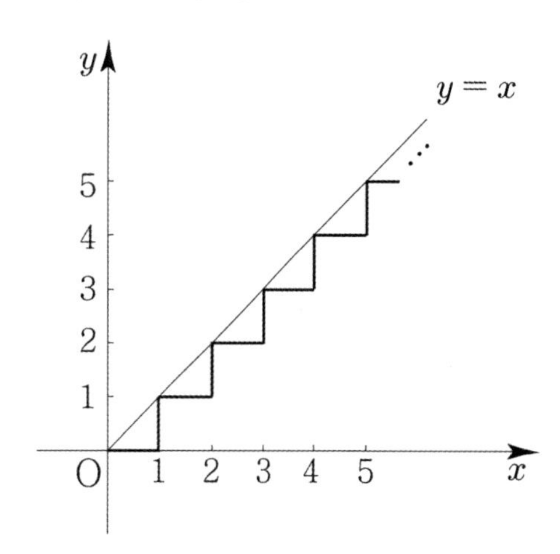

094 • 2011학년도 수능 나형

2 이상의 자연수 n에 대하여 집합 $\{3^{2k-1} \mid k$는 자연수, $1 \le k \le n\}$의 서로 다른 두 원소를 곱하여 나올 수 있는 모든 값만을 원소로 하는 집합을 S라 하고, S의 원소의 개수를 $f(n)$이라 하자. 예를 들어, $f(4)=5$이다.

이때, $\sum_{n=2}^{11} f(n)$의 값을 구하시오. [4점]

095 • 2021학년도 고3 6월 평가원 가형

수열 $\{a_n\}$의 일반항은 $a_n = \log_2 \sqrt{\frac{2(n+1)}{n+2}}$ 이다.

$\sum_{k=1}^{m} a_k$의 값이 100 이하의 자연수가 되도록 하는

모든 자연수 m의 값의 합은? [4점]

① 150　② 154　③ 158　④ 162　⑤ 166

096 • 2021학년도 사관학교 나형

수열 $\{a_n\}$이 모든 자연수 n에 대하여

$$\sum_{k=1}^{n} a_k = n^2 + cn \quad (c\text{는 자연수})$$

를 만족시킨다. 수열 $\{a_n\}$의 각 항 중에서 3의 배수가 아닌 수를 작은 것부터 크기순으로 모두 나열하여 얻은 수열을 $\{b_n\}$이라 하자. $b_{20}=199$가 되도록 하는 모든 c의 값의 합을 구하시오. [4점]

097 • 2019년 고2 9월 교육청 가형 

공차가 양수인 등차수열 $\{a_n\}$이 다음 조건을 만족시킬 때, a_{14}의 값은? [4점]

> (가) $\sum_{n=1}^{2m-1} a_n = 0$을 만족시키는 자연수 m이 존재한다.
>
> (나) $2\sum_{n=1}^{15} a_n = \sum_{n=1}^{15} |a_n| = 90$

① 6　② 8　③ 10　④ 12　⑤ 14

098 • 2022학년도 수능 공통 

수열 $\{a_n\}$이 다음 조건을 만족시킨다.

> (가) $|a_1|=2$
> (나) 모든 자연수 n에 대하여 $|a_{n+1}|=2|a_n|$이다.
> (다) $\sum_{n=1}^{10} a_n = -14$

$a_1+a_3+a_5+a_7+a_9$의 값을 구하시오. [4점]

099 • 2019학년도 수능 나형 

첫째항이 자연수이고 공차가 음의 정수인 등차수열 $\{a_n\}$과 첫째항이 자연수이고 공비가 음의 정수인 등비수열 $\{b_n\}$이 다음 조건을 만족시킬 때, a_7+b_7의 값을 구하시오. [4점]

> (가) $\sum_{n=1}^{5}(a_n+b_n)=27$
> (나) $\sum_{n=1}^{5}(a_n+|b_n|)=67$
> (다) $\sum_{n=1}^{5}(|a_n|+|b_n|)=81$

규토 라이트 N제

수열

Guide step

개념 익히기편

3. 수학적 귀납법

01 수열

수열의 귀납적 정의

성취 기준 - 수열의 귀납적 정의를 이해한다.

개념 파악하기 (1) 수열의 귀납적 정의란 무엇일까?

수열의 귀납적 정의

수열을 정의할 때, 수열의 일반항을 구체적인 식으로 나타내기도 하지만
이웃하는 여러 항 사이의 관계식으로 나타내기도 한다.

예를 들어 첫째항이 2이고, 공차가 3인 등차수열 $\{a_n\}$을 $a_n=3n-1$과 같이 구체적인 식으로 나타내기도 하지만 다음과 같이 나타낼 수도 있다.

$$\begin{cases} a_1=2 \\ a_{n+1}=a_n+3 \quad (n=1,\ 2,\ 3,\ \cdots) \end{cases} \quad \cdots \ ㉠$$

역으로 ㉠이 주어지면 a_1이 결정되고, n에 1, 2, 3, …을 차례로 대입하면

$a_2=a_1+3=5$
$a_3=a_2+3=8$
$a_4=a_3+3=11$
⋮

과 같이 모든 항이 결정된다. 따라서 모든 자연수 n에 대하여 a_n이 정해지므로 ㉠에 의하여 수열 $\{a_n\}$이 정의된다.

이처럼

① 처음 몇 개의 항의 값
② 이웃하는 여러 항 사이의 관계식

으로 수열 $\{a_n\}$을 정의하는 것을 수열의 귀납적 정의라 한다.

개념 확인문제 1 다음과 같이 귀납적으로 정의된 수열 $\{a_n\}$의 제 4항을 구하시오.

(1) $\begin{cases} a_1=1 \\ a_{n+1}=a_n+n^2 \quad (n=1,\ 2,\ 3,\ \cdots) \end{cases}$

(2) $\begin{cases} a_1=12 \\ a_{n+1}=\dfrac{a_n}{n} \quad (n=1,\ 2,\ 3,\ \cdots) \end{cases}$

등차수열의 귀납적 정의 (보자마자 바로 등차수열인 것을 간파해야 한다.)

① 첫째항이 a, 공차가 d인 등차수열 $\{a_n\}$의 귀납적 정의는
$a_1=a,\ a_{n+1}-a_n=d\quad(n=1,\ 2,\ 3,\ \cdots)$이다.

② $a_{n+2}+a_n=2a_{n+1}\quad(n=1,\ 2,\ 3,\ \cdots)$

③ $a_{n+2}-a_{n+1}=a_{n+1}-a_n\quad(n=1,\ 2,\ 3,\ \cdots)$

Tip 1 ①번은 $a_{n+1}=a_n+d$에서 양변에 $-a_n$을 더해서 구할 수 있다.

ex $a_1=2,\ a_{n+1}-a_n=6$일 때, 수열 $\{a_n\}$은 첫째항이 2이고 공차가 6인 등차수열이다.

Tip 2 ②번은 $\dfrac{a_{n+2}+a_n}{2}=a_{n+1}$에서 양변에 2를 곱해서 구할 수 있다.

$\dfrac{a_{n+2}+a_n}{2}=a_{n+1}$보다 $a_{n+2}+a_n=2a_{n+1}$가 나중에 계산하기 편하다.

Tip 2 ②번을 변형하면 ③번이 된다.

등비수열의 귀납적 정의 (보자마자 바로 등비수열인 것을 간파해야 한다.)

① 첫째항이 $a\,(a\neq0)$ 공비가 r인 등비수열 $\{a_n\}$의 귀납적 정의는

$a_1=a,\ \dfrac{a_{n+1}}{a_n}=r\quad(n=1,\ 2,\ 3,\ \cdots)$이다.

② $a_{n+2}a_n=(a_{n+1})^2\quad(n=1,\ 2,\ 3,\ \cdots)$

③ $\dfrac{a_{n+2}}{a_{n+1}}=\dfrac{a_{n+1}}{a_n}\quad(n=1,\ 2,\ 3,\ \cdots)$

Tip 1 $\dfrac{a_{n+1}}{a_n}=r$일 때는 공비가 r이 되지만 $\dfrac{a_n}{a_{n+1}}=r$일 때는 $a_n=ra_{n+1}\Rightarrow a_{n+1}=\dfrac{1}{r}a_n$ 이므로

공비가 $\dfrac{1}{r}$이다.

ex $a_1=3,\ \dfrac{a_{n+1}}{a_n}=2$일 때, 수열 $\{a_n\}$은 첫째항이 3이고 공비가 2인 등비수열이다.

Tip 2 ②번을 변형하면 ③번이 된다.

여러 가지 수열의 귀납적 정의

① $a_{n+1}-a_n=b_n$ 꼴

$a_{n+1}-a_n=b_n$ 의 n에 1, 2, 3, …, $n-1$을 차례대로 대입한 뒤 변끼리 더한다.

$$\begin{aligned} a_2-a_1&=b_1\\ a_3-a_2&=b_2\\ a_4-a_3&=b_3\\ &\vdots\\ a_n-a_{n-1}&=b_{n-1} \end{aligned} \quad\Rightarrow\quad a_n-a_1=b_1+b_2+\cdots+b_{n-1}=\sum_{k=1}^{n-1}b_k$$

$\therefore\ a_n=a_1+\sum_{k=1}^{n-1}b_k$

ex $a_1=1,\ a_{n+1}-a_n=n\,(n=1,\ 2,\ 3\cdots)$일 때, a_{10}의 값을 구하시오.

$$a_{10}=1+\sum_{k=1}^{9}k=1+\frac{9\times 10}{2}=46$$

Tip $a_n=a_1+\sum_{k=1}^{n-1}b_k$ 에서 b_k이지 b_n이 아니다. 만약 b_n 이라면 $a_n=a_1+(n-1)b_n$이 된다.

② $a_{n+1}=b_na_n$ 꼴

$a_{n+1}=b_na_n$ 의 n에 1, 2, 3, …, $n-1$을 차례대로 대입한 뒤 정리한다.

$$\begin{aligned} a_2&=b_1a_1\\ a_3&=b_2a_2=b_2b_1a_1\\ a_4&=b_3a_3=b_3b_2b_1a_1\\ &\vdots\\ a_n&=b_{n-1}a_{n-1}=b_{n-1}\cdots b_2b_1a_1 \end{aligned}$$

$\therefore\ a_n=b_{n-1}b_{n-2}b_{n-3}\cdots b_2b_1a_1$

ex $a_1=3,\ a_{n+1}=\dfrac{n+1}{n}a_n\ (n=1,\ 2,\ 3,\ \cdots)$일 때, a_{10}의 값을 구하시오.

$$a_{10}=\frac{10}{9}\times\frac{9}{8}\times\cdots\times\frac{2}{1}\times a_1=10\times 3=30$$

Tip $a_{n+1}=b_na_n$ 꼴의 경우 일반항을 외우기보다는 변끼리 곱해서 규칙을 파악해 나간다는 느낌을 갖는 것이 더 중요하다. 참고로 필자는 이 유형을 "인셉션 유형"이라고 부른다.

③ **처음 보는 수열의 귀납적 정의**

수능에서 출제될 확률이 가장 높은 유형이다. 수열은 '규칙' 이므로 위에서 언급한 꼴들이 아니라면 a_n의 n에 1, 2, … 를 대입하면서 규칙을 파악해본다.

ex $a_1=1,\ a_na_{n+1}=n^3\,(n=1,\ 2,\ 3,\ \cdots)$일 때, a_3의 값을 구하시오.

$a_1a_2=1\Rightarrow a_2=1,\ a_2a_3=8\Rightarrow a_3=8$

Tip 교육부가 발표한 2015개정 수학과 교육과정 中 수열 단원의 교수·학습 방법 및 유의사항을 살펴보면 **'귀납적으로 정의된 수열의 일반항을 구하는 문제는 다루지 않는다'** 라는 문장이 명시되어 있다. 하지만 위에 언급한 꼴들은 자주 나오는 편이니 시간단축을 위해서 외우는 것을 추천한다.

개념 확인문제 2

수열 $\{a_n\}$이 모든 자연수 n에 대하여 $a_{n+1}-a_n=4n$을 만족시킨다. $a_{10}=190$일 때, a_1의 값을 구하시오.

개념 확인문제 3

수열 $\{a_n\}$이 모든 자연수 n에 대하여 $a_{n+1}=2a_n+n$을 만족시킨다. $a_1=1$일 때, a_5의 값을 구하시오.

수열

02 수학적 귀납법

성취 기준 - 수학적 귀납법의 원리를 이해한다.
- 수학적 귀납법을 이용하여 명제를 증명할 수 있다.

개념 파악하기 (2) 수학적 귀납법이란 무엇일까?

수학적 귀납법

모든 자연수 n에 대하여 $1+3+5+7+\cdots+(2n-1)=n^2$ … ㉠이 성립함을 증명해 보자.

(i) $n=1$일 때 등식 ㉠에서 (좌변)$=1$, (우변)$=1^2=1$이므로 $n=1$일 때 등식 ㉠이 성립한다.

(ii) $n=k$일 때 등식 ㉠이 성립한다고 가정하면 $1+3+5+\cdots+(2k-1)=k^2$ … ㉡이고,
$n=k+1$일 때에도 등식 ㉠이 성립하는지 알아보자.
등식 ㉡의 양변에 $2(k+1)-1=2k+1$을 더하면
$1+3+5+\cdots+(2k-1)+(2k+1)=k^2+(2k+1)=(k+1)^2$이다.
따라서 $n=k+1$일 때에도 등식 ㉠이 성립한다.

즉, 주어진 명제는 (i)에 따라 $n=1$일 때 성립한다.

명제가 $n=1$일 때 성립하므로 (ii)에 따라 $n=1+1=2$일 때에도 성립한다.
명제가 $n=2$일 때 성립하므로 (ii)에 따라 $n=2+1=3$일 때에도 성립한다.
⋮
이처럼 무한히 반복되므로 모든 자연수 n에 대하여 등식 ㉠이 성립함을 알 수 있다.

자연수에 대한 어떤 명제가 참인 것을 위와 같은 단계를 따라 증명하는 방법을 수학적 귀납법이라고 한다.

수학적 귀납법 요약

자연수 n에 대한 명제 $p(n)$이 모든 자연수 n에 대하여 성립함을 증명하려면 다음 두 가지를 보이면 된다.

① $n=1$일 때, 명제 $p(n)$이 성립한다.

② $n=k$일 때, 명제 $p(n)$이 성립한다고 가정하고 $n=k+1$일 때에도 명제 $p(n)$이 성립한다.

Tip 1 수학적 귀납법은 **자연수 n에 대한 명제**에 사용되는 증명 방법이다.
즉, 모든 명제를 수학적 귀납법으로 증명할 수 있는 것은 아니다.

Tip 2 수학적 귀납법은 크게 1단계와 2단계로 나눌 수 있고
1단계는 구체적인 예가 성립하는 경우를 알아보고, 2단계는 일반적으로 성립한다고
가정하여 그것이 참임을 밝히는 과정이다.

Tip 3 수학적 귀납법의 경우 결론이 이미 정해져 있기 때문에 $n=k$일 때, 명제가 성립함을 바탕으로 식을 조작하여 $n=k+1$일 때, 명제가 참임을 보여주면 된다.
갑자기 뜬금없이 어떤 식이 나와 파악이 쉽지 않을 때는 $n=k+1$에도 명제가 성립함을 바탕으로 그 식이 왜 나온 것인지 역으로 추정해본다. ($n=k+1 \Rightarrow n=k$)
즉, 나무를 보지 말고 숲을 봐야 한다. 빈칸문제로 나왔을 때도 빈칸 주위만 보는 것이 아니라 문제의 전체 맥락을 보도록 하자.

Tip 4 수학적 귀납법에는 크게 3가지 유형이 있다.

① 등식증명 : 보통 $k+1$번째를 양변에 더한 후 전개한다. (난이도 : 하)
② 자연수 P의 배수임을 증명 : PN(N은 자연수)를 도입한다. (난이도 : 중)
③ 부등식증명 : $n=k+1$임을 보이기 위해서 부등호를 두 번 사용하는 패턴이 나올 수 있다.
(난이도 : 상)
이때, 주의할 점은 **나무를 보지 말고 숲을 봐야 한다**는 것이다.

예제 1

모든 자연수 n에 대하여 등식 $1^2+2^2+3^2+\cdots+n^2=\dfrac{n(n+1)(2n+1)}{6}$ ……㉠
이 성립함을 수학적 귀납법을 이용하여 증명하시오.

풀이

(i) $n=1$일 때, (좌변)$=1^2=1$, (우변)$=\dfrac{1\times2\times3}{6}$ 따라서 $n=1$일 때, 등식 ㉠이 성립한다.
(ii) $n=k$일 때, 등식 ㉠이 성립한다고 가정하면

$1^2+2^2+3^2+\cdots+k^2=\dfrac{k(k+1)(2k+1)}{6}$ ……㉡

등식 ㉡의 양변에 $(k+1)^2$을 더하면

$$\begin{aligned}1^2+2^2+3^2+\cdots+k^2+(k+1)^2&=\frac{k(k+1)(2k+1)}{6}+(k+1)^2\\&=\frac{(k+1)}{6}\{k(2k+1)+6(k+1)\}\\&=\frac{(k+1)(k+2)(2k+3)}{6}\end{aligned}$$

따라서 $n=k+1$일 때도 등식 ㉠이 성립한다.
(i), (ii)에 의해서 모든 자연수 n에 대하여 등식 ㉠이 성립한다.

예제 2

$h>0$일 때, $n\geq 2$인 모든 자연수 n에 대하여 부등식 $(1+h)^n>1+nh$ ……㉠
이 성립함을 수학적 귀납법을 이용하여 증명하시오.

풀이

(i) $n=2$일 때, (좌변)$=(1+h)^2=1+2h+h^2>1+2h=$(우변)
따라서 $n=2$일 때, 등식 ㉠이 성립한다.
(ii) $n=k\,(k\geq 2)$일 때, 부등식 ㉠이 성립한다고 가정하면
$(1+h)^k>1+kh$ ……㉡
부등식 ㉡의 양변에 $1+h$을 곱하면 ($1+h>0$이므로 부등호의 방향이 변하지 않는다.)
$(1+h)^{k+1}>(1+kh)(1+h)=1+(k+1)h+kh^2>1+(k+1)h$
따라서 $n=k+1$일 때도 부등식 ㉠이 성립한다.
(i), (ii)에 의해서 $n\geq 2$인 모든 자연수 n에 대하여 부등식 ㉠이 성립한다.

Tip 1 수학적 귀납법을 이용한 증명에서 자연수 n에 대한 명제에 따라서 $n=1$부터 시작하지 않을 수도 있다.

Tip 2 $1+(k+1)h+kh^2>1+(k+1)h$ 이므로 $(1+h)^{k+1}>1+(k+1)h$가 성립한다.
이는 부등식 ㉠에 $n=k+1$을 대입한 것과 같다.
이때 $(1+h)^{k+1}>(1+kh)(1+h)=1+(k+1)h+kh^2>1+(k+1)h$라고 바로 서술하지 않고
$(1+h)^{k+1}>(1+kh)(1+h)=1+(k+1)h+kh^2$
$1+(k+1)h+kh^2-\{1+(k+1)h\}>0$
$kh^2>0$ 이므로 $(1+h)^{k+1}>1+(k+1)h$가 성립한다. 라고 서술할 수도 있다.
갑자기 $1+(k+1)h+kh^2-\{1+(k+1)h\}>0$이 나오면 당황할 수도 있는데 이러한 식은 결국 $(1+h)^{k+1}>1+(k+1)h$가 성립함을 보이는 과정 속에 있다는 것을 놓치면 안 된다.
즉, 나무를 보지 말고 숲을 봐야 한다.

규토 라이트 N제

수열

Training – 1 step

필수 유형편

3. 수학적 귀납법

Theme 1

등차수열과 등비수열의 귀납적 정의

001

수열 $\{a_n\}$이 $a_1=1$, $a_{n+1}-a_n=2$ $(n=1,\ 2,\ 3,\ \cdots)$
과 같이 정의될 때, a_{20}의 값을 구하시오.

002

수열 $\{a_n\}$이 $a_1=8$, $\dfrac{a_{n+1}}{a_n}=\dfrac{1}{2}$ $(n=1,\ 2,\ 3,\ \cdots)$
과 같이 정의될 때, $\log_{\frac{1}{2}} a_{10}$의 값을 구하시오.

003

수열 $\{a_n\}$이 $a_{n+2}+a_n=2a_{n+1}$ $(n=1,\ 2,\ 3,\ \cdots)$
과 같이 정의되고 $a_4=5$, $a_7=20$일 때,
a_{20}의 값을 구하시오.

004

첫째항이 1이고 모든 항이 양수인 수열 $\{a_n\}$이 있다.
x에 대한 이차방정식 $4a_nx^2-2a_{n+1}x+a_n=0$이
모든 자연수 n에 대하여 중근을 가질 때,
$\sum_{k=1}^{5} a_k$의 값을 구하시오.

005

수열 $\{a_n\}$이

$$\frac{a_3}{a_6}=8,\ (a_{n+1})^2=a_na_{n+2}\ (n=1,\ 2,\ 3,\ \cdots)$$

과 같이 정의될 때, $\dfrac{a_2+a_3+a_4+a_5}{a_8+a_9+a_{10}+a_{11}}$의 값을 구하시오.

Theme 2 $a_{n+1}-a_n=b_n$, $a_{n+1}=b_n a_n$

006

수열 $\{a_n\}$이 $a_1=1$, $a_{n+1}-a_n=2n-1$ $(n=1, 2, 3, \cdots)$ 과 같이 정의될 때, a_8의 값을 구하시오.

007

수열 $\{a_n\}$이 $a_1=\frac{1}{9}$, $a_{n+1}=3^n a_n$ $(n=1, 2, 3, \cdots)$ 과 같이 정의될 때, $a_7=3^m$ 이다. m의 값을 구하시오.

008

두 수열 $\{a_n\}$, $\{b_n\}$은 $a_3=8$, $a_1=b_1$ 이고,

모든 자연수 n에 대하여 $\frac{a_{n+1}}{a_n}=2$, $b_{n+1}-b_n=a_n$

을 만족시킨다. $\frac{b_{10}}{a_5}$의 값을 구하시오.

Theme 3 여러 가지 수열의 귀납적 정의

009

수열 $\{a_n\}$이 모든 자연수 n에 대하여

$a_n a_{n+1}=n^2$ 이고 $\frac{a_1 a_5}{a_2}=24$일 때, a_3의 값을 구하시오.

010

$a_1=5$인 수열 $\{a_n\}$이 모든 자연수 n에 대하여

$a_{n+2}-a_{n+1}=2a_n$이다. $a_3=19$일 때,

a_4의 값을 구하시오.

011

$a_1=1$인 수열 $\{a_n\}$이 모든 자연수 n에 대하여

$$a_{n+1}=\begin{cases}(a_n)^2+a_n & (a_n\text{이 홀수인 경우})\\ 2a_n+1 & (a_n\text{이 짝수인 경우})\end{cases}$$

일 때, a_4의 값을 구하시오.

수열

012

첫째항이 $\frac{1}{7}$인 수열 $\{a_n\}$이 모든 자연수 n에 대하여

$$a_{n+1}=\begin{cases} 2a_n & (a_n \le 1) \\ a_n-1 & (a_n>1) \end{cases}$$

을 만족시킬 때, $\sum_{n=1}^{31} a_n$의 값을 구하시오.

013

첫째항이 3인 수열 $\{a_n\}$이 모든 자연수 n에 대하여 $a_{n+1}+a_n=2n+3$일 때, $\sum_{k=1}^{10} a_{2k-1}$의 값을 구하시오.

014

수열 $\{a_n\}$이 모든 자연수 n에 대하여

$a_1=4$, $a_{n+1}=$ ($11a_n$을 9로 나누었을 때의 나머지)

일 때, a_{2022}의 값을 구하시오.

015

수열 $\{a_n\}$은 $a_1=8$, $a_2=16$이고,

모든 자연수 n에 대하여 $a_{n+2}=|a_{n+1}-a_n|$을

만족시킨다. $\sum_{k=1}^{m} a_k=72$를 만족시키는 모든 자연수 m의 값의 합을 구하시오.

016

수열 $\{a_n\}$은 $a_1=8$이고, 모든 자연수 n에 대하여

$$a_{n+1}=\begin{cases} 4-\frac{8}{a_n} & (a_n\text{이 정수인 경우}) \\ -3a_n+2 & (a_n\text{이 정수가 아닌 경우}) \end{cases}$$

을 만족시킬 때, a_9+a_{10}의 값을 구하시오.

017

수열 $\{a_n\}$은 $a_1=0$이고, 모든 자연수 n에 대하여

$$\begin{cases} a_{2n}=a_n \\ a_{2n+1}=a_n+1 \end{cases}$$

을 만족시킨다. 50 이하의 자연수 k에 대하여 $a_k=1$인 모든 자연수 k의 개수를 구하시오.

Theme 4

수학적 귀납법

018

다음은 모든 자연수 n에 대하여

$$\sum_{k=1}^{n}(2k-1)(2n+1-2k)^2=\frac{n^2(2n^2+1)}{3}$$

이 성립함을 수학적 귀납법으로 증명한 것이다.

(i) $n=1$일 때, (좌변)$=1$, (우변)$=1$이므로 주어진 등식이 성립한다.

(ii) $n=m$일 때, 등식

$$\sum_{k=1}^{m}(2k-1)(2m+1-2k)^2=\frac{m^2(2m^2+1)}{3}$$

이 성립한다고 가정하자.

$n=m+1$일 때,

$$\sum_{k=1}^{m+1}(2k-1)(2m+3-2k)^2$$

$$=\sum_{k=1}^{m}(2k-1)(2m+3-2k)^2+\boxed{(가)}$$

$$=\sum_{k=1}^{m}(2k-1)(2m+1-2k)^2$$

$$+\boxed{(나)}\times\sum_{k=1}^{m}(2k-1)(m+1-k)+\boxed{(가)}$$

$$=\frac{(m+1)^2\{2(m+1)^2+1\}}{3}\text{이다.}$$

따라서 $n=m+1$일 때도 주어진 등식이 성립한다.

(i), (ii)에 의해서 모든 자연수 n에 대하여 주어진 등식이 성립한다.

위의 (가)에 알맞은 식을 $f(m)$, (나)에 알맞은 수를 p라 할 때, $f(p)$를 구하시오.

019

다음은 $n\geq 2$인 모든 자연수 n에 대하여 부등식

$$1+\frac{1}{2}+\frac{1}{3}+\cdots+\frac{1}{n}>\frac{2n}{n+1}$$

이 성립함을 수학적 귀납법으로 증명한 것이다.

(i) $n=2$일 때,

(좌변)$=1+\frac{1}{2}=\frac{3}{2}$, (우변)$=\frac{4}{3}$

따라서 주어진 부등식이 성립한다.

(ii) $n=k(k\geq 2)$일 때, 주어진 부등식이 성립한다고 가정하면

$$1+\frac{1}{2}+\frac{1}{3}+\cdots+\frac{1}{k}>\frac{2k}{k+1}$$

양변에 $\frac{1}{k+1}$을 더하면

$$1+\frac{1}{2}+\frac{1}{3}+\cdots+\frac{1}{k}+\frac{1}{k+1}>\boxed{(가)}$$

이때 $\frac{2k+1}{k+1}-\boxed{(나)}>0$

이므로

$$1+\frac{1}{2}+\frac{1}{3}+\cdots+\frac{1}{k+1}>\frac{2(k+1)}{k+2}\text{이다.}$$

따라서 $n=k+1$일 때도 주어진 부등식이 성립한다.

(i), (ii)에 의해서 $n\geq 2$인 모든 자연수 n에 대하여 주어진 부등식이 항상 성립한다.

위의 (가), (나)에 알맞은 식을 각각 $f(k)$, $g(k)$이라 할 때, $3f(5)g(9)$의 값을 구하시오.

규토 라이트 N제

수열

Training – 2 step

기출 적용편

3. 수학적 귀납법

020 • 2019년 고2 9월 교육청 가형

수열 $\{a_n\}$에 대하여

$a_1 = 6,\ a_{n+1} = a_n + 3^n\ (n = 1,\ 2,\ 3,\ \cdots)$

일 때, a_4의 값은? [3점]

① 39 ② 42 ③ 45 ④ 48 ⑤ 51

021 • 2020학년도 고3 6월 평가원 나형

수열 $\{a_n\}$은 $a_1 = 1$이고, 모든 자연수 n에 대하여 $a_{n+1} + (-1)^n \times a_n = 2^n$을 만족시킨다. a_5의 값은? [3점]

① 1 ② 3 ③ 5 ④ 7 ⑤ 9

022 • 2019학년도 고3 9월 평가원 나형

수열 $\{a_n\}$이 모든 자연수 n에 대하여 $a_n a_{n+1} = 2n$이고 $a_3 = 1$일 때, $a_2 + a_5$의 값은? [3점]

① $\frac{13}{3}$ ② $\frac{16}{3}$ ③ $\frac{19}{3}$ ④ $\frac{22}{3}$ ⑤ $\frac{25}{3}$

023 • 2018학년도 수능 나형

수열 $\{a_n\}$은 $a_1 = 2$이고, 모든 자연수 n에 대하여

$$a_{n+1} = \begin{cases} a_n - 1 & (a_n\text{이 짝수인 경우}) \\ a_n + n & (a_n\text{이 홀수인 경우}) \end{cases}$$

를 만족시킨다. a_7의 값은? [3점]

① 7 ② 9 ③ 11 ④ 13 ⑤ 15

024 • 2014학년도 수능 A형

수열 $\{a_n\}$이 다음 조건을 만족시킨다.

(가) $a_1 = a_2 + 3$
(나) $a_{n+1} = -2a_n\ (n \geq 1)$

a_9의 값을 구하시오. [3점]

025 • 2020학년도 고3 9월 평가원 나형

수열 $\{a_n\}$이 모든 자연수 n에 대하여 $a_{n+1} + a_n = 3n - 1$을 만족시킨다. $a_3 = 4$일 때, $a_1 + a_5$의 값을 구하시오. [3점]

026 • 2022학년도 수능 공통

첫째항이 1인 수열 $\{a_n\}$이 모든 자연수 n에 대하여

$$a_{n+1}=\begin{cases} 2a_n & (a_n<7) \\ a_n-7 & (a_n \geq 7) \end{cases}$$

일 때, $\sum_{k=1}^{8} a_k$의 값은? [3점]

① 30 ② 32 ③ 34 ④ 36 ⑤ 38

027 • 2021학년도 고3 6월 평가원 가형

수열 $\{a_n\}$은 $a_1=9$, $a_2=3$이고,
모든 자연수 n에 대하여 $a_{n+2}=a_{n+1}-a_n$을 만족시킨다.
$|a_k|=3$을 만족시키는 100 이하의 자연수 k의 개수를 구하시오. [3점]

028 • 2021학년도 고3 9월 평가원 가형

수열 $\{a_n\}$은 $a_1=12$이고, 모든 자연수 n에 대하여
$a_{n+1}+a_n=(-1)^{n+1}\times n$을 만족시킨다.
$a_k>a_1$인 자연수 k의 최솟값은? [3점]

① 2 ② 4 ③ 6 ④ 8 ⑤ 10

029 • 2021학년도 수능 나형

수열 $\{a_n\}$은 $a_1=1$이고, 모든 자연수 n에 대하여
$\sum_{k=1}^{n}(a_k-a_{k+1})=-n^2+n$ 을 만족시킨다. a_{11}의 값은? [3점]

① 88 ② 91 ③ 94 ④ 97 ⑤ 100

030 • 2020년 고3 7월 교육청 가형 

수열 $\{a_n\}$은 $a_1=1$이고, 모든 자연수 n에 대하여

$$a_{n+1}=\begin{cases} 2^{a_n} & (a_n \leq 1) \\ \log_{a_n}\sqrt{2} & (a_n>1) \end{cases}$$

을 만족시킬 때, $a_{12}\times a_{13}$의 값은? [3점]

① $\frac{1}{2}$ ② 1 ③ $\sqrt{2}$ ④ 2 ⑤ $2\sqrt{2}$

031 • 2021학년도 사관학교 나형

수열 $\{a_n\}$은 $a_1=\frac{3}{2}$이고, 모든 자연수 n에 대하여
$a_{2n-1}+a_{2n}=2a_n$을 만족시킨다. $\sum_{n=1}^{16}a_n$의 값은? [3점]

① 22 ② 24 ③ 26 ④ 28 ⑤ 30

수열

032 • 2019학년도 수능 나형

수열 $\{a_n\}$은 $a_1 = 2$이고, 모든 자연수 n에 대하여

$$a_{n+1} = \begin{cases} \dfrac{a_n}{2-3a_n} & (n\text{이 홀수인 경우}) \\ 1+a_n & (n\text{이 짝수인 경우}) \end{cases}$$

를 만족시킨다. $\sum_{n=1}^{40} a_n$의 값은? [3점]

① 30 ② 35 ③ 40
④ 45 ⑤ 50

033 • 2014학년도 수능 A형

자연수 n에 대하여 $f(n)$이 다음과 같다.

$$f(n) = \begin{cases} \log_3 n & (n\text{이 홀수}) \\ \log_2 n & (n\text{이 짝수}) \end{cases}$$

수열 $\{a_n\}$이 $a_n = f(6^n) - f(3^n)$일 때,

$\sum_{n=1}^{15} a_n$의 값은? [3점]

① $120(\log_2 3 - 1)$ ② $105\log_3 2$ ③ $105\log_2 3$
④ $120\log_2 3$ ⑤ $120(\log_3 2 + 1)$

034 • 2022년 고3 10월 교육청 공통

첫째항이 20인 수열 $\{a_n\}$이 모든 자연수 n에 대하여

$$a_{n+1} = |a_n| - 2$$

를 만족시킬 때, $\sum_{n=1}^{30} a_n$의 값은? [3점]

① 88 ② 90 ③ 92
④ 94 ⑤ 96

035 • 2023학년도 사관학교 공통

수열 $\{a_n\}$은 $a_1 = 1$이고, 모든 자연수 n에 대하여

$$a_{2n} = 2a_n, \quad a_{2n+1} = 3a_n$$

을 만족시킨다. $a_7 + a_k = 73$인 자연수 k의 값을 구하시오. [3점]

036 • 2020학년도 사관학교 나형

수열 $\{a_n\}$은 $a_1=4$이고, 모든 자연수 n에 대하여

$$a_{n+1}=\begin{cases} \dfrac{a_n}{2-a_n} & (a_n>2) \\ a_n+2 & (a_n \le 2) \end{cases}$$

이다. $\sum_{k=1}^{m} a_k=12$를 만족시키는 자연수 m의 최솟값은? [4점]

① 7 ② 8 ③ 9 ④ 10 ⑤ 11

037 • 2021학년도 고3 6월 평가원 나형

수열 $\{a_n\}$은 $a_1=1$이고, 모든 자연수 n에 대하여

$$\begin{cases} a_{3n-1}=2a_n+1 \\ a_{3n}=-a_n+2 \\ a_{3n+1}=a_n+1 \end{cases}$$

을 만족시킨다. $a_{11}+a_{12}+a_{13}$의 값은? [4점]

① 6 ② 7 ③ 8 ④ 9 ⑤ 10

038 • 2020년 고3 3월 교육청 나형

수열 $\{a_n\}$이 모든 자연수 n에 대하여

$$a_{n+1}=\sum_{k=1}^{n} ka_k$$

를 만족시킨다. $a_1=2$일 때, $a_2+\dfrac{a_{51}}{a_{50}}$의 값은? [4점]

① 47 ② 49 ③ 51 ④ 53 ⑤ 55

039 • 2019학년도 경찰대

각 항이 양수인 수열 $\{a_n\}$의 첫째항부터 제 n항까지의 합을 S_n이라 할 때, $S_n+S_{n+1}=(a_{n+1})^2$이 성립한다. $a_1=10$일 때, a_{10}의 값을 구하시오. [4점]

수열

040 • 2022학년도 고3 6월 평가원 공통

수열 $\{a_n\}$이 모든 자연수 n에 대하여

$$a_{n+1}=\begin{cases} \dfrac{1}{a_n} & (n\text{이 홀수인 경우}) \\ 8a_n & (n\text{이 짝수인 경우}) \end{cases}$$

이고 $a_{12}=\dfrac{1}{2}$일 때, a_1+a_4의 값은? [4점]

① $\dfrac{3}{4}$ ② $\dfrac{9}{4}$ ③ $\dfrac{5}{2}$

④ $\dfrac{17}{4}$ ⑤ $\dfrac{9}{2}$

041 • 2017학년도 고3 6월 평가원 나형

첫째항이 a인 수열 $\{a_n\}$은 모든 자연수 n에 대하여

$$a_{n+1}=\begin{cases} a_n+(-1)^n\times 2 & (n\text{이 3의 배수가 아닌 경우}) \\ a_n+1 & (n\text{이 3의 배수인 경우}) \end{cases}$$

를 만족시킨다. $a_{15}=43$일 때, a의 값은? [4점]

① 35 ② 36 ③ 37

④ 38 ⑤ 39

042 • 2022년 고3 3월 교육청 공통

수열 $\{a_n\}$은 $1<a_1<2$이고, 모든 자연수 n에 대하여

$$a_{n+1}=\begin{cases} -2a_n & (a_n<0) \\ a_n-2 & (a_n\geq 0) \end{cases}$$

을 만족시킨다. $a_7=-1$일 때, $40\times a_1$의 값을 구하시오.

[4점]

043 • 2022년 고3 4월 교육청 공통 

수열 $\{a_n\}$이 다음 조건을 만족시킨다.

> (가) $1\leq n\leq 4$인 모든 자연수 n에 대하여
> $a_n+a_{n+4}=15$이다.
> (나) $n\geq 5$인 모든 자연수 n에 대하여 $a_{n+1}-a_n=n$
> 이다.

$\sum_{n=1}^{4}a_n=6$일 때, a_5의 값은? [4점]

① 1 ② 3 ③ 5

④ 7 ⑤ 9

044 • 2018학년도 고3 9월 평가원 나형

두 수열 $\{a_n\}$, $\{b_n\}$은 $a_1=a_2=1$, $b_1=k$이고, 모든 자연수 n에 대하여

$$a_{n+2}=(a_{n+1})^2-(a_n)^2,\ b_{n+1}=a_n-b_n+n$$

을 만족시킨다. $b_{20}=14$일 때, k의 값은? [4점]

① -3　② -1　③ 1　④ 3　⑤ 5

045 • 2022년 고3 7월 교육청 공통 □□□□□

수열 $\{a_n\}$이 모든 자연수 n에 대하여 다음 조건을 만족시킨다.

(가) $\displaystyle\sum_{k=1}^{2n} a_k=17n$

(나) $|a_{n+1}-a_n|=2n-1$

$a_2=9$일 때, $\displaystyle\sum_{n=1}^{10} a_{2n}$의 값을 구하시오. [4점]

046 • 2019년 고2 9월 교육청 가형 □□□□□

일반항이 $a_n=n^2$인 수열 $\{a_n\}$의 첫째항부터 제 n항까지의 합을 S_n이라 하자.
다음은 모든 자연수 n에 대하여

$$(n+1)S_n-\sum_{k=1}^{n} S_k=\sum_{k=1}^{n} k^3 \quad \cdots\cdots (\ *\ )$$

이 성립함을 수학적 귀납법으로 증명한 것이다.

(i) $n=1$일 때,
(좌변) $=2S_1-S_1=1$, (우변)$=1$이므로
(*)이 성립한다.

(ii) $n=m$일 때, (*)이 성립한다고 가정하면
$(m+1)S_m-\displaystyle\sum_{k=1}^{m} S_k=\sum_{k=1}^{m} k^3$ 이다.
$n=m+1$일 때 (*)이 성립함을 보이자.
$(m+2)S_{m+1}-\displaystyle\sum_{k=1}^{m+1} S_k$
$=\boxed{(가)}\,S_{m+1}-\displaystyle\sum_{k=1}^{m} S_k$
$=\boxed{(가)}\,S_m+\boxed{(나)}-\displaystyle\sum_{k=1}^{m} S_k$
$=\displaystyle\sum_{k=1}^{m+1} k^3$ 이다.

따라서 $n=m+1$일 때도 (*)이 성립한다.

(i), (ii)에 의하여 주어진 식은 모든 자연수 n에 대하여 성립한다.

위의 (가), (나)에 알맞은 식을 각각 $f(m)$, $g(m)$이라 할 때, $f(2)+g(1)$의 값은? [4점]

① 7　② 8　③ 9　④ 10　⑤ 11

047 • 2021학년도 고3 6월 평가원 가형

수열 $\{a_n\}$의 일반항은

$a_n=(2^{2n}-1)\times 2^{n(n-1)}+(n-1)\times 2^{-n}$

이다. 다음은 모든 자연수 n에 대하여

$$\sum_{k=1}^{n} a_k = 2^{n(n+1)}-(n+1)\times 2^{-n} \quad \cdots\cdots \ (*)$$

임을 수학적 귀납법을 이용하여 증명한 것이다.

(i) $n=1$일 때, (좌변)$=3$, (우변)$=3$이므로 $(*)$이 성립한다.

(ii) $n=m$일 때, $(*)$이 성립한다고 가정하면

$$\sum_{k=1}^{m} a_k = 2^{m(m+1)}-(m+1)\times 2^{-m}$$

이다. $n=m+1$일 때,

$$\sum_{k=1}^{m+1} a_k = 2^{m(m+1)}-(m+1)\times 2^{-m} + (2^{2m+2}-1)\times \boxed{(가)} + m\times 2^{-m-1}$$
$$= \boxed{(가)}\times\boxed{(나)} - \frac{m+2}{2}\times 2^{-m}$$
$$= 2^{(m+1)(m+2)}-(m+2)\times 2^{-(m+1)}$$

이다. 따라서 $n=m+1$일 때도 $(*)$이 성립한다.

(i), (ii)에 의하여 모든 자연수 n에 대하여

$$\sum_{k=1}^{n} a_k = 2^{n(n+1)}-(n+1)\times 2^{-n}$$

이다.

위의 (가), (나)에 알맞은 식을 각각 $f(m)$, $g(m)$이라 할 때, $\dfrac{g(7)}{f(3)}$의 값은? [4점]

① 2 ② 4 ③ 8 ④ 16 ⑤ 32

048 • 2021학년도 고3 9월 평가원 가형

모든 자연수 n에 대하여 다음 조건을 만족시키는 x축 위의 점 P_n과 곡선 $y=\sqrt{3x}$ 위의 점 Q_n이 있다.

- 선분 OP_n과 선분 P_nQ_n이 서로 수직이다.
- 선분 OQ_n과 선분 Q_nP_{n+1}이 서로 수직이다.

다음은 점 P_1의 좌표가 $(1, 0)$일 때, 삼각형 $OP_{n+1}Q_n$의 넓이 A_n을 구하는 과정이다. (단, O는 원점이다.)

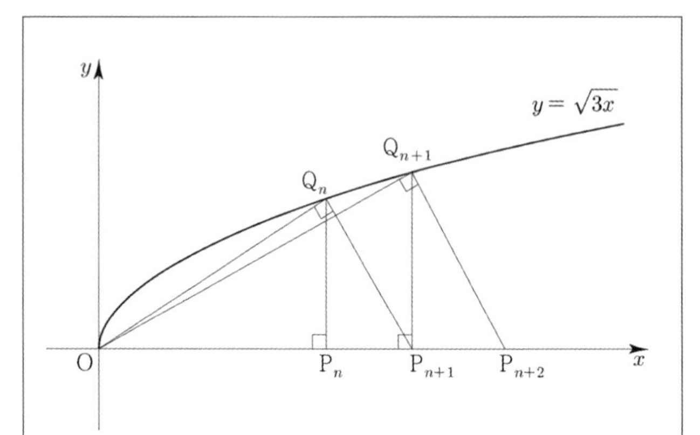

모든 자연수 n에 대하여 점 P_n의 좌표를 $(a_n, 0)$이라 하자.

$\overline{OP_{n+1}}=\overline{OP_n}+\overline{P_nP_{n+1}}$이므로

$a_{n+1}=a_n+\overline{P_nP_{n+1}}$

이다. 삼각형 OP_nQ_n과 삼각형 $Q_nP_nP_{n+1}$이 닮음이므로

$\overline{OP_n} : \overline{P_nQ_n} = \overline{P_nQ_n} : \overline{P_nP_{n+1}}$

이고, 점 Q_n의 좌표는 $(a_n, \sqrt{3a_n})$이므로

$\overline{P_nP_{n+1}} = \boxed{(가)}$

이다. 따라서 삼각형 $OP_{n+1}Q_n$의 넓이 A_n은

$A_n = \dfrac{1}{2}\times(\boxed{(나)})\times\sqrt{9n-6}$

이다.

위의 (가)에 알맞은 수를 p, (나)에 알맞은 식을 $f(n)$이라 할 때, $p+f(8)$의 값은? [4점]

① 20 ② 22 ③ 24 ④ 26 ⑤ 28

049 • 2021학년도 사관학교 가형 

수열 $\{a_n\}$이 모든 자연수 n에 대하여 다음 조건을 만족시킨다.

> (가) $a_{2n+1} = -a_n + 3a_{n+1}$
> (나) $a_{2n+2} = a_n - a_{n+1}$

$a_1 = 1$, $a_2 = 2$일 때, $\sum_{n=1}^{16} a_n$의 값은? [4점]

① 31　② 33　③ 35　④ 37　⑤ 39

050 • 2022학년도 수능예비시행 ○○○○○

수열 $\{a_n\}$의 첫째항부터 제 n항까지의 합을 S_n이라 하자. 다음은 모든 자연수 n에 대하여

$$\sum_{k=1}^{n} \frac{S_k}{k!} = \frac{1}{(n+1)!}$$

이 성립할 때, $\sum_{k=1}^{n} \frac{1}{a_k}$을 구하는 과정이다.

> $n=1$일 때, $a_1 = S_1 = \frac{1}{2}$이므로 $\frac{1}{a_1} = 2$이다.
>
> $n=2$일 때, $a_2 = S_2 - S_1 = -\frac{7}{6}$이므로
>
> $\sum_{k=1}^{2} \frac{1}{a_k} = \frac{8}{7}$이다.
>
> $n \geq 3$인 모든 자연수 n에 대하여
>
> $$\frac{S_n}{n!} = \sum_{k=1}^{n} \frac{S_k}{k!} - \sum_{k=1}^{n-1} \frac{S_k}{k!} = -\frac{\boxed{(가)}}{(n+1)!}$$
>
> 즉, $S_n = -\frac{\boxed{(가)}}{n+1}$이므로
>
> $a_n = S_n - S_{n-1} = -(\boxed{(나)})$
>
> 이다. 한편 $\sum_{k=3}^{n} k(k+1) = -8 + \sum_{k=1}^{n} k(k+1)$이므로
>
> $$\sum_{k=1}^{n} \frac{1}{a_k} = \frac{8}{7} - \sum_{k=3}^{n} k(k+1)$$
> $$= \frac{64}{7} - \frac{n(n+1)}{2} - \sum_{k=1}^{n} \boxed{(다)}$$
> $$= -\frac{1}{3}n^3 - n^2 - \frac{2}{3}n + \frac{64}{7}$$
>
> 이다.

위의 (가), (나), (다)에 알맞은 식을 각각 $f(n)$, $g(n)$, $h(k)$라 할 때, $f(5) \times g(3) \times h(6)$의 값은? [4점]

① 3　② 6　③ 9　④ 12　⑤ 15

051 • 2021학년도 사관학교 나형

다음은 모든 자연수 n에 대하여 부등식

$$\sum_{k=1}^{n} \frac{{}_{2k}\mathrm{P}_{k}}{2^k} \le \frac{(2n)!}{2^n} \quad \cdots\cdots (*)$$

이 성립함을 수학적 귀납법으로 증명한 것이다.

(i) $n=1$일 때,

(좌변) $= \frac{{}_{2}\mathrm{P}_{1}}{2^1} = 1$이고, (우변)= (가) 이므로

(*)이 성립한다.

(ii) $n=m$일 때, (*)이 성립한다고 가정하면

$$\sum_{k=1}^{m} \frac{{}_{2k}\mathrm{P}_{k}}{2^k} \le \frac{(2m)!}{2^m}$$

이다. $n=m+1$일 때,

$$\sum_{k=1}^{m+1} \frac{{}_{2k}\mathrm{P}_{k}}{2^k} = \sum_{k=1}^{m} \frac{{}_{2k}\mathrm{P}_{k}}{2^k} + \frac{{}_{2m+2}\mathrm{P}_{m+1}}{2^{m+1}}$$

$$= \sum_{k=1}^{m} \frac{{}_{2k}\mathrm{P}_{k}}{2^k} + \frac{\boxed{(나)}}{2^{m+1} \times (m+1)!}$$

$$\le \frac{(2m)!}{2^m} + \frac{\boxed{(나)}}{2^{m+1} \times (m+1)!}$$

$$= \frac{\boxed{(나)}}{2^{m+1}} \times \left\{ \frac{1}{\boxed{(다)}} + \frac{1}{(m+1)!} \right\}$$

$$< \frac{(2m+2)!}{2^{m+1}}$$

이다. 따라서 $n=m+1$일 때도 (*)이 성립한다.

(i), (ii)에 의하여 모든 자연수 n에 대하여

$$\sum_{k=1}^{n} \frac{{}_{2k}\mathrm{P}_{k}}{2^k} \le \frac{(2n)!}{2^n}$$

이다.

위의 (가)에 알맞은 수를 p, (나), (다)에 알맞은 식을 각각 $f(m)$, $g(m)$이라 할 때, $p + \frac{f(2)}{g(4)}$의 값은? [4점]

① 16 ② 17 ③ 18 ④ 19 ⑤ 20

052 • 2021년 고3 교육청 7월 공통

첫째항이 1인 수열 $\{a_n\}$의 첫째항부터 제 n항까지의 합을 S_n이라 하자. 다음은 모든 자연수 n에 대하여

$$(n+1)S_{n+1} = \log_2(n+2) + \sum_{k=1}^{n} S_k \quad \cdots \quad (*)$$

가 성립할 때, $\sum_{k=1}^{n} ka_k$를 구하는 과정이다.

주어진 식 (*)에 의하여

$$nS_n = \log_2(n+1) + \sum_{k=1}^{n-1} S_k \,(n \ge 2) \quad \cdots \quad ㉠$$

이다. (*)에서 ㉠을 빼서 정리하면

$(n+1)S_{n+1} - nS_n$

$$= \log_2(n+2) - \log_2(n+1) + \sum_{k=1}^{n} S_k - \sum_{k=1}^{n-1} S_k \,(n \ge 2)$$

이므로

$$(\boxed{(가)}) \times a_{n+1} = \log_2 \frac{n+2}{n+1} \; (n \ge 2)$$

이다.

$a_1 = 1 = \log_2 2$이고,

$2S_2 = \log_2 3 + S_1 = \log_2 3 + a_1$이므로

모든 자연수 n에 대하여

$na_n =$ (나)

이다. 따라서

$\sum_{k=1}^{n} ka_k =$ (다)

이다.

위의 (가), (나), (다)에 알맞은 식을 각각 $f(n)$, $g(n)$, $h(n)$이라 할 때, $f(8) - g(8) + h(8)$의 값은? [4점]

① 12 ② 13 ③ 14 ④ 15 ⑤ 16

053 • 2021학년도 수능 가형

상수 $k(k>1)$에 대하여 다음 조건을 만족시키는 수열 $\{a_n\}$이 있다.

> 모든 자연수 n에 대하여 $a_n < a_{n+1}$이고
> 곡선 $y=2^x$ 위의 두 점 $P_n(a_n,\ 2^{a_n})$, $P_{n+1}(a_{n+1},\ 2^{a_{n+1}})$을 지나는 직선의 기울기는 $k\times 2^{a_n}$ 이다.

점 P_n을 지나고 x축에 평행한 직선과 점 P_{n+1}을 지나고 y축에 평행한 직선이 만나는 점을 Q_n이라 하고 삼각형 $P_nQ_nP_{n+1}$의 넓이를 A_n이라 하자.

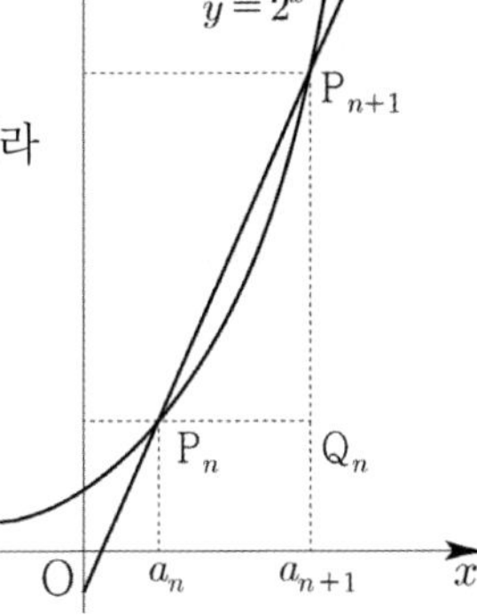

다음은 $a_1=1$, $\frac{A_3}{A_1}=16$일 때, A_n을 구하는 과정이다.

> 두 점 P_n, P_{n+1}을 지나는 직선의 기울기가 $k\times 2^{a_n}$이므로
>
> $$2^{a_{n+1}-a_n}=k(a_{n+1}-a_n)+1$$
>
> 이다. 즉, 모든 자연수 n에 대하여 $a_{n+1}-a_n$은 방정식 $2^x=kx+1$의 해이다.
> $k>1$이므로 방정식 $2^x=kx+1$은 오직 하나의 양의 실근 d를 갖는다. 따라서 모든 자연수 n에 대하여 $a_{n+1}-a_n=d$이고, 수열 $\{a_n\}$은 공차가 d인 등차수열이다.
> 점 Q_n의 좌표가 $(a_{n+1},\ 2^{a_n})$이므로
>
> $$A_n=\frac{1}{2}(a_{n+1}-a_n)(2^{a_{n+1}}-2^{a_n})$$
>
> 이다. $\frac{A_3}{A_1}=16$이므로 d의 값은 (가)이고,
> 수열 $\{a_n\}$의 일반항은
> $a_n=$ (나)
> 이다. 따라서 모든 자연수 n에 대하여 $A_n=$ (다)이다.

위의 (가)에 알맞은 수를 p, (나)와 (다)에 알맞은 식을 각각 $f(n)$, $g(n)$이라 할 때, $p+\frac{g(4)}{f(2)}$의 값은? [4점]

① 118　② 121　③ 124　④ 127　⑤ 130

054 • 2024학년도 고3 9월 평가원 공통

첫째항이 자연수인 수열 $\{a_n\}$이 모든 자연수 n에 대하여

$$a_{n+1}=\begin{cases} a_n+1 & (a_n\text{이 홀수인 경우}) \\ \frac{1}{2}a_n & (a_n\text{이 짝수인 경우}) \end{cases}$$

를 만족시킬 때, $a_2+a_4=40$이 되도록 하는 모든 a_1의 값의 합은? [4점]

① 172　② 175　③ 178　④ 181　⑤ 184

수열

규토 라이트 N제

수열

Master step

심화 문제편

3. 수학적 귀납법

055 • 2019년 고3 10월 교육청 나형 

첫째항이 짝수인 수열 $\{a_n\}$은 모든 자연수 n에 대하여

$$a_{n+1}=\begin{cases} a_n+3 & (a_n\text{이 홀수인 경우}) \\ \dfrac{a_n}{2} & (a_n\text{이 짝수인 경우}) \end{cases}$$

를 만족시킨다. $a_5=5$일 때, 수열 $\{a_n\}$의 첫째항이 될 수 있는 모든 수의 합을 구하시오. [4점]

056 • 2021년 고3 4월 교육청 공통 

첫째항이 자연수인 수열 $\{a_n\}$이 모든 자연수 n에 대하여

$$a_{n+1}=\begin{cases} a_n-2 & (a_n \geq 0) \\ a_n+5 & (a_n < 0) \end{cases}$$

을 만족시킨다. $a_{15}<0$이 되도록 하는 a_1의 최솟값을 구하시오. [4점]

057 • 2018학년도 고3 6월 평가원 나형

공차가 0이 아닌 등차수열 $\{a_n\}$이 있다. 수열 $\{b_n\}$은 $b_1=a_1$이고, 2 이상의 자연수 n에 대하여

$$b_n=\begin{cases} b_{n-1}+a_n & (n\text{이 3의 배수가 아닌 경우}) \\ b_{n-1}-a_n & (n\text{이 3의 배수인 경우}) \end{cases}$$

이다. $b_{10}=a_{10}$일 때, $\dfrac{b_8}{b_{10}}=\dfrac{q}{p}$이다. $p+q$의 값을 구하시오. (단, p와 q는 서로소인 자연수이다.) [4점]

058 • 2021학년도 수능 나형 

수열 $\{a_n\}$은 $0<a_1<1$이고, 모든 자연수 n에 대하여 다음 조건을 만족시킨다.

(가) $a_{2n}=a_2\times a_n+1$
(나) $a_{2n+1}=a_2\times a_n-2$

$a_7=2$일 때, a_{25}의 값은? [4점]

① 78 ② 80 ③ 82 ④ 84 ⑤ 86

059 • 2021학년도 고3 9월 평가원 나형 

수열 $\{a_n\}$은 모든 자연수 n에 대하여

$$a_{n+2}=\begin{cases} 2a_n+a_{n+1} & (a_n \le a_{n+1}) \\ a_n+a_{n+1} & (a_n > a_{n+1}) \end{cases}$$

을 만족시킨다. $a_3=2$, $a_6=19$가 되도록 하는 모든 a_1의 값의 합은? [4점]

① $-\frac{1}{2}$ ② $-\frac{1}{4}$ ③ 0
④ $\frac{1}{4}$ ⑤ $\frac{1}{2}$

060 • 2020년 고3 7월 교육청 나형

첫째항이 양수이고 공차가 -1보다 작은 등차수열 $\{a_n\}$에 대하여 수열 $\{b_n\}$은 다음과 같다.

$$b_n=\begin{cases} a_{n+1}-\frac{n}{2} & (a_n \ge 0) \\ a_n+\frac{n}{2} & (a_n < 0) \end{cases}$$

수열 $\{b_n\}$의 첫째항부터 제 n항까지의 합을 S_n이라 할 때, 수열 $\{b_n\}$은 다음 조건을 만족시킨다.

(가) $b_5 < b_6$
(나) $S_5=S_9=0$

$S_n \le -70$을 만족시키는 자연수 n의 최솟값은? [4점]

① 13 ② 15 ③ 17
④ 19 ⑤ 21

061 • 2022학년도 수능예비시행

다음 조건을 만족시키는 모든 수열 $\{a_n\}$에 대하여 $\sum_{k=1}^{100} a_k$의 최댓값과 최솟값을 각각 M, m이라 할 때, $M-m$의 값은? [4점]

(가) $a_5=5$
(나) 모든 자연수 n에 대하여

$$a_{n+1}=\begin{cases} a_n-6 & (a_n \ge 0) \\ -2a_n+3 & (a_n < 0) \end{cases}$$

이다.

① 64 ② 68 ③ 72
④ 76 ⑤ 80

062 • 2020학년도 사관학교 나형 

수열 $\{a_n\}$은 a_1이 자연수이고, 모든 자연수 n에 대하여

$$a_{n+1}=\begin{cases} a_n-d & (a_n \ge 0) \\ a_n+d & (a_n < 0) \end{cases} \quad (d\text{는 자연수})$$

이다. $a_n < 0$인 자연수 n의 최솟값을 m이라 할 때, 수열 $\{a_n\}$은 다음 조건을 만족시킨다.

(가) $a_{m-2}+a_{m-1}+a_m=3$
(나) $a_1+a_{m-1}=-9(a_m+a_{m+1})$
(다) $\sum_{k=1}^{m-1} a_k=45$

a_1의 값을 구하시오. (단, $m \ge 3$) [4점]

수열

063 • 2020학년도 수능 나형

수열 $\{a_n\}$이 모든 자연수 n에 대하여 다음 조건을 만족시킨다.

> (가) $a_{2n}=a_n-1$
> (나) $a_{2n+1}=2a_n+1$

$a_{20}=1$일 때, $\sum_{n=1}^{63} a_n$의 값은? [4점]

① 704 ② 712 ③ 720 ④ 728 ⑤ 736

065 • 2022학년도 고3 9월 평가원 공통

수열 $\{a_n\}$은 $|a_1|\le 1$이고, 모든 자연수 n에 대하여

$$a_{n+1}=\begin{cases} -2a_n-2 & \left(-1\le a_n<-\frac{1}{2}\right) \\ 2a_n & \left(-\frac{1}{2}\le a_n\le \frac{1}{2}\right) \\ -2a_n+2 & \left(\frac{1}{2}<a_n\le 1\right) \end{cases}$$

을 만족시킨다. $a_5+a_6=0$이고 $\sum_{k=1}^{5} a_k>0$이 되도록 하는 모든 a_1의 값의 합은? [4점]

① $\frac{9}{2}$ ② 5 ③ $\frac{11}{2}$ ④ 6 ⑤ $\frac{13}{2}$

064 • 2022학년도 사관학교 공통

다음 조건을 만족시키는 모든 수열 $\{a_n\}$에 대하여 a_1의 최솟값을 m이라 하자.

> (가) 수열 $\{a_n\}$의 모든 항은 정수이다.
> (나) 모든 자연수 n에 대하여
> $a_{2n}=a_3\times a_n+1,\quad a_{2n+1}=2a_n-a_2$
> 이다.

$a_1=m$인 수열 $\{a_n\}$에 대하여 a_9의 값은? [4점]

① -53 ② -51 ③ -49 ④ -47 ⑤ -45

066 • 2023학년도 고3 6월 평가원 공통

자연수 k에 대하여 다음 조건을 만족시키는 수열 $\{a_n\}$이 있다.

> $a_1=0$이고, 모든 자연수 n에 대하여
> $$a_{n+1}=\begin{cases} a_n+\frac{1}{k+1} & (a_n\le 0) \\ a_n-\frac{1}{k} & (a_n>0) \end{cases}$$
> 이다.

$a_{22}=0$이 되도록 하는 모든 k의 값의 합은? [4점]

① 12 ② 14 ③ 16 ④ 18 ⑤ 20

067 • 2023학년도 고3 9월 평가원 공통

수열 $\{a_n\}$이 다음 조건을 만족시킨다.

> (가) 모든 자연수 k에 대하여 $a_{4k}=r^k$이다.
> (단, r는 $0<|r|<1$인 상수이다.)
>
> (나) $a_1<0$이고, 모든 자연수 n에 대하여
>
> $$a_{n+1}=\begin{cases} a_n+3 & (|a_n|<5) \\ -\frac{1}{2}a_n & (|a_n|\geq 5) \end{cases}$$
>
> 이다.

$|a_m|\geq 5$를 만족시키는 100 이하의 자연수 m의 개수를 p라 할 때, $p+a_1$의 값은? [4점]

① 8 ② 10 ③ 12 ④ 14 ⑤ 16

068 • 2023학년도 수능 공통

모든 항이 자연수이고 다음 조건을 만족시키는 모든 수열 $\{a_n\}$에 대하여 a_9의 최댓값과 최솟값을 각각 M, m이라 할 때, $M+m$의 값은? [4점]

> (가) $a_7=40$
>
> (나) 모든 자연수 n에 대하여
>
> $$a_{n+2}=\begin{cases} a_{n+1}+a_n & (a_{n+1}\text{이 3의 배수가 아닌 경우}) \\ \frac{1}{3}a_{n+1} & (a_{n+1}\text{이 3의 배수인 경우}) \end{cases}$$
>
> 이다.

① 216 ② 218 ③ 220 ④ 222 ⑤ 224

069 • 2024학년도 고3 6월 평가원 공통

자연수 k에 대하여 다음 조건을 만족시키는 수열 $\{a_n\}$이 있다.

> $a_1=k$이고, 모든 자연수 n에 대하여
>
> $$a_{n+1}=\begin{cases} a_n+2n-k & (a_n\leq 0) \\ a_n-2n-k & (a_n>0) \end{cases}$$
>
> 이다.

$a_3\times a_4\times a_5\times a_6<0$이 되도록 하는 모든 k의 값의 합은? [4점]

① 10 ② 14 ③ 18 ④ 22 ⑤ 26

070 • 2024학년도 수능 공통

첫째항이 자연수인 수열 $\{a_n\}$이 모든 자연수 n에 대하여

$$a_{n+1}=\begin{cases} 2^{a_n} & (a_n\text{이 홀수인 경우}) \\ \frac{1}{2}a_n & (a_n\text{이 짝수인 경우}) \end{cases}$$

를 만족시킬 때, $a_6+a_7=3$이 되도록 하는 모든 a_1의 값의 합은? [4점]

① 139 ② 146 ③ 153 ④ 160 ⑤ 167

수열

규토 라이트 N제

빠른정답

지수함수와 로그함수

지수 | Guide step

1	(1) $a^{11}b^{12}$ (2) a^2b^3 (3) $\frac{b^4}{a}$
2	(1) $-2,\ 1\pm\sqrt{3}i$ (2) $-2,\ 2,\ 2i,\ -2i$
3	(1) -3 (2) 2 (3) -2
4	(1) 3 (2) 2 (3) 4 (4) 5
5	(1) 1 (2) $\frac{1}{27}$ (3) $\frac{1}{16}$
6	(1) 25 (2) a^9 (3) $a^6b^3c^{-3}$
7	(1) $a^{\frac{2}{3}}$ (2) $\sqrt[5]{a^3}$ (3) $a^{-\frac{2}{7}}$
8	(1) 81 (2) $x^{-4}y^{-2}$
9	(1) $5^{2\sqrt{2}}$ (2) $2^{\sqrt{2}}$ (3) 3

지수 | Training – 1 step

1	ㄴ, ㅁ	13	726
2	6	14	54
3	-3	15	3
4	2	16	2
5	24	17	0
6	40	18	3
7	115	19	9
8	4	20	20
9	3	21	33
10	64	22	30
11	25	23	11
12	36	24	16

지수 | Training – 2 step

25	①	35	④
26	②	36	③
27	④	37	4
28	⑤	38	2
29	①	39	④
30	②	40	11
31	③	41	③
32	③	42	①
33	②	43	②
34	15		

지수 | Master step

44	15	46	⑤
45	⑤	47	24

로그 | Guide step

1	(1) $\log_5 25=2$ (2) $\log_2\frac{1}{8}=-3$ (3) $3^4=81$
2	(1) $\frac{1}{2}$ (2) -3 (3) -2
3	(1) $\frac{3}{2}$ (2) $-\frac{1}{2}$ (3) 1 (4) 4 (5) 2
4	(1) $\frac{3}{2}$ (2) $-\frac{3}{2}$
5	(1) $a+2b$ (2) $\frac{2b}{3a}$ (3) $\frac{a+b}{2(1-a)}$
6	(1) 4 (2) $\frac{3}{2}$ (3) 256
7	(1) 4 (2) -2 (3) $\frac{3}{2}$
8	(1) 3.0531 (2) -0.9469

로그 | Training – 1 step

1	8	12	14
2	14	13	20
3	2	14	9
4	5	15	10
5	256	16	6
6	13	17	125
7	3	18	4
8	1	19	6
9	2	20	1.233
10	4	21	15
11	15		

로그 | Training – 2 step

22	①	38	①
23	②	39	②
24	①	40	9
25	③	41	②
26	②	42	①
27	⑤	43	③
28	②	44	①
29	④	45	①
30	16	46	①
31	④	47	④
32	13	48	75
33	⑤	49	④
34	④	50	426
35	8	51	①
36	15	52	13
37	③		

로그 | Master step

53	21	55	30
54	①	56	25

지수함수와 로그함수 | Guide step

1	(1) $y=-2(x+2)^2+3$ (2) $y=2x+10$ (3) $(x+2)^2+(y-4)^2=2$
2	3
3	풀이 참고
4	풀이 참고
5	(2), (3)
6	풀이 참고
7	풀이 참고
8	(1) 최댓값은 7, 최솟값은 3 (2) 최댓값은 4, 최솟값은 1
9	풀이 참고
10	풀이 참고
11	(1) 최댓값은 4, 최솟값은 1 (2) 최댓값은 -1, 최솟값은 -2

지수함수와 로그함수 | Training - 1 step

1	9	26	1
2	81	27	343
3	$\frac{1}{81}$	28	5
4	ㄱ, ㄴ, ㄷ, ㄹ, ㅅ	29	7
5	6	30	3
6	4	31	12
7	2	32	ㄱ, ㄷ, ㄹ, ㅂ
8	ㄹ, ㅁ	33	5
9	2	34	4
10	6	35	16
11	2	36	8
12	16	37	43
13	32	38	99
14	729	39	81
15	27	40	16
16	3	41	33
17	60	42	20
18	18	43	6
19	2	44	$A<C<B$
20	6	45	$b<a<a^b$
21	11	46	ㄱ, ㄴ
22	2	47	$A<B<C$
23	4	48	4
24	3	49	3
25	14	50	72

지수함수와 로그함수 | Training – 2 step

번호	정답	번호	정답
51	③	76	③
52	60	77	④
53	④	78	④
54	③	79	③
55	①	80	⑤
56	①	81	⑤
57	④	82	⑤
58	21	83	⑤
59	④	84	20
60	①	85	③
61	②	86	④
62	22	87	11
63	③	88	54
64	②	89	①
65	③	90	④
66	③	91	⑤
67	①	92	③
68	②	93	①
69	③	94	③
70	⑤	95	⑤
71	①	96	②
72	16	97	①
73	③	98	④
74	③	99	13
75	⑤	100	③

지수함수와 로그함수 | Master step

번호	정답	번호	정답
101	30	112	⑤
102	③	113	220
103	①	114	33
104	①	115	③
105	①	116	192
106	②	117	②
107	②	118	③
108	③	119	110
109	③	120	②
110	②	121	10
111	②		

지수함수와 로그함수의 활용 | Guide step

1	(1) $x=\frac{3}{2}$ (2) $x=3$ (3) $x=\log_3 2$
2	(1) $x \le 3$ (2) $x \ge -2$
3	(1) $x=5$ (2) $x=1$ (3) $x=-2$ or $x=1$
4	(1) $0<x \le 16$ (2) $3<x<5$ (3) $x \ge 6$

지수함수와 로그함수의 활용 | Training – 1 step

1	-3	15	81
2	45	16	1
3	3	17	12
4	3	18	16
5	28	19	2
6	10	20	15
7	4	21	9
8	9	22	16
9	1	23	2
10	16	24	8
11	$k \le 10$	25	16
12	2	26	4
13	8	27	7
14	-16		

지수함수와 로그함수의 활용 | Training – 2 step

28	4	47	③
29	③	48	①
30	④	49	④
31	14	50	②
32	1	51	①
33	3	52	81
34	6	53	15
35	2	54	①
36	7	55	15
37	10	56	①
38	12	57	4
39	③	58	⑤
40	10	59	②
41	32	60	⑤
42	②	61	31
43	27	62	①
44	128	63	①
45	6	64	71
46	63		

지수함수와 로그함수의 활용 | Master step

65	⑤	69	④
66	②	70	7
67	②	71	17
68	25		

삼각함수

삼각함수 | Guide step

1	풀이 참고
2	(1) $360^\circ \times n+60^\circ$ (단, n은 정수) (2) $360^\circ \times n+80^\circ$ (단, n은 정수) (3) $360^\circ \times n+260^\circ$ (단, n은 정수)
3	(1) 제 4사분면 (2) 제 1사분면 (3) 제 2사분면
4	(1) $\frac{\pi}{4}$ (2) 120° (3) $-\frac{5}{12}\pi$
5	(1) $l=\pi$, $S=2\pi$ (2) $\theta=\frac{5}{6}$, $S=60$
6	(1) $\sin\theta=\frac{5}{13}$, $\cos\theta=-\frac{12}{13}$, $\tan\theta=-\frac{5}{12}$ (2) $\sin\theta=-\frac{\sqrt{2}}{2}$, $\cos\theta=-\frac{\sqrt{2}}{2}$, $\tan\theta=1$
7	(1) $\sin\frac{12}{5}\pi>0$, $\tan(-240^\circ)<0$ (2) 제 3사분면
8	(1) $\cos\theta=-\frac{2\sqrt{2}}{3}$, $\tan\theta=-\frac{1}{2\sqrt{2}}$ (2) $\sin\theta\cos\theta=\frac{3}{8}$, $\sin^3\theta-\cos^3\theta=\frac{11}{16}$

삼각함수 | Training - 1 step

1	⑤	16	3
2	④	17	②
3	제 1, 3사분면	18	③
4	60°	19	13
5	$\frac{12}{7}\pi$	20	3
6	$\frac{7}{6}\pi$	21	③
7	120°, 160°	22	②
8	4	23	③
9	30	24	①
10	100	25	12
11	4	26	③
12	54	27	4
13	42	28	⑤
14	45	29	20
15	144	30	2

삼각함수 | Training - 2 step

31	27	39	①
32	④	40	②
33	3	41	①
34	④	42	①
35	①	43	③
36	②	44	⑤
37	②	45	80
38	④	46	④

삼각함수 | Master step

47	④	52	②
48	②	53	④
49	⑤	54	①
50	①	55	④
51	①	56	④

삼각함수의 그래프 | Guide step

1	풀이 참고
2	풀이 참고
3	풀이 참고
4	(1) $-\frac{\sqrt{2}}{2}$ (2) $-\frac{\sqrt{3}}{2}$ (3) $\frac{\sqrt{3}}{3}$
5	(1) $x=\frac{\pi}{6}$ or $x=\frac{5}{6}\pi$ (2) $x=\frac{\pi}{4}$ or $x=\frac{5}{4}\pi$ (3) $x=\frac{2}{3}\pi$ or $x=\frac{4}{3}\pi$
6	(1) $\frac{\pi}{3}<x<\frac{5}{3}\pi$ (2) $0\le x<\frac{\pi}{4}$ or $\frac{\pi}{2}<x<\frac{5}{4}\pi$ or $\frac{3}{2}\pi<x<2\pi$

삼각함수의 그래프 | Training – 1 step

1	⑤	27	1
2	6	28	17
3	25	29	6
4	$B<A<C$	30	2
5	$B<A<C$	31	12
6	$A<B$	32	③
7	$y=-\sin x$	33	16
8	②	34	$\frac{4}{3}\pi$
9	2	35	$\frac{5}{2}\pi$
10	8	36	$\frac{\pi}{8}<x<\frac{5}{8}\pi$
11	10	37	$\frac{\pi}{6}\le x\le\frac{3}{2}\pi$
12	5	38	$-\frac{\pi}{3}\le x<0$ or $\frac{2}{3}\pi<x<\pi$
13	6	39	7
14	4	40	7π
15	32	41	$\frac{\pi}{2}$
16	7	42	$\frac{5}{4}\pi$
17	5	43	35
18	7	44	④
19	14	45	18
20	4	46	3
21	1	47	8
22	0	48	5
23	4	49	24
24	2	50	7
25	5	51	30
26	25		

삼각함수의 그래프 | Training – 2 step

번호	정답	번호	정답
52	③	75	8
53	48	76	③
54	⑤	77	②
55	④	78	10
56	②	79	9
57	①	80	32
58	②	81	②
59	③	82	③
60	①	83	③
61	①	84	①
62	③	85	⑤
63	④	86	③
64	②	87	③
65	②	88	③
66	⑤	89	③
67	④	90	③
68	②	91	6
69	8	92	③
70	32	93	10
71	③	94	④
72	①	95	②
73	⑤	96	①
74	③	97	③

삼각함수의 그래프 | Master step

번호	정답	번호	정답
98	①	107	②
99	⑤	108	3
100	256	109	④
101	5	110	169
102	13	111	③
103	24	112	37
104	②	113	②
105	②	114	⑤
106	$S=\left\{-\frac{1}{2}, \frac{1}{2}\right\}$	115	②

사인법칙과 코사인법칙 | Guide step

1	(1) 16 (2) $\frac{21}{4}$
2	3
3	사각형 APBO의 넓이는 60 $x=13$
4	(1) $x=35$, $y=70$ (2) 50
5	20
6	40
7	$a=2\sqrt{3}$, 외접원의 넓이 $=4\pi$
8	$a=b$인 이등변삼각형
9	$a=\sqrt{21}$
10	$\cos C=\frac{1}{4}$
11	1
12	$3\sqrt{15}$
13	$\frac{25}{2}\sqrt{3}$

사인법칙과 코사인법칙 | Training – 1 step

번호	정답	번호	정답
1	②	18	3
2	⑤	19	5
3	3 : 4 : 2	20	21
4	1	21	23
5	60°	22	∠B가 직각인 직각삼각형
6	2	23	$b=c$인 이등변삼각형
7	125	24	5
8	51	25	196
9	④	26	29
10	12	27	12
11	③	28	27
12	69	29	7
13	⑤	30	25
14	①	31	112
15	18	32	7
16	109	33	②
17	35	34	69

사인법칙과 코사인법칙 | Training – 2 step

35	⑤	53	21
36	21	54	98
37	③	55	①
38	10	56	②
39	①	57	27
40	④	58	③
41	32	59	①
42	⑤	60	②
43	41	61	84
44	①	62	③
45	25	63	13
46	①	64	③
47	②	65	⑤
48	50	66	6
49	②	67	①
50	5	68	①
51	⑤	69	①
52	①		

사인법칙과 코사인법칙 | Master step

70	12	77	26
71	④	78	15
72	①	79	②
73	③	80	⑤
74	⑤	81	63
75	13	82	150
76	⑤		

수열

등차수열과 등비수열 | Guide step

1	4, 6
2	1, 3, 5, 7
3	(1) 공차는 2, $x=7$ (2) 공차는 -3, $x=4$
4	(1) $a_n=3n-2$ (2) $a_n=2n-3$
5	(1) $a_n=-4n+15$ (2) $a_n=3n-15$
6	$x=-5$, $y=-1$
7	(1) 185 (2) 12
8	$a_n=4n-3$
9	(1) 공비는 4, $x=16$ (2) 공비는 -2, $x=-8$
10	(1) $a_n=3\left(\frac{1}{3}\right)^{n-1}$ (2) $a_n=-2\times4^{n-1}$
11	$a_n=\frac{4}{9}\times3^{n-1}$
12	$x=6$, $y=24$ or $x=-6$, $y=-24$
13	364

등차수열과 등비수열 | Training – 1 step

1	34	17	4
2	6	18	54
3	13	19	8
4	30	20	5
5	9	21	15
6	1	22	16
7	5	23	42
8	3	24	62
9	10	25	105
10	94	26	4
11	392	27	600
12	122	28	15
13	371	29	64
14	39	30	279
15	10	31	12
16	5		

등차수열과 등비수열 | Training – 2 step

32	①	51	16
33	④	52	315
34	③	53	③
35	63	54	①
36	36	55	③
37	22	56	②
38	4	57	①
39	①	58	10
40	②	59	64
41	①	60	16
42	257	61	③
43	64	62	⑤
44	⑤	63	③
45	④	64	③
46	③	65	③
47	22	66	7
48	②	67	9
49	②	68	18
50	②	69	③

등차수열과 등비수열 | Master step

70	11	77	③
71	9	78	273
72	178	79	30
73	390	80	⑤
74	117	81	①
75	⑤	82	35
76	18	83	①

수열의 합 | Guide step

1	(1) $\sum_{k=1}^{10} 2k$ (2) $\sum_{k=1}^{n+1} 2^{k-1}$
2	(1) $6+11+16+21+26$ (2) $1+\frac{1}{2}+\frac{1}{2^2}+\frac{1}{2^3}$
3	(1) 23 (2) 61
4	(1) 204 (2) 1296
5	(1) $(n-1)n(2n+5)$ (2) $n(n+1)(n+2)$
6	(1) $\frac{8}{17}$ (2) $\frac{n}{n+2}$

수열의 합 | Training – 1 step

1	②	19	28
2	20	20	124
3	9	21	220
4	30	22	10
5	ㄱ, ㅂ	23	7
6	130	24	100
7	33	25	200
8	8	26	1771
9	45	27	690
10	130	28	15
11	57	29	20
12	10	30	18
13	340	31	79
14	6	32	256
15	25	33	50
16	441	34	11
17	95	35	6
18	10	36	115

수열의 합 | Training - 2 step

37	⑤	62	③
38	9	63	②
39	8	64	34
40	88	65	201
41	9	66	200
42	12	67	58
43	⑤	68	25
44	④	69	②
45	②	70	①
46	13	71	③
47	22	72	③
48	①	73	9
49	②	74	①
50	①	75	①
51	160	76	⑤
52	④	77	③
53	④	78	①
54	91	79	①
55	④	80	⑤
56	4	81	③
57	502	82	④
58	③	83	②
59	7	84	19
60	②	85	③
61	③		

수열의 합 | Master step

86	5	93	8
87	①	94	100
88	243	95	④
89	162	96	282
90	①	97	④
91	④	98	678
92	11	99	117

수학적 귀납법 | Guide step

1	(1) 15 (2) 2
2	10
3	42

수학적 귀납법 | Training - 1 step

1	39	11	30
2	6	12	16
3	85	13	120
4	31	14	2
5	64	15	21
6	50	16	11
7	19	17	15
8	32	18	17
9	6	19	10
10	37		

수학적 귀납법 | Training – 2 step

번호	정답	번호	정답
20	③	38	④
21	④	39	13
22	②	40	⑤
23	②	41	⑤
24	256	42	70
25	8	43	③
26	①	44	①
27	33	45	180
28	④	46	⑤
29	②	47	④
30	③	48	⑤
31	②	49	①
32	①	50	⑤
33	④	51	②
34	②	52	①
35	64	53	⑤
36	③	54	①
37	③		

수학적 귀납법 | Master step

번호	정답	번호	정답
55	142	63	④
56	5	64	①
57	13	65	①
58	③	66	②
59	②	67	③
60	④	68	⑤
61	③	69	②
62	17	70	③